Enfoque ontosemiótico en educación matemática

Fundamentos, herramientas y aplicaciones

Enfoque ontosemiótico en educación matemática

Fundamentos, herramientas y aplicaciones

Juan Díaz Godino

Enfoque ontosemiótico en educación matemática
Fundamentos, herramientas y aplicaciones

Primera edición: 2024

ISBN: 9788410066519
ISBN eBook: 9788410458567
Depósito legal: SE 1861-2024

© de los textos:
   Juan Díaz Godino

Esta investigación ha sido realizada en el marco del Proyecto PID2022-139748NB-100 financiado por MICIU/AEI/10.13039/501100011033 y por FEDER, UE. La publicación digital en abierto de este libro ha sido realizada con el apoyo financiero del Grupo de Investigación FQM-126 Teoría de la Educación Matemática y Educación Estadística del Plan Andaluz de Investigación, Desarrollo e Innovación - PAIDI (Junta de Andalucía, España).

© de esta edición:
   Editorial Aula Magna, 2024. McGraw-Hill Interamericana de España S.L.
   editorialaulamagna.com
   info@editorialaulamagna.com

Impreso en España – Printed in Spain

Índice

Prefacio

La necesidad y utilidad de escribir este libro surge al constatar la gran cantidad de trabajos de investigación apoyados en el Enfoque Ontosemiótico (EOS) sobre el conocimiento y la instrucción matemáticos que se vienen publicando desde los primeros años de la década de los 90. Como se puede ver en el repositorio web disponible en la universidad de Granada http://enfoqueontosemiotic.ugr.es, tras la publicación en *Recherches en Didactique des Mathématiques* del artículo Significado institucional y personal de los objetos matemáticos (Godino y Batanero, 1994), el número de tesis doctorales y de artículos de investigación que usan las herramientas conceptuales y metodológicas del EOS ha aumentado sustancialmente. Estas herramientas teóricas han ido creciendo y refinándose, al tiempo que se han aplicado a la investigación sobre la didáctica de los diversos contenidos matemáticos y diferentes niveles educativos. Los sucesivos desarrollos del EOS han abarcado los diversos problemas implicados en los procesos de educación matemática, incluyendo cuestiones ontológicas, semióticas, epistemológicas específicas de las matemáticas educativas, y propias de la enseñanza y el aprendizaje en los distintos contextos y niveles educativos. Como resultado, se ha elaborado un sistema teórico en el que se trata de articular de manera coherente las distintas dimensiones involucradas en la investigación sobre la enseñanza y el aprendizaje de las matemáticas y la formación de profesores de matemáticas.

Transcurridos treinta años desde la publicación de los primeros trabajos sobre el EOS, es necesario realizar una revisión y sistematización que facilite su difusión, la cual se viene haciendo en múltiples cursos de posgrado, conferencias y proyectos de investigación. En consecuencia, el objetivo del libro es presentar los distintos módulos o teorías que componen el sistema teórico EOS, los supuestos básicos que las sustentan, la articulación entre las mismas, las conexiones con otras teorías y ejemplos de aplicación de las diversas herramientas conceptuales y metodológicas.

El EOS aporta un sistema de nociones, principios y herramientas metodológicas para estudiar y comprender la naturaleza de la actividad matemática, el conocimiento matemático y los procesos de enseñanza y aprendizaje de las matemáticas. Este componente científico (descriptivo, explicativo y predictivo) sobre la educación matemática se complementa con otro tecnológico (prescriptivo), formado por un sistema de criterios o normas para optimizar el diseño, implementación y evaluación de los procesos educativo-instruccionales y un modelo de desarrollo profesional docente. El sistema teórico EOS se presenta en este libro compuesto por cinco teorías articuladas:

1. *Teoría ontosemiótica de la actividad matemática.* Desarrolla una visión antropológica y pragmatista de las matemáticas, esto es, como actividad humana centrada en la resolución de problemas. Esta visión antropológica de la matemática se complementa y articula con otras dos concepciones: la matemática como sistema de objetos y procesos y la matemática como sistema de signos.

2. *Teoría ontosemiótica del significado y la cognición matemática.* Desarrolla una visión global del significado de los objetos matemáticos, articulando supuestos realistas y pragmáticos, como base de la cognición matemática, tanto desde el punto de vista individual (personal) como social (institucional).

3. *Teoría del diseño educativo en matemáticas.* Desarrolla supuestos y herramientas teóricas para la descripción y diseño de procesos de enseñanza y aprendizaje de las matemáticas basados en la teoría específica sobre la actividad matemática y el significado de los objetos que propone el EOS.

4. *Teoría de la idoneidad didáctica.* Desarrolla un sistema de criterios para la optimización local del diseño, implementación y evaluación de los procesos educativos-instruccionales en matemáticas, basados en los supuestos y constructos del EOS. Se formulan criterios para las facetas epistémica, ecológica, mediacional, interaccional, cognitiva y afectiva que estructuran los procesos de enseñanza y aprendizaje.

5. *Teoría del desarrollo profesional docente.* Desarrolla un modelo de conocimientos y competencias del profesorado de matemáticas que tiene en cuenta las facetas, componentes y subcomponentes de los procesos educativos implicados en las actividades de fundamentación, diseño, planificación y evaluación de dichos procesos. Incluye también un sistema de principios o criterios de eficiencia de los programas formativos de profesores.

Reconocimientos

El desarrollo y aplicación del EOS está estrechamente apoyado en el trabajo realizado con la participación de otros investigadores, en particular C. Batanero, V. Font, A. Contreras, B. D'Amore, M. Rodríguez-Wilhelmi, T. Fernández, T. Neto, L. Pino-Fan, L. Aké, M. Burgos, M. Gea, B. Giacomone, P. Beltrán, a quienes expreso mi sincero reconocimiento.

Capítulo 1

Motivación y presentación

Introducción

Desde el nacimiento de la didáctica de las matemáticas en los años 70, la comunidad de investigadores viene elaborando diversas teorías que permiten describir y explicar los fenómenos relativos a los procesos de enseñanza y aprendizaje de las matemáticas, tratando de contribuir a la mejora de dichos procesos. La complejidad de estos fenómenos, los distintos factores que se deben tener en cuenta y la influencia de los diversos contextos culturales en los que se generan las teorías, explican su profusión y la aparición de diversos dilemas o controversias entre las mismas. Esta situación genera dificultades de comunicación y de uso eficiente de los conocimientos producidos en la actividad de investigación.

En este libro presentamos el marco teórico del Enfoque Ontosemiótico (EOS) en educación matemática (Godino y Batanero, 1994; Godino, 2002; Godino *et al.*, 2007; Font *et al.*, 2013; Godino *et al.*, 2020), cuyo objetivo es tratar de abordar de manera articulada los problemas de fundamentación, diseño, implementación y evaluación de los procesos de enseñanza y aprendizaje de las matemáticas. La estrategia de clarificación, comparación, hibridación y construcción modular de teorías, desde una aproximación ontológica y semiótica, está en la base del EOS. Se asume la pertinencia y potencial utilidad de avanzar hacia la construcción de un sistema teórico que permita abordar de manera articulada los problemas epistemológicos, ontológicos, semióticos, cognitivos y educativos implicados en la enseñanza y aprendizaje de las matemáticas.

En este primer capítulo motivamos la construcción del EOS al tratar de dar respuesta a diversos dilemas y contradicciones entre distintos paradigmas de investigación y teorías que se vienen usando en educación matemática. También presentamos los capítulos del libro en los que describimos los supuestos adoptados y las herramientas teóricas desarrolladas para abordar las cuestiones de fundamentación de la educación matemática como campo de investigación, y su aplicación al diseño educativo y la formación de profesores.

En la Sección 1.1 analizamos la tensión entre teoría y práctica que se observa en las distintas maneras de concebir la educación matemática: como campo de investigación científica básica, o como campo de investigación tecnológica y de acción práctica. En la Sección 1.2 describimos diversas posiciones teóricas divergentes sobre cuestiones ontológicas y epistemológicas de las matemáticas, esto es, sobre naturaleza de los objetos matemáticos, la emergencia y desarrollo del conocimiento matemático y el papel de los lenguajes y sistemas de representación. En la Sección 1.3 detallamos diversos dilemas en la manera de conceptualizar el aprendizaje matemático, diversos tipos de constructivismo, enactivismo, psicología cultural y aprendizaje discursivo. Distintas maneras de conceptualizar la enseñanza de las matemáticas, bien centrada en el estudiante o centrada en el profesor, el papel de la indagación y la transmisión del conocimiento las describimos en la Sección 1.4. Sobre la evaluación del aprendizaje de los estudiantes y de los procesos educativos-instruccionales en su conjunto hay diversas posturas y puntos de vista que resumimos en la Sección 1.5. En la Sección 1.6 identificamos algunos dilemas entre diversas maneras de abordar la formación de profesores de matemáticas que motivan la elaboración de un modelo específico basado en el EOS. Finalmente, en la Sección 1.7, exponemos la estructura del libro en seis capítulos, además de este capítulo introductorio. Presentamos el EOS como un sistema teórico formado por cinco teorías parciales: Teoría ontosemiótica de la actividad matemática y objetos emergentes; Teoría ontosemiótica del significado y la cognición matemática; Teoría del diseño educativo-instruccional; Teoría de la idoneidad didáctica y Teoría del desarrollo profesional docente, las tres últimas teorías basadas en los supuestos y herramientas ontológicas y semióticas descritas en los capítulos 2 y 3.

1.1. Dilemas en la conceptualización de la educación matemática

El término educación tiene un uso más amplio que el de didáctica, por lo que podemos distinguir entre educación matemática y didáctica de las matemáticas. No obstante, en el mundo anglosajón se emplea la expresión *mathematics education* para describir el área de conocimiento que en la Europa continental se denomina «didáctica de las matemáticas». En este libro usamos ambas expresiones de manera indistinta, aunque, como afirma Steiner (1985), educación matemática, además de nombrar a la disciplina científica también puede referirse al sistema social interactivo que comprende teoría, desarrollo y práctica.

La reflexión filosófica sobre la naturaleza de la educación matemática como campo de conocimiento es esencial para orientar adecuadamente la investigación, ya que condiciona la formulación de las cuestiones centrales de la misma.

> ¿Es la educación matemática una disciplina, un campo de investigación, un área interdisciplinar, un ámbito de aplicaciones extradisciplinares u otra cosa? ¿Es una rama de la matemática aplicada o una parte especial de la teoría de la educación? ¿Es una ciencia, una ciencia social, artística o humanista, o ninguna de ellas o todas? (Kilpatrick, 2008). ¿Cuál es su relación con otras disciplinas como la filosofía, las matemáticas, la sociología, la psicología, la lingüística, la antropología, etc.? (Ernest, 2018, p. 22)

Entre los autores que han reflexionado sobre la naturaleza de la educación matemática destacan Steiner (1985) y Brousseau (1989), en un ensayo con el significativo título, *La torre de Babel*. Ante la extrema complejidad de los problemas de la educación matemática, Steiner (1985, p. 11) indica que se producen dos reacciones extremas:

- Los autores que afirman que la educación matemática no puede llegar a ser un campo con fundamentación científica y, por tanto, la enseñanza de la matemática es esencialmente un arte.
- Los que, pensando que es posible la existencia de la educación matemática como ciencia, reducen la complejidad de sus problemas seleccionando solo un aspecto parcial de los mismos (por ejemplo, el análisis del contenido a enseñar, la construcción del currículo, la mejora de los métodos de enseñanza, el desarrollo de destrezas en el alumno, la interacción en el aula, etc.), al que atribuyen un peso especial dentro del conjunto, dando lugar a diferentes definiciones y visiones de la educación matemática.

De manera parecida se expresa Brousseau (1989), aunque en su caso hablando de la didáctica de las matemáticas. Menciona que una primera concepción de la didáctica de la matemática la identifica como el arte de enseñar, esto es, el conjunto de medios y procedimientos que tienden a hacer conocer, en nuestro caso, la matemática. Además, distingue dos concepciones de carácter científico: una pluridisciplinar aplicada y otra autónoma (calificada por el mismo Brousseau como fundamental o matemática). Como bisagra entre estas dos visiones distingue también una concepción tecnicista, en la que la didáctica sería el conjunto de técnicas de enseñanza, esto es, la invención, descripción, estudio, producción y control de medios nuevos para la enseñanza: currículo, objetivos, medios de evaluación, materiales, manuales, logiciales, etc.

En la concepción pluridisciplinar, que surgiría con la segunda tendencia señalada por Steiner, la didáctica aparece como una etiqueta para designar las enseñanzas necesarias para la formación técnica y profesional de los profesores. Steiner (1990) identifica diversas disciplinas relacionadas con la educación matemática, como las matemáticas, epistemología y filosofía de las matemáticas, historia de las matemáticas, psicología, sociología o pedagogía. La actividad de teorización o fundamentación es vista por Steiner como un componente de la educación matemática, y esta como un campo académico y un dominio de interacción entre la investigación, el desarrollo y la práctica.

Lesh y Sriramn (2010) reflexionan también sobre la naturaleza de la educación matemática como campo de investigación, planteando las siguientes preguntas: ¿Deberían los educadores matemáticos verse a sí mismos como psicólogos educativos aplicados, psicólogos cognitivos aplicados, o científicos sociales aplicados? ¿Se deberían considerar semejantes a los científicos en el campo de la física, o de otras ciencias puras? ¿O más bien como ingenieros u otros técnicos orientados al diseño, cuya investigación se apoya sobre múltiples perspectivas prácticas y disciplinares, y cuyo trabajo está guiado por la necesidad de resolver problemas reales y también por la necesidad de elaborar teorías relevantes? Estos autores proponen considerar la educación matemática en este último sentido, o sea, como una ciencia orientada al diseño de procesos y recursos para mejorar los procesos de enseñanza y aprendizaje de las matemáticas.

Como vemos, existe cierta controversia entre aquellos que enfatizan el carácter de ciencia de la educación matemática (Gascón y Nicolás, 2017), cuyo objetivo es la comprensión de los fenómenos educativos y aquellos que consideran la educación como un socio-tecnología (Bunge, 1998) y enfatizan el componente de intervención sobre la práctica para su mejora.

En el EOS consideramos necesario articular una visión que reconozca la complementariedad del componente científico y tecnológico de la didáctica. Esto quiere decir que, por una parte, se deben abordar problemas teóricos de clarificación ontológica, epistemológica y semiótica sobre el conocimiento matemático, en cuanto tales problemas tienen relación con los procesos de enseñanza y aprendizaje (componente científico, descriptivo, explicativo y predictivo). Por otra parte, se debe intervenir en dichos procesos para hacerlos lo más idóneos posible (componente tecnológico-prescriptivo). Se entiende que la descripción, explicación y predicción, son los fines de la actividad científica, mientras que la prescripción y valoración, son los principales objetivos de la actividad tecnológica, aunque esta también incluye elementos de investigación aplicada a la resolución de problemas concretos. Asumimos, por tanto, una concepción ampliada de lo didáctico, como lo relativo a los procesos de enseñanza y aprendizaje, al saber y la práctica matemática (génesis, desarrollo, difusión, transposición y utilización), así como a la optimización de dichos procesos en los contextos educativos.

En este libro se considera la educación matemática, además de como un campo o área de conocimiento, como un sistema de actividades realizadas por sujetos individuales o equipos en comunidades que se interesan por los problemas de fundamentación de la investigación, la difusión del conocimiento y la práctica de la enseñanza de las matemáticas. La aplicación de la noción de sistema de actividad en el sentido de la Teoría Histórica-Cultural de la Actividad (CHAT) (Engeström, 1987; Engeström y Sannino, 2021; Roth y Lee, 2007) permite describir y comprender la educación matemática como un todo compuesto de varios subsistemas. Para ello, diferenciamos varias actividades parciales: Fundamentación, Diseño, Implementación, Evaluación y Desarrollo profesional docente. La identificación de los diferentes elementos de cada actividad parcial y sus relaciones puede ayudar a reconocer posiciones controvertidas y progresar en la elaboración de un sistema teórico modular e inclusivo (Ruthven, 2014) que permita abordar la complejidad de la actividad de educación matemática. La noción de contradicción de la CHAT, que incluye dilemas, tensiones y conflictos entre elementos de la actividad (Núñez, 2009), o entre actividades relacionadas, aclara las razones para cambiar los sistemas e identificar las contradicciones no resueltas que deben abordarse con nuevos desarrollos. La idea de dilema (controversias, contradicciones) es útil para motivar la construcción del EOS como sistema teórico que pretende abordarlos, en unos casos mediante una estrategia de hibridación de teorías existentes, en otros reconociendo la complementariedad y el uso coordinado de diversas teorías.

1.2. Dilemas en la conceptualización del conocimiento matemático y su emergencia

La fundamentación de la actividad de educación matemática exige problematizar la naturaleza del conocimiento matemático. ¿Cómo podemos abordar el estudio de los números, por ejemplo, si no entendemos claramente qué son los números y qué significa comprenderlos? Afrontar esta pregunta requiere incluir dentro de la investigación en educación matemática cuestiones ontológicas (naturaleza y tipos de objetos), epistemológicas (cómo surge y evoluciona el conocimiento) y semióticas (diversidad y papel de los signos) sobre las matemáticas.

Diversos marcos teóricos vienen abordando esta problemática considerando las interconexiones entre la actividad matemática y la actividad de educación matemática, con frecuencia centrados en aspectos parciales y adoptando diferentes posiciones epistemológicas, ontológicas, semióticas y cognitivas. Mejorar la coherencia y eficacia de la investigación en educación matemática requiere confrontar y articular esta diversidad de enfoques.

El estudio de la literatura sobre los fundamentos teóricos de la educación matemática nos permite identificar las siguientes tensiones:

- Las matemáticas como actividad humana versus las matemáticas como sistema de objetos.
- Platonismo (objetos matemáticos como entidades preexistentes) y nominalismo (objetos matemáticos reducidos a nombres o símbolos).
- Las relaciones entre la dimensión personal (cognitiva) y la institucional (epistémica) del conocimiento.
- Vínculos entre representaciones internas (esquemas cognitivos, concepciones) del conocimiento y externas (lenguajes y artefactos materiales).
- El significado como referencia mental de las palabras y símbolos o el significado como su uso.

- Las conexiones entre el saber matemático profesional, el saber escolar y los procesos de transposición o elementarización.

Seguidamente profundizamos en estos dilemas.

1.2.1. Ontología y epistemología de las matemáticas

La ontología y la epistemología de las matemáticas son dos ramas interrelacionadas de la filosofía de las matemáticas. La ontología se preocupa por la naturaleza de lo que estamos estudiando en matemáticas, es decir, los objetos matemáticos, mientras que la epistemología se centra en cómo llegamos a conocer y entender dichos objetos. La ontología de las matemáticas plantea cuestiones centrales sobre la naturaleza de los objetos matemáticos, su relación con el mundo físico y el lenguaje:

- ¿Qué tipo de existencia tienen los números, las funciones, las figuras geométricas?
- ¿Qué relación guarda los objetos matemáticos con el mundo concreto y los lenguajes?
- ¿Las matemáticas son universales o dependen de las culturas y la actividad de las personas?

Sobre la naturaleza de los objetos matemáticos el realismo platónico ha sido una tendencia dominante en filosofía de las matemáticas. Es la posición filosófica que considera los objetos matemáticos como existentes independientemente del mundo físico en algún ámbito ideal (Linnebo, 2009). Posturas contrarias son defendidas por conceptualistas y nominalistas. El conceptualismo sostiene que los objetos matemáticos son entidades mentales, es decir, que existen solo en la mente humana. En este sentido, los números, las figuras geométricas, las funciones, etc., son construcciones mentales que no tienen existencia independiente de la mente que los crea. El nominalismo, por su parte, sostiene que los objetos matemáticos no son entidades reales, sino simplemente nombres o etiquetas para conjuntos de objetos físicos (Bueno, 2020). En este sentido, los números no son más que nombres para cantidades de objetos, las figuras geométricas no son otra cosa que nombres para conjuntos de puntos, y las funciones no son más que nombres para relaciones entre conjuntos. Las posturas sociológicas y antropológicas en filosofía de las matemáticas (Bloor, 1983) postulan que los objetos matemáticos son emergentes de la práctica social y cultural; las matemáticas no son un producto de la mente individual, sino el resultado de la interacción de las personas entre sí y con su entorno.

En consecuencia, sobre cuestiones de epistemología de las matemáticas —naturaleza del conocimiento matemático, su fundamento y su justificación, los modos de llegar a conocer y aprender— existen diversos enfoques no siempre compatibles y que se pueden identificar también en educación matemática. Encontramos en ella una serie de controversias epistemológicas,

> incluido el carácter subjetivo-objetivo del conocimiento matemático; el papel en el conocimiento del contexto social y cultural; la transferencia de conocimientos y del aprendizaje de un contexto social a otro; las relaciones entre lenguaje y conocimiento; y las tensiones entre los principales principios del constructivismo, las visiones socioculturales, el interaccionismo y la didáctica francesa, desde una perspectiva epistemológica. (Ernest, 2018, p. 27)

1.2.2. Semiótica de las matemáticas

Debido a que los objetos matemáticos no se pueden aprehender directamente mediante los sentidos, su estatus ontológico, su comunicación y aprendizaje requiere el uso de signos, tales como términos específicos, símbolos, diagramas o gráficos. En consecuencia, la semiótica, como el estudio o doctrina de los signos, esto es, la investigación sistemática de su naturaleza, propiedades y tipos, está recibiendo gran atención en la investigación en educación matemática. «La semiótica ha sido una lente teórica fructífera usada por los investigadores interesados por diversas cuestiones de educación matemática en las décadas recientes» (Presmeg, 2014, 539).

Algunas cuestiones centrales en la semiótica de las matemáticas incluyen:

- ¿A qué refieren los signos matemáticos, como los números, los diagramas geométricos, los símbolos algebraicos?
- ¿Cómo se relacionan las diversas representaciones (palabras, símbolos, gráficos) entre sí y los objetos matemáticos representados?
- ¿Cómo interpretan y comprenden los estudiantes los símbolos y expresiones matemáticas?
- ¿Cómo influye la cultura y el contexto en la semiosis matemática, esto es, cómo se interpretan y se da significado a los signos matemáticos en diferentes contextos culturales?

Existen diversas teorías para abordar estas cuestiones que adoptan posturas dispares sobre el uso del lenguaje. En las teorías realistas o referenciales sobre el significado de las palabras y símbolos (como las defendidas por Frege o Carnap), las expresiones lingüísticas tienen una relación de atribución con determinadas entidades (objetos, atributos, hechos). En las teorías pragmáticas —como la defendida por Wittgenstein (1953)—, el significado de las expresiones lingüísticas depende de los juegos de lenguaje en el que se utilizan; el significado de los objetos abstractos debe inferirse de su uso. En el Capítulo 3 desarrollamos la Teoría ontosemiótica del significado y la cognición matemática donde proponemos una visión complementaria entre las teorías referenciales y pragmáticas del significado.

1.2.3. Representaciones internas y externas

La investigación en educación matemática ha puesto de manifiesto la importancia que las representaciones tienen en los procesos de enseñanza y aprendizaje, así como la complejidad de los factores relacionados con ellas. Como señalan Font *et al.* (2010), una de las cuestiones centrales abiertas que plantea el uso de las representaciones es la naturaleza y diversidad tanto de los objetos que desempeñan el papel de representación, como de los objetos representados. La gran cantidad de publicaciones sobre el tema de las representaciones (Cobb *et al.*, 2000; Goldin, 1998; Goldin, 2020; Janvier, 1987) muestra su importancia para la educación matemática y al mismo tiempo su complejidad. La razón de este interés hay que buscarla en el hecho de que hablar de representación equivale a hablar de conocimiento, significado, comprensión, modelización, etc. Sin duda estas nociones constituyen el núcleo central, no solo de la matemática, sino también de la epistemología, la psicología y otras ciencias y tecnologías que se ocupan de la cognición humana, su naturaleza, origen y desarrollo. Esta diversidad de disciplinas interesadas en la representación es la razón de la diversidad de enfoques y formas de concebirla, no exentas de debates.

> la complejidad del tema, la ambigüedad de las representaciones y su importancia radican en los objetos matemáticos que se intentan representar, su diversidad y naturaleza. Hablar de representación (significado y comprensión) implica necesariamente hablar de conocimiento matemático y, por tanto, de la actividad matemática, de sus «producciones» culturales y cognitivas y también de las relacionadas con el mundo que nos rodea. (Font *et al.*, 2010, p. 59-60)

1.3. Dilemas en la conceptualización del aprendizaje

Existen discusiones importantes entre las teorías del aprendizaje constructivistas radicales, constructivistas sociales, enactivistas y socioculturales. «Se trata principalmente de diferencias epistemológicas, aunque los defensores y críticos de las diversas teorías también incorporan análisis y razonamientos ontológicos, éticos, sociales y metodológicos a sus argumentos» (Ernest, 2018, p. 28).

Los diversos constructivismos comparten la metáfora de la construcción, según la cual describen la comprensión del sujeto como la construcción de estructuras mentales. Reconocen que el conocer es activo, individual y personal, y que se basa sobre el conocimiento previamente construido. La metáfora de la construcción está contenida en el primer principio del constructivismo según lo expresa von Glasersfeld (1989, p. 182): «el conocimiento no es recibido pasivamente por el sujeto cognitivo sino activamente construido».

1.3.1. Constructivismo radical

En la versión radical del constructivismo se añade un segundo principio: «la función de la cognición es adaptativa y sirve a la organización del mundo experiencial, no al descubrimiento de una realidad ontológica» (von Glasersfeld, 1989, p. 182). En conjunto, el constructivismo radical es neutral en su ontología, no haciendo ninguna suposición sobre la existencia del mundo tras el dominio subjetivo de experiencia. «La epistemología es decididamente falibilista, escéptica y antiobjetivista» (Ernest, 1994, p. 6). El hecho de que no haya un último conocimiento verdadero posible sobre el estado de las cosas en el mundo, o sobre dominios como las matemáticas, es consecuencia del segundo principio, que es propio de la relatividad epistemológica. Como su nombre indica, la teoría del aprendizaje es radicalmente constructivista, todo conocimiento se construye por el individuo sobre la base de sus procesos cognitivos en diálogo con su mundo experiencial.

1.3.2. Constructivismo social

La versión social del constructivismo considera al sujeto individual y el dominio de lo social como indisolublemente interconectados (Ernest, 1994). Las personas están formadas mediante sus interacciones con los demás (así como por sus procesos individuales). Ciertamente, la metáfora subyacente corresponde a la de las personas en conversación, abarcando la interacción lingüística y extralingüística significativas. La mente se ve como parte de un contexto más amplio, la «construcción social del significado». De igual modo, el modelo constructivista social del mundo se corresponde con un mundo socialmente construido que crea (y es constreñido por) la experiencia compartida de la realidad física subyacente.

En resumen, el paradigma de investigación del constructivismo social adopta una ontología relativista modificada (hay un mundo exterior soportando las apariencias a las que tenemos un acceso compartido, pero no tenemos un conocimiento seguro de él). Se basa en una epistemología falibilista que considera el 'conocimiento convencional' como aquel que es «vivido» y aceptado socialmente. La teoría del aprendizaje asociada es constructiva (en el sentido compartido por sociólogos tales como Schutz, Berger y Luckman, así como los constructivistas), con un énfasis en la naturaleza esencial y constitutiva del lenguaje y la interacción social (Ernest, 1994). El constructivismo Piagetiano enfatiza los procesos cognitivos internos a expensas de la interacción social en la construcción del conocimiento por el aprendiz. Sin embargo, el constructivismo tiene necesidad de acomodar la complementariedad entre la construcción individual y la interacción social.

1.3.3. Enactivismo

El enactivismo se ha convertido en una teoría del aprendizaje con una cierta importancia entre los investigadores en educación matemática. Según esta teoría de la cognición, «el individuo no es un simple observador del mundo, sino que está corporalmente inmerso en el mundo y está conformado, cognitivamente y como organismo físico completo, por su interacción con el mundo» (Ernest, 2010, p. 42). Otra fuente del enactivismo se encuentra en la teoría sobre la base corporal del pensamiento, vía el papel de las metáforas, de acuerdo con los trabajos de Lakoff y Johnson (1980) y Johnson (1987). Según estos autores, toda la comprensión humana, incluyendo el significado, la imaginación y la razón, está basada sobre esquemas del movimiento corporal y de su percepción. Estos esquemas se extienden vía el uso de metáforas, las cuales proporcionan la base de cualquier comprensión, pensamiento y comunicación humana. En el libro de Lakoff y Núñez (2000) se desarrolla y aplica esta idea al caso de las matemáticas.

1.3.4. Aprendizaje discursivo

En la literatura de investigación predomina el uso de nociones cognitivas tales como esquemas mentales, concepciones o conflictos cognitivos, pero se observa la progresiva introducción de otras, como actividad, patrones de interacción o fallo de comunicación (Kieran *et al.*, 2001). El aprendizaje, concebido como *adquisición* personal, está siendo complementado por una nueva visión como proceso de *participación* en un hacer colectivo. Lo importante no es el cambio en el aprendiz individual, sino el cambio en los modos de comunicarse con los demás. El nuevo marco de investigación comienza a designarse como discursivo o comunicacional por el énfasis que le atribuyen las investigaciones al lenguaje y a la comunicación, siendo una de las diversas implementaciones posibles del enfoque sociocultural, ligado a la escuela de pensamiento de Vygotsky y a la filosofía de Wittgenstein. Esta aproximación propone una visión del pensamiento humano como algo esencialmente social en sus orígenes y dependiente de factores históricos, culturales y situacionales de manera compleja. Según Sfard (2001) la aproximación comunicacional a la cognición se basa en el principio teórico de que «la comunicación no debería considerarse como una mera ayuda al pensamiento sino casi como equivalente al mismo pensamiento» (p. 13). El pensamiento se concibe como un caso especial de actividad de comunicación y «el aprendizaje matemático significa llegar a dominar un discurso que sea reconocido como matemático por interlocutores expertos» (Kieran *et al.*, 2001, p. 5). El aprendizaje se concibe en términos de discurso, actividad, cultura, práctica, y su desarrollo se centra en las interacciones interpersonales. En el enfoque comunicacional o discursivo la dicotomía entre pensamiento y lenguaje prácticamente desaparece; el lenguaje deja de ser una mera «ventana de la mente», esto es una actividad secundaria del pensamiento que expresa algo ya disponible. Aunque pensamiento y lenguaje se deban considerar como dos entidades diferentes, «ambas se tienen que comprender básicamente como aspectos de un mismo fenómeno, sin que ninguno de ellos sea anterior al otro» (Sfard, 2001, p. 27).

1.4. Dilemas sobre la enseñanza

La enseñanza en las distintas áreas disciplinares, y en particular en las matemáticas, plantea diversos dilemas sobre los cuales los profesores deben tomar decisiones:

- Individualización *vs.* estandarización: Adaptar la enseñanza a las necesidades e intereses de cada estudiante, respetando su ritmo de aprendizaje o asegurar que todos los estudiantes progresen al mismo al mismo tiempo, utilizando un currículo y evaluación uniformes.
- Teoría *vs.* práctica: Enfatizar la comprensión de los conceptos y principios matemáticos o priorizar la aplicación de los conocimientos a situaciones reales y la resolución de problemas.
- Rigor *vs.* creatividad: Primar la exactitud y el rigor académico en la enseñanza de las matemáticas o fomentar la creatividad y la exploración en los estudiantes.

Seguidamente desarrollamos otros dos dilemas sobre los cuales encontramos fuertes controversias: enseñanza centrada en el estudiante o en el profesor.

1.4.1. Enseñanza centrada en el estudiante

La familia de teorías instruccionales basadas en la indagación: «Educación basada en la indagación» (*Inquiry-Based Education*, IBE), «Aprendizaje basado en la indagación» (*Inquiry-Based Learning*, IBL) y «Aprendizaje basado en problemas» (*Problem-Based Learning*, PBL), designan modelos teóricos de instrucción, desarrollados desde diversas disciplinas curriculares. En ellos se atribuye un papel clave a la resolución de problemas «auténticos», bajo un planteamiento constructivista. En algunas aplicaciones al campo de la educación matemática se asume que los estudiantes pueden construir el conocimiento siguiendo las pautas de trabajo de los propios profesionales matemáticos y científicos. El matemático se enfrenta a problemas no rutinarios, explora, busca información, hace conjeturas, justifica y comunica sus resultados a la comunidad científica: el estudio de las matemáticas debería seguir unas pautas similares.

En estas teorías se considera esencial el uso de situaciones-problemas (aplicaciones a la vida cotidiana, a otros campos del saber, o problemas internos a la propia disciplina) para que los estudiantes puedan dar sentido a las estructuras conceptuales que configuran la matemática o la ciencia como una realidad cultural. La formulación de situaciones-problemas «ricas» que requieren del análisis y reflexión sobre la estructura matemática implicada, su solución y comunicación son claves en el desarrollo de la competencia matemática de los estudiantes. Este es el objetivo principal de la tradición denominada *problem solving* (Schoenfeld, 1992), cuyo énfasis se centra en la identificación de heurísticas y estrategias metacognitivas; también de otros modelos teóricos como la Educación Matemática Realista (Freudenthal, 1973; 1991) y la Teoría de Situaciones Didácticas (Brousseau, 2002).

English y Sriraman (2010) informan de diversas reflexiones y evaluaciones de la eficacia de las investigaciones sobre resolución de problemas concluyendo sobre su escasa presencia en la práctica escolar. Estos autores consideran que «Desafortunadamente, faltan estudios que aborden el desarrollo conceptual basado en resolución de problemas en interacción con el desarrollo de competencias de resolución de problemas» (English y Sriraman, 2010, p. 267).

1.4.2. Enseñanza centrada en el profesor

Consideramos como modelos basados en la transmisión del conocimiento las diversas formas de intervención educativa en las cuales prima la instrucción directa y explícita. «Cuando se trata con información nueva, se debería mostrar a los aprendices qué hacer y cómo hacerlo» (Kirschner *et al.*, 2006, p. 79). El uso de ejemplos resueltos constituye un rasgo característico de la instrucción fuertemente guiada, mientras que el descubrimiento de la solución a un problema en un entorno rico en información constituye similarmente el compendio del aprendizaje por descubrimiento mínimamente guiado.

La adopción acrítica de modelos pedagógicos constructivistas puede estar motivada por la observación de la gran cantidad de conocimientos y competencias que el sujeto aprende por descubrimiento o inmersión en un contexto, en particular los conceptos de la vida cotidiana. Sin embargo, Sweller *et al.* (2007) afirman que:

No hay ninguna razón para suponer o evidencia empírica que apoye la noción de que los procedimientos de la enseñanza constructivista basados en la manera en que los humanos adquieren información biológicamente primaria serán efectivos para adquirir la información biológicamente secundaria requerida por los ciudadanos de una sociedad intelectualmente avanzada. Esa información requiere instrucción directa y explícita. (p. 121)

Esta posición concuerda con la tesis sostenida por Vygotsky, de que los conceptos científicos no se desarrollan de la misma manera que los conceptos cotidianos (Vygotsky, 1934). Sweller *et al.* (2007) consideran que proporcionar a los estudiantes un ejemplo completamente resuelto de un problema o tarea, y la información relativa al proceso usado para alcanzar la solución es necesario para el diseño de tareas de aprendizaje idóneas. Estos autores afirman que la investigación empírica del último medio siglo sobre este problema proporciona una abrumadora y clara evidencia de que una mínima guía durante la instrucción es significativamente menos efectiva y eficiente que una guía específicamente diseñada para apoyar el procesamiento cognitivo necesario para el aprendizaje. Resultados similares se reflejan en el metaanálisis de Alfieri *et al.* (2011). Según Kischner *et al.* (2006):

tenemos destreza en un área porque nuestra memoria a largo plazo contiene cantidades enormes de información relativa al área. Esa información nos permite reconocer rápidamente las características de una situación y nos indica, a menudo inconscientemente, qué hacer y cuando hacerlo. (p. 76)

1.5. Dilemas en la evaluación de los procesos educativos-instruccionales

El problema de la evaluación de los conocimientos matemáticos es planteado por Wheeler (1993) desde su dimensión epistemológica. Si necesitamos evaluar el conocimiento matemático de los estudiantes para una multiplicidad de fines, la primera cuestión que debe dilucidarse es la naturaleza del propio conocimiento. La razón que da este autor parece obvia: «¿Cómo podemos evaluar lo que no conocemos?» (p. 87).

Existen tensiones entre la evaluación formativa y la sumativa, en la evaluación del aprendizaje a nivel local (interno al aula) y global (externo) (Stufflebeam *et al.*, 2002). La evaluación sumativa requiere desarrollar instrumentos de medida objetivos que permitan realizar comparaciones entre grupos, escuelas y países para tomar decisiones a nivel macro. Esta evaluación conduce a una reducción de la complejidad, prescindiendo de detalles contextuales, que pueden ser esenciales desde el punto de vista educativo.

El uso de pruebas estandarizadas para evaluar el aprendizaje matemático de los estudiantes se ha generalizado en muchos países. Esto supone imponer una presión sobre las escuelas y profesores para que los estudiantes obtengan altas calificaciones en estos exámenes, implicando una serie de perjuicios ampliamente catalogados. Según Ralston:

> Tres de los peores son la enseñanza para el examen, el énfasis en las matemáticas rutinarias a expensas de los temas avanzados y la resolución de problemas, y la desmesurada cantidad de tiempo que se dedica a preparar estos exámenes, que no solo expulsa las matemáticas importantes de las aulas, sino que a menudo implica una menor atención a las ciencias, la historia y las artes en general. (Ralston, 2006, p. 1651)

La visión del aprendizaje y la enseñanza de las matemáticas ha variado sustancialmente con la incorporación de diferentes enfoques tanto del contenido como de las actividades, y los modos de interacción. Esta visión ampliada debe implicar cambios en los modos de evaluación de los resultados del aprendizaje. Una visión compleja de las matemáticas, del aprendizaje y la enseñanza requiere nuevos enfoques de la evaluación, sobre todo de la formativa realizada por el profesor para intervenir con fundamento en la organización de la enseñanza.

Niss (1993) identifica y discute cuestiones cruciales sobre la evaluación de los aprendizajes de los estudiantes (*assessment*) en educación matemática y las diferentes posiciones hacia ellas de varios educadores matemáticos. Reconoce que la evaluación implica una multitud de profundos y difíciles problemas teóricos y prácticos, teniendo un fuerte impacto en los sujetos evaluados. Reconoce, además que lo que no se evalúa en educación se vuelve invisible o carece de importancia. Concluye formulando el siguiente dilema general sobre la evaluación en educación matemática: «¿Cómo podemos evaluar los componentes esenciales del conocimiento matemático, la comprensión, el pensamiento, la creatividad, la resolución de problemas y la capacidad general sin distorsionarlos gravemente?» (Niss, 1993, p. 27).

1.6. Dilemas en la formación del profesorado de matemáticas

En el campo de investigación sobre la formación y el pensamiento del profesor de matemáticas (Blömeke y Kaiser, 2017; Chapman, 2020; Ponte y Chapman, 2016; Wood, 2008) encontramos diversos modelos teóricos que describen los tipos de conocimientos que los profesores deben poner en juego para favorecer el aprendizaje de los estudiantes. Estos modelos son necesarios para organizar los programas de formación, inicial o permanente, y para evaluar su eficacia. Aunque hay un consenso general en que los profesores deben dominar los contenidos disciplinares correspondientes, no hay un acuerdo similar sobre la manera en que se debe lograr dicho dominio. Se suele reconocer que el conocimiento disciplinar no es suficiente para asegurar competencia profesional, siendo necesarios otros conocimientos de índole psicológica (cómo aprenden los estudiantes, cuáles son las dificultades y errores característicos, sus emociones y actitudes . . .). Los profesores deberían ser capaces también de organizar la enseñanza, diseñar tareas de aprendizaje significativas, usar los recursos adecuados, y comprender los factores que condicionan los procesos educativos-instruccionales.

El trabajo de Shulman (1986) fue pionero en llamar la atención sobre el carácter específico del conocimiento del contenido para la enseñanza. Introdujo el constructo «conocimiento pedagógico del contenido» (*Pedagogical Content Knowledge*, PCK), siendo aceptado ampliamente como relevante para la formación de profesores. El PCK ha sido interpretado y adaptado al caso de las matemáticas por diversos autores (Scheiner *et al.*, 2019). La noción de «conocimiento matemático para la enseñanza» elaborada en diversos trabajos de Ball y colaboradores (Ball, 2000; Ball *et al.*, 2001) asume y desarrolla el trabajo de Shulman a partir de la observación del trabajo de los profesores en el aula de matemáticas. No obstante, como afirman Graeber y Tirosh (2008, p. 124): «El hecho de que muchos investigadores no ofrecen una descripción precisa y compartida del PCK (conocimiento pedagógico del contenido) sino más bien intentan caracterizarlo con listas o ejemplos es una indicación de que el concepto está aún mal definido». Similares limitaciones encuentran Silverman y Thompson (2008) para la noción de MKT (conocimiento matemático para la enseñanza):

> Aunque el conocimiento matemático para la enseñanza ha comenzado a ganar atención como un concepto importante en la comunidad de investigación sobre formación de profesores, hay una comprensión limitada de lo que sea, cómo se puede reconocer, y cómo se puede desarrollar en la mente de los profesores. (p. 499)

La búsqueda de lo que significa el carácter especializado del conocimiento del profesor de matemáticas continúa siendo un tema importante en este campo de investigación (Scheiner *et al.*, 2019). Desde nuestro punto de vista, los modelos de «conocimiento matemático para la enseñanza» elaborados desde las investigaciones en educación matemática, incluyen categorías muy generales. Consideramos que sería útil disponer de modelos que permitan un análisis más detallado de cada uno de los tipos de conocimientos que se ponen en juego en una enseñanza efectiva de las matemáticas. Ello permitiría orientar el diseño de acciones formativas y la elaboración de instrumentos de evaluación de los conocimientos del profesor de matemáticas.

En estudios internacionales (Even y Ball, 2009) se concluye que la formación de los profesores de matemáticas debería estar relacionada con la práctica de la enseñanza. Sugerimos a continuación tres cuestiones principales que podrían beneficiarse de unas conexiones internacionales más fuertes y sistemáticas centradas en la mejora de la formación y el desarrollo profesional de los profesores. El primero es la necesidad de centrar la formación de los profesores en la práctica, y el problema de hacerlo con eficacia (Ball y Even, 2009, p. 255), en particular, articular las visiones personales de los profesores provenientes de su experiencia práctica con los enfoques derivados de la investigación (Potari, 2013). Las otras dos áreas problemáticas que mencionan Ball y Even son el problema de la formación de formadores de profesores y el desarrollo de instrumentos válidos para evaluar el aprendizaje de los profesores. Para abordar estos problemas es necesario elaborar modelos teóricos que tengan en cuenta la especificidad y complejidad de facetas y componentes que intervienen en los procesos educativos-instruccionales, tanto referidos al contenido matemático como al contenido didáctico-matemático que deben conocer y dominar los profesores, y en consecuencia los formadores de profesores.

1.7. Emergencia y desarrollo del EOS

A comienzo de la década de los 90 y en el contexto de un curso de «Teoría de la Educación Matemática» de un programa de doctorado de la Universidad de Granada, tomamos conciencia de la necesidad de clarificar nociones fundamentales del área para estudiar los fenómenos cognitivos que se describían con diferentes modelos: conocimientos, saberes, concepciones, conceptos, esquemas, invariantes operatorios, significados, praxeologías, etc. El reconocimiento de la disparidad de dichos constructos, formulados en teorías tales como Teoría de las Situaciones Didácticas (Brousseau, 2002); Campos Conceptuales (Vergnaud, 1990), Registros de Representación Semiótica (Duval, 1995) y Teoría Antropológica de lo Didáctico (Chevallard, 1992), motivaron las indagaciones que dieron lugar a los primeros trabajos del EOS.

El problema que originó una primera etapa en la elaboración del EOS fue la clarificación de la noción de significado de un objeto matemático y su relación con otros constructos como concepto y concepción y comprensión (Godino y Batanero, 1994). La distinción entre los aspectos personales y los institucionales para la noción de significado fue esencial para articular las aproximaciones epistemológicas y cognitivas en educación matemática.

Considerando que el problema epistémico-cognitivo no puede desligarse del ontológico y semiótico, en la segunda etapa (a partir de 1998), se amplió el marco teórico (Godino, 2002) para describir la actividad matemática y los procesos de comunicación de sus producciones. En esta extensión progresamos en el desarrollo de una ontología y una semiótica específica para estudiar los procesos de interpretación de los sistemas de signos matemáticos puestos en juego en la interacción didáctica. El desarrollo de una teoría del conocimiento matemático sobre bases antropológicas (Wittgenstein, 1953), pragmatistas (Peirce, 1931-58) y semióticas (Hjelmslev, 1943) aportó elementos de articulación entre las teorías del aprendizaje y la enseñanza de las matemáticas.

En etapas posteriores aplicamos el EOS para elaborar herramientas de análisis y diseño de procesos educativo-instruccionales (Godino et al., 2006), incluyendo trabajos para el estudio de la dimensión normativa y metanormativa (D'Amore et al., 2007; Godino et al., 2009;), la elaboración de la herramienta idoneidad didáctica (Godino et al., 2006; Godino, 2013) que incluye un sistema de criterios para la evaluación integral de los procesos de enseñanza y aprendizaje, y un modelo de conocimientos y competencias del profesor de matemáticas (Godino, 2009; Godino et al., 2017).

El sistema de herramientas teóricas del EOS se ha aplicado en la investigación didáctica sobre contenidos matemáticos específicos: aritmética, álgebra, geometría, estadística, entre otros temas. En el repositorio web del EOS, disponible en https://enfoqueontosemiotico. ugr.es, se incluyen las principales publicaciones realizadas sobre estos temas, así como la colección de más de 100 tesis doctorales que han usado el EOS como marco teórico de referencia. El desarrollo y aplicación del EOS se ha realizado en el marco de diversos proyectos de investigación y programas de posgrado en diferentes universidades.

La construcción del EOS puede considerarse como una versión de aprendizaje expansivo. Engeström (1987) propone que el aprendizaje, en el marco del CHAT, no solo implica la asimilación de conocimientos existentes, sino también la creación de nuevos conocimientos y prácticas. El sujeto colectivo formado por las personas interesadas en el desarrollo del EOS se nutre de herramientas desarrolladas en otros sistemas de actividad (teorías). Sin embargo, a través de acciones colaborativas y socialmente mediadas, busca expandir las actividades originales, generando nuevos conceptos, herramientas y formas de abordar la investigación en educación matemática. En lugar de adoptar acríticamente otras teorías existentes, el sujeto colectivo EOS busca activamente contribuir a la transformación de sus entornos de aprendizaje.

1.8. Estructura del libro

Como hemos visto anteriormente, en la educación matemática se deben abordar cuestiones de naturaleza diversa epistemológica, semiótica, diseño educativo, evaluación y formación de profesores. Esto lleva al EOS a elaborar cinco teorías (Figura 1.1.) para abordar los problemas específicos que se plantean en las distintas actividades que configuran la educación matemática. Entendemos una teoría como un sistema de herramientas (conceptos, principios y métodos) que se utilizan para responder un conjunto de cuestiones propias de un campo de indagación.

Seguidamente sintetizamos las principales características de las cinco teorías descritas con detalle en los capítulos 2 a 6, así como su articulación en el sistema teórico EOS, que presentamos en el capítulo 7. En cada capítulo incluimos los antecedentes específicos, supuestos y herramientas teóricas elaboradas, concordancias y complementariedades con otras teorías, así como ejemplos de su aplicación. El contenido de cada capítulo está basado sustancialmente en artículos previamente publicados en revistas con la colaboración de diversos autores. Citamos estas fuentes documentales cuando corresponde.

No obstante, la superación de las limitaciones de espacio propias de los artículos científicos, que permite la redacción de un libro, hace posible ampliar la descripción de los antecedentes, supuestos y constructos y, sobre todo, presentar una visión global y articulada de las teorías parciales que componen el sistema teórico del EOS.

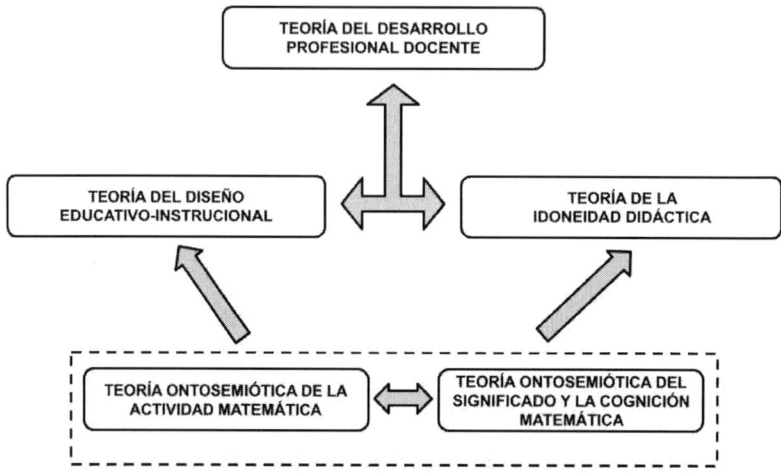

Figura 1.1. Sistema teórico EOS

Capítulo 2: Teoría ontosemiótica de la actividad matemática

La teoría ontosemiótica de la actividad matemática aporta supuestos y herramientas teóricas para el análisis de la actividad matemática, tanto profesional como escolar, así como los objetos que intervienen y emergen de dicha actividad. Proporciona una visión propia de la emergencia del conocimiento matemático adaptada al contexto educativo, con rasgos transdisciplinares al abordar dilemas en las teorías epistemológicas y ontológicas implicadas en la educación matemática. Esta visión complementa la perspectiva lógica-formal, propia de los contextos de creación y justificación del conocimiento matemático, con la concepción empirista-factual ligada a los contextos de aplicación. Los postulados de esta teoría son:

- La matemática es una actividad humana centrada en la resolución de cierta clase de situaciones-problemas.
- Las prácticas matemáticas pueden ser idiosincrásicas de una persona o compartidas en el seno de una institución.
- La resolución de problemas se realiza mediante la articulación de secuencias de prácticas.
- En las prácticas matemáticas intervienen diversas clases de objetos que cumplen diferentes roles: instrumental /representacional; regulativo (fijación de reglas sobre las prácticas), explicativo, justificativo.

Capítulo 3: Teoría ontosemiótica del significado y la cognición matemática

La teoría ontosemiótica del significado y la cognición matemática desarrolla una visión global del significado de los objetos matemáticos como base de la cognición matemática, tanto desde el punto de vista individual (personal) como social (institucional). El significado se concibe como el contenido de cualquier función semiótica, entendida como relación entre dos objetos (funtivos), uno funcionando como expresión (significante) y otro como contenido (significado), relacionados según un criterio o regla de correspondencia (interpretante). Los funtivos pueden ser los elementos de los diversos lenguajes usados en la práctica matemática y los demás tipos de objetos de la ontología del EOS (conceptos, proposiciones, procedimientos, argumentos), incluyendo los propios sistemas de prácticas. De este modo, la teoría articula supuestos realistas (referenciales) y pragmáticos (operacionales) sobre el significado. El constructo función semiótica sirve de base para definir el conocimiento y comprensión de las matemáticas en términos de las tramas de funciones semióticas que un sujeto (persona o institución) es capaz de establecer entre los objetos implicados en las prácticas requeridas para la solución de problemas.

Capítulo 4: Teoría del diseño educativo-instruccional en matemáticas

La teoría del diseño educativo-instruccional en matemáticas aporta supuestos y herramientas teóricas para el diseño de procesos de enseñanza y aprendizaje de las matemáticas basados en la teoría específica sobre la actividad matemática y el significado de los objetos emergentes que propone el EOS. Incluye un modelo de estructura y dinámica de los procesos educativos que tiene en cuenta las diversas facetas y componentes que caracterizan dichos procesos. Propone un modelo de categorías de las normas y metanormas, que permite explicar fenómenos didácticos y da pautas para la optimización de los procesos educativos. Los constructos configuración y trayectoria didáctica permiten hacer análisis detallados (descriptivos y explicativos) del diseño e implementación de los procesos educativos. Complementados con el postulado de complejidad ontosemiótica del contenido y el constructo idoneidad didáctica, que se desarrolla en el Capítulo 5 permiten elaborar un modelo didáctico mixto para abordar el dilema entre los modelos constructivista (indagativos) y objetivistas (transmisivos) para optimizar el aprendizaje matemático.

Capítulo 5: Teoría de la idoneidad didáctica

Elabora un sistema de criterios para la optimización local del diseño, implementación y evaluación de los procesos educativos-instruccionales en matemáticas, basados en los supuestos y constructos del EOS. Se formulan criterios (juicios de valor) sobre las acciones didácticas preferentes que se realizan en las distintas facetas y componentes que estructuran los procesos educativos (epistémica, ecológica, mediacional, interaccional, cognitiva y afectiva).

Capítulo 6: Teoría del desarrollo profesional docente

Elabora un modelo de conocimientos y competencias didáctico-matemáticas del profesor de matemáticas basado en la estructura de los procesos educativo-instruccionales y en los criterios de idoneidad didáctica. También desarrolla un sistema de principios o criterios de idoneidad de los programas y acciones formativas de profesores de matemáticas, teniendo en cuenta las facetas, componentes y subcomponentes de los procesos educativos-instruccionales, así como las actividades de fundamentación, diseño, planificación y evaluación de dichos procesos. El sistema de criterios se formula en términos de juicios de valor, esto es, como acciones que el docente y el formador de profesores deberían realizar para optimizar los procesos formativos, incorporando un sistema de conocimientos, disposiciones y competencias del formador implicados en las acciones.

Capítulo 7: El sistema teórico EOS

Se resume el sistema teórico EOS para la educación matemática, que trata de aportar constructos, principios y herramientas metodológicas para estudiar y comprender la naturaleza de la actividad matemática, el conocimiento matemático, así como los procesos de enseñanza y aprendizaje de las matemáticas. Este componente científico (descriptivo, explicativo y predictivo) sobre la educación matemática se complementa con otro tecnológico (prescriptivo) formado por un sistema de criterios o normas para optimizar el diseño, implementación y evaluación de los procesos educativo-instruccionales y un modelo de desarrollo profesional docente.

Cada capítulo incluye el listado de referencias bibliográficas para facilitar su lectura independiente.

Referencias

Alfieri, L., Brooks, P. J., Aldrich, N. J. y Tenenbaum, H. R. (2011). Does discovery-based instruction enhance learning? *Journal of Educational Psychology, 103*(1), 1-18.

Ball, D. L. (2000). Bridging practices: Intertwining content and pedagogy in teaching and learning to teach. *Journal of Teacher Education, 51,* 241-247.

Ball, D. L., Lubienski, S. T. y Mewborn, D. S. (2001). Research on teaching mathe-matics: The unsolved problem of teachers' mathematical knowledge. En V. Richardson (Ed.), *Handbook of research on teaching* (4th ed., pp. 433-456). American Educational Research Association.

Ball, D. L. y Even, R. (2009). Strengthening practice in and research on the pro-fessional education and development of teachers of mathematics: next steps. En R. Even y D. L. Ball (Eds), *The Professional Education and Development of Teachers of Mathematics. The 15th ICMI Study.* Springer.

Brousseau, G. (1989). La tour de Babel. Etudes en Didactique des Mathémati-ques. *Article occasionnel n. 2.* IREM de Bordeau.

Brousseau, B. (2002). *Theory of didactical situations in mathematics.* Kluwer A. P.

Blömeke, S., y Kaiser, G. (2017). Understanding the development of teachers' professional competencies as personally, situationally, and socially determi-ned. En D. J. Clandinin y J. Husu (Eds.). *International handbook of research on teacher education* (pp. 783-802). Sage.

Bloor, D. (1983). *Wittgenstein A social theory of knowledge.* London: The Macmi-llan Press.

Bueno, O. (2020). Nominalism in the philosophy of mathematics. The Stanford Encyclopedia of Philosophy (Fall 2020 Edition). E. N. Zalta (Ed.). https://plato.stanford.edu/archives/fall2020/entries/nominalism-mathematics

Bunge, M. (1998). *Las ciencias sociales en discusión: una perspectiva filosófica.* Editorial Sudamericana.

Chapman, O. (Ed.). (2020). *International handbook of mathematics teacher educa-tion* (2nd ed.). Brill.

Chevallard, Y. (1992). Concepts fondamentaux de la didactique: perspectives apportées par une approche anthropologique. *Recherches en Didactique des Mathématiques, 12* (1), 73-112.

Cobb, P., Yackel y McClain, K., (Eds.) (2000). *Symbolizing and communicating in mathematics classrooms.* Lawrence Erlbaum.

D'Amore, B., Font, V. y Godino, J. D. (2007). La dimensión metadidáctica en los procesos de enseñanza y aprendizaje de las matemáticas. *Paradigma, 28*(2), 49-77.

Duval, R. (1996). Quel cognitif retenir en didactique des mathématiques? *Recherches en Didactique des Mathématiques, 16* (3), 349-382.

Engeström, Y. (1987). *Learning by expanding: An activity-theoretical approach to developmental research.* Cambridge University Press.

Engeström, Y., y Sannino, A. (2021). From mediated actions to heterogeneous coalitions: four generations of activity-theoretical studies of work and learning. *Mind, Culture, and Activity, 28,* 1, 4-23.

English, L. y Sriraman, B. (2010). Problem solving for the 21st century. En B. Sriraman y L. English (Eds), *Theories of mathematics education* (pp. 263-289). Springer.

Ernest, P. (1994). Varieties of constructivism: Their metaphors, epistemologies, and pedagogical implications. *Hiroshima Journal of Mathematics Education, 2*(2).

Ernest, P. (2010). Reflections on theories of learning. En, B. Sriraman y L. English (Eds), *Teories of mathematics education. Seeking new frontiers* (pp. 39-47). Heidelger: Springer.

Ernest, P. (2018). The philosophy of mathematics education: An overview. En P. Ernest (Ed.). *The Philosophy of Mathematics Education Today* (pp. 13-35). Springer.

Even, R., y Ball, D. L. (Eds.) (2009). *The professional education and development of teachers of mathematics.* The 15th ICMI Study. Springer.

Font, V., Godino, J. D., y D'Amore, B. (2010). Representations in Matematics Education: an onto-semiotic approach. *Jornal Internacional de Estudos em Educação Matemática, 2*(1), 58-86.

Font, V., Godino, J. D. y Gallardo, J. (2013). The emergence of objects from mathematical practices. *Educational Studies in Mathematics, 82,* 97-124.

Freudenthal, H. (1973). *Mathematics as an educational task.* Reidel.

Freudenthal, H. (1991). *Revisiting mathematics education.* Kluwer AC.

Gascón, J. y Nicolás, P. (2017). Can didactics say how to teach? The beginning of a dialogue between the anthropological theory of the didactic and other approaches. *For the Learning of Mathematics, 37*(3), 26-30.

Glasersfeld, E. von (1989). Constructivism in education. En T. Husen y N. Postlethwaite (Eds.). *International Encyclopedia of Education.* (Supplementary Vol.) (pp. 162-163). Pergamon.

Godino, J. D. (2002). Un enfoque ontológico y semiótico de la cognición matemática. *Recherches en Didactiques des Mathematiques, 22* (2/3), 237-284.

Godino, J. D. (2009). Categorías de análisis de los conocimientos del profesor de matemáticas. *UNIÓN, Revista Iberoamericana de Educación Matemática, 20,* 13-31.

Godino, J. D. (2013). Indicadores de la idoneidad didáctica de procesos de enseñanza y aprendizaje de las matemáticas. *Cuadernos de Investigación y Formación en Educación Matemática, 11,* 111-132.

Godino, J. D. y Batanero, C. (1994). Significado institucional y personal de los objetos matemáticos. *Recherches en Didactique des Mathématiques, 14* (3), 325-355.

Godino, J. D. Batanero, C. y Font, V. (2007). The onto-semiotic approach to research in mathematics education. *ZDM. The International Journal on Mathematics Education, 39* (1-2), 127-135.

Godino, J. D., Batanero, C. y Font, V. (2020). El enfoque ontosemiótico: Implicaciones sobre el carácter prescriptivo de la didáctica. *Revista Chilena de Educación Matemática, 12* (2), 3-15.

Godino, J. D., Contreras, A. y Font, V. (2006). Análisis de procesos de instrucción basado en el enfoque ontológico-semiótico de la cognición matemática. *Recherches en Didactiques des Mathematiques, 26* (1), 39-88.

Godino, J. D., Font, V., Wilhelmi, M. R., y Castro, C. de (2009). Aproximación a la dimensión normativa en Didáctica de la Matemática desde un enfoque ontosemiótico. *Enseñanza de las Ciencias, 27*(1), 59-76.

Godino, J. D., Giacomone, B., Batanero, C., y Font, V. (2017). Enfoque ontosemiótico de los conocimientos y competencias del profesor de matemáticas. *Bolema, 31* (57), 90-113.

Goldin, G. (1998). Representations and the psychology of mathematics education: part II. *Journal of Mathematical Behaviour, 17*(2), 135-165.

Goldin, G. A. (2020). Mathematical representations. En S. Lerman (Ed.) *Encyclopedia of Mathematics Education.* Springer. https://doi.org/10.1007/978-3-030-15789-0_103 .

Graeber, A. y Tirosh, D. (2008). Pedagogical content knowledge. Useful concept or elusive notion. En P. Sullivan y T. Woods (Eds.). *Knowledge and Beliefs in Mathematics Teaching and Teaching Development* (pp. 117-132). Sense Publishers.

Hjelmslev, L. (1943). *Prolegomena to a theory of language.* The University of Wisconsin Press, 1969.

Janvier, C. (Ed.) (1987). *Problems of representation in the teaching and learning of mathematics.* Lawrence Erlbaum.

Johnson, M. (1987). *The body in the mind: The bodily basis of meaning, imagination and reason.* University of Chicago Press.

Kieran, C., Forman, E. y Sfard, A. (2001). Learning discourse: Sociocultural approaches to research in mathematics education. *Educational Studies in Mathematics 46,* 1-12.

Kilpatrick, J. (2008). The development of mathematics education as an academic field. *Plenary at the Symposium on the Occasion of the 100th Anniversary of ICMI,* Rome, 5-8 March 2008. http://citeseerx.ist.psu.edu/ viewdoc/download?doi=10.1.1.586.7306&rep=rep1&type=pdf.

Kirschner, P. A., Sweller, J., y Clark, R. E. (2006). Why minimal guidance during instruction does not work: An analysis of the failure of constructivist, discovery, problem-based, experiential, and inquiry-based teaching. *Educational Psychologist, 41*(2), 75-86.

Lakoff, G. y Johnson, M. (1980). *Metaphors we live by.* University of Chicago Press.

Lakoff, G. y Núñez, R. E. (2000). *Were mathematics comes from: How the embodied mind brings mathematics into being.* Basic Books.

Lesh, R. y Sriraman, B. (2010). Re-conceptualizing mathematics education as a design science. En B. Sriraman y L. English (eds), *Theories of mathematics education. Seeing new frontiers.* (pp. 123-146). Springer.

Linnebo, Ø. (2009). Platonism in the philosophy of mathematics. In E. N. Zalta (Ed.), *The Stanford encyclopedia of philosophy.* Retrieved 11 April 2012 from http://plato.stanford.edu/entries/platonism-mathematics/

Niss, M. (1993). Assessment in mathematics education and its effects: An introduction. In M. Niss (Ed.). *Investigations into Assessment in Mathematics Education: An ICMI Study* (pp. 1-30). Springer.

Núñez, I. (2009). Activity theory and the utilisation of the activity system according to the mathematics educational community. *Educate* (Special issue, December 2009), 7-20. http://www.educatejournal.org/ 7

Peirce, Ch. S. (1958). *Collected papers of Charles Sanders Peirce.* 1931-1935. Harvard UP.

Ponte, J. P., y Chapman, O. (2016). Prospective mathematics teachers' learning and knowledge for teaching. En L. D. English y D. Kirshner (Eds.). *Handbook of international research in mathematics education* (3rd ed., pp. 275-296). Routledge.

Potari, D. (2013). The relationship of theory and practice in mathematics teacher professional development: an activity theory perspective. *ZDM Mathematics Education, 45,* 507-519. DOI 10.1007/s11858-013-0498-2.

Presmeg, N. (2014). Semiotic in mathematics education. En S. Lerman (Ed.), *Encyclopedia of Mathematics Education.* (pp. 538-542). Springer.

Roth, W-M. y Lee, Y-J. (2007). Vygotsky's neglected legacy: cultural-historical activity theory. *Review of Educational Research, 77*(2), 186-232. https://doi.org/10.3102/0034654306298273

Ruthven, K. (2014). From networked theories to modular tools? En A. BiknerAhsbahs. y S. Prediger (Eds.). *Networking of theories as a research practice in mathematics education* (pp. 267-279). Springer.

Scheiner, T., Montes, M. A., Godino, J. D., Carrillo, J., y Pino-Fan, L. R. (2019). What makes mathematics teacher knowledge specialized? Offering alternative views. *International Journal of Science and Mathematics Education, 17,* 153-172.

Schoenfeld, A. H. (1992). Learning to think mathematically: Problem solving, metacognition, and sense-making in mathematics. En D. Grouws (Ed.), *Handbook for research on mathematics teaching and learning* (pp. 334-370). MacMillan.

Silverman, J. y Thompson, P. W. (2008). Toward a framework for the development of mathematical knowledge for teaching. *Journal of Mathematics Teacher Education, 11,* 499-511.

Sfard, A. (2001). There is more to discourse than meets the ears: Looking at thinking as communicating to learn more about mathematical learning. *Educational Studies in Mathematics, 46,* 13-57.

Shulman, L. S. (1986). Those who understand: Knowledge growth in teaching. *Educational Researcher, 15*(2), 4-14.

Steiner, H.G. (1985). Theory of mathematics education (TME): an introduction. *For the Learning of Mathematics, 5* (2), 11-17.

Stufflebeam, D. L., Madaus, G. F. y Kellaghan, Th. (2002). *Evaluation models. Viewpoints on educational and human services evaluation.* Kluwer.

Sweller, J., Kirschner, P. A., y Clark, R. E. (2007). Why minimally guided teaching techniques do not work: A reply to commentaries. *Educational Psychologist, 42*(2), 115-121.

Vergnaud, G. (1990). La théorie des champs conceptuels. *Recherches en Didactique des Mathématiques, 10*(2-3), 133-170.

Vygotsky, L. S. (1934). *Pensamiento y lenguaje.* |Obras escogidas II, pp. 9-287|. Visor, 1993.

Wittgenstein, L. (1953). *Investigaciones filosóficas.* Crítica, 1973.

Wheeler, D. (1993). Epistemological Issues and Challenges to Assessment: What is Mathematical Knowledge? En M. Niss (Ed.), *Investigations into Assessment in Mathematics Education: An ICMI Study.* Kluwer Academic Publishers.

Wood, T. (Ed.) (2008). *The international handbook of mathematics teacher education.* Sense Publishers.

Capítulo 2

Teoría ontosemiótica de la actividad matemática

Introducción

La reflexión filosófica sobre los fundamentos de la educación matemática como disciplina científica y tecnológica es esencial para orientar adecuadamente la investigación, ya que condiciona la formulación de las cuestiones que se deben abordar en el área y el diseño de modelos y recursos instruccionales. Así mismo, para comprender y optimizar los procesos de enseñanza y aprendizaje de las matemáticas es necesario indagar cuestiones de índole epistemológica sobre las matemáticas, como propone la Didáctica Fundamental (Gascón, 1998), y también cuestiones ontológicas, semióticas, cognitivas, sociológicas, entre otras. Clarificar la naturaleza de las matemáticas, tanto en los contextos de usos formales de creación y justificación del conocimiento matemático, como aplicados a la solución de problemas científicos, tecnológicos y de la vida cotidiana, es esencial para la educación matemática. Pero esta clarificación es insuficiente, ya que el estudio de los procesos de aprendizaje y difusión de las matemáticas requiere tener en cuenta aspectos psicológicos, pedagógicos, sociológicos, entre otros. En consecuencia, parece necesario adoptar una perspectiva transdisciplinar para la educación matemática (Arboledas y Castrillón, 2007; Steiner, 1985).

La diversidad de teorías, así como los dilemas y contradicciones existentes entre las mismas constituye el trasfondo en el que el EOS ha generado una nueva visión sobre el conocimiento matemático, adaptada al contexto educativo y con rasgos transdisciplinares. En el EOS se asume que para poder comprender e intervenir de manera fundamentada en los procesos educativos-instruccionales es necesario ocuparse de problemas empíricos que son propios de la psicología y pedagogía de las matemáticas, tales como, ¿cómo aprendemos las ideas matemáticas y cómo podemos ayudar a aprenderlas? Pero estas cuestiones deben ser abordadas de manera integrada con otras propiamente filosóficas como, ¿cuál es la naturaleza de los objetos matemáticos y en qué se diferencian de los objetos materiales?, ¿cómo existen los objetos matemáticos?, ¿qué es la verdad matemática?, ¿qué es la demostración matemática? En definitiva, qué es y cómo surge el conocimiento matemático (Leng *et al.*, 2007; Shapiro, 2004).

En este capítulo describimos las herramientas teóricas desarrolladas en el EOS para abordar el análisis de la actividad matemática y los objetos que intervienen y emergen en dicha actividad, indicando las corrientes en filosofía de las matemáticas y otras disciplinas en que se apoyan. Previamente, en la Sección 2.1, introducimos el constructo *matemática educativa*, para distinguir, sin separarlas, las matemáticas puras y las aplicadas cuando se aborda el estudio de la educación matemática. Reconocer las características específicas de la matemática educativa como una variedad ecológica de matemáticas, en la que el razonamiento formal convive de manera simbiótica con el empírico-intuitivo, es importante para comprender los procesos de aprendizaje y diseñar intervenciones educativas fundamentadas. Seguidamente, en la Sección 2.2 sintetizamos las principales escuelas de filosofía de las matemáticas sobre las cuales proyectaremos la aproximación ontosemiótica a la actividad matemática y los objetos emergentes. En la Sección 2.3 mostraremos que el constructo *configuración de prácticas, objetos y procesos* (configuración ontosemiótica) permite articular de manera coherente elementos básicos de una filosofía de la matemática educativa, imbricada con una psicología y sociología.

La configuración ontosemiótica condensa la visión que propone el EOS de la matemática como actividad (Sección 2.4), como sistema de objetos y procesos (Sección 2.5) y como sistema de signos (Sección 2.6). Los procesos de idealización, generalización y objetivación que abordamos en la Sección 2.7, son usados para caracterizar la abstracción matemática en el marco del EOS (Sección 2.8). En la Sección 2.9 describimos concordancias y complementariedades de la teoría ontosemiótica de la actividad matemática con otros marcos teóricos usados en educación matemática. Seguidamente, en la Sección 2.10 describimos un ejemplo de aplicación de la teoría: el modelo de niveles de razonamiento algebraico basado en EOS. En la Sección 2.11 incluimos una síntesis de la teoría ontosemiótica de la actividad matemática siguiendo la guía (adaptada) para la descripción de teorías en ciencias sociales y del comportamiento que proponen Michie *et al.* (2014).

2.1. Caracterización de la matemática educativa[1]

Para abordar de manera fundamentada los problemas de la enseñanza y aprendizaje de las matemáticas es esencial clarificar las características específicas de las matemáticas puras y aplicadas, así como de las relaciones entre las mismas. Este análisis revela la emergencia de una variedad ecológica de matemáticas (Godino, 1994) que designamos como *matemática educativa*. Es necesario distinguir entre la dimensión formal (teórica) y la factual (empírica) de la matemática educativa, lo cual no implica considerarlas como separadas, sino reconocer que mantienen estrechas relaciones simbióticas cuando estamos interesados en los procesos de generación y aprendizaje del conocimiento matemático. Por ello, el significado que atribuimos a «matemática educativa» difiere sustancialmente de su uso en algunas comunidades de educación matemática, en las que se considera como

---

[1]   El contenido de esta sección 2.1 y la siguiente 2.2 está basado en el artículo Godino (2023).

sinónimo de educación matemática o didáctica de la matemática, como lo expresan Cantoral y Farfán (2003): «La matemática educativa es entonces una disciplina del conocimiento cuyo origen se remonta a la segunda mitad del siglo veinte y que, en términos generales, podríamos decir se ocupa del estudio de los fenómenos didácticos ligados al saber matemático» (p. 29).

Seguidamente clarificamos las características de las matemáticas puras y aplicadas apoyándonos principalmente en Bunge (1985). Podemos describir las matemáticas puras contemporáneas, también designadas como abstractas, formales o axiomáticas (Marquis, 2014), como la investigación por medios teóricos, de problemas sobre sistemas conceptuales, o sus partes, con el objetivo de encontrar patrones que satisfacen tales objetos, hallazgo que se debe justificar solo por una demostración rigurosa. En la matemática, como una ciencia formal, intervienen símbolos y constructos, pero no objetos empíricos ni factuales (hechos, cosas, propiedades de cosas y acontecimientos). Por otro lado, las matemáticas aplicadas tratan de problemas que surgen en la ciencia fáctica, la tecnología o las humanidades, con la ayuda de constructos que pertenecen a la matemática pura. La matemática aplicada se distingue entonces de la matemática pura por:

- El origen de los problemas, que es extramatemático en el primer caso e interno en el segundo.
- Los referentes últimos, que son cosas reales en el caso de la matemática aplicada, y constructos en el otro caso.
- El objetivo, que es ayudar a las disciplinas no matemáticas en el primer caso, y hacer avanzar la matemática pura en el segundo.

Un problema pertenece a la matemática formal cuando su solución requiere pruebas o refutaciones formales (es decir, no empíricas). La matemática aplicada hace uso de constructos y modelos formales, pero también artefactos y constructos empíricos. A estos dos contextos, Echeverría (2007) añade el contexto de la educación y difusión del conocimiento como ámbito de reflexión en filosofía de la ciencia, ya que constituye un componente fundamental de la actividad científica, tomada en toda su extensión.

En el contexto educativo se aborda el estudio de problemas, tanto del mundo extramatemático como del intramatemático, incluso desde los primeros niveles. Por ejemplo, el aprendizaje de los números naturales se comienza con problemas de conteo, de asignar un número al cardinal de conjuntos de objetos perceptibles. Pero esto requiere el aprendizaje simultáneo de una estructura matemática, la secuencia de palabras y símbolos numéricos y los principios del conteo, lo cual indica una primera interconexión de lo formal y aplicado en la matemática educativa. En los problemas aplicados intervienen objetos factuales y comprobaciones empíricas, que deben ser diferenciados de los constructos formales y de las reglas convencionales mediante las cuales se operan y justifican.

En la matemática educativa se estudian no solo proposiciones de razón, esto es constructos (objetos conceptuales, como números o triángulos), que corresponden a la matemática pura, sino también proposiciones de hecho que refieren a cosas concretas (reales, materiales) como tamaños o dimensiones de cosas con forma triangular. En la enseñanza de las matemáticas es necesario poner sumo cuidado en que los estudiantes no confundan los objetos matemáticos con sus representaciones materiales o simbólicas. Esto no tiene importancia en las aplicaciones de las matemáticas, ni tampoco en la matemática pura, que solo se ocupa de entidades abstractas. También los procedimientos de justificación en la matemática educativa son diferentes porque no solo se usan procedimientos lógicos y deductivos, sino también la analogía, la metáfora, la inducción y el razonamiento plausible (English, 1997). Especial cuidado se tiene en distinguir entre justificaciones empíricas y las deducciones a partir de definiciones y postulados.

Como síntesis, podemos decir que la matemática pura es una actividad que tiene como objeto la creación de modelos matemáticos para abordar la solución de problemas cada vez más generales, para lo cual desarrollan constructos y teorías con progresivos niveles de abstracción y formalización. El objeto de la matemática aplicada es la solución de problemas específicos en las ciencias empíricas, las tecnologías y ciencias sociales aplicando modelos matemáticos disponibles. El objeto de la matemática educativa es el estudio de las relaciones dialécticas entre la matemáticas pura y aplicada, entre los procesos de creación y aplicación de los conocimientos matemáticos, en cuanto deben ser objeto de enseñanza y aprendizaje. En consecuencia, la matemática educativa no solo debe estudiar el proceso de abstracción (progresiva generalización, síntesis y formalización), sino también por el proceso inverso de interpretación (análisis, particularización y concreción), así como de las relaciones dialécticas entre los mismos.

2.2. Filosofías de las matemáticas

Las filosofías de las matemáticas que se han desarrollado en los últimos veinticinco siglos abordan aspectos como los siguientes:
- Ontología: cuestiones sobre el estatus ontológico de los objetos matemáticos.
- Semántica: cuestiones de sentido, de referencia y de verdad en matemáticas.
- Epistemología: cuestiones sobre la naturaleza y las fuentes del conocimiento matemático.
- Metodología: cuestiones de justificación (en particular prueba) y aplicación.

Sin duda estas cuestiones son esenciales y características de la filosofía de las matemáticas puras y aplicadas y también para la matemática educativa, aunque en este caso están entrelazadas con otras cuestiones relativas al aprendizaje y la enseñanza en los distintos contextos y niveles educativos. La Tabla 2.1 resume los principios típicos de cinco filosofías de las matemáticas ampliamente reconocidas (Bunge, 1985, p. 120).

Tabla 2.1. *Principios de cinco filosofías de las matemáticas*

Filoso-fía	Objeto matemá-tico	Modo de introduc-ción	Significa-do	Verdad	Conoci-miento matemático	Actividad matemática
Plato-nismo	Ideal auto-existente	Descubri-miento	No contra-dicción	Formal	*A priori* y conceptual	Deductiva
Nomi-nalismo	Símbolos	Convencio-nes	Ninguno	Conven-ción	Ninguno	Manipulación formal de símbolos
Intui-cionis-mo	Construc-ciones mentales	Invención	Reduci-bilidad a enteros positivos	Reduci-bilidad a cálculo numérico	*A priori* e intuitivo	Intuitiva y racional
Empi-rismo	Mental	Descubri-miento	Refe-rencia a experiencia	Empírica	Empírico	Ensayo y error, racional y empírico
Mate-rialismo concep-tualista y ficcio-nista	Ficciones (clases de procesos cerebrales)	Invención y descubri-miento	Referencia conceptual y sentido contextual	Formal	*A priori* y conceptual	Abstracción, generaliza-ción, ensayo y error, analo-gía, inducción y deducción

El platonismo matemático puede definirse como la conjunción de las tres tesis siguientes: (a) existencia: existen objetos matemáticos, y las oraciones y teorías matemáticas proporcionan descripciones verdaderas de tales objetos; (b) abstracción: los objetos matemáticos son abstractos, es decir, entidades no espaciales ni temporales; y (c) independencia: los objetos matemáticos son independientes de los agentes inteligentes y de su lenguaje, pensamiento y prácticas. Además, según los platónicos, los objetos abstractos son totalmente no físicos, no mentales y no causales (Linnebo, 2009).

Las posiciones nominalistas tratan de dar sentido a las matemáticas y sus aplicaciones sin asumir una ontología matemática (Burgess y Rosen, 1997). Argumentan que los números, puntos, funciones, conjuntos, etc., no deberían considerarse como entidades abstractas, separadas de los objetos concretos. No existe un único programa de reinterpretación o reconstrucción nominalista de las matemáticas, sino varios, ya que el nominalismo es un conjunto difuso de posiciones, y sus distintos partidarios prefieren estrategias y métodos bastante diferentes. Una variación de este tema que desempeñó un papel importante en la historia de la disciplina es el formalismo, que sostiene que la esencia de las matemáticas es el seguimiento de reglas sin necesidad de que tengan un sentido. «Las matemáticas se asemejan a un juego como el ajedrez, en el que los caracteres escritos en un papel desempeñan el papel de piezas que hay que mover. Lo único que importa para la consecución de las matemáticas es que las reglas se hayan seguido correctamente» (Shapiro, 2005, p. 16).

El intuicionismo, movimiento revisionista de los fundamentos de las matemáticas, sostiene que estas y sus objetos deben ser humanamente aprehensibles. Tiene tres facetas, matemática, lógica formal y filosófica (Posy, 2020). Desde el punto de vista filosófico, considera que los objetos matemáticos no son entidades abstractas que existen independientemente de la mente humana, sino construcciones mentales que surgen de la intuición y la experiencia. En el aspecto semántico considera que solo las ideas matemáticas intuitivas —en particular las reducibles en última instancia a la intuición de la secuencia de los números naturales— son significativas. El conocimiento matemático se obtiene por intuición intelectual más que por la experiencia sensorial o la razón pura. Todo lo que es contraintuitivo (por ejemplo, los números no computables y el infinito actual) no se conocen realmente, por lo que no forma parte de las matemáticas. Desde el punto de vista metodológico, solo son admisibles los conceptos y las pruebas constructivas.

El realismo empírico comparte con el platonismo la opinión de que las matemáticas consisten en la descripción de objetos que existen independientemente de las personas y del lenguaje utilizado para representarlos. Sin embargo, en lugar de situarlos más allá del espacio y el tiempo, el realismo empírico sitúa dichos objetos dentro de un mundo espacio-temporal. Las ideas matemáticas son objetos mentales que reflejan o resumen la experiencia. El conocimiento matemático se obtiene inductivamente como cualquier otro. En cuanto a la metodología considera que la prueba última de las proposiciones matemáticas es la experiencia humana, aunque sea indirecta —por ejemplo, a través de la prueba experimental de teorías científicas en las que intervienen las matemáticas—. Las principales perspectivas a este respecto son el fisicalismo, el empirismo holístico y el empirismo radical (Font *et al.*, 2013).

El naturalismo en filosofía de las matemáticas (Kitcher, 1984; Maddy, 1997) comparte algunos rasgos con las posturas empiristas, aunque adopta una perspectiva más amplia. Si bien, tanto el naturalismo como el empirismo, pueden reconocer la importancia de los factores históricos y culturales en el desarrollo de las matemáticas, el naturalismo tiende a destacar más la interacción entre la actividad humana y el mundo natural y cultural en el que se desarrollan las matemáticas. El naturalismo enfatiza que las matemáticas son una actividad humana, sujeta a las limitaciones y perspectivas de los individuos y las comunidades que las practican. Si bien el empirismo puede compartir esta perspectiva en cierta medida, su énfasis principal es la experiencia empírica como fuente de conocimiento.

Las perspectivas naturalistas son consideradas por Ernest (1998) como una «tradición rebelde» en filosofía de las matemáticas que ofrecen un fundamento para acomodar los factores sociales e históricos implicados en la educación matemática. Argumenta que la filosofía de las matemáticas debe considerar la construcción social del matemático individual y su creatividad, si quiere dar cuenta del conocimiento matemático de forma naturalista. Así mismo, destaca las consecuencias negativas que el platonismo, el realismo matemático, así como las posturas fundacionalista y absolutista, pueden tener para la educación matemática.

En la Tabla 2.1 se incluye una quinta filosofía de las matemáticas que Bunge (1985) denomina «materialismo conceptualista y ficcionista», que caracteriza su posición sobre el tema. Considera que cada una de las filosofías clásicas de las matemáticas tiene sus puntos buenos, pero ninguna de ellas cubre adecuadamente todos los aspectos de la investigación matemática: «plantear y reformular problemas, utilizar teorías o hipótesis para resolverlos, demostrar teoremas, inventar axiomas, definiciones y algoritmos, calcular, comparar construcciones, hacer consideraciones matemáticas, etc. —todo ello utilizando la intuición, la analogía, la inducción y la deducción» (Bunge, 1985, p. 131). Una filosofía de las matemáticas coherente con su sistema filosófico general reúne, entre otras, las siguientes características,

- Reconoce la naturaleza puramente conceptual de los objetos y métodos matemáticos, al tiempo que acepta el origen empírico o intuitivo de algunos de ellos.
- Los constructos matemáticos son impersonales y universales, al tiempo que son producto de procesos cerebrales.
- Tiene en cuenta las diferencias entre proposiciones formales y fácticas, así como entre demostración matemática y validación empírica.
- No requiere introducir ni objetos míticos, como las ideas platónicas auto existentes, ni facultades no racionales, como la intuición (salvo como ayuda heurística).

Además de las filosofías clásicas incluidas en la Tabla 2.1, existen otras contribuciones relevantes para la filosofía de la matemática educativa, como son las posiciones filosóficas sobre las matemáticas de Wittgenstein y Lakatos.

Wittgenstein (1976) se ocupó sobre todo de cuestiones de aprendizaje, comprensión, invención, utilizando ideas matemáticas elementales. La filosofía de las matemáticas de Wittgenstein se sitúa en el extremo opuesto de las corrientes de tipo platónico-idealista y también de los enfoques psicologistas. Plantea el reto de superar el platonismo dominante, y, por tanto, dejar de hablar de objetos matemáticos como entidades ideales que se descubren, y de considerar las proposiciones matemáticas como descripción de las propiedades de tales objetos. Nos propone una visión alternativa: las proposiciones matemáticas deben verse como instrumentos, como reglas de transformación de proposiciones empíricas. Por ejemplo, los teoremas de la geometría son reglas para encuadrar descripciones de formas y tamaños de objetos, de sus relaciones espaciales y para hacer inferencias sobre ellas. La visión de Wittgenstein del lenguaje matemático como herramienta es también relevante para la matemática educativa. Argumentó que deberíamos considerar las palabras como herramientas y clarificar sus usos en nuestros juegos de lenguaje. Por ejemplo, no debemos perder de vista el hecho de que las palabras-numéricas son instrumentos para contar y medir, y que los fundamentos de la aritmética elemental, esto es, el dominio de la serie de números naturales se basa en el entrenamiento en el recuento.

Las ideas de Lakatos sobre las matemáticas (Lakatos, 1976) se resumen en las siguientes tesis (Bunge, 1985). En primer lugar, la investigación matemática no es esencialmente diferente de la investigación científica, ya que también implica la formulación de conjeturas y la búsqueda de contraejemplos a las mismas. En segundo lugar, dado que a menudo se parte de conceptos inexactos y se pueden cometer errores al demostrar teoremas, hay que adoptar una epistemología falibilista de las matemáticas. En tercer lugar, el formalismo no representa fielmente el trabajo real del matemático, que implica procedimientos no deductivos. En opinión de Bunge, estas tres tesis son razonables, pero no constituyen una filosofía de las matemáticas. Por un lado, Lakatos no expresa ideas claras sobre la naturaleza de los objetos matemáticos: está más interesado en la historia que en la ontología o la semántica de las matemáticas. Como cualquier otra persona que trata de resolver un problema, el matemático profesional está obligado a utilizar la analogía y la inducción, y a probar conjeturas hasta dar con la solución correcta, usando incluso herramientas materiales. Sin embargo, la lógica del descubrimiento matemático y los procedimientos heurísticos en la solución de problemas que describe Lakatos aportan elementos importantes para la filosofía de la matemática educativa. El progresivo crecimiento matemático, tanto desde el punto de vista cognitivo como histórico-cultural, no tiene por qué estar ligado a un estilo deductivista, sino seguir los pasos de la heurística descrita en el libro *Pruebas y refutaciones*. Pero esto no significa que la matemática pura, como una formación epistemológica específica, no sea fundamentalmente diferente de las ciencias fácticas.

En el campo de la educación matemática encontramos autores que abordan cuestiones propias de la filosofía de la matemática educativa. Tal es el caso de Sfard (2000; 2008) cuando analiza las relaciones entre los símbolos y los objetos matemáticos. El problema que aborda, expresado en términos semióticos, es: «Los símbolos matemáticos refieren a algo —Pero ¿a qué?... ¿Cuál es el estatuto ontológico de estas entidades? ¿De dónde vienen? ¿Cómo podemos acceder a ellas (o construirlas)?» (p. 43). Sfard rechaza la concepción que propone los signos y los significados como entidades independientes y adopta la visión de psicólogos como Vygotsky y semióticos como Peirce, de que los signos (el lenguaje en general) tienen un papel constitutivo de los objetos de pensamiento y no meramente representacional. La tesis central que defiende Sfard es que

> el discurso matemático y sus objetos son mutuamente constitutivos: la actividad discursiva, incluyendo la producción continua de símbolos, es la que crea la necesidad de los objetos matemáticos; y son los objetos matemáticos (o mejor el uso de símbolos mediado por los objetos) los que, a su vez, influyen en el discurso y le lleva hacia nuevas direcciones. (Sfard, 2000, p. 47)

En Font *et al.* (2013) se argumenta que la forma en que se enseñan las matemáticas en las escuelas lleva a los alumnos a desarrollar, aunque sea implícitamente, una visión realista de la naturaleza de los objetos matemáticos. Esta visión supone que los enunciados matemáticos son una descripción de la realidad, y que los objetos matemáticos descritos por dichos enunciados forman parte de esta realidad.

> En el proceso de enseñanza esta «realidad» a la que pertenecen los objetos matemáticos se sitúa en un punto intermedio entre lo que, en filosofía de las matemáticas, se denominan posiciones platónica y empirista, aunque dependiendo del proceso de enseñanza considerado se puede observar una clara preferencia por uno u otro de estos dos puntos de vista, por ejemplo, en la enseñanza contextualizada o en la matemática realista. (Font *et al.*, 2013, p. 99)

El análisis que hacemos en este capítulo de las relaciones entre la matemática pura y aplicada aporta una explicación complementaria a este fenómeno educativo. Se trata de que los profesores y educadores matemáticos en general no discriminan las diferencias sustanciales entre las matemáticas aplicadas y las formales, y la necesidad que tiene la matemática educativa de identificar los conflictos y obstáculos que se generan en los procesos de aprendizaje cuando no se tienen en cuenta dichas diferencias.

2.3. La configuración ontosemiótica como herramienta de análisis de la actividad matemática[2]

Los dilemas existentes en las diversas teorías filosóficas y psicológicas sobre la naturaleza y origen del conocimiento matemático motivaron la elaboración de un marco que ayudase a comprender y actuar de manera fundamentada en los procesos educativos-instruccionales. Con dicho fin, consideramos necesario elaborar una teoría de la actividad matemática y de los objetos emergentes que sirviese de base para una teoría del significado y de la cognición matemática. Este proyecto lo iniciamos con la publicación del artículo «Significado personal e institucional de los objetos matemáticos» (Godino y Batanero,1994) que consideramos como el punto de partida del EOS.

Compartiendo el punto de vista de la Didáctica fundamental (Gascón, 1998), en el EOS se considera necesario problematizar el tipo de matemáticas cuyo estudio se realiza en los sistemas educativos. Asume que la matemática educativa debe adoptar una visión específica sobre las matemáticas, adaptada a la problemática del aprendizaje y la enseñanza. Esta visión debe complementar la visión lógica-formal, propia de los contextos de creación y justificación del conocimiento matemático, con la visión empirista-factual ligada a los contextos de aplicación. Considera esencial distinguir entre la matemática pura o formal, la matemática aplicada y la matemática educativa, la cual es

---

[2] El contenido de las secciones 2.3 a 2.7 está basado en los artículos Godino y Batanero (1994), Godino (2002), Godino, Batanero y Font (2007) y Font, Godino y Gallardo (2013).

el resultado de procesos ecológicos de adaptación de las otras matemáticas a los distintos entornos y niveles educativos. En consecuencia, es necesario elaborar una filosofía de la matemática educativa que aborde los problemas epistemológicos (emergencia y desarrollo del conocimiento matemático), ontológicos (naturaleza y tipos de los objetos matemáticos) y semióticos (sintácticos, semánticos y pragmáticos) específicos de esta variedad de matemáticas. El entorno educativo requiere, además, articular los problemas filosóficos de las matemáticas con cuestiones relativas a los procesos cognitivos implicados en el aprendizaje, el cual tiene lugar en contextos histórico-culturales que los condicionan y soportan.

En los siguientes apartados de este capítulo describimos los supuestos y constructos teóricos elaborados en el EOS para describir la actividad matemática y los objetos emergentes de dicha actividad. Estos supuestos fundamentan la teoría del significado de los objetos matemáticos y el modelo de cognición institucional y personal que presentamos después en el capítulo 3.

Los constructos teóricos elaborados en el EOS que abordan cuestiones centrales de la filosofía, la psicología y la sociología de la matemática educativa son:

- Prácticas matemáticas.
- Objetos y procesos matemáticos.
- Atributos contextuales de las prácticas y objetos.

Estos constructos teóricos se articulan en la herramienta configuración ontosemiótica de prácticas, objetos y procesos (Figura 2.1), en cuya parte central se indica, además de las prácticas, los seis tipos de objetos matemáticos considerados como primarios en la ontología del EOS:

- *Problemas* (intra o extra matemáticos).
- *Lenguajes* (términos, expresiones, notaciones, gráficos) en sus diversos registros (escrito, oral, gestual, etc.).
- *Conceptos* (introducidos mediante definiciones o descripciones, como, recta, punto, número, media, función).
- *Proposiciones* (enunciados sobre conceptos).
- *Procedimientos* (algoritmos, operaciones, técnicas de cálculo).

- *Argumentos* (enunciados usados para explicar y validar las proposiciones y procedimientos, deductivos o de otro tipo).

Los objetos primarios pueden ser contemplados desde cinco pares de puntos de vista o dualidades (atributos contextuales), por lo que cada uno de ellos da lugar a diez variedades de objetos secundarios:

- *Personales* (relativos a sujetos individuales), *institucionales* (compartidos en una institución o comunidad de prácticas).
- *Objetos ostensivos* (materiales, perceptibles) y *objetos no ostensivos* (abstractos, ideales, inmateriales).
- *Objetos extensivos* (particulares), *objetos intensivos* (generales).
- *Significantes* o *significados* (antecedentes o consecuentes de una función semiótica).
- *Unitarios* (objetos considerados globalmente como un todo) y *sistémicos* (considerados como sistemas formados por componentes estructurados).

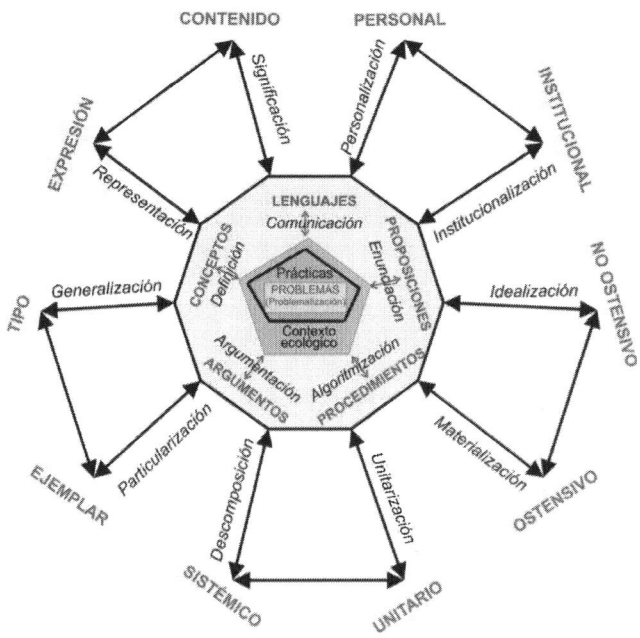

Figura 2.1. Configuración ontosemiótica
de prácticas, objetos y procesos

Tanto los objetos primarios como los secundarios (derivados de la aplicación de las dualidades) se pueden considerar desde la perspectiva proceso-producto, esto es, un objeto es un emergente (producto) de secuencias de prácticas (proceso). Esta visión proporciona criterios para distinguir tipos de procesos matemáticos primarios y secundarios. En consecuencia, se tienen procesos de problematización, definición, enunciación, argumentación, particularización-generalización, representación-significación, etc.

Los distintos elementos del diagrama sintetizan los supuestos del EOS sobre el papel central de la resolución de problemas en la actividad matemática, los tipos de objetos y procesos que intervienen y los puntos de vista complementarios desde los cuales se pueden contemplar las prácticas, los objetos y los procesos. Estos supuestos y elementos reflejan la posición del EOS sobre algunos dilemas o controversias sobre los fundamentos de la educación matemática referidos a la naturaleza de los objetos, su emergencia, el significado y el conocimiento matemático.

En los siguientes apartados explicamos con más detalle la herramienta configuración ontosemiótica que sintetiza la visión que propone el EOS de las matemáticas, como actividad humana, sistema de objetos y procesos y sistema de signos. La inclusión de las dualidades ostensivo-no ostensivo, extensivo-intensivo, unitario-sistémico y los correspondientes procesos de idealización-materialización, particularización-generalización, unitarización-descomposición permiten elaborar una interpretación ontosemiótica de la abstracción matemática (sección 2.8).

2.4. La matemática como actividad

Como se representa en el Figura 2.1, la actividad de las personas para resolver problemas en un contexto ecológico (físico, biológico y social) determinado se considera el elemento central en la construcción del conocimiento matemático. Esta manera de abordar el problema epistemológico de la génesis del conocimiento se hace operativa en el EOS con la noción de práctica matemática entendida como «toda actuación o expresión (verbal, gráfica, etc.) realizada por alguien para resolver problemas matemáticos, comunicar a otros la solución obtenida, validarla o generalizarla a otros contextos y problemas» (Godino y Batanero, 1994, p. 334). Para resolver un problema el sujeto realiza una secuencia organizada de diversos tipos de prácticas operativas y discursivas con la intención de dar una respuesta al problema. A la cuestión epistemológica de cómo emerge y se desarrollan las matemáticas se da respuesta, por tanto, asumiendo una visión antropológica[3] (Wittgenstein, 1953; 1976) y pragmatista (Peirce, 1958) de las matemáticas.

Un mismo tipo de problemas se resuelve con sistemas de prácticas que dependen de los contextos institucionales en que tienen lugar, por ejemplo, en el seno de comunidades de profesionales de las matemáticas, de personas que desarrollan nuevos conocimientos matemáticos o los aplican, así como en diversos contextos educativos. La relatividad de las prácticas respecto del contexto institucional y temporal añade una dimensión sociológica e histórica a la epistemología que asume el EOS.

> Una institución está constituida por las personas involucradas en una misma clase de situaciones problemáticas. El compromiso mutuo con la misma problemática conlleva la realización de unas prácticas sociales compartidas, las cuales están, asimismo, ligadas a la institución a cuya caracterización contribuyen. (Godino y Batanero, 1994, p. 336)

Los problemas, que son el origen o motivo de la actividad matemática, pueden ser extramatemáticos, implicando por tanto cosas, objetos y hechos materiales, o bien intramatemáticos, en los que intervienen objetos de razón, no materiales o ideales. En la matemática educativa, sobre todo en los primeros niveles, se parte de problemas extramatemáticos, relacionados con el entorno y la vida cotidiana, y, por tanto, los objetos que intervienen en las prácticas pueden ser

---

[3] La Teoría Antropológica de lo Didáctico elaborada por Chevallard para la didáctica de las matemáticas propone también una visión de las matemáticas como actividad humana (Chevallard, 1992; 2019).

artefactos materiales y abstracciones, tanto empíricas, como formales o teóricas.

Desde el punto de vista educativo es importante postular que la actividad matemática que se realiza para aprender matemáticas es de naturaleza diferente a la actividad de los profesionales de las matemáticas, mediante la cual se construyen nuevos conocimientos. En el primer caso, el aprendiz reconstruye o reinventa conocimiento, que ya tiene una existencia histórica-cultural, mientras que, en el segundo, se inventan nuevos postulados y se descubren nuevas relaciones derivadas de los conocimientos previamente elaborados.

La dualidad personal-institucional

La articulación de las facetas epistémica y cognitiva del conocimiento matemático se logra en EOS atribuyendo a las prácticas matemáticas un doble carácter, personal (individual) o institucional (social). Las prácticas matemáticas pueden ser idiosincrásicas de una persona o compartidas en el seno de una institución o comunidad de prácticas. No hay instituciones sin personas, ni personas desligadas de las diversas instituciones de las que forman parte (familia, escuela, etc.). La distinción entre prácticas personales e institucionales permite tomar conciencia de las relaciones dialécticas entre las mismas; por una parte, las personas están sujetas a los modos de actuación compartidos en el seno de las instituciones de las que forman parte; por otra, las instituciones están abiertas a la iniciativa y creatividad de sus miembros. Con este postulado se articula la dimensión cognitiva (psicológica) con la dimensión epistemológica y sociológica del conocimiento matemático. Las matemáticas, además de la dimensión lógico-formal tienen otra dimensión fáctica que da cuenta de los procesos de creación de los objetos matemáticos, como emergentes de las prácticas, no como existentes ideales platónicos que se descubren. Desde el punto de vista personal, los objetos matemáticos tienen una existencia mental/neuronal, mientras que desde el punto de vista institucional su modo de existencia es cultural.

La realización de las prácticas por parte del sujeto individual tiene lugar en el seno de un contexto ecológico (marcos institucionales o comunidades de prácticas) que apoya y condiciona su realización, y por tanto la apropiación del conocimiento por parte del sujeto. Se asume de este modo el postulado Vygotskiano de relación entre ontogénesis y filogénesis, entre el pensamiento y la cultura:

> Cualquier función en el desarrollo cultural del niño aparece dos veces, o en dos planos. Primero aparece en el plano social y luego en el psicológico. Primero aparece entre las personas como una categoría interpsicológica, y después dentro del niño como una categoría intrapsicológica. (Vygotsky, 1978, p. 57)

2.5. Las matemáticas como sistema de objetos y procesos

Las matemáticas no pueden ser comprendidas simplemente como una actividad de las personas sino también como un sistema de objetos culturalmente compartidos, emergentes de dicha actividad. Por ello, se debe abordar el problema ontológico, esto es, clarificar qué es un objeto matemático, qué tipos de objetos intervienen en la actividad matemática, cuál es el modo de ser de los objetos matemáticos, en qué sentido las matemáticas hablan de objetos (Parson, 2008). En el EOS, las prácticas matemáticas, esto es, las acciones realizadas por las personas ante cierto tipo de situaciones problemas, son el origen y razón de ser de las abstracciones, ideas u objetos matemáticos (Godino y Batanero, 1994). Se postula que objeto matemático es cualquier entidad material o inmaterial que interviene en la práctica matemática, apoyando o regulando su realización. Se trata de un uso metafórico del término objeto, puesto que un concepto matemático se concibe usualmente como una entidad ideal o abstracta, y no como algo tangible, como una roca, un dibujo o un artefacto manipulativo. Esta idea general de objeto, consistente con la propuesta en el interaccionismo simbólico (Blumer, 1969; Cobb y Bauersfeld, 1995), es útil cuando se complementa con una tipología de objetos matemáticos al tener en cuenta sus diferentes roles en la actividad matemática.

Entendemos un objeto ostensivo como una cosa, en el sentido de Bunge, esto es, un objeto o entidad real que existe de manera independiente, sin depender de la percepción humana. Estas cosas tienen una existencia objetiva y no están limitadas por la interpretación subjetiva. Un objeto no-ostensivo viene a ser un constructo, esto es, una entidad conceptual creada por la mente humana para representar fenómenos o aspectos del mundo. Los constructos son productos de la actividad cognitiva y comunicativa, se utilizan como herramientas para comprender, organizar y explicar nuestras experiencias. La distinción entre constructos y cosas es esencial, ya que resalta la diferencia entre las representaciones cerebrales, cualquiera que sea su naturaleza, y la realidad objetiva, proporcionando un enfoque claro y sistemático al abordar la comprensión del mundo.

> Fingimos que existen los constructos, vale decir, creaciones de la mente humana que debemos distinguir no solo de las cosas (por ejemplo, las palabras), sino también de los procesos cerebrales individuales (pero no suponemos que los constructos existen de manera independiente de los procesos cerebrales). (Bunge, 2011, p. 154)

En el moblaje del mundo matemático que propone el EOS para describir la actividad matemática decimos que hay objetos ostensivos y no-ostensivos, o lo que es igual, cosas y constructos. Las palabras, los símbolos son cosas, los conceptos, por ejemplo, de número o función son constructos. Pero ¿qué relación hay entre las cosas y los constructos matemáticos? En el diagrama de la figura 2.1 indicamos que la dualidad, ostensivo-no ostensivo se aplica a todos los objetos primarios, entidades funcionales que intervienen en la actividad matemática (problemas, lenguajes, conceptos-definición, proposiciones, procedimientos y argumentos). ¿Qué se quiere decir con esto y qué implicaciones tiene?

El número 5, como constructo, no tiene una existencia independiente de las cosas que usamos para su expresión y manipulación. Como dice Sfard (2008), siguiendo a Wittgenstein, los constructos matemáticos son entidades intradiscursivas creadas para facilitar el pensamiento y la acción sobre el mundo. A través de procesos de reificación y alienación los constructos adquieren vida propia, se desprenden de las cosas y de las acciones de las personas con las cosas y pasan a formar parte de una realidad virtual, ficticia, metafórica. De esta manera, disponemos del número 5, del número 10, 17 . . . , y de ahí los constructos número natural, entero, racional, real, complejo. Pero no se debe perder de vista que todos estos constructos provienen de cosas, palabras, símbolos, acciones de las personas ante situaciones del mundo de las cosas, del discurso y del mundo virtual formado por los constructos previamente construidos, los cuales plantean nuevos problemas de organización y desarrollo para incrementar la eficiencia del trabajo matemático.

Sfard considera útil hablar de «objeto matemático» (esto es, de constructos). «Mi principal razón es la esperanza de que esta noción especial, con sus profundas raíces metafóricas, nos ayude a comprender la conexión evolutiva entre los discursos matemáticos y los discursos sobre la realidad material» (Sfard, 2008, p. 163).

Además de conceptos como número o función, en la actividad matemática intervienen otros constructos como las proposiciones, enunciados o afirmaciones que pueden ser verdaderos o falsos. Por ejemplo, 2+3=5 es una proposición verdadera, pero 4x5=21 es falsa. Para justificar que una proposición se debe aceptar como verdadera se requiere elaborar una argumentación válida, constituida usualmente por una rutina o procedimiento de cálculo o de inferencia lógica.

Los tres tipos de argumentación propuestos por Peirce (1931-58) (abducción, inducción y deducción) desempeñan un papel crucial en el modelo ontosemiótico de análisis de la actividad matemática. En esta modelización se adopta una teoría pragmática de la argumentación, ya que es esencial considerar el contexto (justificación, descubrimiento, aplicación, educación), la audiencia y los objetivos comunicativos en la construcción y evaluación de los argumentos. La demostración de proposiciones matemáticas en el contexto profesional/académico típicamente demanda argumentos deductivos. Sin embargo, en el ámbito educativo, la prueba matemática debe involucrar una variedad de argumentaciones. El uso de comprobaciones inductivas puede estar justificado en ciertos momentos o niveles educativos, aunque siempre manteniendo la perspectiva de la racionalidad lógica, hacia la cual se dirige el desarrollo del pensamiento matemático. El contexto educativo también debe atender al proceso de creación matemática, lo que otorga a la abducción un lugar relevante en la formación de los estudiantes.

Las proposiciones, procedimientos y argumentos que intervienen en las prácticas matemáticas son objetos no-ostensivos, refieren a otros constructos, no a propiedades de cosas, aunque necesariamente están ligados a palabras y símbolos para su representación y procesamiento, constituyendo estas representaciones su faceta ostensiva.

Los seis tipos de entidades primarias postuladas en la Figura 2.1 (problemas, lenguajes, conceptos-definición, proposiciones, procedimientos y argumentos) amplían la tradicional distinción entre entidades conceptuales y procedimentales, al considerarlas insuficientes para describir los objetos intervinientes y emergentes de la actividad matemática. Los problemas son el origen o razón de ser de la actividad matemática; el lenguaje representa las restantes entidades y sirve de instrumento para las prácticas operativas; los argumentos justifican los procedimientos y proposiciones que relacionan los conceptos entre sí. Los conceptos (número, fracción, derivada, etc.), como componentes de las configuraciones ontosemióticas, son concebidos como entidades introducidas mediante definiciones, visión diferente de la propuesta por Vergnaud (1990) como la tripleta formada por las situaciones, invariantes operatorios y representaciones. Esta idea de concepto como sistema es asumida en el EOS por el constructo configuración ontosemiótica. A su vez las configuraciones se organizan en entidades más complejas como sistemas conceptuales, teorías, etc.

La constitución de los objetos y relaciones, tanto en su faceta personal como institucional, tiene lugar a lo largo del tiempo mediante procesos matemáticos, los cuales son interpretados como secuencias de prácticas. Los objetos matemáticos emergentes constituyen la síntesis codificada resultante de tales procesos. Una secuencia de prácticas para resolver un tipo de problemas (cómo cascar una nuez con dos piedras, o resolver ecuaciones lineales)[4] es codificada como hacer lo mismo cuando se aplica a casos con cierta similitud. No es solo nombrar de la misma manera algunas cosas diversas, sino sintetizar, pautar, regular la manera en que se deben realizar las acciones con la finalidad de resolver un problema. Esta síntesis final, en el caso de la actividad matemática, se produce mediante un tipo de prácticas específicas que llamamos normativas que vienen a ser el producto del trabajo colectivo que codifica las maneras declaradas como eficientes de abordar un tipo de tareas. El objeto de conocimiento, el constructo en su versión cultural viene a ser la regla (definición, proposición, procedimiento, argumento) que sintetiza lo que se debería hacer para abordar la solución de un tipo de problemas, que pueden ser extra-matemáticos o intramatemáticos.

La manera de interpretar los procesos matemáticos como secuencias de prácticas en correspondencia con los tipos de objetos matemáticos proporciona criterios para categorizarlos. La constitución de los objetos lingüísticos, problemas, conceptos-definiciones, proposiciones, procedimientos y argumentos tiene lugar mediante los respectivos procesos matemáticos primarios de comunicación, problematización, definición, enunciación, elaboración de procedimientos (algoritmización, rutinización, etc.) y argumentación. La resolución de problemas —y de manera más general, la modelización— debe ser considerada más bien como megaproceso, al implicar la articulación de procesos primarios (establecimiento de conexiones entre los objetos y generalización de procedimientos, proposiciones y justificaciones)[5].

La dualidad personal-institucional también se aplica a los objetos y procesos. Si los sistemas de prácticas son compartidos en el seno de una institución (comunidad de prácticas, cultura), los objetos emergentes se consideran objetos institucionales, mientras que si tales sistemas corresponden a una persona los consideramos como objetos personales. Los objetos personales incluyen a constructos cognitivos,

---

[4] Ejemplos tomados de Radford (2015).

[5] Ver Font y Rubio (2017) donde se analiza con detalle la noción de proceso en el EOS.

tales como concepciones, esquemas, representaciones internas, etc., aunque interpretados en términos pragmáticos y discursivos.

2.6. La matemática como sistema de signos

La matemática educativa debe abordar el problema semiótico-cognitivo respondiendo a cuestiones tales como ¿Qué es conocer y comprender un objeto matemático? ¿Qué significa un objeto para un sujeto en un momento y circunstancias dadas? Estas cuestiones se abordan en el EOS considerando que la actividad matemática y los procesos de construcción y uso de los objetos matemáticos se caracterizan por ser esencialmente relacionales. Los distintos objetos no se conciben como entidades aisladas, sino puestos en relación unos con otros. Por ejemplo, entre el símbolo 2 y el concepto de número 2, como también entre el concepto de número natural y el sistema de prácticas de donde emerge tal objeto matemático, se establece una relación que el EOS —siguiendo a Eco (1991)[6]— denomina *función semiótica*. La función semiótica se entiende como la correspondencia entre un objeto antecedente (expresión/ significante) y otro consecuente (contenido/ significado) establecida por un sujeto (persona o institución) según un criterio o regla de correspondencia. De esta manera, como desarrollamos en el Capítulo 3, se asume la concepción triádica de signo según Peirce (1931-58).

El constructo función semiótica, incluido en la Figura 2.1 como la dualidad expresión-contenido, permite dar cuenta de cualquier uso que se dé al significado: el significado es el contenido de una función semiótica (Godino *et al.*, 2021). En el EOS se asume que toda entidad que participa en un proceso de semiosis, interpretación, o juego de lenguaje, es objeto, pudiendo desempeñar el papel de expre-

---

[6] Un signo está constituido siempre por uno (o más) elementos de un PLANO DE LA EXPRESIÓN colocados convencionalmente en correlación con uno (o más) elementos de un PLANO DEL CONTENIDO [. . .]. Una función semiótica se realiza cuando dos funtivos (expresión y contenido) entran en correlación mutua (Eco, 1991, pp. 83-84).

sión (significante), contenido (significado) o interpretante (regla que relaciona expresión y contenido). Los propios sistemas de prácticas operativas y discursivas son objetos y pueden ser componentes de la función semiótica. Se tiene de este modo el constructo significado sistémico-pragmático de un concepto (en general de cualquier objeto) como el sistema de prácticas operativas y discursivas que realiza una persona (significado personal) o en el seno de una institución (significado institucional) para resolver un tipo de problemas matemáticos.

Como se verá más extensamente en el Capítulo 3, el constructo función semiótica permite describir el conocimiento matemático de una manera detallada y operativa como el conjunto de relaciones (o conexiones) que el sujeto (persona o institución) establece entre los objetos y las prácticas matemáticas. Hablar de conocimiento equivale a hablar del contenido de una (o muchas) funciones semióticas, resultando una variedad de tipos de conocimientos en correspondencia con la diversidad de funciones semióticas que se pueden establecer entre los tipos de prácticas y objetos. Puesto que los sistemas de prácticas que se ponen en juego en la resolución de los problemas son relativos a las personas y a las comunidades de prácticas (instituciones), los significados pragmáticos y, por tanto, los conocimientos, son relativos. No obstante, es posible reconstruir un significado global u holístico de un objeto mediante la exploración sistemática de los contextos de uso del objeto y los sistemas de prácticas que se ponen en juego para su solución. Dicho significado holístico se usa como modelo epistemológico y cognitivo de referencia de los significados parciales o sentidos que puede adoptar dicho objeto (Godino *et al.*, 2021). Los constructos significado institucional y personal permiten interpretar la comprensión en términos de acoplamiento progresivo de los significados personales del sujeto con los institucionales de referencia (Godino y Batanero, 1994).

La semiótica-cognitiva del EOS asume que los objetos que se ponen en correspondencia en las funciones semióticas (funtivos) no son solamente objetos lingüísticos ostensivos (palabras, símbolos, expresiones, diagramas etc.), sino que las definiciones, proposiciones, procedimientos, argumentos, incluso los problemas, pueden ser también antecedentes de las funciones semióticas. Por ejemplo, tiene sentido y es necesario, preguntarse tanto por el significado del concepto de número, como por el significado de las proposiciones, procedimientos, argumentos, situaciones y representaciones que intervienen en las prácticas numéricas. Los funtivos en la función semiótica también pueden ser entidades unitarias o sistémicas, particulares o generales, materiales o inmateriales, personales o institucionales. Se genera de este modo una variedad de tipos de significados, por tanto, de conocimientos y comprensiones, que orienta y apoya la realización de análisis ontosemióticos de la actividad matemática a nivel macro y micro, tanto desde el punto de vista socioepistémico (institucional) como cognitivo (personal) (Godino *et al.*, 2021). De este modo, la cognición, entendida en los términos semióticos del EOS, es pragmatista, pero también empirista y racionalista. La acción es fuente de conocimiento, pero también lo es la percepción y la razón.

Como objeto primario de las configuraciones ontosemióticas (Figura 2.1) se incluye el lenguaje en sus diferentes registros (oral, escrito, gestual, icónico, simbólico) y el correspondiente proceso de comunicación, tanto interpersonal como intrapersonal. El lenguaje interviene en las prácticas discursivas como medio de expresión de las restantes entidades primarias (problemas, definiciones, proposiciones, procedimientos y argumentos) y como instrumento para la realización de las prácticas operativas. Con el lenguaje se dice y hacen cosas, teniendo, por tanto, valencia representacional y operacional. Las definiciones, proposiciones y procedimientos son entendidos como reglas gramaticales de los lenguajes usados para describir los problemas y apoyar la realización de las prácticas argumentativas que justifican las proposiciones y procedimientos. Se trata de entidades intradiscursivas, que no tienen una existencia independiente del lenguaje; son emergentes de las prácticas operativas y discursivas. Se postula su existencia metafórica como objetos para distinguir entre una regla y sus diversas formulaciones lingüísticas, y en consecuencia para discernir entre el mundo del pensamiento

y la cultura de la realidad ostensiva, sean sonidos, imágenes o artefactos materiales.

2.7. Idealización, generalización y unitarización

Para dar cuenta de los procesos de idealización, generalización y
unitarización (y sus duales, materialización, particularización, descomposición) se han introducido en la ontología del EOS tres pares
de atributos contextuales desde los cuales se pueden considerar las
prácticas y los objetos primarios: ostensivo-no ostensivo (material,
inmaterial), extensivo-intensivo (particular-general; ejemplar-tipo) y
sistémico-unitario (proceso-objeto) (Figura 2.1). Estos constructos permiten describir los tipos de abstracción (empírica y formal) que se
ponen en juego en la actividad matemática, así como los objetos que
intervienen y emergen en esos procesos. Así mismo, ayudan a comprender la imbricación entre las matemáticas puras y aplicadas, entre
constructos y cosas, lo cual es necesario en la matemática educativa,
ya que, en los procesos de aprendizaje, al menos en los primeros
niveles, es necesario partir de la realidad tangible para acceder a la
realidad virtual de las matemáticas formales.

2.7.1. Dualidad ostensivo-no ostensivo

En el EOS se entiende por ostensivo cualquier objeto que es perceptible y que, por tanto, se puede mostrar directamente a otros.
Los símbolos, notaciones, gestos, representaciones gráficas, artefactos
materiales tienen ese carácter; son objetos reales o concretos. Los
conceptos, proposiciones, procedimientos, argumentos son constructos, creaciones discursivas de la actividad humana, esto es, objetos
no-ostensivos; dependen de los sujetos, de sus acciones y artefactos
reales para su existencia. Pueden ser objetos mentales (cuando intervienen en las prácticas personales), u objetos institucionales (cuando
intervienen en las prácticas compartidas). No obstante, la comunicación interpersonal de los objetos no-ostensivos requiere que sean

materializados mediante representaciones ostensivas. En ambos casos los objetos no-ostensivos regulan la actividad matemática, mientras que sus representaciones ostensivas sirven de soporte o facilitan la realización de dicho trabajo. La distinción entre objeto ostensivo y no-ostensivo depende del juego de lenguaje en el que participan. Los objetos ostensivos también pueden ser pensados, imaginados por un sujeto o estar implícitos en el discurso matemático (por ejemplo, el signo de multiplicación en notación algebraica); en estos casos, funcionan como objetos no-ostensivos. Esta dualidad permite dar cuenta de los procesos duales de idealización (creación de objetos no-ostensivos) y materialización (creación de objetos ostensivos que materializan los objetos no-ostensivos) en la actividad matemática. Por ejemplo, el número cinco se materializa al mostrar los cinco dedos de la mano como una de sus aplicaciones. El número cinco como la clase de todos los conjuntos equipotentes a los cinco dedos de una mano es una idealización.

2.7.2. Dualidad unitario-sistémico

En algunas circunstancias los objetos matemáticos participan como entidades unitarias (que se supone, son conocidas previamente), mientras que otras intervienen como sistemas que se deben descomponer para su análisis. «Un mismo objeto se puede considerar ora un individuo, ora un conjunto (o una colección concreta). No hay nada definitivo en ser un individuo» (Bunge, 2011, p. 145). Por ejemplo, en el estudio de la adición y sustracción, en los últimos niveles de educación primaria, el sistema de numeración decimal (decenas, centenas, etc.) se considera como algo conocido, como entidades unitarias que no requieren ser desplegadas en entidades más elementales. Estos mismos objetos, en el primer curso tienen que ser considerados de manera sistémica para su aprendizaje. Tanto las configuraciones ontosemióticas (en su versión socioepistémica o cognitiva) como los objetos primarios que las componen pueden considerarse desde las perspectivas unitaria o sistémica, dependiendo del juego de lenguaje en que participen. En el primer caso tienen lugar procesos de unitarización (síntesis) y en el segundo de descomposición (análisis) del sistema en sus componentes.

La dualidad unitario-sistémico permite reformular la visión «ingenua» de que «hay un mismo objeto matemático (p. e., la media aritmética) con distintas representaciones». Como afirman Rondero y Font:

> Lo que hay es un sistema complejo de prácticas que permiten resolver problemas, en las que el objeto matemático «media aritmética» no aparece directamente, lo que sí aparece son representaciones de la media aritmética, diferentes definiciones de la media aritmética, proposiciones y propiedades de esta, procedimientos y técnicas que se aplican a la media aritmética y argumentos sobre ella. Dicho de otra manera, a lo largo de la historia se han ido generando diferentes configuraciones epistémicas para el estudio de la media aritmética, algunas de las cuales han servido para generalizar las preexistentes. (Rondero y Font, 2015, p. 33)

El proceso de unitarización se relaciona con la emergencia de nuevos objetos matemáticos. Decimos que los objetos matemáticos regulativos (definiciones, proposiciones, procedimientos, argumentos) emergen de sistemas de prácticas operativas y discursivas. También se puede decir que son invariantes operatorios y discursivos. En todo caso, se parte de conjuntos estructurados de acciones o de otros objetos (entidad sistémica), que por razones de eficiencia operatoria o discursiva se consideran formando una nueva unidad. Este proceso lo hemos venido llamando en EOS proceso de unitarización, formación de un nuevo objeto visto como una entidad unitaria, por lo que también se puede llamar proceso de objetivación. En algunas circunstancias o juegos de lenguaje tiene lugar el proceso inverso de considerar una entidad sistémica en términos de sus componentes, lo que en EOS se llama proceso de descomposición.

La interpretación del proceso de unitarización en términos de la teoría discursiva del pensamiento de Sfard (2008) permite obtener un desglose operativo y coherente de la dualidad unitario-sistémico. Sfard (2008) identifica tres mecanismos (dispositivos discursivos) que producen la emergencia de nuevos objetos (no-ostensivos o constructos): asimilación (*saming*), encapsulación y reificación.

- Asimilación (*saming*), es decir, dar un nombre común a cosas que, aunque aparentemente no están relacionadas, pueden verse en determinados contextos como equivalentes (es lo que ocurre, por ejemplo, cuando se introduce el término función cuadrática para referir simultáneamente a cosas tan diferentes como la expresión x^2, cierta curva llamada parábola, el conjunto de números emparejados con sus cuadrados, etc.).

- Encapsulación, es decir, sustituir el discurso sobre objetos separados por el discurso sobre una entidad única (esto ocurre, cuando se hace referencia a varios objetos colectivamente como un conjunto único; por ejemplo, cuando se afirma que numerosos pares ordenados de elementos constituyen una función).

- Reificación, es decir, convertir el discurso sobre un proceso matemático por el discurso sobre un objeto (este es el caso, por ejemplo, cuando sustituimos «Cuando sumo 5 a 7, obtengo 12» por «la suma de 5 y 7 es 12»).

Una vez que se introduce un nuevo nombre sustantivo de una o varias de estas tres formas, se produce gradualmente la alienación del nuevo objeto: el sustantivo acaba utilizándose en narraciones impersonales, lo que implica que su referente existe independientemente del discurso. El constructo discursivo así creado se convierte en objeto de exploraciones matemáticas, como resultado de las cuales acabarán surgiendo nuevas narrativas matemáticas. La alienación, como aspecto complementario de la reificación, termina el proceso de objetivación, o sea, la emergencia del objeto al ser totalmente disociado, o alienado, del actor.

Con los últimos rastros de la agencia de las personas cuidadosamente borrados, incluso la proposición aritmética más común, como la frase «dos más tres son cinco» transmite el mensaje de la existencia independiente de la mente del objeto matemático. Una vez reificados y puestos en frases impersonales, los números parecen tener «vida propia» (Sfard, 2008, p. 50).

Las descripciones de los procesos de asimilación, encapsulación y reificación muestran que en los tres casos se pasa de colecciones de cosas a una única cosa, esto es, tiene lugar el proceso de unitarización, constituyendo, por tanto, un desglose de dicho proceso.

2.7.3. Dualidad extensivo-intensivo

Un rasgo característico de la actividad matemática es generalizar los tipos de problemas que se abordan, los procedimientos de solución, las definiciones, proposiciones y justificaciones. Las soluciones se organizan y justifican en estructuras progresivamente más generales. No obstante, en los procesos de instrucción se comienza a estudiar modelos particulares de dichas estructuras generales, aunque poco a poco con el avance del estudio del tema se va generalizando progresivamente. El análisis de la actividad matemática requiere, por tanto, tener en cuenta ambos procesos, particularización y generalización, y los objetos que intervienen en dichos procesos. El proceso de generalización consiste en encontrar o conjeturar un patrón o regularidad a partir de casos similares, mientras que la particularización en generar o mostrar ejemplares individuales que siguen un patrón.

En el EOS se ha introducido el atributo contextual extensivo-intensivo (ejemplar-tipo), aplicable a las prácticas y objetos primarios, para analizar la dialéctica entre particularización y generalización. Según la situación que se trabaje un objeto puede ser un ejemplar (extensivo) si interviene por sí mismo, o un tipo (intensivo) si interviene como representante de una clase más amplia.

> Un objeto extensivo se utiliza como un caso particular (un ejemplo específico, p. e, la función $y = 2x + 1$), de una clase más general (p. e., la familia de funciones $y = mx + n$), que es un objeto intensivo. Los términos extensivo e intensivo vienen sugeridos por las dos formas de definir un conjunto, por extensión (un extensivo es uno de los miembros del conjunto) y por intensión (se consideran todos los elementos a la vez). Por extensivo entendemos un objeto particularizado (individualizado) y por intensivo, una clase o conjunto de objetos. (Font *et al.*, 2008, p. 169)

Por ejemplo, Font y Contreras (2008) realizan un análisis microscópico de los objetos, procesos y funciones semióticas que se ponen en juego en la definición del concepto de derivada de una función. La aplicación de las dualidades ostensivo-no ostensivo, extensivo-intensivo, expresión-contenido les permite explicar los conflictos semióticos que plantea la dialéctica entre lo particular y lo general en educación matemática.

2.8. Procesos de abstracción y objetos abstractos en el EOS

En una primera aproximación podemos decir que la dualidad ostensivo-no ostensivo, y los procesos asociados de materialización e idealización dan cuenta de los objetos concretos (ostensivos) y abstractos (ideales) usualmente considerados en el lenguaje cotidiano. Pero el análisis de la actividad matemática, tanto desde un punto de vista profesional como educativo, requiere profundizar en la naturaleza del proceso de abstracción y de los objetos abstractos emergentes, así como en el proceso inverso de interpretación. Por esta razón, se propone en el EOS complementar la dualidad ostensivo-no ostensivo con las dualidades unitario-sistémico y ejemplar-tipo, con lo cual el objeto abstracto matemático no es solo un ente ideal (no ostensivo) sino también una generalidad, considerada como un todo unitario o como un sistema, según el juego de lenguaje en que participe. Además, dado que los objetos unitarios son representados simbólicamente para intervenir en nuevos sistemas de prácticas, en el proceso de abstracción también interviene la dualidad expresión-contenido y los procesos de representación y significación.

La abstracción matemática involucra diversas facetas, incluye distintos componentes y tiene lugar según distintos niveles (Figura 2.2). Además, se puede ver como formas del acto subjetivo de conocer y también como característica del conocimiento como producto histórico y objetivo de la actividad colectiva (dimensión personal e institucional). Como afirma Sinaceur desde una perspectiva filosófica:

«La abstracción matemática es un proceso polifacético y multinivel que conduce a una jerarquía sofisticada y ramificada de conceptos y operaciones matemáticas» (Sinaceur, 2014, p. 100).

La abstracción es una característica graduable de los objetos, esto es, una cuestión de más o menos, en lugar de presencia o ausencia. La graduación de la abstracción comienza con una categorización directa sobre objetos perceptivos y continúa a niveles cada vez más altos sobre objetos cada vez más abstractos. Un concepto F puede ser más abstracto (intensivo) que un concepto G, que a su vez puede ser abstracto, pero menos abstracto, es decir, más concreto (extensivo) que F.

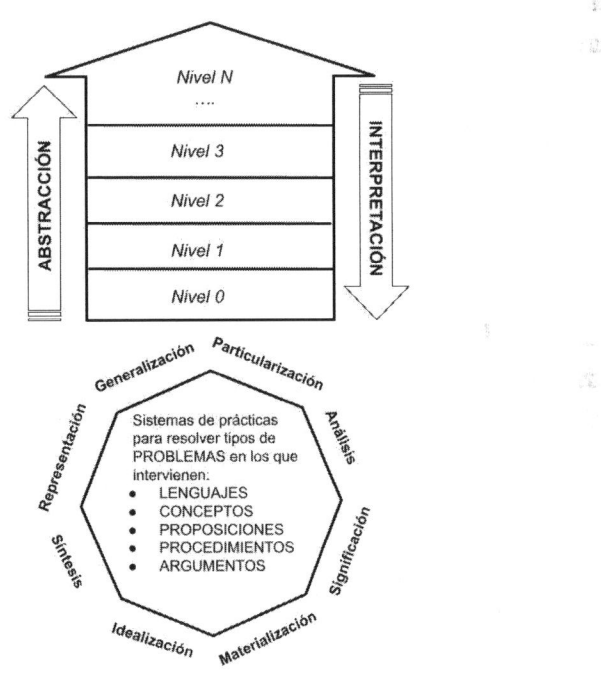

Figura 2.2. Facetas, componentes y niveles
de abstracción en matemáticas

Por ejemplo, en el análisis epistémico del concepto de función se deben identificar, además de las definiciones que se han usado, los distintos elementos representados en la Figura 2.1, que se movilizan para dar respuesta a los problemas en las cuales el objeto función participa de manera determinante, aunque puede que sea de manera implícita en las primeras etapas de su emergencia. Cada una de estas configuraciones se interpreta como un significado pragmático parcial del objeto función que refleja y sintetiza la actividad matemática que se realiza para resolver determinados problemas en ciertos contextos o etapas históricas. La evolución del concepto implica una secuencia de configuraciones, progresivamente más abstractas, mediante las cuales se generalizan las definiciones, procedimientos, propiedades y argumentos, pasando del uso del lenguaje ordinario, tabular y gráfico al lenguaje alfanumérico, y pasando del cálculo aritmético al algebraico y analítico.

La creación de objetos matemáticos progresivamente más abstractos está fundamentada en la tendencia natural del trabajo del matemático y del científico en general a organizar la experiencia con la ayuda de patrones y estructuras unificadoras, esto es, para producir generalizaciones útiles. En consecuencia, no se puede evitar el constructo abstracción en el análisis de la actividad matemática, tanto desde el punto de vista filosófico como educativo. Pretender organizar los procesos de aprendizaje imponiendo de entrada unas matemáticas con niveles elevados de abstracción, prescindiendo de los niveles previos y de los procesos de particularización y contextualización, estarán condenados al fracaso.

Analizamos, a continuación, el enunciado y solución de una secuencia de problemas con la herramienta configuración ontosemiótica, identificando los procesos de abstracción que tienen lugar, y asignando grados de intensión (o generalidad) a los objetos emergentes. Los distintos niveles de abstracción los hacemos depender de los grados de generalidad. No hay por un lado niveles de abstracción y por otro grados o capas de generalización, sino que los niveles de abstracción son heredados de los grados de generalidad de los objetos.

Ejemplos de procesos de abstracción y sus niveles

Problema 1: Número concreto y número abstracto (primer nivel de abstracción).

Enunciado: ¿Cuántas manzanas hay en la figura? ¿Hay más o menos cerezas que manzanas? Justifica tu respuesta.

Solución:

Decimos que hay tres manzanas y tres cerezas. Hay el mismo número de manzanas que cerezas. He contado el número de manzanas poniendo en correspondencia cada una de las manzanas con la serie de palabras numéricas uno, dos, tres, etc., y la última palabra nombrada ha sido tres manzanas. Igual con las cerezas. Luego hay el mismo número de manzanas que cerezas.

Análisis ontosemiótico

En la situación planteada como problema 1 y las prácticas operativas y discursivas que le acompañan como solución intervienen diversos tipos de objetos y relaciones. En la figura se representan una manzana verde, amarilla y roja. Mediante una abstracción empírica se prescinde del color y del tamaño y se dice que hay tres manzanas. También se prescinde de la posición que ocupan en la figura. Igual ocurre con las cerezas.

En la solución se menciona la serie de palabras numéricas uno, dos, tres, etc., sugiriendo que es una serie ilimitada. Los tres primeros términos de esta serie son usados para contar, procedimiento mediante el que se pone en correspondencia uno a uno cada palabra numérica con cada objeto material (representado), respetando los principios del conteo. Tres manzanas, tres cerezas corresponden a «números concretos».

El carácter ostensivo, perceptible, de los objetos que se cuentan nos lleva a proponer que el nivel de abstracción de los conceptos que intervienen es 0 (manzanas, cerezas, tres manzanas, tres cerezas). El paso del grado 0 de generalidad al 1 es cuando tiene lugar la abstracción empírica, o sea, prescindir de ciertos atributos y fijar la atención en uno u otros.

Por el contrario, la naturaleza de la serie de palabras numéricas, uno, dos, tres, etc. (que se pueden sustituir por otras palabras, *one*, *two*, *three*, etc., o símbolos 1, 2, 3 . . .), es decir, del sistema numeral, es completamente diferente. Cualquiera de estos sistemas refiere al conjunto de los números naturales, cuya naturaleza es esencialmente diferente de los objetos empíricos, aunque requiera de algún tipo de materialización para su procesamiento mental o comunicación interpersonal.

El número 3 no es ni más ni menos que aquel que es precedido por 2 y 1 (y, en su caso, el 0), y seguido por 4, 5, etc. O, de manera más precisa, es un objeto que está precedido por dos (o tres) objetos en un orden preestablecido y seguido por infinitos también ordenados, de tal manera que dos elementos definidos como «contiguos» lo serán siempre. Con otras palabras, cualquier objeto puede desempeñar el papel de 3; esto es, cualquier objeto puede ser el tercer elemento en alguna progresión (preestablecida de manera arbitraria). Lo que es peculiar a 3 es que él define ese papel —no por ser un paradigma de ningún objeto que lo juegue, sino por representar la relación que cualquier tercer miembro de una progresión guarda con el resto de la progresión (Godino *et al.*, 2009, p. 42).

El concepto de número proviene de un proceso de abstracción formal o teórica, específica de las matemáticas, que se fija mediante un sistema de axiomas. En el EOS decimos que los números naturales son objetos abstractos, y tienen un grado de intensión o generalidad de 1, ya que el grado 0 corresponde a los objetos perceptibles. Esto es así incluso para un número en particular, p. e. 3, que es un objeto abstracto, aunque particular. La idea de particular-general (extensivo-intensivo) es relativa al juego de lenguaje en que participe el objeto.

Problema 2 (Secuencias ilimitadas de números mediante leyes de recurrencia)

Partimos de la secuencia ilimitada de números naturales, 1, 2, 3, . . . , $x_n = x_{(n-1)} + 1$. En la secuencia de números pares, ¿cuál sería el número par que corresponde a la posición 10? ¿Y en la posición genérica *n*?

Solución: El número par que corresponde a la posición 10 es el 20 (2, 4, 6, 8, 10, . . . 20). El número par *y* que corresponde a la posición *n* es *y* = 2*n*, porque para cualquier número natural su imagen en la correspondencia se obtiene multiplicándolo por 2.

Análisis ontosemiótico

La secuencia ilimitada de números naturales, considerada como un todo unitario, es un nuevo objeto con nivel 2 de abstracción. El paso de una colección finita a otra infinita, con su correspondiente regla de formación (objeto intensivo) es un proceso que produce nuevos objetos abstractos de nivel superior. La regla de formación es sumar 1 al anterior (regla de recurrencia).

En vez de sumar 1 podemos considerar sumar 2, 3, etc. (números múltiplos de 2, 3 . . .). Se obtienen de este modo colecciones ilimitadas de los múltiplos de 2, 3, etc. Cada colección es un nuevo objeto abstracto que viene dado por la función *y* = 2*n*, *y* = 3*n*, etc. Cada una de estas colecciones ilimitadas, definidas por las respectivas reglas funcionales son nuevos objetos abstractos de nivel 2, al igual que la secuencia de números naturales. En consecuencia, la función definida en este caso entre el conjunto N de los naturales, con imagen también en N, con la fórmula *y*=2*n* es un objeto matemático con grado 2 de abstracción (objeto intensivo de 2ª especie).

Podemos generar un objeto con mayor nivel de abstracción (generalidad) al considerar la colección de colecciones de múltiplos de cualquier número *a*. Esta colección viene dada por la regla paramétrica, y=*an*, *a* ∈ N, *n* ∈ N. Parece razonable asignar a este objeto un grado 3 de abstracción.

La función, definida entre *conjuntos numéricos arbitrarios* sería un objeto intensivo de grado 4:

y= *f(x)* , *x*∈*C*, *f(x)* ∈*C'*, con *C* y *C'* conjuntos numéricos arbitrarios.

Mientras que la función definida entre *conjuntos cualesquiera* sería un objeto intensivo de grado 5:

(*y~f(x)*, A, B), *x*∈*A*, *f(x)* ∈*B* con A y B conjuntos cualesquiera.

Se observa que se pueden generar nuevos objetos ideales (no ostensivos) horizontalmente, sin aumentar el grado de abstracción. Por ejemplo, las colecciones finitas de números naturales (1, 2, 3, 4, 5), o de múltiplos de un número finito (pares, tríos . . .) son objetos abstractos, pero no más abstractos (generales) que aquellos objetos que los constituyen.

2.9. Marcos teóricos relacionados con la teoría ontosemiótica de la actividad matemática

Los fundamentos de la matemática educativa descritos en las secciones 2.4 a 2.7 están sirviendo para elaborar herramientas que permiten abordar cuestiones relativas al diseño, implementación y evaluación de los procesos de instrucción matemática. Para considerar las cuestiones relativas al análisis de la implementación de los procesos de instrucción se ha elaborado la herramienta configuración didáctica (Godino *et al.*, 2006). Así mismo, mediante la teoría de la idoneidad didáctica (Godino *et al.*, 2023) se estudian cuestiones de evaluación de los procesos instruccionales y de formación de profesores. Todas estas herramientas se apoyan en la modelización ontosemiótica de la actividad matemática y los objetos emergentes descrita en este capítulo y sobre el significado y la cognición matemática que desarrollamos en el Capítulo 3.

En este apartado estudiamos las concordancias y complementariedades de la Teoría de la actividad matemática y los objetos emergentes con la Teoría discursiva del pensamiento (Sfard), la Teoría de la objetivación (Radford) y otros marcos teóricos relacionados.

2.9.1. La teoría discursiva del pensamiento

La teoría de la commognición (acrónimo formado por los términos comunicación y cognición) desarrollada por Sfard (2008) elabora una modelización del pensamiento del individuo en términos discursivos, apoyándose en los postulados de Wittgenstein sobre el lenguaje, el pensamiento y el significado como uso. Sfard plantea el reto de superar una visión del pensamiento en general, y del pensamiento matemático en particular, en términos platónico-idealista y mentalista. Los objetos matemáticos no se deben considerar como entidades que se descubren, o entidades mentales inaccesibles, y las proposiciones no son descripciones de las propiedades de tales objetos. En su lugar, propone entender los objetos matemáticos como entidades discursivas emergentes de la comunicación interpersonal o de la comunicación con uno mismo. La tesis central que defiende Sfard es que

> el discurso matemático y sus objetos son mutuamente constitutivos: La actividad discursiva, incluyendo la producción continua de símbolos, es la que crea la necesidad de los objetos matemáticos; y son los objetos matemáticos (o mejor el uso de símbolos mediado por los objetos) los que, a su vez, influyen en el discurso y le lleva hacia nuevas direcciones. (Sfard, 2000, p. 47)

La motivación de Sfard para elaborar una teoría discursiva del pensamiento fueron las controversias que surgen cuando se asume la objetivación de los discursos para investigar los llamados procesos cognitivos o mentales. En dichos procesos se actúa como si hubiera una realidad que está ahí (en la mente) y que con ellos se describe esa realidad. Pero pasa inadvertida la naturaleza abstracta, artificial, de los objetos de los que se habla, que no son efectivamente existentes y que, por tanto, se puede prescindir de ellos. Cuando se quiere describir lo que hace y dice el sujeto no necesitamos usar constructos tales como esquemas cognitivos, concepciones, intenciones, significados, que son intangibles e invisibles.

Sfard identifica diversos dilemas y peligros en el uso de la metáfora objetual para describir el pensamiento y su uso en educación matemática. La reificación y alienación de los procesos mediante los cuales se construyen el objeto ideal o abstracto, que sin duda es esencial para el pensamiento y la comunicación humana, oculta su origen en las prácticas discursivas. El desarrollo del modelo de la commognición es una propuesta para conservar la metáfora objetual evitando sus peligros, o sea, las confusiones que introduce en el estudio del conocimiento, la comprensión y el aprendizaje.

La teoría de la actividad matemática del EOS es un modelo que aborda esta problemática, pero añadiendo a la perspectiva lingüística de Wittgenstein y la discursiva de Vygotsky la dimensión pragmática de Peirce. La estrategia seguida en el EOS para evitar la visión idealista o mentalista de los objetos matemáticos no ostensivos es asociar como significado de dichos objetos el sistema de prácticas operativas y discursivas para resolver problemas de donde tales objetos provienen. Se tiene en cuenta como una entidad primaria el lenguaje, las palabras los símbolos, las prácticas discursivas, pero atribuyendo, además, un papel central a las situaciones problemas y las prácticas operativas y normativas que intervienen en la actividad matemática.

La dualidad personal-institucional para las prácticas, objetos y procesos que propone el EOS permite una visión más amplia de la cognición que la commognición, ya que la cognición se puede entender no solo como una realidad individual sino también comunitaria e histórico-cultural. Además, permite dar cuenta de las relaciones de interdependencia entre el discurso individual y el discurso comunitario en el que el sujeto participa, esto es, el proceso de acoplamiento progresivo, mediante una participación dialógica, de los significados personales con los institucionales pretendidos. Así mismo, la dualidad ejemplar-tipo, con su carácter recursivo, permite dar cuenta de los procesos de generalización y particularización y los sucesivos

niveles de abstracción, esto es, de la creación de objetos progresivamente más complejos.

2.9.2. Teoría de la objetivación

Radford (2008; 2015) ha desarrollado una visión específica sobre
la educación en general, y la enseñanza y aprendizaje en particular,
que tiene en cuenta, no solo los conocimientos en juego sino también
la formación de los estudiantes, en tanto que sujetos humanos. Esta
posición político conceptual se conoce como Teoría de la objetivación (TO), y plantea el objetivo de la educación matemática como un
esfuerzo político, social, histórico y cultural cuyo fin es la creación
de individuos éticos y reflexivos que se posicionan de manera crítica
en prácticas matemáticas constituidas histórica y culturalmente. Un
principio esencial de la teoría de la objetivación es la idea de labor o
trabajo, en el sentido que le dieron Hegel, Marx, Leóntiev y el materialismo dialéctico. A través de la labor o trabajo es cómo los individuos se desarrollan y se transforman continuamente, encontrando en
el mismo los sistemas de ideas de la cultura (ideas científicas, legales,
artísticas, etc.).

La TO asume que el pensamiento es sobre todo una forma de reflexión activa sobre el mundo, mediatizada por artefactos, el cuerpo
(a través de la percepción, gestos, movimientos, etc.), el lenguaje, los
signos, etc. La noción de objeto en esencial en la TO, ya que «Pensar,
en efecto, es pensar sobre algo. Pensar y ese algo que es el objeto del
pensamiento están entrelazados y son indisolubles» (Radford, 2015, p.
130). Los objetos de conocimiento son entidades socio-histórico-cultu-
rales, no entidades psicológicas o mentales.

> De hecho, son el resultado del trabajo social y se producen a través
> de él. En términos más precisos, los objetos de conocimiento son una
> síntesis cultural e históricamente codificada de hacer, pensar y relacio-
> narse con los demás y con el mundo. (Radford, 2015, p. 134)

Radford distingue entre los objetos de conocimiento, formas de
hacer y pensar codificadas culturalmente, y los conceptos, que son las

realizaciones particulares que elabora el sujeto de los objetos culturales como resultado del proceso de objetivación a través del aprendizaje escolar. «El aprendizaje surge de la conciencia sensual y conceptual que resulta de la realización del objeto de conocimiento (por ejemplo, cascar nueces, resolver ecuaciones lineales) en su realización concreta o individualización» (Radford, 2015, p. 139). El concepto se constituye a partir de lo que realmente se ha convertido en objeto de conciencia para los estudiantes en el curso de su trabajo conjunto con los profesores: la forma sensual y real de pensar y hacer tal como la encuentran y la conocen los estudiantes.

> La objetivación es el proceso social cotransformativo y sensual de creación de sentido a través del cual los estudiantes gradualmente se familiarizan críticamente con significados culturales históricamente constituidos y formas de pensamiento y acción. (p. 139)

Mediante los procesos de objetivación incrustados en la actividad que media entre lo potencial y lo real, los objetos de conocimiento culturales se convierten en objetos de conciencia y pensamiento. En la TO, al igual que en el EOS, se asumen unos principios epistemológicos y ontológicos sobre el conocimiento matemático y su aprendizaje que son compartidos por las aproximaciones socioculturales:

> p1: el conocimiento es históricamente generado durante el curso de la actividad matemática de los individuos.

> p2: la producción del conocimiento no responde a un pilotaje adaptativo, sino que está inmerso en formas culturales de pensamiento imbricadas con una realidad simbólica y material que proporciona la base para interpretar, comprender y transformar el mundo de los individuos y los conceptos e ideas que se forman de ellas. (Radford, 2018, pp. 4066-4067)

El postulado de considerar la matemática como una actividad humana, como un trabajo con un componente social, comunitario, subyace a la emergencia de objetos de conocimiento, o sea, los constructos (entidades abstractas o generales), tanto en la TO como en el EOS.

Nos parece que el proceso de objetivación viene a ser equivalente en términos cognitivos y educativos al proceso de personalización de los significados institucionales /culturales por parte de los estudiantes que propone el EOS. Además, la consideración de los objetos conceptuales en su versión unitaria como reglas convenidas socialmente y referidas a cómo se deben usar los lenguajes y artefactos, ayuda a comprender las dos fuentes de aprendizaje que propone la TO: el contacto con el mundo material, el mundo de los artefactos culturales que nos rodean (objetos, instrumentos, etc.), y la interacción social. Lo que hay que aprender son las reglas de uso de los artefactos convenidas socialmente.

El modelo epistemológico propuesto por el EOS es concordante, en líneas generales, con el correspondiente a la TO. Ambas teorías comparten supuestos antropológicos similares sobre la actividad matemática y sobre los procesos y productos socioculturales emergentes. El EOS, no obstante, incorpora en su concepción de las matemáticas, de manera explícita, los elementos básicos del giro lingüístico introducido por Wittgenstein en la filosofía de las matemáticas y los aportes de la semiótica Peirceana, para describir y explicar los procesos de comunicación e interpretación matemática. El cambio antropológico y sociocultural en la manera de concebir las matemáticas que asumen ambas teorías no ha supuesto el olvido de la dimensión cognitiva, esto es, del papel del sujeto que aprende matemáticas y se forma como persona. Por esta razón, el EOS introduce, junto a un modelo de cognición institucional otro modelo de cognición individual, construido sobre sus mismas bases pragmáticas, antropológicas y semióticas.

Se observa una diferencia relevante entre ambas teorías, que consiste en el desarrollo desigual de las dimensiones institucional/cultural y personal del conocimiento matemático. Nos parece que la TO ha centrado la atención de manera preferente en la dimensión cognitiva (personal) y los procesos de aprendizaje, mientras que el EOS ha desarrollado herramientas que atienden tanto a la dimensión institucional como personal del conocimiento. La herramienta configuración ontosemiótica (en su doble versión, epistémica y cognitiva) permite hacer un análisis detallado de la actividad matemática y los objetos implicados, que no se reducen a los objetos conceptuales o abstractos. El reconocimiento de la trama compleja de los objetos y procesos que se ponen en juego en la resolución de situaciones-problemas es un factor explicativo de las dificultades de aprendizaje y de enseñanza, y un paso necesario para una gestión idónea de los procesos educativos-instruccionales. El análisis *a priori* de posibles soluciones de las actividades y el reconocimiento de prácticas, objetos y procesos, es un análisis epistémico o institucional al referirse a un sujeto epistémico o ideal. Este análisis *a priori* se considera útil, incluso necesario, para comprender y gestionar el proceso de aprendizaje que tiene lugar con sujetos individuales reales. Ese aprendizaje se puede describir mediante la herramienta configuración ontosemiótica en su versión cognitiva, aplicada a las respuestas y diálogos de los estudiantes[7].

2.9.3. Otros marcos relacionados

Diversos autores han elaborado constructos y teorías para responder a los problemas epistemológicos, ontológicos y semiótico-cognitivos descritos en este capítulo como propios de la matemática educativa. El estudio de las concordancias y complementariedades del modelo propuesto por el EOS para estas cuestiones se ha abordado en diversos trabajos previos. En particular, el EOS se confronta en D'Amore y Godino (2007) con la Teoría antropológica de lo didáctico (Chevallard, 1992), en Font *et al.* (2015) con la teoría APOS (Dubinsky y McDonald, 2001), en Godino *et al.* (2016) con la Teoría de los registros de representación semiótica (Duval, 1995). Manolino *et al.* (2023) comparan el EOS con la Teoría de los haces semióticos (Arzarello *et al.*, 2009).

---

[7] En Godino *et al.* (2020) hacemos un estudio más amplio de las concordancia y complementariedades entre EOS y TO incluyendo un ejemplo de uso de las respectivas herramientas al análisis de una experiencia de enseñanza sobre interpretación de gráficas cartesianas que representan el movimiento relativo de dos estudiantes.

2.10. Ejemplos de aplicación de la teoría ontosemiótica de la actividad matemática

El análisis de las prácticas, objetos y procesos que caracterizan la actividad matemática se ha aplicado en diferentes investigaciones como un componente del análisis didáctico. Por ejemplo, Rondero y Font (2015) utilizan las configuraciones ontosemióticas para estudiar la complejidad de la media aritmética. Elaboran una visión integrada de las articulaciones de objetos y configuraciones (niveles de generalización, proyecciones metafóricas y tramas de funciones semióticas) mediante los cuales se construye una visión unitaria de la media aritmética. Molina *et al.* (2019) identifican las configuraciones ontosemióticas en procesos de argumentación por analogía, complementando el análisis de la argumentación según el modelo de Toulmin. Este modelo permite destacar y describir argumentos abductivos y analógicos producidos por los estudiantes, mientras que la herramienta configuración ontosemiótica permite concretar cómo los objetos matemáticos activados en las prácticas fueron articulados por los procesos argumentativos asociados. Burgos *et al.* (2021) realizan un análisis microscópico de dos presentaciones de la integral definida, una de carácter informal/intuitivo y otra formal, orientadas al reconocimiento explícito de los objetos que intervienen y emergen en las prácticas matemáticas correspondientes. También identifican los procesos (interpretación/ significación, representación, argumentación, generalización, etc.) que se ponen en juego en dichas prácticas, considerando que estos análisis permiten explicar las dificultades de aprendizaje y ayudar en la toma de decisiones fundamentadas sobre la enseñanza de la integral definida.

En los siguientes apartados incluimos una síntesis más amplia de dos trabajos que usan la teoría ontosemiótica de la actividad matemática, uno caracterizando la visualización en educación matemática y otro elaborando un modelo de niveles de razonamiento algebraico.

2.10.1. Aproximación ontosemiótica de la visualización en educación matemática

La visualización ha recibido mucha atención como tema de investigación en educación matemática (Bishop, 1989; Clements, 2014; Rivera, 2011), especialmente en geometría, donde se ha enfocado en evaluar los procesos y capacidades de los sujetos para realizar tareas que requieren «ver» o «imaginar» mentalmente los objetos geométricos espaciales. El interés por el tema también se aprecia desde el punto de vista del propio trabajo del matemático, al abordar la resolución de problemas, formulación de conjeturas, y en otras áreas diferentes de la geometría (Guzmán, 1996). Presmeg (2006) plantea, entre otras, las siguientes cuestiones relacionadas con la visualización en educación matemática: «¿Cómo se puede aprovechar la visualización para promover la abstracción matemática y la generalización? . . . ¿Cuál es la estructura y cuáles son los componentes de una teoría general de la visualización para la educación matemática?» (Presmeg, 2006, p. 227).

En Godino *et al.* (2012) elaboramos un modelo de análisis sobre la naturaleza y componentes de la visualización y su relación con otros procesos implicados en la actividad matemática, usando el EOS para comprender la trama de objetos matemáticos que intervienen en los procesos de visualización. En dicho trabajo consideramos que un aspecto clave de la elaboración de una teoría de la visualización debe incluir el estudio de sus relaciones con otras modalidades de expresión ostensiva (lenguajes analíticos o secuenciales), y, sobre todo, su relación con los objetos matemáticos no ostensivos (sean mentales, formales, o ideales).

El análisis de la actividad matemática y los objetos y procesos que intervienen en la misma centra su atención inicial en las prácticas que realizan las personas implicadas en la solución de determinadas situaciones-problemas matemáticos. Dicho análisis de la visualización nos lleva a distinguir entre prácticas visuales y no visuales o simbólico/analíticas. Con dicho fin fijamos la atención en los tipos de objetos lingüísticos y artefactos visuales que intervienen en una práctica, ya que ponen en juego la percepción visual. Aunque las representaciones simbólicas (lengua natural o lenguajes formales) son visibles, no consideramos dichas inscripciones como visuales, sino como analíticas o sentenciales.

En Godino *et al.* (2012) se analiza la visualización, en primer lugar, desde el punto de vista de los objetos primarios que en ella participan, esto es, los tipos de situaciones-problemas (tareas), elementos lingüísticos y materiales, conceptos, proposiciones, procedimientos y argumentos en los cuales hay visualización. Usualmente los objetos visuales participan en las prácticas matemáticas junto con otros objetos no visuales (analíticos o de otro tipo). La visualización en matemáticas no se reduce a ver, sino que también conlleva interpretación, acción y relación. En segundo lugar, la visualización se analiza aplicando las dualidades o modalidades contextuales desde las cuales se pueden considerar los objetos visuales previamente identificados. Es decir, se introducen las distinciones entre objetos visuales personales (cognitivos), e institucionales (socio-epistémicos); particulares (extensivos) y generales (intensivos); ostensivos (materiales) y no-ostensivos (mentales, ideales, inmateriales); unitarios (usados como un todo global) y sistémicos (formados por un sistema de elementos estructurados). Finalmente, los objetos visuales son considerados como antecedentes o consecuentes de funciones semióticas (dualidad expresión y contenido).

El modelo de visualización elaborado se aplica al análisis de dos problemas: 1) la demostración algebraica y visual de que la suma de los n primeros números impares es n^2; 2) la demostración de que la suma de los ángulos interiores de un triángulo es un ángulo llano. El análisis se centra en mostrar la trama de objetos visuales y no visuales que se ponen en juego, y las relaciones que se establecen entre los mismos, o sea, el sistema semiótico que forman. En síntesis, se trata de desvelar los conocimientos que se aplican en la resolución de los problemas y la sinergia que se establece entre los objetos visuales y analíticos.

La aplicación de la dualidad ostensivo-no ostensivo a los distintos tipos de objetos matemáticos primarios (problemas, lenguajes, conceptos, proposiciones, procedimientos y argumentos) proporciona un punto de vista nuevo sobre el papel de la visualización en la práctica matemática. En un primer paso se asume la distinción Peircena de los tipos de signos para distinguir entre lenguajes visuales, caracterizados por la presencia de índices, iconos y diagramas, y lenguajes analíticos, basados en el uso de símbolos. Seguidamente se diferencia entre problemas/tareas visuales de las no visuales o analíticas; las primeras refieren a situaciones en las que intervienen objetos del mundo sensible (cuerpos físicos, relaciones espaciales y representaciones visuales); en las segundas intervienen esencialmente entidades lógicas, numéricas, analíticas. Estas distinciones se trasladan también al resto de las entidades primarias (reglas y justificaciones).

Se concluye que la visualización penetra en todas las ramas de las matemáticas (no solo en la geometría), en coordinación con otras formas de expresión, en particular los lenguajes analíticos/secuenciales. También está presente en los diversos niveles de estudio matemático, elemental, superior o profesional. No obstante, el papel de la visualización en el trabajo matemático, profesional o escolar es complejo, ya que está frecuentemente imbricado con el uso de inscripciones simbólicas, que, aunque «se vean», tienen una significación puramente convencional. El problema tiene relevancia incluso cuando la visualización se refiere al uso de objetos visuales, los cuales interaccionan no solo con las inscripciones simbólicas, sino también y principalmente con el entramado de objetos conceptuales, procedimentales, proposicionales y argumentativos que se ponen en juego en las correspondientes configuraciones ontosemióticas.

2.10.2. Elaboración de un modelo de niveles de razonamiento algebraico

Como se verá en los capítulos 3 a 6, la teoría ontosemiótica de la actividad matemática sirve de base para elaborar las restantes teorías que componen el EOS: teoría de los significados y la cognición matemática, teoría del diseño educativo-instruccional, teoría de la idoneidad didáctica y teoría del desarrollo profesional docente. Además, los supuestos sobre la actividad matemática, los tipos de objetos y procesos matemáticos han permitido elaborar un modelo de niveles de razonamiento algebraico elemental (Godino *et al.*, 2014; 2015) que referimos seguidamente como un ejemplo de aplicación de la herramienta configuración ontosemiótica. En este caso, además del grado de generalidad de los objetos que intervienen en las prácticas matemáticas, se tienen en cuenta los lenguajes usados (natural, gestual, simbólico) y el tipo de cálculo que se realiza con los objetos representados. De este modo se amplía para el razonamiento algebraico el modelo de niveles de abstracción descrito en la sección 2.8.

Una práctica matemática se considera algebraica si presenta cierto tipo de objetos y procesos, usualmente considerados en la literatura como «algebraicos». Son tipos de objetos algebraicos los siguientes:

1. Relaciones binarias —de equivalencia o de orden— y sus respectivas propiedades (reflexiva, transitiva y simétrica o antisimétrica). Estas relaciones son usadas para definir nuevos conceptos matemáticos.

2. Operaciones y sus propiedades, realizadas sobre los elementos de conjuntos de objetos diversos (números, transformaciones geométricas, etc.). El denominado «cálculo algebraico» se caracteriza por la aplicación de propiedades tales como: asociativa, conmutativa, distributiva, existencia de elemento neutro y de un inverso. Asimismo, pueden intervenir también otros conceptos como ecuación, inecuación e incógnita, y procedimientos tales como: eliminación, trasposición de términos, factorización, desarrollo de términos, entre otros.

3. Funciones. Es necesario considerar los distintos tipos de funciones y álgebra asociada a ellos, es decir, las operaciones y sus propiedades. Asimismo, es preciso distinguir los diferentes objetos involucrados: funciones; variables, fórmulas, parámetros, etc., y contemplar las distintas representaciones de una función: tabular, gráfica, como fórmula, analítica.

4. Estructuras, sus tipos y propiedades (semigrupo, monoide, semimódulo, grupo, módulo, anillo, cuerpo, espacio vectorial, etc.) características del álgebra superior o abstracta.

En el caso de la práctica o actividad algebraica los procesos de particularización-generalización tienen una importancia especial, dado el papel de la generalización como uno de los rasgos característicos del razonamiento algebraico (Carraher *et al.*, 2008; Cooper y Warren, 2008; Mason y Pimm, 1984). Así, para el análisis de los niveles de algebrización de la actividad matemática es útil fijar la atención en los objetos resultantes de los procesos de generalización, y del proceso dual de particularización. Como resultado de un proceso de generalización obtenemos un tipo de objeto matemático que en el EOS denominamos objeto intensivo, que viene a ser la regla que genera la clase, el tipo o generalidad implicada. Mediante el proceso inverso de particularización se obtienen objetos que denominamos extensivos, esto es, objetos particulares. El objeto intensivo puede ser visto como la regla que genera los elementos que componen una colección o conjunto, sea finito o infinito. Una colección finita simplemente enumerada no se considera como un intensivo hasta el momento en que el sujeto muestra el criterio o regla que se aplica para delimitar los elementos constituyentes del conjunto. Entonces el conjunto pasa a ser algo nuevo, diferente de los elementos que lo constituyen, como una entidad unitaria emergente del sistema. Por tanto, además de la generalización que da lugar al conjunto, hay un proceso de unitarización.

Por otra parte, la nueva entidad unitaria tiene que ser hecha ostensiva o materializada mediante un nombre, icono, gesto o un símbolo, a fin de que pueda participar de otras prácticas, procesos y operaciones. El objeto ostensivo que materializa al objeto unitario emergente de la generalización es otro objeto que refiere a la nueva entidad intensiva, por lo que tiene lugar un proceso de representación que acompaña a la generalización y materialización. Finalmente, el símbolo se desprende de los referentes a los cuales representa/sustituye para convertirse en objeto sobre el cual se realizan acciones. Estos símbolos-objetos forman nuevos conjuntos sobre los cuales se definen operaciones, propiedades y estructuras, esto es, sobre los cuales se opera de manera sintáctica, analítica o formal.

El triple proceso de reconocimiento o inferencia de la generalidad, unitarización y materialización permite definir dos niveles primarios del pensamiento algebraico, distinguibles de un nivel más avanzado en el que el objeto intensivo es visto como una nueva entidad representada con lenguaje alfanumérico. Remitimos a Godino *et al.* (2014), donde describimos con detalle los criterios para discriminar estos tres niveles de algebrización de la actividad matemática propia de la educación primaria. El uso de parámetros y su tratamiento es el criterio usado para delimitar niveles superiores de algebrización, ya que está ligado a la presencia de familias de ecuaciones y funciones, y, por tanto, implica nuevas «capas» o grados de generalidad (Radford, 2011). El primer encuentro con los parámetros lo asociamos a un cuarto nivel de algebrización y la realización de cálculos o tratamientos combinados de parámetros y variables a un quinto nivel. El estudio de estructuras algebraicas específicas lleva a reconocer un sexto nivel de algebrización de la actividad matemática (Godino *et al.*, 2015).

2.11. Síntesis de la teoría ontosemiótica de la actividad matemática

Para resumir lo expuesto en el capítulo, en la Tabla 2.2 incluimos una síntesis de la teoría de la actividad matemática presentada en este capítulo, siguiendo la guía (adaptada) para la descripción de teorías que proponen Michie *et al.* (2014) para el campo de las ciencias sociales y del comportamiento.

Tabla 2.2. Síntesis de la teoría ontosemiótica
de la actividad matemática

Elementos	Descripción
Breve resumen. ¿De qué trata la teoría y cuáles son sus principales proposiciones?	La teoría ontosemiótica de la actividad matemática aporta supuestos y herramientas teóricas para el análisis de la actividad matemática, tanto profesional como escolar, así como los objetos que intervienen y surgen de dicha actividad. Aporta una visión propia sobre la emergencia del conocimiento matemático adaptada al contexto educativo, con rasgos transdisciplinares al abordar dilemas en las teorías epistemológicas y ontológicas implicadas en la educación matemática. Esta visión complementa la perspectiva lógica-formal, propia de los contextos de creación y justificación del conocimiento matemático, con la visión empirista-factual ligada a los contextos de aplicación. Los postulados de esta teoría son: La matemática es una actividad humana centrada en la resolución de cierta clase de situaciones-problemas. Las prácticas matemáticas pueden ser idiosincrásicas de una persona o compartidas en el seno de una institución. La resolución de problemas se realiza mediante la articulación de secuencias de prácticas. En las prácticas matemáticas intervienen diversas clases de objetos que cumplen diferentes roles: instrumental /representacional; regulativo (fijación de reglas sobre las prácticas), explicativo, justificativo.
Ámbito/objetivo. ¿Qué fenómenos pretende explicar la teoría?	El objetivo o motivo de la teoría es comprender la naturaleza de las matemáticas, su relación con la actividad de las personas, los diversos tipos de objetos y procesos emergentes de dicha actividad y la naturaleza relacional del conocimiento matemático, tanto profesional como escolar.
Justificación. ¿Por qué es necesaria la teoría y cómo mejora las teorías anteriores?	La teoría emerge al considerar la diversidad de enfoques filosóficos sobre la naturaleza de las matemáticas, las contradicciones y dilemas entre distintas teorías o enfoques. Se considera posible y necesario elaborar un modelo epistemológico y ontológico coherente de las matemáticas que sirva de fundamento para la matemática educativa.
Hipótesis. ¿Qué hipótesis específicas plantea la teoría y en qué se diferencian de otras teorías?	Parte del postulado de que los objetos matemáticos emergen de la actividad de las personas al resolver tipos de problemas (postulado antropológico). Los objetos matemáticos se pueden categorizar según el papel que desempeñan (entidades funcionales). Las prácticas y los objetos se pueden contemplar desde cinco pares de dualidades contextuales: personal-institucional; expresión-contenido; ostensivo-no ostensivo; particular-general; unitario-sistémico.

Constructos. ¿Cuáles son los elementos de la teoría?	Los constructos teóricos que componen la teoría son: prácticas matemáticas, objetos y procesos matemáticos, atributos contextuales de las prácticas y objetos. Estos constructos teóricos se articulan en la herramienta *configuración ontosemiótica* en la cual se coordinan tres perspectivas complementarias de las matemáticas: la matemática como actividad humana, sistema de objetos y sistema de signos.
Relaciones. ¿Cómo se relacionan entre sí los elementos de la teoría?	El constructo configuración ontosemiótica de prácticas, objetos y procesos, incluyendo, además, cinco pares de dualidades o atributos contextuales desde los que se pueden considerar dichos elementos, refleja las relaciones entre los diversos componentes de la teoría.
Procedencia. ¿En qué teorías se basa y cómo?	Desde el punto de vista epistemológico la teoría se basa en la perspectiva antropológica de las matemáticas de Wittgenstein, al entender las matemáticas como una actividad humana y atribuir a los conceptos y proposiciones matemáticas una naturaleza convencional y regulativa. También se basa en el enfoque pragmatista de la semiótica de Peirce y en la perspectiva histórico-cultural de la cognición de Vygotsky.
Semejanza. ¿A qué teorías se parece más esta teoría?	Dentro de educación matemática, la teoría comparte algunos supuestos con la Teoría Antropológica en Didáctica de la Matemática (Chevallard), la Teoría de la objetivación (Radford), y la Teoría de la comunicación y cognición (Sfard).
Complementariedad. ¿Con qué teorías puede complementarse?	Esta teoría pretende incluir los principios y herramientas metodológicas necesarias y suficientes para fundamentar los procesos educativos-instruccionales de las matemáticas en las dimensiones epistemológicas, y ontológicas implicadas. Debe ser complementada con una teoría explícita del significado y la cognición matemática (desarrollada en el capítulo 3) y con teorías de diseño educativo y de desarrollo profesional docente (capítulos 4 y 5).
Operacionalización. ¿Cómo se miden o identifican los constructos?	Los constructos de la teoría no son rasgos medibles. Se trata de categorías descriptivas de los diferentes tipos de prácticas, objetos y procesos que intervienen en la actividad matemática. La génesis institucional del conocimiento matemático se investiga mediante: 1) la identificación y categorización de las situaciones-problemas que requieren una respuesta; 2) la descripción de las secuencias de prácticas que se ponen en juego en la resolución; 3) La identificación de los objetos intervinientes y las relaciones entre los mismos.

Usos. ¿Para qué puede utilizarse la teoría?	La teoría proporciona un fundamento para los procesos educativos-instruccionales de las matemáticas. Permite hacer análisis detallados de la actividad matemática, tanto desde el punto de vista personal (cognitivo) como institucional (cultural) y comprender la complejidad de objetos y procesos implicados en la resolución de problemas. Esta teoría se usa como fundamento de la teoría del significado y la cognición matemática descrita en el capítulo 3 y de las teorías educativas incluidas en los capítulos 4, 5 y 6.

Referencias

Arzarello, F., Paola, D., Robutti, O. *et al.* (2009). Gestures as semiotic resources in the mathematics classroom. *Educational Studies in Mathematics, 70,* 97-109.

Arboledas, L. C. y Castrillón, G. (2007). Educación matemática, pedagogía y didáctica. *REVEMAT - Revista Eletrônica de Educação Matemática,* 2.1, 5-27.

Bishop, A. J. (1989). Review of research on visualisation in mathematics education. *Focus on Learning Problems in Mathematics, 11* (1), 7-16.

Blumer, H. (1969). *El interaccionismo simbólico: Perspectiva y método.* Barcelona: Hora, 1982

Bunge, M. (1985). *Treatise on basic philosophy. Volume 7. Epistemology and methodology III: Philosophy of science and technology.* D. Reidel Publishing Company.

Bunge, M. (2011). *Tratado de Filosofía. Volumen 3. Ontología I: El moblaje del mundo.* Gedisa.

Burgess, J. P. y Rosen, G. (1997). *A subject with no object. Strategies for nominalistic interpretation of mathematics.* Oxford University Press.

Burgos, M., Bueno, S., Godino, J. D., y Pérez, O. (2021). Onto-semiotic complexity of the Definite Integral. Implications for teaching and learning Calculus. *REDIMAT - Journal of Research in Mathematics Education, 10*(1), 4-40

Clements, M. A. (2014). Fifty years of thinking about visualization and visualizing in mathematics education: A historical overview. En M.N. Fried, T. Dreyfus (Eds.). *Mathematics & Mathematics Education: Searching for Common Ground, Advances in Mathematics Education* (pp. 177-192). Springer.

Cantoral, R. y Farfán, R. M. (2003). Matemática Educativa: Una visión de su evolución. *Revista Latinoamericana de Investigación en Matemática Educativa (RELIME)*, 6 (1), 27-40.

Chevallard, Y. (1992). Concepts fondamentaux de la didactique: perspectives apportées par une approche anthropologique. *Recherches en Didactique des Mathématiques, 12* (1), 73-112.

Chevallard, Y. (2019). Introducing the anthropological theory of the didactic: an attempt at a principled approach. *Hiroshima Journal of Mathematics Education, 12,* 71-114. https://www.jstage.jst.go.jp/article/hjme/12/0/12_1205/_pdf

Cobb, P. y Bauersfeld, H. (Eds.) (1995). *The emergence of mathematical meaning: Interaction in classroom cultures.* Lawrence Erlbaum Associates.

D'Amore, B. y Godino, J. D. (2007). El enfoque ontosemiótico como un desarrollo de la teoría antropológica en didáctica de la matemática. *Revista Latinoamericana de Investigación en Matemática Educativa, 10* (2), 191-218.

Dubinsky, E., y McDonald, M. A. (2001). APOS: A constructivist theory of learning in undergraduate mathematics education research. En D. Holton (Ed.). *The teaching and learning of mathematics at university level: An ICMI study* (pp. 275-282). Springer.

Duval, R. (1995). *Sémiosis et pensée: registres sémiotiques et apprentissages intellectuels.* Peter Lang.

Eco, U. (1991). *Tratado de semiótica general.* Lumen, 1979.

Echeverría, J. (2007). *Filosofía de la ciencia.* Akal.

English, L. D. (Ed.) (1997). *Mathematical reasoning. Analogies, metaphors, and images.* Lawrence Erlbaum Associates.

Ernest, P. (1998). *Social constructivism as a philosophy of mathematics.* State University of New York Press.

Font, V. y Contreras, A. (2008). The problem of the particular and its relation to the general in mathematics education. *Educational Studies in Mathematics, 69,* 33-52.

Font, V., Godino, J. D. y Contreras, A. (2008). From representations to onto-semiotic configurations in analysing mathematics teaching and learning processes. En L. Radford, G. Schubring, and F. Seeger (Eds.). *Semiotics in*

Mathematics Education: Epistemology, History, Classroom, and Culture (pp. 157-173). Sense Publisher.

Font, V., Godino, J. D. y Gallardo, J. (2013). The emergence of objects from mathematical practices. *Educational Studies in Mathematics, 82*, 97-124.

Font, V. y Rubio, N. V. (2017). Procesos matemáticos en el enfoque ontosemiótico. En J. M. Contreras, P. Arteaga, G. R. Cañadas, M. M. Gea, B. Giacomone y M. M. López-Martín (Eds.). *Actas del Segundo Congreso International Virtual sobre el Enfoque Ontosemiótico del Conocimiento y la Instrucción Matemáticos.* Disponible en https://enfoqueontosemiotico.ugr.es/civeos.html

Font, V., Trigueros, M., Badillo, E. y Rubio, N. (2015). Mathematical objects through the lens of two different theoretical perspectives: APOS and OSA. *Educational Studies in Mathematics, 91*, 107-122.

Gascón, J. (1998). Evolución de la didáctica de las matemáticas como disciplina científica. *Recherches en Didactique des Mathématiques, 18*/1(52), 7-33.

Godino, J. D. (1994). Ecology of mathematical knowledge: an alternative vision of the popularization of mathematics. En A. Joseph *et al.* (Eds), *First European Congress of Mathematics* (Vol. 3, pp. 150-156). Birkhauser Verlag. https://www.ugr.es/local/fqm126/ingles/documentos/Godino_ecological_metaphor-1994.pdf

Godino, J. D. (2002). Un enfoque ontológico y semiótico de la cognición matemática. *Recherches en Didactiques des Mathematiques, 22* (2/3), 237-284.

Godino, J. D. (2023). Enfoque ontosemiótico de la filosofía de la matemática educativa. *Revista Paradigma, 44*, 7-33.

Godino, J. D. Aké, L., Gonzato, M. y Wilhelmi, M. R. (2014). Niveles de algebrización de la actividad matemática escolar. Implicaciones para la formación de maestros. *Enseñanza de las Ciencias, 32.1*, 199-219.

Godino, J. D. y Batanero, C. (1994). Significado institucional y personal de los objetos matemáticos. *Recherches en Didactique des Mathématiques, 14* (3), 325-355.

Godino, J. D., Batanero, C. y Burgos, M. (2023). Theory of didactical suitability: An enlarged view of the quality of mathematics instruction. *EURASIA*

Journal of Mathematics, Science and Technology Education, 19(6), em2270. https://doi.org/10.29333/ejmste/13187

Godino, J. D., Beltrán-Pellicer, P. y Burgos, M. (2020). Concordancias y complementariedades entre la Teoría de la Objetivación y el Enfoque Ontosemiótico. *RECME. Revista Colombiana de Matemática Educativa, 5* (2), 51-66.

Godino, J. D., Burgos, M., y Gea, M. M. (2022). Analysing theories of meaning in mathematics education from the onto-semiotic approach. *International Journal of Mathematical Education in Science and Technology, 53*(10), 2609-2636.

Godino, J. D. Batanero, C. y Font, V. (2007). The onto-semiotic approach to research in mathematics education. *ZDM. The International Journal on Mathematics Education, 39* (1-2), 127-135.

Godino, J. D., Contreras, A. y Font, V. (2006). Análisis de procesos de instrucción basado en el enfoque ontológico-semiótico de la cognición matemática. *Recherches en Didactiques des Mathematiques, 26* (1), 39-88.

Godino, J. D., Gonzato, M., Cajaraville, J. A. y Fernández, T. (2012). Una aproximación ontosemiótica a la visualización en educación matemática. *Enseñanza de las Ciencias, 30* (2), 163-184

Godino, J. D., Neto, T., Wilhelmi, M. R., Aké, L., Etchegaray, S. y Lasa, A. (2015). Niveles de algebrización de las prácticas matemáticas escolares. Articulación de las perspectivas ontosemiótica y antropológica. *Avances de Investigación en Educación Matemática, 8,* 117-142.

Godino, J. D., Wihelmi, M. R., Blanco, T. F., Contreras, A. y Giacomone, B. (2016). Análisis de la actividad matemática mediante dos herramientas teóricas: Registros de representación semiótica y configuración ontosemiótica. *AIEM. Avances de Investigación en Educación Matemática, 10,* 91-110.

Guzmán, M. (1996). *El rincón de la pizarra. Ensayos de visualización en análisis matemático.* Pirámide.

Kitcher, P. (1984). *The nature of mathematical knowledge.* Oxford University Press.

Lakatos, l. (1976). *Proof and refutations. The logic of mathematical discovery.* Cambridge: Cambridge University Press.

Leng, M., Paseau, A. y Potter, M. (Eds). *Mathematical knowledge.* Oxford University Press.

Linnebo, Ø. (2009). Platonism in the philosophy of mathematics. En E. N. Zalta (Ed.). *The Stanford encyclopedia of philosophy*. Retrieved 02/01/2023 from https://plato.stanford.edu/entries/platonism-mathematics/

Maddy, P. (1997). *Naturalism in mathematics*. Oxford University Press.

Manolino, C., Giacomone, B., y Beltrán-Pellicer, P. (2023). Semiotic bundle approach and Onto-Semiotic Approach: a dialogue between two theories on an arithmetic-algebraic problem. *Educação e Pesquisa, 49*, e256699.

Marquis, J. P. (2014). Mathematical abstraction, conceptual variation and identity. In P. Schroeder-Heister, W. Hodges, G. Heinzmann, y P. E. Bour (Eds.). *Logic, Methodology and Philosophy of Science. Proceedings of the Fourteenth International Congress* (Nancy), 1-24. https://philpapers.org/archive/MARMAC-14.pdf

Michie, S., West, R., Campbell, R., Brown, J. y Gainforth, H. (2014). *ABC of behaviour changet theories*. Silverback Publishing.

Molina, O., Font, V. y Pino-Fan, L. (2019). Estructura y dinámica de argumentos analógicos, abductivos y deductivos: un curso de geometría del espacio como contexto de reflexión. *Enseñanza de las Ciencias, 37*(1), 93-116.

Parson, C. (2008). *Mathematical thought and its objects*. Cambridge University Press.

Peirce, C. S. (1931-58). *Collected Papers of Charles Sanders Peirce*, 8 vols. C. Hartshorne, P. Weiss, y A. W. Burks (Eds.). Harvard University Press.

Posy, C. (2020). *Mathematical intuitionism*. Cambridge University Press.

Presmeg, N. (2006). Research on visualization in learning and teaching mathematics. En A. Gutiérrez y P. Boero (Eds.). *Handbook of Research on the Psychology of Mathematics Education* (pp.210-213). Sense Publishers.

Radford, L. (2008). The ethics of being and knowing: Towards a cultural theory of learning. En L. Radford, G. Schubring y F. Seeger (Eds.). *Semiotics in mathematics education: Epistemology, history, classroom, and culture* (pp. 215-234). Sense Publishers.

Radford, L. (2011). Grade 2 students' non-symbolic algebraic thinking. En J. Cai y E. Knuth (Eds.). *Early algebraization. Advances in mathematics education* (pp. 303-322). SpringerVerlag.

Radford, L. (2015). The epistemological foundations of the theory of objectification. En L. Branchetti (Ed.). *Teaching and Learning Mathematics. Some*

Past and Current Approaches to Mathematics Education (127-149). Isonomia, *On-line Journal of Philosophy - Epistemologica* - University of Urbino Carlo Bo. http://isonomia.uniurb.it/epistemologica

Radford, L. (2018). On theories in mathematics education and their conceptual differences. En, B. Sirakov, P. de Souza, y M. Viana (Eds.). *Proceedings of the International Congress of Mathematicians* (Vol. 4, pp. 4055-4074). World Scientific Publishing Co.

Rivera, F. D. (2011). *Toward a visually-oriented school mathematics curriculum. Research, theory, practice, and issues.* Springer.

Rondero, C. y Font, V. (2015). Articulación de la complejidad matemática de la media aritmética. *Enseñanza de las Ciencias, 33*(2), 29-49.

Shapiro, S. (Ed.) (2005). *The Oxford handbook of philosophy of mathematics and logic.* Oxford University Press.

Sinaceur, H. (2014). Facets and levels of mathematical abstraction. *Philosophia Scientiæ, 18-1,* 81-112. https://doi.org/10.4000/philosophiascientiae.914

Sfard, A. (2000). Symbolizing mathematical reality into being - or how mathematical discourse and mathematical objects create each other. In P. Cobb, E. Yackel, y K. McClain (Eds.). *Symbolizing and communicating in mathematics classrooms* (pp. 38-75). London: Lawrence Erlbaum.

Sfard, A. (2008). *Thinking as communicating: human development, the growth of discourses, and mathematizing.* Cambridge University Press.

Steiner, H. G. (1985). Theory of mathematics education (TME): an introduction. *For the Learning of Mathematics, 5*(2), 11-17.

Vergnaud, G. (1990). La théorie des champs conceptuels. *Recherches en Didactique des Mathématiques, 10*(2-3), 133-170.

Vygotsky, L. S. (1978). *Mind in society. Development of higher psychological processes.* Harvard University Press.

Wittgenstein, L. (1953). *Philosophical investigations.* The MacMillan Company.

Wittgenstein, L. (1976). *Observaciones sobre los fundamentos de las matemáticas.* Alianza.

Capítulo 3

Teoría ontosemiótica del significado y la cognición matemática

Introducción

El término «significado», vinculado al de «comprensión», se utiliza insistentemente en la investigación y la práctica de la educación matemática, ya que es fundamental que los alumnos adquieran el significado de los términos, expresiones y representaciones matemáticas, es decir, que comprendan a qué se refiere el lenguaje matemático en sus diferentes registros. La importancia de la semiosis para la educación matemática radica en el uso de los signos, que es omnipresente en todas las ramas de las matemáticas. No podía ser de otra manera, ya que los objetos de las matemáticas son ideales, de carácter general, y para representarlos y trabajar con ellos, es necesario emplear vehículos de signos, que no son los objetos matemáticos en sí mismos, sino que los representan de alguna manera (Presmeg *et al.*, 2018).

Los términos significado y sentido se utilizan persistentemente en los documentos curriculares relacionados con la comprensión de las matemáticas. En los Principios y Estándares (NCTM, 2000), el estándar «comprender los significados de las operaciones y cómo se relacionan entre sí» se incluyó en todos los grados desde P-K2 hasta 9-12. Estuvo relacionado con el significado de los conceptos y las operaciones (número, numerales, fracción, signo igual, sumar, multiplicar, etc.); los significados y usos de las variables, ecuaciones, inecuaciones, relaciones; el significado de las formas equivalentes de las expresiones, la semejanza, etc. La noción de sentido también jugó un papel importante en el NCTM (2000), donde se utilizó como sinónimo de significado, en expresiones como «Desarrollar el sentido de los números enteros»; «Dar sentido a las ideas matemáticas»; «Las matemáticas deben tener sentido para los estudiantes», etc. El currículo español de matemáticas (MEFP, 2022) también se estructura en torno al concepto de sentido matemático, y se organiza en dos dimensiones: cognitiva y afectiva. Los sentidos se entienden como el conjunto de destrezas relacionadas con el dominio de contenidos numéricos, métricos, geométricos, algebraicos, estocásticos y socioafectivos.

Una autora que considera la idea de significado fundamental para la educación matemática es Sierpinska (1990), quien, a su vez, la relaciona íntimamente con la comprensión:

> La comprensión del concepto se concebirá entonces como el acto de captar su significado. Este acto será probablemente un acto de generalización y síntesis de significados relacionados con elementos particulares de la «estructura» del concepto (siendo la «estructura» la red de sentidos de las frases que hemos considerado). Estos significados particulares también tienen que ser captados en actos de comprensión. (Sierpinska, 1990, p. 27)

Sin embargo, el término «significado» «es uno de los más ambiguos y controvertidos en la teoría del lenguaje» (Ullmann, 1962, p. 62). Por ejemplo, Speaks (2014, p. 1) sugiere que: «El término "teoría del significado" ha figurado, de un modo u otro, en un gran número de disputas filosóficas durante el último siglo. Por desgracia, este término también se ha utilizado para significar un gran número de cosas diferentes».

En el texto clásico *The meaning of meaning*, Ogden y Richards (1923) recogieron nada menos que diecisiete definiciones de significado, a las que se han añadido desde entonces nuevos usos, implícitos o explícitos, aumentando así su ambigüedad. En el caso de la educación matemática, Pimm (1995) también señala la falta de claridad en el uso de los términos comprensión y significado:

> Lo que entendemos por «comprensión» y lo que queremos decir por «significado» dista mucho de ser obvio o claro, a pesar de ser dos términos centrales en cualquier discusión sobre el aprendizaje y la enseñanza de las matemáticas a cualquier nivel. (Pimm, 1995, p. 3)

La complejidad de la problemática lingüística semántica aumenta en el caso de las matemáticas, debido a la variedad de registros semióticos (lenguaje ordinario, oral y escrito, símbolos específicos, gráficos y tablas, objetos materiales, etc.) utilizados en la práctica matemática. Además, no solo nos interesa analizar el significado de los elementos lingüísticos matemáticos, sino también el de los diversos objetos que intervienen en las prácticas matemáticas que realizan las personas al resolver situaciones-problema (lenguajes, conceptos, procedimientos, proposiciones, argumentos). Dichos objetos requieren una interpretación y un uso competente por parte de los profesores e investigadores cuando se interesan por su enseñanza y aprendizaje. El problema de si es posible desarrollar una teoría del significado específica para la educación matemática sigue abierto. Esta teoría debería tener en cuenta tanto las posiciones realistas/referenciales como las pragmáticas/operacionales sobre el significado, y también servir de base para abordar los problemas epistemológicos, semióticos, cognitivos y socioculturales implicados en los procesos de enseñanza y aprendizaje de las matemáticas.

El objetivo de este capítulo es sistematizar y profundizar en las características de la teoría del significado propuesta por el EOS y su uso para elaborar una teoría del conocimiento matemático basada en la misma. También describimos las teorías generales del significado en lingüística, semiótica y filosofía que sirven de base al EOS, en particular las de Hjelmslev (1943), Peirce (1931-58) y Wittgenstein (1953; 1956), así como las concordancias y complementariedades con tres modelos semióticos que tienen cierta incidencia en la educación matemática, Frege (1891; 1892), Vergnaud (1990; 2009) y Steinbring (1997; 2006). De este modo, ofrecemos una primera respuesta al problema de la clarificación y comparación de las teorías semióticas utilizadas en la educación matemática.

En la Sección 3.1, presentamos una síntesis de las teorías generales sobre el significado, con énfasis en tres autores: Hjelmslev, Peirce y Wittgenstein, seleccionados porque la perspectiva ontosemiótica del significado toma nociones y supuestos básicos de estos autores. En particular, el EOS interpreta y asume la noción de función semiótica de Hjelmslev, la tríada semiótica de Peirce, la máxima pragmática, y las nociones de significado como uso, juego de lenguaje y forma de vida de Wittgenstein. En la Sección 3.2 describimos tres teorías con un fuerte impacto en la educación matemática: Frege introduce una distinción clave entre sentido y referencia; Vergnaud propone una interpretación cognitiva del significado, y Steinbring enfatiza una interpretación epistemológica del mismo. En la Sección 3.3 presentamos la teoría ontosemiótica del significado, como una aproximación holística a las cuestiones de significado y sentido, así como a las de objeto y signo. Basándonos en una concepción antropológica (Wittgenstein) y pragmatista (Peirce) de la actividad matemática desarrollada en el Capítulo 2, y adoptando el constructo lingüístico de función semiótica (Hjelmslev), elaboramos una semiótica que tiene en cuenta las teorías referenciales, operacionales, cognitivas y culturales del significado. En la Sección 3.4 introducimos la noción de conocimiento individual y social basado en la ontosemiótica y en la 3.5 elaboramos la ecología de significados como marco para estudiar las adaptaciones y transformaciones de las matemáticas para su estudio en los contextos educativos. En la sección 3.6 incluimos un ejemplo de articulación de la noción de significado pragmático con la herramienta configuración ontosemiótica. La identificación de concordancias y complementariedades entre teorías semióticas las estudiamos en la sección 3.7. Para mostrar la utilidad del análisis ontosemiótico de la cognición matemática, en la Sección 3.8 incluimos ejemplos de aplicación al estudio de los números naturales como objetos culturales y personales y una síntesis de los significados del concepto de función. El marco del EOS ha sido usado para elaborar un modelo de análisis de la dimensión afectiva en educación matemática y de sus relaciones con las dimensiones cognitiva y epistémica; en la Sección 3.9 incluimos un resumen de dicho modelo sobre la afectividad. Finalizamos el capítulo con una síntesis de la teoría ontosemiótica del significado y la cognición matemática respondiendo a las cuestiones que proponen Michie *et al.* (2014) en su modelo de análisis de las teorías en el campo de las ciencias sociales y del comportamiento.

3.1. Teorías del significado[8]

En términos generales hay dos escuelas de pensamiento que abordan la cuestión del significado desde puntos de vista diferentes: la tendencia *analítica* o *referencial*, que intenta apresar la esencia del significado, identificando sus componentes principales, y la tendencia *operacional* o *pragmática*, que estudia las palabras en acción y se interesa menos por qué es el significado que por cómo opera, cómo se usan los medios de expresión y comunicación.

3.1.1. Teorías realistas o analíticas del significado

De acuerdo con Kutschera (1975), las teorías del significado pueden agruparse en dos categorías: realistas y pragmáticas. Las teorías realistas (o referenciales) conciben el significado como una relación convencional entre signos y entidades concretas o ideales, que existen independientemente de los signos lingüísticos; en consecuencia, suponen un realismo conceptual. Según esta concepción, «el significado de una expresión lingüística no depende de su uso en situaciones concretas, sino que el uso se rige por el significado, siendo posible una división tajante entre semántica y pragmática» (Kutschera, 1975, p. 34). Una palabra se hace significativa cuando se le asigna un objeto (concepto o proposición) como su significado. De esta forma, hay entidades, no necesariamente concretas, aunque

---

8 El contenido de esta sección 3.1 y las secciones 3.2, 3.3 y 3.6 está basado en el artículo Godino *et al.* (2022).

siempre objetivamente dadas con anterioridad a las palabras, que son sus significados.

La forma más simple de la semántica realista se presenta en los autores que atribuyen a las expresiones lingüísticas solo una función semántica, consistente en designar (en virtud de unas convenciones) ciertas entidades. Por tanto, en las teorías realistas (como las defendidas por Frege, Carnap, o que la aparece en los escritos del *Tractatus* de Wittgenstein), las expresiones lingüísticas tienen una relación de atribución con ciertas entidades (objetos, atributos, hechos). La función semántica de las expresiones consiste simplemente en esa relación convencional, designada como relación nominal.

3.1.2. Teorías operacionales o pragmáticas del significado

Las dos ideas básicas de la categoría operacional o pragmática de las teorías del significado son las siguientes:
- El significado de las expresiones lingüísticas depende del contexto en que se usan.
- No es posible la observación científica, empírica e intersubjetiva de las entidades abstractas —como conceptos o proposiciones—, que es admitida implícitamente en las teorías realistas. Lo único accesible a la observación en estos casos en una investigación científica del lenguaje es el uso lingüístico. A partir de tal uso es como se debe inferir el significado de los objetos abstractos.

El enfoque operacional tiene el mérito de definir el significado en términos contextuales, es decir, puramente empíricos, sin necesidad de recurrir a estados o procesos mentales vagos, intangibles y subjetivos. Una concepción pragmática u operacional del significado es abiertamente defendida por Wittgenstein (1953) en su obra *Investigaciones filosóficas*. En su formulación, una palabra se hace significativa por el hecho de desempeñar una determinada función en un juego lingüístico, por el hecho de ser usada en este juego de una manera determinada y para un fin concreto. Para que una palabra resulte significativa no es preciso, pues, que haya algo que sea el significado de esa palabra, en el sentido de las teorías realistas.

Para algunos autores, las visiones realista y operacional del significado son irreconciliables. Sin embargo, Ullman (1962) sugiere que las teorías pragmáticas (que denomina operacionales o contextuales) son un complemento válido y necesario de las teorías realistas (que denomina referenciales):

> El investigador debe comenzar por reunir una muestra adecuada de contextos y luego tratarlos con un espíritu abierto, permitiendo que el significado o los significados surjan de los propios contextos. Una vez completada esta fase, puede pasar con seguridad a la fase «referencial» e intentar formular el significado o los significados así identificados. (Ullmann, 1962, pp. 76-77)

Esta observación de Ullmann es fundamental y sirve de apoyo al modelo de significado propuesto por la EOS (descrito en la Sección 3.3), donde el significado se concibe, en primer lugar, de forma pragmática, al relacionarse con las prácticas de resolución de problemas y los contextos de uso. Sin embargo, además, dado que dichas prácticas implican palabras, símbolos y diversos tipos de representaciones que *refieren* a otros objetos y sistemas, se pone en juego un significado de tipo referencial.

3.1.3. Semiótica y filosofía del lenguaje

Debido a que los objetos matemáticos no se pueden aprehender directamente mediante los sentidos, su estatus ontológico requiere el uso de signos, como símbolos y diagramas. En consecuencia, la *semiótica*, entendida como el estudio sistemático de la naturaleza, propiedades y tipos de signos, está recibiendo gran atención en la investigación en educación matemática. «La semiótica ha sido una lente teórica fructífera usada por los investigadores interesados por diversas cuestiones de educación matemática en las décadas recientes» (Presmeg, 2014, p. 539). En nuestro caso, nos hemos interesado particularmente por la teoría del lenguaje del lingüista danés Hjelmslev (1943), al considerar que puede ser de utilidad para describir la actividad matemática y los procesos cognitivos implicados, tanto en la producción, como en la comunicación de los conocimientos matemáticos.

La descripción y análisis de los procesos de instrucción matemática requiere transcribir en forma textual las manifestaciones lingüísticas de los sujetos participantes y los acontecimientos que tienen lugar en la interacción didáctica. Para realizar su trabajo, el investigador en didáctica dispone de los textos de planificación del proceso instruccional, las transcripciones del desarrollo de las clases, entrevistas y respuestas escritas a pruebas de evaluación, etc. En definitiva, el análisis se aplicará fundamentalmente a textos que registran la actividad matemática desarrollada por los sujetos participantes.

Partiendo del texto como dato, la teoría lingüística de Hjelmslev intenta mostrar el camino que lleva a una descripción autoconsecuente y exhaustiva del mismo, por medio de su análisis, cuyo principio básico es que

> tanto el objeto sometido a examen como sus partes tienen existencia solo en virtud de las dependencias mutuas; la totalidad del objeto sometido a examen solo puede definirse por la suma total de dichas dependencias. Así mismo, cada una de las partes puede solo definirse por las dependencias que le unen a otras coordinadas, al conjunto, y a sus partes del grado próximo, y por la suma de las dependencias que estas partes del grado próximo contraen entre sí. (Hjelmslev, 1943, p. 23)

Una noción clave en la teoría del lenguaje de Hjelmslev es la de *función*, que se concibe como la dependencia entre el texto y sus componentes y entre estos componentes entre sí. A los terminales de una función los llama *funtivos*, esto es, cualquier objeto que tiene función con otros. Esta noción de función está a medio camino entre el lógico-matemático y el etimológico, más próximo en lo formal al primero, pero no idéntico a él.

> Así podemos decir que una entidad del texto tiene ciertas funciones, y con ello pensar: primero, aproximándonos al significado lógico-matemático, que la entidad tiene dependencias con otras entidades, de tal suerte que ciertas entidades presuponen a otras; y segundo, aproximándonos al significado etimológico, que la entidad funciona

de un modo definido, cumple un papel definido, toma una «posición» definida en la cadena. (Hjelmslev, 1943, p. 34)

La función de signo

Para Hjelmslev la lengua es un sistema de signos, y un signo (o expresión de signo) se caracteriza primero y principalmente por ser signo de alguna otra cosa, por lo que se le atribuye un carácter de función. «Un signo funciona, designa, denota; un signo, en contraposición a un no-signo, es el portador de una significación» (Hjelmslev, 1943, p. 43). «Toda entidad y, por tanto, todo signo, se define con carácter relativo, no absoluto, y solo por el lugar que ocupa en el contexto» (Hjelmslev, 1943, p. 45).

Entre los posibles tipos de dependencias que se pueden identificar entre partes de un texto destacan aquellas en que una parte designa o denota alguna otra; la primera (plano de expresión) funciona o se pone en representación de la segunda (plano del contenido), esto es, señala hacia un contenido que hay fuera de la expresión. Esta función es la que designa Hjelmslev como *función de signo* y que Eco (2000, p. 83) presenta como *función semiótica*[9].

3.1.4. El pragmatismo y la semiótica de Peirce

Charles Sanders Peirce (1839-1914) escribió una gran cantidad de trabajos sobre temas diversos relacionados con la filosofía, la matemática y la semiótica, entre otras disciplinas, los cuales están recibiendo una atención especial en los últimos años en diversos campos. En este apartado incluimos algunas ideas que consideramos de especial interés, por ser empleadas como marco teórico en varias investigaciones en educación matemática (Campos, 2010; Otte, 2006; Sáen-Ludlow y Kadunz, 2016).

---

[9] Un signo está constituido siempre por uno (o más) elementos de un PLANO DE LA EXPRESIÓN colocados convencionalmente en correlación con uno (o más) elementos de un PLANO DEL CONTENIDO | . . . |. Una función semiótica se realiza cuando dos funtivos (expresión y contenido) entran en correlación mutua. (Eco, 2000, pp. 83-84)

El pragmatismo es una corriente filosófica que surgió a finales del siglo xix en los Estados Unidos. William James y Charles S. Peirce fueron los principales impulsores de la doctrina, que se caracteriza por la búsqueda de las consecuencias prácticas del pensamiento. El pragmatismo sitúa el criterio de verdad en la eficacia y valor del pensamiento para la vida. Para esta corriente, la comprensión del uso práctico del concepto resulta más importante que su definición conceptual. Para los pragmatistas, la relevancia de los datos surge de la interacción entre los organismos inteligentes y el ambiente, lo que lleva al rechazo de los significados invariables y de las verdades absolutas: las ideas, para el pragmatismo, son solo provisionales y pueden cambiar a partir de investigaciones futuras. Al establecer el significado de las cosas a partir de sus consecuencias, el pragmatismo suele ser asociado a la practicidad y a la utilidad según el contexto.

La orientación del pragmatismo de Peirce (quien prefería denominar su posición como «pragmaticismo» para evitar ciertas interpretaciones del pragmatismo) no fue la investigación de qué significan los signos en el seno de la vida social, sino la manera en que un individuo genérico utiliza los signos para formar nuevas ideas y nuevos conceptos y para alcanzar la verdad. «Su teoría del pragmaticismo (es decir, la lógica de la abducción) es la base de su semiótica. Por esta razón, la semiótica Peirceana se mueve cerca de las esferas de la lógica, sin reducirse solamente a esta» (Radford, 2006, p. 9).

En el trabajo titulado *How to make your ideas clear?* defendió su idea pragmaticista de cómo comprender los conceptos con claridad. La *máxima pragmática* es un enunciado de lógica que propuso como recomendación normativa o principio regulativo sobre la manera óptima de «lograr claridad en la aprehensión». Peirce enunció la máxima pragmática de diversas maneras a lo largo de los años. Una que nos parece más comprensible es la siguiente:

> 402. Parece, por lo tanto, que la regla para alcanzar el tercer grado de claridad en la comprensión es la siguiente: considerar qué efectos, que naturalmente pueden tener una motivación práctica, concebimos que

tiene el objeto de nuestra concepción. Entonces, nuestra concepción de dichos efectos es la totalidad de nuestra concepción del objeto. (Peirce, 1931-58, CP 5.402)

Según Burch (2014, p. 8), cuando Peirce sugiere que el significado completo de una concepción consiste en el conjunto completo de sus efectos prácticos, tiene en mente que una concepción significativa debe tener algún tipo de «valor experiencial efectivo», debe, de alguna manera, estar relacionada con algún tipo de colección de observaciones empíricas posibles bajo condiciones especificables.

La noción de signo

El desarrollo de la teoría de los signos, o semiótica, fue fundamental en la vida intelectual de Peirce pudiéndose distinguir, según Atkin (2010), tres etapas desde 1860 a 1910, en las que progresivamente la noción de signo y sus diferentes tipos se van enriqueciendo, aunque la estructura básica de los signos y el proceso de significación se mantienen en gran medida.

Para Peirce, el mundo de las apariencias —el mundo tal como lo percibimos y experimentamos a través de nuestros sentidos y nuestras experiencias inmediatas— está constituido enteramente de signos, que se refieren a cualidades, relaciones, sucesos, estados, regularidades, hábitos, leyes, etc., que tienen significados o interpretaciones. Un signo es uno de los términos de una tripleta de términos que están indisolublemente conectados uno con otro por una relación triádica esencial que Peirce llama la *relación de signo*. En la definición que dio Peirce de signo en 1897: «algo que está en lugar de algo para alguien en algún sentido o capacidad» (CP 2.228) están explícitos los tres elementos básicos: signo, objeto, interpretante.

El *signo*, en sí mismo (también llamado *representamen*), es el término que usualmente se dice que representa o significa algo. El *objeto* es lo que ordinariamente se entiende como la *cosa* significada o representada por el signo, aquello para lo que el signo es signo *de*. El *interpre-*

tante[10] viene a ser la comprensión que alcanzamos de alguna relación entre el signo y el objeto, como la traducción o desarrollo del signo original (Atkin, 2010). En virtud de la definición de Peirce de la relación de signo, el interpretante debe ser él mismo un signo, y un signo además del mismo objeto que es (o fue) representado por el signo (original). Es decir, el interpretante es un *segundo significante del objeto*, solo que uno que ahora tiene abiertamente un estatus mental. Pero este segundo signo debe él mismo tener un interpretante, que a su vez es un nuevo, tercer signo del objeto original, y de nuevo es uno con un estatus abiertamente mental. Y así sucesivamente. De esta manera, si hay un signo de cualquier objeto, entonces hay una secuencia de signos del mismo objeto. Por tanto, para cualquier cosa del mundo de las apariencias, puesto que es un signo, comienza una secuencia infinita de interpretantes mentales de un objeto.

La máxima pragmática de Peirce es interpretada y adoptada por el EOS (Sección 3.3) cuando este marco propone concebir el significado de un concepto matemático en términos de los sistemas de prácticas operativas y discursivas realizadas por una persona (o institución) para responder a un tipo de situaciones-problema. El EOS también interpreta la noción de función semiótica tomada de Hjelmslev, y articula esta idea con la tríada semiótica de Peirce y el proceso de semiosis ilimitada.

3.1.5. Juegos de lenguaje y formas de vida. El lenguaje como herramienta

La concepción realista del significado de las palabras se basa en tratar cada palabra significante como un nombre, idea que informa de la mayor parte de la reflexión sobre la filosofía de las matemáticas y

---

[10] Sáenz-Ludlow y Kadunz (2016, p. 3) representan el signo triádico con la palabra SIGNO (en mayúscula), para distinguirla del componente representamen o signo-vehículo. Indican que comprender el proceso de construcción de significado supone comprender el papel activo de la *Persona interpretante* en la reconstrucción del *Objeto real* de un SIGNO a partir de las claves e indicaciones aportadas por los signo-vehículos los cuales solo indican ciertos aspectos del *Objeto real*.

de la psicología. Las expresiones matemáticas tales como '0', '-2';, 'alef subcero', o incluso '+', 'x^4', 'e^x', se toman como nombres de entidades, y la cuestión, ¿qué significan?, se reduce a, ¿en lugar de qué están? (Baker y Hacker, 1985).

Por otra parte, Wittgenstein (1953; 1956) argumentó que deberíamos considerar las palabras como herramientas y clarificar sus usos en nuestros *juegos de lenguaje*. Por ejemplo, las palabras numéricas son instrumentos para contar, ordenar y medir, y los fundamentos de la aritmética elemental, esto es, el dominio de la serie de números naturales se basa en el entrenamiento en el conteo.

Las nociones de «juego de lenguaje» y «formas de vida» son conceptos principales en la filosofía de Wittgenstein. Dado que el significado de las palabras se concibe como el uso que se hace de ellas en diversos contextos, el sentido de «juego de lenguaje» hay que buscarlo mediante el uso que hace Wittgenstein de dicha expresión. Así, por ejemplo, la interacción comunicativa que se establece entre un maestro albañil A que pide materiales a su ayudante B es un juego de lenguaje. Los procesos comunicativos mediante los que los niños aprenden su lengua materna son otro ejemplo. En el epígrafe 23 de las *Investigaciones Filosóficas*, Wittgenstein desarrolla esta idea con nuevos ejemplos:

23. . . . La expresión «juego de lenguaje» debe poner de relieve aquí que hablar el lenguaje forma parte de una actividad o de una forma de vida. Ten a la vista la multiplicidad de juegos de lenguaje en estos ejemplos y en otros:

Dar órdenes y actuar siguiendo órdenes - Describir un objeto por su apariencia o por sus medidas - Fabricar un objeto de acuerdo con una descripción (dibujo) - Relatar un suceso - Hacer conjeturas sobre el suceso - Formar y comprobar una hipótesis - Presentar los resultados de un experimento mediante tablas y diagramas - Inventar una historia; y leerla - Actuar en teatro - Cantar a coro - Adivinar acertijos - Hacer un chiste; contarlo - Resolver un problema de aritmética aplicada - Traducir de un lenguaje a otro - Suplicar, agradecer, maldecir, saludar, rezar.

Como explica Marrades (2014), la expresión *forma de vida* aparece siempre en conexión con el lenguaje y, más concretamente, con juegos de lenguaje particulares; además, en la mayoría de los ejemplos, la noción de forma de vida se caracteriza como un modo de actuar que está en la base del uso del lenguaje. Según este autor, el recurso a dicha noción se produce en un ámbito de problemas que conciernen a las condiciones conceptuales de la comprensión del lenguaje. Comprender el sentido de una expresión exige, no solo apelar a las reglas que rigen su uso, sino también ver dicho uso por referencia a una estructura existencial más amplia, de la cual forma parte el juego de lenguaje:

> Más concretamente, una forma de vida designa, para Wittgenstein, un entramado fáctico de relaciones entre conducta lingüística, conducta no lingüística y situaciones en el mundo, en cuyo marco se desarrolla un juego de lenguaje. [. . .] Las formas de vida son siempre formas sociales de vida, prácticas sociales. (Marrades, 2014, p. 146)

Los constructos, forma de vida y juego de lenguaje se incorporan a la noción de institución del EOS (Sección 3.3). Una institución o comunidad de prácticas comparte algunos tipos de problemas, formas específicas de abordar estos problemas, así como hábitos, normas, recursos materiales y lingüísticos, lo que equivale a decir que los miembros de la institución comparten formas de vida y juegos de lenguaje. Este es un postulado básico aceptado por cualquier enfoque sociocultural del conocimiento en general y del conocimiento matemático en particular.

En el siguiente apartado, analizamos cómo el EOS se apoya en las nociones de función de signo (Hjelmslev) y de práctica matemática, lo que hace operativa la visión antropológica de la matemática de Wittgenstein y su relatividad respecto a los juegos de lenguaje y las formas de vida. Además, el EOS interpreta la tríada semiótica de Peirce en términos de la función o correspondencia entre dos términos, antecedente y consecuente, conectados por un criterio o regla de correspondencia. La máxima pragmática de Peirce se traduce también en el EOS en términos de sistemas de prácticas operativas y discursivas, que se utilizan para proponer una conceptualización del significado pragmático de los objetos matemáticos, en contraposición a las visiones mentalistas o idealistas sobre los conceptos.

3.1.6. Semiótica cognitiva

La semiótica cognitiva es un campo emergente de investigación que tiene el propósito de

> ...integrar métodos y teorías desarrollados en las disciplinas de la ciencia cognitiva con métodos y teorías elaboradas en la semiótica y las humanidades, con el objetivo último de aportar nuevos conocimientos sobre el ámbito de la significación humana y su manifestación en las prácticas culturales. (Zlatev, 2012, p. 2)

La semiótica cognitiva no apareció realmente hasta mediados de los años noventa, siendo Daddesio (1995) el autor que establece un proyecto para mostrar tanto la viabilidad como la utilidad de un enfoque cognitivo de la semiosis, estableciendo una teoría cognitiva de los símbolos. Autores clásicos como Piaget (1962) y Vygotsky (1962, 1978) ya habían abordado esta cuestión, pero nuevos conceptos, métodos de investigación y una gran cantidad de datos la han convertido en un área muy fructífera (Zlatev, 2012, p. 4).

Paulucci (2021) indica tres principios o dimensiones que fundamentan la semiótica cognitiva:

1. *Enactivismo radical*. Desde un punto de vista enactivo, toda cognición, percepción o pensamiento es el resultado de la interacción de un organismo vivo con su entorno. Desde la perspectiva de la semiótica cognitiva, este entorno no es «natural», sino un entorno semiótico repleto de objetos, normas, hábitos, instituciones y artefactos que dan forma a nuestras mentes. Otra fuente del enactivismo es la teoría de la base corporal del pensamiento, vía el papel de las metáforas, de acuerdo con los trabajos de Lakoff y Johnson (1980) y Johnson (1987). Según estos autores, toda la comprensión humana, incluyendo el significado, la imaginación y la razón, está sobre la base de esquemas del movimiento corporal y de su percepción. Estos esquemas se extienden mediante el uso de metáforas, las cuales proporcionan

la base de cualquier comprensión, pensamiento y comunicación humana. En Lakoff y Núñez (2000) se desarrolla y aplica esta idea al caso de las matemáticas.

2. *Pragmatismo*. La cognición no sirve para construir una representación verdadera del mundo, sino que es un medio para actuar en el mundo de manera eficaz. Para ello es necesario construir versiones del mundo que sean capaces de hacerlo surgir, no de representarlo. El significado se identifica con los hábitos y con la creación de sentido. El pragmatismo sitúa el criterio de verdad en la eficacia y valor del pensamiento para la vida. Se opone, por lo tanto, a la filosofía que sostiene que los conceptos humanos representan el significado real de las cosas. Para los pragmáticos, la relevancia de los datos surge de la interacción entre los organismos inteligentes y el ambiente. Esto lleva al rechazo de los significados invariables y de las verdades absolutas: las ideas, para el pragmatismo, son solo provisionales y pueden cambiar a partir de investigaciones futuras.

3. *Teoría del compromiso material*. La teoría del compromiso material (MET, *Material Engagement Theory*) (Malafouris, 2013) considera el papel de los objetos técnicos y los artefactos materiales como constitutivos de la cognición. Los artefactos son una parte del entorno en la que se delegan algunas funciones cognitivas, que no serían posible realizar dentro de la cabeza o el cuerpo biológico. Los textos, lenguajes y sistemas semióticos constituyen el andamiaje que permite a los seres humanos conocer el mundo y representan el trasfondo de nuestra percepción del entorno.

Esta corriente de pensamiento considera que la mente está corporizada (*embodied*), extendida y distribuida, en lugar de estar ligada al cerebro o estar «toda en la cabeza». Este cambio de perspectiva plantea importantes cuestiones sobre la relación entre la cognición y la cultura material, y plantea grandes retos para la filosofía, la ciencia cognitiva, la arqueología y la antropología. Malafouris (2013) propone un marco analítico interdisciplinar para investigar el modo en que las cosas se han convertido en extensiones cognitivas del cuerpo humano. Su teoría del compromiso material añade la materialidad —el mundo de las cosas, los artefactos y los signos materiales— a la ecuación cognitiva.

3.1.7. Semiótica cultural

La semiótica cultural aborda el estudio del significado dentro del marco de la vida social y cultural. Se centra específicamente en las relaciones sistémicas y contextuales a través de las cuales se confiere el significado. Lotman (1984/2005; 1990) es el primero que habla de «semiótica de la cultura», enfocándose en el círculo cultural sistemático en el que está implicado todo texto. A pesar de partir de la semiótica textual adopta inmediatamente una nueva perspectiva: esencialmente, que el análisis de los textos está subordinado a la identificación del procesamiento y la transmisión cultural a escala general, y que cada texto es un lugar donde muchos códigos se entrecruzan, formando nuevas relaciones y estructuras. Para Lotman, el mecanismo de funcionamiento más pequeño, la unidad de semiosis, no es la lengua por separado, sino todo el espacio semiótico de la cultura en cuestión. Es el espacio que denomina *semiosfera*: el espacio semiótico necesario para la existencia y el funcionamiento de las lenguas; en cierto sentido, la semiosfera tiene una existencia previa y está en constante interacción con las lenguas.

> La semiosfera se caracteriza por su heterogeneidad. Los lenguajes que llenan el espacio semiótico son diversos y se relacionan entre sí a lo largo de un espectro que va desde la completa traducibilidad mutua hasta la igualmente completa intraducibilidad mutua. La heterogeneidad se define tanto por la diversidad de elementos como por sus diferentes funciones. (Lotman, 1990, p. 125)

Eco (2000) adopta una perspectiva cultural de la semiótica; es decir, una semiótica cuyas raíces profundas y sentido residen en la interrogación y el análisis de los sistemas culturales. Para Eco el significado debe concebirse como una unidad cultural, siendo siempre un asunto de negociación pública e intersubjetiva. El universo semiótico está constituido no tanto por signos, sino por unidades culturales, entidades que absorben y reflejan la influencia de la cultura en la que se encuentran. Los signos no son los lemas de un sistema rígido de organización de contenidos (un diccionario), sino los nodos de una red de significados que se puede recorrer en múltiples direcciones, según las inferencias y las conexiones de interpretación que se elijan: un universo semiótico que toma la forma de una enciclopedia.

Considerar la cultura en su globalidad *sub especie semiótica* no quiere decir tampoco que la cultura en su totalidad sea *solo* comunicación y significación, sino que quiere decir que la cultura en su conjunto puede comprenderse mejor, si se la aborda desde un punto de vista semiótico. En resumen, quiere decir que los objetos, los comportamientos y los valores funcionan como tales porque obedecen a leyes semióticas. (Eco, 2000, p.51, versión española)

3.2. Teorías del significado en educación matemática

La clarificación de las nociones de significado y sentido es un tema de interés para la educación matemática y se aborda desde diferentes perspectivas. En esta sección, describimos sintéticamente tres teorías semióticas orientadas específicamente al conocimiento matemático: La teoría lógico-semántica de Frege, la perspectiva cognitiva de Vergnaud y el enfoque epistemológico de Steinbring. Frege es un autor clásico que plantea la distinción entre sentido y referencia, que es un punto de partida para el triángulo epistemológico de Steinbring, un modelo desarrollado desde una posición explícita de la educación matemática. Vergnaud es el representante de las teorías del significado desde la perspectiva psicológica constructivista. En estas tres teorías hay un interés por relacionar la cuestión del significado de los términos y expresiones con el problema ontológico sobre la naturaleza de los conceptos matemáticos, que es una cuestión central en el EOS. En la Sección 3.6, analizamos algunas concordancias y complementariedades entre estas teorías semióticas y el EOS.

La preocupación por el significado de los términos y conceptos matemáticos lleva directamente a la indagación sobre la naturaleza de los objetos matemáticos, a la reflexión ontológica y epistemológica sobre la génesis personal y cultural del conocimiento matemático y su mutua interdependencia. Recíprocamente, detrás de toda teoría sobre la formación de conceptos, o más general, de toda teoría del aprendizaje, hay unos presupuestos ontológicos sobre la naturaleza de los conceptos y, por tanto, una teoría más o menos explícita del significado.

3.2.1. Sentido y referencia en Frege

Distintos modelos triangulares se han propuesto para tratar con el problema de las relaciones entre los símbolos y los significados. Uno de ellos es el introducido por Frege (1892) en el artículo «Sobre sentido y referencia».

> Así pues, resulta natural pensar que en un signo (nombre, unión de palabras, signos escritos) está unido además de lo designado, lo que se podría llamar la referencia del signo, lo que me gustaría llamar el sentido del signo, donde está contenido el modo de presentación. (Frege, 1892, p. 85)

Por ejemplo, sean, *a, b, c* los segmentos que unen los vértices de un triángulo con los puntos medios de los lados opuestos. El punto de intersección de *a* y *b* es el mismo que el de intersección de *b* y *c* (baricentro). Así que tenemos diferentes designaciones para el mismo punto, y estos nombres («punto de intersección de *a* y *b*» y «punto de intersección de *b* y *c*») indican al mismo tiempo el modo de presentación; es por ello por lo que la proposición contiene conocimiento efectivo. Ambas expresiones tienen la misma referencia, pero diferentes sentidos.

Al signo le corresponde un sentido determinado y a este, a su vez, una referencia determinada, mientras que a una referencia (a un objeto) no le pertenece solo un signo, ni tampoco un solo sentido. El mismo sentido tiene distintas expresiones en distintos lenguajes; puede ocurrir que una expresión tenga sentido, pero no una referencia. Por ejemplo, «la expresión "la serie que converge más lentamente" tiene un sentido, pero se sabe que no tiene referente, ya que, para cada serie convergente se puede encontrar otra serie que converge, pero más lentamente. Al captar un sentido, no se está seguro de que haya un referente» (Frege, 1892 p. 87).

Frege considera que hay que distinguir entre la referencia y el sentido de un signo respecto de la representación que se asocia a los mismos; la representación es algo interno a cada sujeto. Si la referencia de un signo es un objeto perceptible, entonces la representación que alguien tiene de él es una imagen originada a partir de recuerdos de impresiones sensoriales que ha tenido y de actividades, tanto internas como externas, que ha ejercitado. No siempre, ni siquiera en la misma persona, la misma representación está ligada con el mismo sentido. La representación es subjetiva: la representación de uno no es la del otro.

> El sentido de una expresión se supone que consiste en la manera en que determinamos su referencia: pero ocurre que, con frecuencia, no hay una única manera de determinar la referencia de una expresión, sino que diferentes personas pueden determinarla de diferentes modos, e incluso que lo que se toma en una ocasión como un modo aceptable de determinarlo puede después ser abandonado al no coincidir con los otros. Si es así, entonces lo que es objetivo sobre el empleo de una expresión, lo que es compartido por todos los hablantes de la lengua, es después de todo su referencia. (Dummett, 1973, p. 102)

Inicialmente, la teoría del sentido y la referencia fue desarrollada para el caso de los nombres propios:

> La referencia de un nombre propio es el objeto mismo que designamos por medio de él; la representación que tenemos en este caso es completamente subjetiva; entre ambos está el sentido, que ciertamente ya no es subjetivo como la representación, pero que tampoco es el objeto mismo. (Frege, 1892, p. 213)

Seguidamente, Frege amplía la teoría del sentido y referencia para las oraciones asertóricas, enunciados que afirman como verdadero o falso un juicio, y para los nombres comunes o conceptos. «Toda oración asertórica, en la que importe la referencia de sus palabras, ha de concebirse por lo tanto como un nombre propio, y su referencia, en el caso de que la tenga, es lo verdadero o lo falso» (Frege, 1892, p. 216).

Frege distingue entre objeto y concepto. La noción de concepto en lógica, que es el punto de vista que interesa a Frege, está estrechamente relacionada con la de función, para la que propone la definición, «por función de x se ha de entender una expresión de cálculo que contenga x, una fórmula que encierra la letra x» (Frege, 1891, p. 138). Para la noción de concepto afirma: «un concepto es una función cuyo valor es siempre un valor de verdad» (Frege, 1891, p. 146); los valores que se dan al argumento de la función son los objetos que caen bajo el concepto. En lógica, «podemos designar como extensión de un concepto al recorrido de una función cuyo valor para todo argumento es un valor de verdad» (Frege, 1891, p. 146).

Sobre la noción de objeto Frege afirma: «objeto es todo lo que no es función, cuya expresión no conlleva, por lo tanto, un lugar vacío» (Frege, 1891, p. 147). Los recorridos de funciones son objetos, mientras que las funciones mismas no lo son. Así mismo, las extensiones de conceptos son también objetos, aunque los conceptos mismos no lo son.

El modelo lógico-semántico de Frege distingue si un signo se refiere a un objeto o a un concepto, bajo una determinada modalidad o significado (signo, sentido, referencia). Se trata de un primer paso para aceptar que un concepto admite una pluralidad de posibles interpretaciones, usos o significados parciales. Solo hay un objeto/concepto, pero este objeto puede ser visto desde diferentes perspectivas: por ejemplo, el baricentro puede estar vinculado a las medianas a, b de un triángulo o a b y c.

Aunque la filosofía de las matemáticas de Frege es indudablemente realista-platonista al asumir que un objeto matemático tiene una existencia propia e independiente, su teoría del sentido y la referencia de los signos, palabras y expresiones, abre una ventana al relativismo de las posiciones psicológicas y antropológicas. Una palabra designa o se refiere a un objeto o a un concepto, pero siempre va acompañada de un pensamiento, de un sentido o de una forma específica de ver el objeto o el concepto en el contexto en el que se produce la comunicación. Estos sentidos se consideran de forma intersubjetiva y, en consecuencia, se puede plantear el problema de identificar y caracterizar el posible universo de sentidos atribuibles al objeto.

3.2.2. La tripleta conceptual de Vergnaud

Vergnaud (1982) considera que es un desafío científico promover el estudio del aprendizaje y la enseñanza de las matemáticas como un campo propio bien definido, no reducible a las matemáticas, psicología, lingüística, sociología u otras ciencias. Esto requiere el análisis de los diferentes contenidos matemáticos, en su especificidad, y el estudio empírico de su enseñanza y aprendizaje, de manera que se tenga en cuenta tanto el crecimiento del conocimiento a largo plazo en los niños y adolescentes, como el cambio de concepciones a corto plazo ante las nuevas situaciones que se encuentren. Con dicho fin ha elaborado la teoría de los campos conceptuales en la que propone una definición de concepto útil para abordar el estudio del desarrollo evolutivo del conocimiento matemático. Considera que un concepto no puede ser reducido a su definición, al menos si se está interesado en su aprendizaje y enseñanza (Vergnaud, 1990, p. 133). A través de las situaciones y de los problemas que se resuelven es como un concepto adquiere sentido para el niño. El estudio que hace Vergnaud del desarrollo y el funcionamiento de un concepto, en el curso del aprendizaje o durante su utilización, le lleva a considerar necesario distinguir tres planos o componentes, la tripleta (S, I, G), como constituyentes de un concepto C, donde:

S: conjunto de situaciones que dan sentido al concepto (la referencia).

I: conjunto de invariantes sobre los cuales reposa la operacionalidad de los esquemas (el significado).

G: conjunto de las formas lingüísticas y no lingüísticas que permiten representar simbólicamente el concepto, sus propiedades, las situaciones y los procedimientos de tratamiento (el significante).

No hay en general biyección entre significante y significado, ni entre invariante y situación. No se puede por tanto reducir el significado ni al significante, ni a la situación. La noción de sentido es entendida como una relación del sujeto a las situaciones y al significante. «Más precisamente, son los esquemas evocados en el sujeto individual por una situación o por un significante lo que constituye el sentido de esta situación o de este significante para este sujeto» (Vergnaud, 1990, p. 158). Por ejemplo, el sentido de la adición para un sujeto es el conjunto de esquemas que puede poner en obra para tratar las situaciones a las cuales el sujeto llega a estar confrontado, y que implican la idea de adición; es también el conjunto de esquemas que puede poner en juego para operar sobre los símbolos (numéricos, algebraicos, gráficos o lingüísticos) que representa la adición.

Vergnaud (1982; 1990) va un paso más allá que Frege en la problematización del concepto matemático al abordar el problema del aprendizaje y la enseñanza: el concepto mismo es una entidad compleja y sistémica formada por la interacción entre tres tipos de objetos: los sistemas de representación, las situaciones problemáticas y las invariantes operatorios.

3.2.3. El triángulo epistemológico

Steinbring (1997; 2006) interpreta el triángulo de Frege y el propuesto por Ogden y Richards (1923), adoptando una perspectiva epistemológica que ayude a comprender los procesos de interpretación, comunicación y construcción de significados que tienen lugar en la clase de matemáticas. El triángulo epistemológico que propone incluye los tres elementos (Figura 3.1): el signo o símbolo, el objeto o contexto de referencia, el concepto, entendido este último como concepto matemático ideal o abstracto.

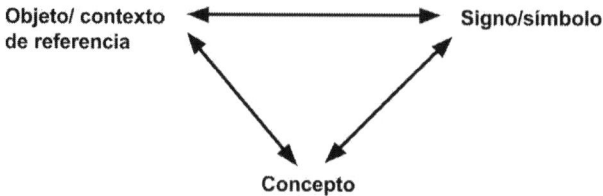

Figura 3.1. El triángulo epistemológico
(Steinbring, 2006, p. 135)

Mediante el triángulo epistemológico, se modeliza una mediación semiótica (representacional) donde

> los vínculos entre los vértices del triángulo epistemológico no se definen de manera explícita e invariable, más bien forman un sistema equilibrado donde se apoyan mutuamente. En el sucesivo desarrollo del conocimiento, las interpretaciones de los sistemas de signos y los contextos de referencia que le acompañan serán modificados. (Steinbring, 1997, p 52)

Atribuye dos funciones a los signos matemáticos:

1. Una función semiótica: el papel de los signos matemáticos como «algo que se pone en lugar de otra cosa».
2. Una función epistemológica: el papel de los signos matemáticos en la constitución epistemológica del conocimiento matemático. (Steinbring, 2006, p. 134)

Para comprender el modelo semiótico-epistemológico sobre el conocimiento matemático de Steinbring es necesario clarificar la naturaleza de los vértices del triángulo. Se asume que «El verdadero objeto matemático, esto es el concepto matemático, no puede ser identificado con sus representaciones» (Steinbring, 2006, p. 137). Pero entonces, ¿qué son los conceptos matemáticos? ¿Qué son los objetos/contextos de referencia?

La aplicación del triángulo epistemológico al concepto de probabilidad (Figura 3.2) permite comprender las características de este modelo teórico sobre el conocimiento matemático.

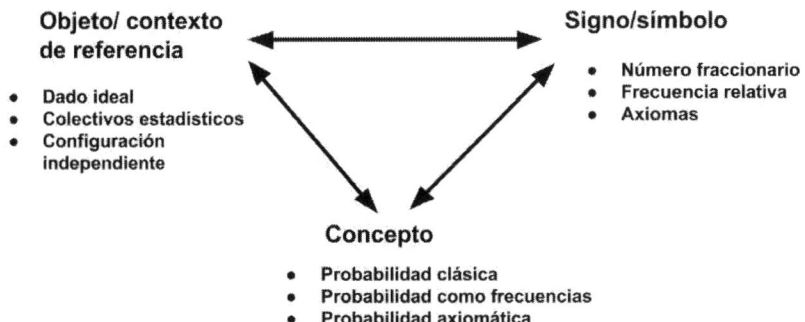

Figura 3.2. Triángulo epistemológico aplicado al
concepto de probabilidad (Steinbring, 1997, p. 53)

Se puede observar que dentro de la categoría de *signo/símbolo* se incluyen expresiones diversas (número fraccionario, frecuencia relativa, axiomas). Dentro de la categoría de *objetos/contexto de referencia* se incluyen situaciones problemáticas donde se aplica la probabilidad, como la determinación de si un dado es o no sesgado (ideal), la recopilación de colecciones de datos estadísticos para determinar la probabilidad, y el cálculo de probabilidades en configuraciones de sucesos independientes. Dentro de la categoría *concepto*, incluye diversos significados o sentidos del concepto de probabilidad: probabilidad clásica, probabilidad en sentido frecuencial y probabilidad axiomática.

Es decir, aunque no se menciona de manera explícita, se está asumiendo que el concepto de probabilidad tiene diferentes significados, dependiendo de los tipos de contextos o situaciones-problemas donde interviene y que tales situaciones y significados involucran diferentes sistemas de representación. La mención a la probabilidad axiomática (Figura 3.2) es muy vaga. Posiblemente quiera decir, la expresión simbólica de los axiomas, puesto que los axiomas en sí mismos no son representaciones sino propiedades de la probabilidad que la ligan con otros objetos matemáticos, como la unión o intersección de sucesos.

El triángulo epistemológico es un modelo para hacer accesible el conocimiento matemático invisible con respecto a su carácter estructural, para describir sus particularidades y también para analizar los procesos interactivos de construcción del conocimiento matemático —por lo tanto, relaciones invisibles que son expresadas en contextos y actividades ejemplares. (Steinbring, 2006, p. 144)

El triángulo epistemológico de Steinbring sugiere implícitamente, que el concepto, los signos/símbolos de referencia y los objetos/configuración de referencia, incluyen una variedad de estructuras generales (varias construcciones de probabilidad, número natural, etc.). Las relaciones recíprocas de las estructuras conceptuales con los sistemas de representación y los diferentes contextos y situaciones de uso deben tenerse en cuenta para organizar y explicar la generación del conocimiento matemático, es decir, la epistemología del concepto. En este modelo se adopta una perspectiva sistémica, tanto para la estructura de los conceptos, como para los sistemas de símbolos y los contextos. Frege atribuye varios sentidos al concepto matemático, mientras que para Steinbring estos sentidos se relacionan recíprocamente con diversos sistemas simbólicos y contextos.

3.3. Teoría ontosemiótica del significado

En el marco del EOS la noción de significado y su relación con las nociones de práctica y objeto desempeñan un papel central. Una práctica es «cualquier acción o manifestación (lingüística o de otro tipo) realizada por alguien para resolver problemas matemáticos, para comunicar la solución a otras personas, con el fin de validar y generalizar esa solución a otros contextos y problemas» (Godino y Batanero, 1998, p. 182).

En nuestra concepción, es el hecho de que en el seno de ciertas instituciones se realizan determinados tipos de prácticas lo que determina la emergencia progresiva de los «objetos matemáticos» y el que el «significado» de estos objetos esté íntimamente ligado a los problemas y a la actividad realizada para su resolución, no pudiéndose reducir este significado del objeto a su mera definición matemática. (Godino y Batanero, 1994, p. 331)

Aunque el objetivo inicial del EOS fue elaborar un modelo teórico que diera respuesta a la cuestión del significado de los conceptos matemáticos, en sucesivos desarrollos, se ha ido ampliando dicho objetivo y aplicándolo a cualquier tipo de objeto que intervenga en las prácticas matemáticas. Los problemas epistemológicos, cognitivos e instruccionales que debe abordar la educación matemática deben tratar previamente el problema ontológico, esto es, clarificar la naturaleza y tipos de objetos matemáticos cuya enseñanza y aprendizaje se pretende.

En una primera aproximación, el *significado* es aquello que refiere una palabra, un símbolo o cualquier otro medio de expresión, emitida por una persona en un acto comunicativo con otra persona o consigo mismo, que tiene lugar en un contexto determinado. No obstante, con las palabras y símbolos no solo se mencionan o representan cosas, sino que mediante ellos también se *hacen* cosas, es decir, intervienen en prácticas operativas. Con las palabras y símbolos se opera, calcula, de manera que se producen nuevos objetos. Por ejemplo, con los símbolos numéricos 2, 3 y la palabra «suma», siguiendo ciertas reglas acordadas, se produce el resultado 5, así como un nuevo objeto matemático, la proposición de que 2 + 3 es igual a 5, que se acepta como verdadera cuando se deduce de las reglas acordadas.

Surge, por tanto, la cuestión ¿qué papel, además del representacional, desempeña esta palabra, símbolo o expresión en esta práctica operativa? Este es un problema central que tiene que ser abordado por una teoría holística sobre el significado, que tenga en cuenta tanto el uso referencial como el operacional, para dar respuesta al significado de expresiones que refieren tanto a conceptos (objetos ideales, abstractos), como a cualquier otro tipo de objeto, o no refieren a ningún objeto.

En esta sección trataremos de explicar el uso del significado en el EOS, y su relación con las nociones de práctica y objeto matemático. Contextualizamos la explicación con el ejemplo de una posible demostración de la proposición aritmética elemental 2+3=5 incluida en la Figura 3.3 Aceptamos que las prácticas 1) a 7) son realizadas por un sujeto epistémico que comparte el juego de lenguaje y la forma de vida de las personas que conocen la axiomática de Peano.

Proposición: 2+3=5

Demostración:
1. Los símbolos, 2, 3 y 5 representan números naturales.
2. Los números naturales son un conjunto de símbolos que satisface los axiomas de Peano, en particular, hay un primer elemento, 1, y está definida una función siguiente (sucesor), $s:N \rightarrow N$, inyectiva. En dicho conjunto se define la suma, +, de manera recursiva como: $n+1=s(n)$; $n+s(m)=s(n+m)$.
3. En la secuencia, 2 es el sucesor de 1, $2=s(1)=1+1$, 3 es el sucesor de 2, $3=s(2)=2+1$, y 5 es el sucesor de 4 que es el siguiente de 3, $5=s(4)=s(s(3))$).
4. El signo = indica la equivalencia de dos expresiones.
5. La expresión 2+3 representa la suma de los números naturales 2 y 3.
6. Teniendo en cuenta la definición de la suma de números naturales y de sucesor $2+3=2+s(2)=s(2+2)=s(2+s(1))=s(s(2+1))=s(s(3))=s(4)=5$
7. Por tanto, las expresiones 2+3 y 5 son equivalentes.

Figura 3.3. Demostración de una proposición
aritmética elemental (2+3=5)

3.3.1. Prácticas, objetos y significados

En el enunciado de la proposición, 2+3=5, los símbolos 2, 3 y 5 refieren a los números naturales 2, 3 y 5; + se refiere a la operación aritmética de sumar y el símbolo = significa que el resultado de sumar 2 y 3 coincide con el número 5.

Al hacer estas interpretaciones de los símbolos estamos siguiendo unas reglas convenidas en la cultura o comunidad matemática, de manera que si entendemos los números y los símbolos de sumar e igualdad de esa manera necesariamente se debe aceptar que «dos más tres es igual a cinco».

Desde una perspectiva conceptualista-idealista de las matemáticas, se piensa que en la expresión 2+3=5, además de los signos u objetos materiales visibles o audibles, intervienen otros objetos inmateriales no visibles, usualmente considerados como conceptos, en este caso los conceptos de número 2, 3, 5, concepto de suma, concepto de igualdad. Para poder comprender la justificación de la veracidad de la proposición 2+3=5 es necesario explicitar qué se entiende por número natural, en particular qué son los conceptos de 2, 3, 5, suma e igualdad, o lo que es equivalente qué significado se debe atribuir a estos conceptos.

Para no caer en la trampa idealista del platonismo de la que advierte Wittgenstein, en el EOS, al hablar de conceptos y significado de conceptos (o de cualquier tipo de objeto matemático) se asume una interpretación pragmatista de tales entidades. Con dicha finalidad, Godino y Batanero (1994, p. 341) introdujeron las siguientes definiciones de significado:

> *Definición 8: Significado de un objeto institucional O_i:*
>
> Es el sistema de prácticas institucionales asociadas al campo de problemas de las que emerge O_I en un momento dado.
>
> *Definición 9: Significado de un objeto personal O_p:*
>
> Es el sistema de prácticas personales de una persona p para resolver el campo de problemas del que emerge el objeto O_p en un momento dado.

El ejemplo de la proposición 2 + 3 = 5 ayuda a aclarar el alcance de las definiciones 8 y 9 y, por tanto, de los supuestos pragmáticos del EOS. El enunciado O: 2 + 3 = 5 es un objeto matemático proposicional que requiere una justificación dentro del juego del lenguaje específico de la axiomática de Peano. Ante la situación-problema consistente en demostrar O, el sujeto epistémico/institucional que resuelve el problema responde ¿qué significa O? En el EOS, el significado pragmático de O es el sistema de prácticas 1) a 7). El problema puede plantearse a un estudiante, que seguramente dará una respuesta diferente. En cualquier caso, el significado pragmático de O para el estudiante (significado personal) será el sistema de prácticas operativas y discursivas que realiza para probar la veracidad de la proposición.

Las prácticas 1) a 7) (Figura 3.3) constituyen conjuntamente la argumentación que justifica la proposición 2+3=5, en la cual además de entidades lingüísticas y conceptuales interviene una entidad procedimental: la técnica de aplicar recursivamente la definición de suma de números naturales. Mediante las prácticas discursivas y operativas se evocan las reglas que fijan el significado de los conceptos y procedimientos, concluyendo con la práctica discursiva-normativa 7): *Por tanto, las expresiones 2+3 y 5 son equivalentes.*

En la actividad matemática los conceptos, proposiciones y procedimientos pueden participar como entidades *unitarias*, que se describen mediante una definición o un enunciado que fija la regla de uso de tal objeto: por ejemplo, la definición de número natural dada en la práctica 2) de la demostración (Figura 3.3). Pero sabemos que es posible encontrar otras definiciones de número natural usando diferentes sistemas axiomáticos, o dependiendo de diferentes contextos o marcos institucionales en que se usan los números. Cada una de tales definiciones pone en juego diferentes prácticas operativas y discursivas involucrando además otros objetos y, por tanto, implican un significado pragmático diferente.

Como hemos descrito en el Capítulo 2, el término «objeto» se utiliza en un sentido amplio para referirse a cualquier entidad que intervenga de algún modo en la práctica matemática y que pueda identificarse como una unidad. El uso de objeto es metafórico, ya que un concepto matemático, suele concebirse como una entidad ideal o abstracta, y no como algo tangible, como una piedra, un dibujo o un manipulativo. Esta idea general de objeto, coherente con la propuesta del interaccionismo simbólico (Blumer, 1969; Cobb y Bauersfeld, 1995), resulta útil a la hora de considerar una tipología de objetos matemáticos, al tener en cuenta sus diferentes roles y naturaleza en la actividad matemática.

Los símbolos, las representaciones materiales externas y los manipulativos, intervienen en la actividad matemática escolar y profesional y, en consecuencia, se consideran objetos matemáticos, porque se utilizan en las prácticas matemáticas. Los conceptos de número, fracción, derivada, etc., son objetos matemáticos de naturaleza y función diferentes a las representaciones ostensivas; son objetos no ostensivos, mentales (cuando intervienen en las prácticas personales, o individuales), o institucionales (cuando intervienen en las prácticas socioculturales compartidas). En ambos casos, regulan la actividad matemática, mientras que sus representaciones ostensivas apoyan o facilitan la realización de dicha actividad.

Cada tipo de objeto puede ser considerado desde diferentes puntos de vista duales, como se indica en la Figura 3.4[11]. En particular, un objeto puede ser considerado desde un punto de vista personal (sujeto individual) o institucional (social, compartido), teniendo así, una doble naturaleza, mental/cognitiva y cultural/epistémica. La dualidad personal-institucional se aplica a las prácticas, los objetos y los significados, lo que nos permite describir los procesos de semiosis (dualidad expresión-contenido) desde el punto de vista cognitivo y cultural.

No hay objetos sin prácticas, ni prácticas sin objetos. Los conceptos, proposiciones, procedimientos, en su versión unitaria, son entendidos, como propone Wittgenstein, como reglas gramaticales de los lenguajes que se usan en las prácticas operativas y discursivas que se realizan para describir nuestros mundos y actuar ante las situaciones-problemas que nos plantean. Pero, además, desde el EOS, se contemplan los objetos matemáticos desde una perspectiva *sistémica*, mediante la cual se identifican y articulan los diversos significados parciales de los mismos[12]. Así mismo, cuando el análisis semiótico se hace sobre las prácticas que realizan sujetos individuales ante problemas que involucran un determinado objeto (números, probabilidad, etc.) se pueden identificar diversos *significados personales* sobre el mismo.

---

[11] Versión complementaria de la configuración ontosemiótica descrita en el Capítulo 2.

[12] En Godino *et al.* (2011) se describen diversos significados de los números naturales desde el punto de vista institucional. Batanero y Díaz (2007) identifica diversos significados de la probabilidad.

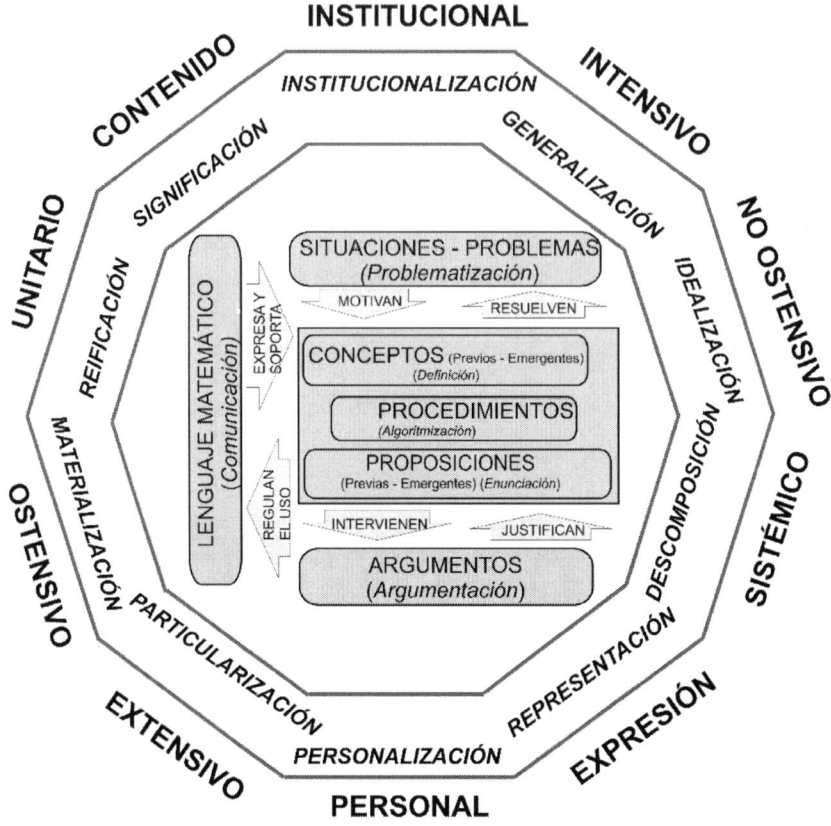

Figura 3.4. Objetos y procesos que intervienen
en las prácticas matemáticas

3.3.2. Uso e intencionalidad de las prácticas

En las teorías operacionales del significado las palabras, símbolos o expresiones no tienen por qué referir o estar en lugar de otras cosas, sino que se usan para *hacer* algo con ellas. Por ejemplo, los numerales son instrumentos para contar, ordenar y medir, y los enunciados sobre números tienen el papel de reglas para el uso de tales palabras. Según esto, 2+3=5 no es una propiedad que establece una relación entre entidades conceptuales, como podría ocurrir con la expresión «los leones son carnívoros», sino que es una regla sobre cómo se deben usar los símbolos 2, 3, 5, +, =, esto es, siempre que se tenga la expresión 2+3 se puede sustituir por 5, y viceversa.

La justificación de las proposiciones matemáticas se hace mediante una secuencia de prácticas operativas y discursivas (como las mostradas en la Figura 3.3) que tienen una intencionalidad determinada. Cada práctica elemental que se realiza para resolver un problema, que puede ser intramatemático, como la demostración de que 2+3=5, o involucrar un contexto extra matemático, desempeña un papel en el proceso resolutivo. La Tabla 3.1 resume el uso o *significado operacional/ pragmatista* de las prácticas requeridas en la demostración de la proposición 2+3=5 (Figura 3.3).

Tabla 3.1. Uso e intencionalidad de las
prácticas para demostrar 2+3=5

Secuencia de prácticas elementales	Uso / intencionalidad
1. Los símbolos, 2, 3 y 5 representan números naturales.	Atribuir significado a los símbolos 2, 3, 5 como números naturales.
2. Los números naturales son un conjunto de símbolos que satisface los axiomas de Peano, en particular, hay un primer elemento, 1, y está definida una función siguiente (sucesor), $s{:}N{\rightarrow}N$, inyectiva. En dicho conjunto se define la suma, +, de manera recursiva como: $n{+}1 = s(n)$; $n{+}s(m) = s(n{+}m)$.	Evocar las reglas que definen los números naturales y su suma en el marco de una teoría axiomática específica.
3. En la secuencia, 2 es el sucesor de 1, $2{=}s(1){=}1{+}1$, 3 es el sucesor de 2, $3{=}s(2){=}2{+}1$, y 5 es el sucesor de 4 que es el siguiente de 3, $5 = s(4) = s(s(3))$	Interpretar el significado de los símbolos 2,3,5 en la teoría axiomática de Peano de los números naturales.
4. El signo = se usa para indicar la equivalencia de dos expresiones.	Evocar el significado de la igualdad de números naturales como equivalencia de dos expresiones.
5. La expresión 2+3 representa la suma de los números naturales 2 y 3.	Interpretar el significado de + como suma de números naturales.
6. Teniendo en cuenta la definición de suma de números naturales y de sucesor $2{+}3{=}\ 2{+}s(2){=}\ s(2{+}2){=}\ s(2{+}s(1)){=}\ s(s(2{+}1)){=}\ s(s(3)){=}\ s(4){=}\ 5$.	Aplicar las reglas que definen la función siguiente (sucesor) y suma de números naturales.
7. Por tanto, las expresiones 2+3 y 5 son equivalentes.	Fijar la nueva regla de uso de los símbolos numéricos (declarar la verdad de la proposición).

3.3.3. Significado y función semiótica

Entre el símbolo 2 y el concepto de número 2, como también entre el concepto de número natural y el sistema de prácticas operativas y discursivas de donde emerge tal objeto matemático, se establece una relación que el EOS denomina *función semiótica* (Sección 3.1.3). La función semiótica se entiende como la correspondencia entre un objeto *antecedente* (expresión/ significante) y otro *consecuente* (contenido/ significado) establecida por un sujeto (persona o institución) según un criterio o *regla de correspondencia*. Con esta noción se pretende incluir cualquier uso que se dé al significado: el significado es el contenido de una función semiótica.

Cada una de las prácticas elementales que componen el texto de la demostración de la proposición 2+3=5 (Figura 3.3) tiene una función o rol en el proceso argumentativo por lo que se puede asignar dicho papel como el *significado operacional* de las prácticas (Tabla 3.1). Pero en la realización de cada práctica, y en la conjunción de todas o una parte de ellas, interviene una trama de objetos (Tabla 3.2) cuya identificación es necesaria para comprender y gestionar los procesos de enseñanza y aprendizaje.

Tabla 3.2. Objetos que intervienen en las
prácticas para demostrar 2+3=5

Secuencia de prácticas elementales	Objetos intervinientes
1. Los símbolos, 2, 3 y 5 representan números naturales.	Lenguajes: simbólico; natural. Conceptos: números naturales.
2. Los números naturales son un conjunto de símbolos que satisface los axiomas de Peano, en particular, hay un primer elemento, 1, y está definida una función siguiente (sucesor), $s:N{\rightarrow}N$ inyectiva. En dicho conjunto se define la suma, +, de manera recursiva como: $n+1 = s(n)$; $n+s(m)= s(n+m)$.	Lenguaje: natural, simbólico. Conceptos: número natural; conjunto de símbolos; función siguiente inyectiva, primer elemento; sucesor, suma. Proposiciones: axiomas de Peano.

3. En la secuencia, 2 es el sucesor de 1, $2= s(1)= 1+1$, 3 es el sucesor de 2, $3= s(2)= 2+1$, y 5 es el sucesor de 4 que es el siguiente de 3, $5= s(4)= s(s(3))$.	Lenguajes: natural; simbólico. Conceptos: secuencia; sucesor, suma. Proposición: 2 es el sucesor de 1, 3 es el sucesor de 2 y 5 es el sucesor del sucesor de 3. Argumentos: convención basada en las propiedades de la función siguiente.
4. El signo = se usa para indicar la equivalencia de dos expresiones.	Lenguajes: simbólico; natural. Conceptos: equivalencia de expresiones; igualdad.
5. La expresión 2+3 significa avanzar tres posiciones desde la posición 2.	Lenguajes: natural y simbólico. Conceptos: suma de números naturales.
6. Teniendo en cuenta la definición de suma de números naturales y de sucesor. $2+3= 2+s(2)= s(2+2)= s(2+s(1))= s(s(2+1))= s(s(3))= s(4)= 5$	Lenguajes: natural y simbólico. Proposición: $2+3= 5$. Procedimiento: operaciones de suma y sucesor. Argumento: deductivo, basado en la definición de suma de números naturales y de la función siguiente.
7. Por tanto, las expresiones 2+3 y 5 son equivalentes.	Lenguajes: natural y simbólico. Proposición: enunciado de la práctica 7). Argumento: secuencia deductiva de prácticas 1) a 6).

La *función semiótica* se puede ver como una interpretación del signo Peirceano.

> Una representación es aquel carácter de una cosa en virtud de la cual, para la producción de un cierto efecto mental, se puede poner en lugar de otra cosa. La cosa que tiene ese carácter la llamo un representamen, el efecto mental, o pensamiento, su interpretante, la cosa en cuyo lugar se pone, su objeto. (Peirce, 1931-58, CP 1.564).

En el EOS, el interpretante Peirceano se concibe como la regla (hábito, norma) de correspondencia entre el representamen y el objeto, establecida por una persona, o en el seno de una institución, en el correspondiente acto interpretativo (significados personales o institucionales). Cuando, por ejemplo, en la práctica 1) se afirma que 2 refiere al «concepto de número natural dos» (Figura 3.3), estamos siguiendo un convenio (hábito, regla) que se aprende en la comunidad de prácticas matemáticas escolares. Esto es, entre el signo 2 y el concepto *dos* hay un interpretante que no es otra cosa que un convenio cultural seguido por el sujeto que hace la interpretación.

Además, en el EOS se asume que toda entidad que participa en un proceso de semiosis, interpretación, o juego de lenguaje, es objeto, pudiendo desempeñar el papel de expresión (significante), contenido (significado) o interpretante (regla que relaciona expresión y contenido). Los propios sistemas de prácticas operativas y discursivas son objetos y pueden ser componentes de la función semiótica. De este modo se modeliza cualquier uso que se pueda dar a la palabra significado.

Es decir, la semiótica pragmatista/antropológica asumida por el EOS asume que los objetos que se ponen en correspondencia en las funciones semióticas (funtivos) no son solamente objetos lingüísticos ostensivos (palabras, símbolos, expresiones, diagramas etc.), sino que los conceptos, proposiciones, procedimientos, argumentos, incluso las situaciones-problemas, pueden ser también antecedentes de las funciones semióticas. Tiene sentido y es necesario, preguntarse tanto por el significado del concepto de número, como por el significado de las proposiciones, procedimientos, argumentos, situaciones y representaciones que intervienen en las prácticas numéricas. Los funtivos en la función semiótica también pueden ser entidades unitarias o sistémicas, particulares o generales, materiales o inmateriales, personales o institucionales. Se genera de este modo una variedad de tipos de significados que orienta y apoya la realización de análisis ontosemióticos de la actividad matemática a nivel macro y micro, tanto desde el punto de vista epistémico (institucional) como cognitivo (personal) (Font *et al.*, 2013).

3.3.4. Relatividad de las prácticas, objetos y significados

En el EOS se asume que las prácticas matemáticas se realizan en un trasfondo ecológico (material, biológico y social), lo que determina una relatividad institucional, personal y contextual de las prácticas, objetos y significados, respecto de los *juegos de lenguaje* y *formas de vida* (Wittgenstein, 1953). Se asume, por tanto, una perspectiva sociocultural sobre la semiosis en la que se enfatiza la dimensión social, cultural, e histórica de los signos. «En estas perspectivas los signos son entendidos no como artefactos a los cuales recurren los individuos para representar o presentar el conocimiento, sino como artefactos de comunicación y significación» (Presmeg *et al.*, 2018, p. 4).

En el ejemplo descrito anteriormente (Figura 3.3), el contexto de la aritmética modular cambia el significado de 2+3, como también es diferente el significado del concepto de número natural si se cambia la axiomática, o se adopta la construcción conjuntista de los números. El significado de los números es diferente en las distintas comunidades de prácticas formadas por grupos culturales diversos o en distintos momentos históricos.

En consecuencia, un objetivo del análisis didáctico-matemático debe ser caracterizar los diversos significados de los objetos y sus interrelaciones, construyendo de esa manera un *significado global* que sirva de referencia para el análisis de los procesos de instrucción matemática. Este sería un primer nivel de análisis ontosemiótico de la actividad matemática mediante el cual se toma conciencia de la pluralidad y relatividad de los significados de los objetos matemáticos. En este primer nivel se trata de identificar, clasificar y describir los tipos de situaciones-problemas en los que el objeto en cuestión interviene, así como las prácticas matemáticas (operativas y discursivas) mediante las cuales se da respuesta a dichos problemas.

El contexto social, material y biológico (trasfondo ecológico), que sustenta y condiciona la actividad matemática, implica la relatividad de las prácticas, los objetos y significados. Tanto las prácticas como los objetos se pueden contemplar desde distintas polaridades. Además, tales prácticas son relativas a los diferentes marcos institucionales (histórico-culturales) y contextos de uso del objeto.

Para la educación en general y para la educación matemática en particular, es necesaria una teoría holística del significado que incluya la dualidad personal-institucional para los significados. Se requiere tanto una semiótica cognitiva como una semiótica epistémica/cultural: los significados se establecen entre personas individuales, en prácticas discursivas y operativas; pero también entre una persona y el conocimiento cultural cuyo aprendizaje se pretende. En la cultura matemática los términos, símbolos, conceptos, etc., tienen un significado cristalizado, socialmente compartido, formado en un proceso histórico-cultural, que es el resultado de múltiples prácticas discursivas y operativas entre sujetos individuales, mediadas por el uso de diferentes lenguajes y artefactos. Este enfoque es coherente con la semiótica cultural propuesta por Radford (2006) para el significado de los conceptos matemáticos: «los objetos matemáticos son formas conceptuales de actividad histórica, social y culturalmente encarnada, reflexiva y mediada» (Radford, 2006, p. 59).

Desde el punto de vista de la educación, los significados no deben reducirse a objetos mentales, ni a objetos culturales; es necesario atribuirles una doble naturaleza personal e institucional, para dar cuenta de la relación dialéctica que se establece entre ellos en los procesos de enseñanza y aprendizaje.

3.4. Enfoque ontosemiótico de la cognición matemática

El punto de partida del EOS fue la necesidad de clarificar el significado de los objetos matemáticos, desde el punto de vista personal (cognición individual) e institucional (cognición objetiva, cultural) (Godino y Batanero, 1994; 1998). O sea, ha sido una preocupación entender el origen y naturaleza del conocimiento matemático desde un punto de vista semiótico, el papel de los signos, de los lenguajes en la actividad matemática, los objetos emergentes y las relaciones entre los mismos. Este es un enfoque propio tanto de una semiótica cognitiva (Zlatev, 2012; Paulucci, 2021), como cultural (Eco,1976; Lotman, 1990).

3.4.1. Conocimiento y comprensión

Como se puede ver en Godino y Batanero (1994), la teoría antropológica y pragmatista de las prácticas matemáticas, los objetos y significados se usa para proponer una manera de entender qué es conocer/comprender el objeto en términos de acoplamiento de significados.

Definición 10: Significado de un objeto O_1 para un sujeto p desde el punto de vista de la institución I: Es el subsistema de prácticas personales asociadas a un campo de problemas que son consideradas en I como adecuadas y características para resolver dichos problemas.

En consecuencia, de un mismo campo de problemas C que en una institución I ha dado lugar a un objeto O_1 con significado $S(O_1)$, en una persona puede dar lugar a un objeto Op con significado personal $S(Op)$. La intersección de estos dos sistemas de prácticas es lo que desde el punto de vista de la institución se consideran manifestaciones correctas, esto es, lo que la persona «conoce» o «comprende» del objeto O_1 desde el punto de vista de I. El resto de las prácticas personales serán consideradas «erróneas», desde el punto de vista de la institución. (Godino y Batanero, 1994, p. 342)

En una situación ideal, y en una institución dada, decimos que un sujeto «comprende» el significado del objeto O_1 —o que ha «captado el significado» de un concepto— si es capaz de reconocer sus propiedades, justificarlas con argumentos válidos, usar las representaciones características, relacionarlo con los restantes objetos matemáticos y usar este objeto en toda la variedad de situaciones problemáticas prototípicas dentro de la institución correspondiente. La comprensión alcanzada por un sujeto en un momento dado difícilmente será total o nula, sino que abarcará aspectos parciales de los diversos componentes y niveles de abstracción posibles.

Como síntesis, el modelo de cognición matemática que propone el EOS incluye las siguientes dimensiones:

1. *Dimensión personal e institucional.* Si aceptamos la concepción pragmática y relativista de las matemáticas subyacente al EOS, una teoría de la comprensión matemática que sea útil y eficaz para explicar los fenómenos de enseñanza y aprendizaje debe reconocer para la misma la dualidad dialéctica entre la faceta personal e institucional de la cognición. Puesto que cada persona nace en el seno de una familia y se desarrolla siendo

miembro de distintas instituciones y contextos culturales, los procesos psicológicos involucrados en la cognición, tanto de objetos lingüísticos como conceptuales, están mediatizados por los significados institucionales, esto es, por las situaciones-problemas, instrumentos semióticos, hábitos y convenciones compartidas. La noción de cognición personal de un concepto que se deriva del EOS es la de construcción o apropiación del significado institucional de dicho objeto. Por ello, la comprensión deja de ser meramente un proceso mental y se convierte en un proceso social e interactivo. No puede ser reducida meramente a una experiencia mental, sino que involucra a toda la esfera de la persona. La comprensión «es el modo en que estamos significativamente situados en nuestro mundo por medio de nuestras interacciones corporales, nuestras instituciones culturales, nuestra tradición lingüística y nuestro contexto cultural» (Johnson, 1987, p. 102).

2. *Acción humana e intencionalidad.* El modelo de cognición del EOS parte de la noción de práctica prototípica significativa, definida como la actuación que la persona realiza en su intento de resolver una clase de situaciones-problemas y a la que reconoce o atribuye una finalidad (un para qué). Estas prácticas son formas expresivas situadas que involucran una situación-problema, un contexto institucional, una persona y los instrumentos semióticos que mediatizan la acción. Puesto que los objetos matemáticos son concebidos como emergentes de los sistemas de prácticas prototípicas significativas, la comprensión del objeto (en sentido integral o sistémico), exige además que el sujeto identifique en el objeto un para qué, una intencionalidad (Maier, 1992) como base de la comprensión.

3. *Carácter sistémico y dinámico.* Puesto que concebimos el «significado sistémico de un objeto» como una entidad compuesta de elementos y relativa a los contextos institucionales, el conocimiento y comprensión de un concepto por un sujeto, en un momento y circunstancias dadas, implicará la apropiación de

los distintos elementos que componen los significados institucionales correspondientes. Esto incluye, para el caso de las proposiciones, su justificación mediante razonamientos válidos. El reconocimiento de la complejidad sistémica del significado del objeto implica, además, que su apropiación por el sujeto será un proceso dinámico, progresivo, y no lineal (Pirie y Kieren, 1994), como consecuencia de los distintos dominios de experiencia y contextos institucionales en que participa.

4. *Dimensión práctica y discursiva.* El componente práctico (praxis) está ligado con la idea de competencia matemática y, por tanto, al dominio de las técnicas de solución de las situaciones-problemas. El componente discursivo/relacional, está unido a la idea de comprensión y formado por el sistema de reglas y justificaciones, incluyendo argumentaciones, definiciones de conceptos y propiedades en las que se apoya. Ambos componentes se apoyan en el uso de recursos lingüísticos y artefactos materiales, por lo que el lenguaje matemático (en sus diversos registros) constituye un tercer componente sin el cual los anteriores no pueden desarrollarse. En consecuencia, el conocimiento, la comprensión y la competencia están íntimamente ligadas, constan de diferentes tipos de elementos y dependen de la institución (contexto histórico-cultural) desde la cual se desarrollan y evalúan.

El constructo función semiótica tiene en cuenta la dimensión referencial característica de las teorías realista del significado y se puede relacionar con los procesos de comprensión del conocimiento, entendidos básicamente como conexión entre objetos. Además, tiene en cuenta la dimensión pragmática, el significado como uso, como sistemas de prácticas, lo cual implica incorporar el componente competencial del conocimiento, esto es, el saber cómo actuar de manera eficiente ante determinadas situaciones. La variedad de significados da cuenta de la variedad de modos de comprender y actuar del sujeto implicado en la actividad discursiva y operativa. De este modo, la teoría ontosemiótica del significado se inscribe dentro de las perspectivas de la semiótica cognitiva (Zlatev, 2012; Paulucci, 2021). La teoría de la cognición basada en el EOS no se reduce a la interpretación de los signos (semiótica), ya que propone además una ontología para las matemáticas, un moblaje del mundo (Bunge, 2011) imbricado con los sistemas de signos, tanto ostensivos como no ostensivos. Los significados personales dan cuenta de la cognición individual (incluyendo creencias y afectos), mientras que los significados institucionales dan cuenta de la cognición institucional (conocimiento histórico-cultural).

En el EOS la cognición se relaciona de manera esencial con la capacidad de actuar en el mundo, de resolver problemas. Pero esto no implica el rechazo de la dimensión representacionista en los procesos de cognición matemática. Las prácticas discursivas refieren a un mundo de objetos que acompañan de manera necesaria a las prácticas operativas, a las acciones que pretenden cambiar el mundo de manera efectiva y al mismo tiempo comprenderlo. La modalidad de cognición personal que postula el EOS es de naturaleza enactiva (Lakoff y Núñez, 2000):

> Desde un punto de vista enactivo, toda cognición, percepción o pensamiento es el resultado de la interacción de un organismo vivo con su propio entorno. Sin embargo, desde el punto de vista de la semiótica cognitiva, este entorno no es un entorno «natural», sino un entorno semiótico repleto de objetos, normas, hábitos, instituciones y artefactos que dan forma a nuestras mentes. (Paolucci, 2021, p. 10)

3.4.2. Conocimiento y creencia

Aunque no hay consenso en la caracterización del constructo creencias, ni sobre su relación con el conocimiento —como ponen de manifiesto diversas investigaciones sobre el tema (Pajares, 1992; Leder *et al.*, 2002)— a continuación, se presenta nuestra visión de este problema teórico.

Puesto que la creencia de un sujeto X sobre un objeto O es un constructo mental el EOS propone interpretarla en términos de configuración cognitiva, esto es, como el sistema de prácticas personales —lo que X hace y dice— ante el tipo de situaciones en las que interviene O, junto con los objetos y procesos que acompañan a las prácticas. Si O es una proposición, o sea, un enunciado que se puede calificar como verdadero o falso y el sujeto es capaz de elaborar una justificación válida en el marco institucional correspondiente (matemático o científico) entonces la creencia de X sobre O es un conocimiento. La calificación como conocimiento de una creencia requiere, por tanto, que los juicios sean verdaderos en un marco de referencia y se justifiquen de manera válida.

Las creencias pueden estar basadas en la experiencia personal, la tradición o la autoridad, mientras que los conocimientos son juicios cuya verdad o certeza se establece mediante pruebas o argumentos válidos en el marco de la comunidad matemática o científica. Para declarar un juicio o afirmación como un conocimiento es necesario, por tanto, aportar una justificación válida de su veracidad. Ejemplos:

1. «Dos manzanas más tres manzanas son cinco manzanas». Esta afirmación expresa un conocimiento empírico verdadero. En efecto, si tomamos dos manzanas y juntamos otras tres podemos comprobar que el conjunto formado por todas las manzanas son cinco manzanas. Se trata de una argumentación empírica dado que en la proposición intervienen objetos perceptibles. La proposición es verdadera porque se corresponde con la realidad empírica; es una verdad de hecho.

2. «2+3 = 5». Esta proposición expresa un conocimiento formal matemático verdadero. En efecto, 2 refiere o significa la segunda posición en la serie numérica natural; el símbolo +3 significa que debemos seguir contando tres posiciones más en dicha secuencia. Como resultado obtenemos necesariamente la posición marcada con el símbolo 5. Se trata de una argumentación racional, una consecuencia lógica, basada en los significados previamente convenidos de los símbolos 2, +, 3 y 5. La proposición es verdadera porque se basa en la coherencia de la argumentación a partir de los postulados y conocimientos matemáticos previos; es una verdad de razón.

3. «Fulanito cree que la tierra es plana». En este enunciado hay dos proposiciones empíricas. Una, que «la tierra es plana», otra, que «Fulanito cree (que la tierra es plana)». La primera proposición es falsa. Aplicando la observación y el razonamiento científico para analizar y evaluar la información es posible argumentar que esa afirmación no se corresponde con la realidad. En cambio, la creencia de Fulanito puede ser verdadera si se comprueba que efectivamente piensa de esa manera; incluso puede justificar con argumentos personales su proposición. Juzgado desde el punto de vista institucional (comunidad científica), el conocimiento personal de Fulanito sería falso.

En el EOS asumimos la necesidad de usar diversas teorías de la verdad (Habermas, 2002; Nicolás y Frápolis, 1997), teniendo en cuenta la diversidad de conocimientos matemáticos y didácticos y los diferentes contextos institucionales en que tiene lugar la actividad educativa-instruccional. La teoría de la verdad como coherencia es pertinente cuando se trata de conocimientos matemáticos formales. No obstante, no hay una única manera de formular ni de justificar una proposición matemática. En los primeros niveles educativos, el aprendizaje de la aritmética, por ejemplo, puede requerir que los niños trabajen con números concretos y construyan conocimientos de los números mediante argumentos empíricos. En este caso la verdad de las proposiciones se establece como correspondencia con la realidad. Así mismo, los resultados de las experimentaciones didácticas involucran objetos y procesos empíricos, por lo que las conjeturas se validan en términos de la verdad como correspondencia con los hechos y resultados. También consideramos la teoría discursiva y consensual de la verdad (Habermas, 1997) cuando formulamos criterios de idoneidad didáctica (Capítulo 5). Los criterios se derivan de los supuestos ontológicos, epistemológicos y semióticos del EOS y constituyen usualmente juicios de valor compartidos y justificados racionalmente en el seno de la comunidad de educación matemática.

3.5. La matemática educativa como ecología de significados

Toulmin (1977) introdujo la expresión *ecología intelectual* en la epistemología del conocimiento para describir las cuestiones de función y adaptación de los conceptos y los métodos de pensamiento a las necesidades y exigencias reales de las situaciones problemáticas. Por su parte, Morín (1992) considera tan inadecuada la creencia en la realidad física de las ideas, como el negar un tipo de realidad y existencia objetiva al hábitat, vida, costumbres y organización de las mismas. Para Morin, las ideas en general (y, por tanto, las nociones matemáticas), además de constituir instrumentos de conocimiento, tienen una existencia propia y característica. Como describe White (1983), dentro del cuerpo de la cultura matemática ocurren acciones y reacciones entre los distintos elementos. «Un concepto reacciona sobre otros; las ideas se mezclan, se funden, forman nuevas síntesis» (White, 1983; p. 274).

La metáfora ecológica sobre las ideas es útil para analizar las relaciones entre las matemáticas escolares y las expertas. Para describir los procesos de selección y elaboración de las matemáticas escolares, estas relaciones suelen ser de subordinación, razón por la cual se usan las metáforas de la transposición didáctica, elementarización y transformación (Scheiner *et al.*, 2022). En el EOS se propone la metáfora de la *ecología de significados* para describir dichos procesos y las relaciones entre los distintos tipos de matemáticas (Godino y Batanero, 1998). Cada objeto matemático tiene distintos significados, con diferentes grados de generalidad y niveles de formalización, por tanto, los agentes educativos seleccionan y secuencian los significados idóneos según el contexto, las capacidades y motivaciones de los estudiantes. La metáfora ecológica refleja bien los fenómenos de competición, simbiosis, colaboración y, en cierto sentido, las cadenas tróficas que se establecen entre los distintos tipos de conocimientos matemáticos (Godino, 1994). Solo los conocimientos mejor adaptados al contexto sobreviven o prosperan.

La metáfora ecológica de los conocimientos escolares parte del supuesto de que no hay una única matemática, sino múltiples y diversas, no solo como punto de partida (contextos profesionales), sino también como punto de llegada (contextos escolares). El crecimiento progresivo del conocimiento a lo largo del currículo se explica de manera más precisa como un proceso de mutación impulsado por la acción educativa, que va desde formas más simples a más complejas. Esto contrasta con la noción de transposición o transformación desde formas más abstractas hacia otras más elementales (Scheiner *et al.*, 2022). La ecología de los significados, entendiendo los significados de los conceptos de forma sistémica y pragmática (Godino *et al.*, 2021), refleja más fielmente las correspondencias entre los diferentes tipos de conocimiento implicados en los entornos educativos. La interpretación de los significados de un objeto matemático en términos de sistemas de prácticas facilita la consideración de dichos sistemas y, en consecuencia, los significados pragmáticos, como nuevos objetos que se relacionan con otros para formar nuevas estructuras.

3.6. Significados pragmáticos y configuraciones ontosemióticas. Un ejemplo de articulación

Un objetivo del análisis didáctico-matemático debe ser caracterizar los diversos significados de los objetos y sus interrelaciones, construyendo de esa manera un *significado global* que sirva de referencia para el análisis de los procesos educativos-instruccionales. Este sería un primer nivel de análisis ontosemiótico de la actividad matemática mediante el cual se toma conciencia de la pluralidad y relatividad de los significados de los objetos matemáticos. En este primer nivel se trata de identificar, clasificar y describir los tipos de situaciones problemas en los que el objeto en cuestión interviene, así como las prácticas matemáticas (operativas, discursivas y normativas) mediante las cuales se da respuesta a dichos problemas. De esta manera, se pasa del objeto matemático, que en un principio viene a ser una «caja negra», una etiqueta que refiere a una entidad mental, ideal o abstracta, a las prácticas implicadas en el uso de tal objeto.

Una vez identificado un significado para un objeto matemático, se tiene un tipo de situación problema, que se puede concretar en un

ejemplar prototípico y la secuencia de prácticas necesarias para resolverlo. La identificación de la trama de objetos interrelacionados que
interviene en dichas prácticas es necesaria para gestionar los procesos
de estudio matemáticos y tomar conciencia de la complejidad ontosemiótica de la actividad matemática como un factor explicativo de las
dificultades de aprendizaje y enseñanza. La noción de configuración
ontosemiótica de prácticas, objetos y procesos guía este segundo nivel
de análisis didáctico-matemático en el marco del EOS.

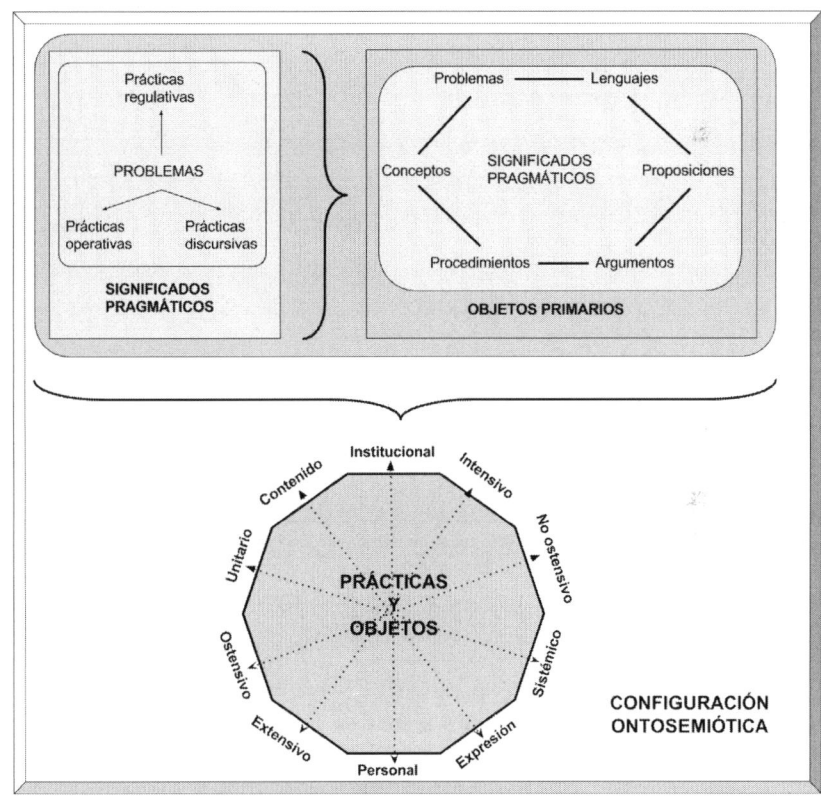

Figura 3.5. Articulación de significados
pragmáticos y configuración ontosemiótica

En este apartado ejemplificamos el uso articulado de las herramientas significados pragmáticos y configuración ontosemiótica
para el caso del objeto matemático 'proporcionalidad' siguiendo el

trabajo de Godino *et al.* (2017). La Figura 3.5 muestra la relación entre estas dos herramientas teóricas.

3.6.1. Significados pragmáticos de la proporcionalidad

El *universo de significados* de la proporcionalidad se puede clasificar según distintos criterios, en particular, el contexto o campo de aplicación y el nivel de algebrización de las prácticas matemáticas realizadas. Algunos contextos de aplicación de las nociones de razón y proporción (vida cotidiana, científico-técnico, artístico, geométrico, probabilístico, estadístico, etc.) conllevan la participación de objetos y procesos específicos de dichos campos en las prácticas de resolución de los problemas correspondientes, como revelan las múltiples investigaciones realizadas sobre la naturaleza y desarrollo del razonamiento proporcional (Freudenthal, 1983; Lamon, 2007; Tourniaire y Pulos, 1985). En consecuencia, se pueden delimitar variantes de significados propios de algunos campos de aplicación de la proporcionalidad (geométrico, probabilístico, etc.) y, como veremos seguidamente, según el nivel de algebrización de la actividad matemática realizada para la resolución de los problemas.

En la solución de los problemas contextualizados de proporcionalidad intervienen magnitudes (longitudes, áreas, volúmenes, velocidades, densidades, etc.) y sus respectivas medidas. En una fase del proceso de resolución las relaciones que se establecen entre las cantidades (razones, proporciones) se expresan usando los valores numéricos de las medidas, se opera con los números reales correspondientes y finalmente se interpreta la solución en términos del contexto. En la fase de modelización intramatemática se ponen en juego los tres significados de la proporcionalidad que describimos en este trabajo, juntamente con los significados pragmáticos ligados a los contextos de aplicación. Estos tres significados, junto con el informal/cualitativo, no son exhaustivos ni independientes, siendo posible identificar significados parciales dentro de cada categoría y prácticas matemáticas que involucren a varios de ellos. Es importante tener en cuenta los diversos significados en el diseño de los procesos de instrucción, los cuales deben tener lugar en un dilatado espacio de tiempo (educación primaria y secundaria) y en distintas áreas de contenido, como describen Wilhelmi (2017) y Burgos y Godino (2020).

Significado aritmético

Utilizaremos como ejemplo el siguiente problema de valor faltante para mostrar los diversos sistemas de prácticas mediante los cuales se puede abordar su solución:

Un paquete de 500 gramos de café se vende a 5 euros. ¿A qué precio se debe vender un paquete de 450 gramos?

El significado aritmético se caracteriza por la aplicación de procedimientos de cálculo aritméticos (multiplicación, división), como ocurre en la siguiente secuencia de prácticas:

1. En las situaciones de compra-venta de la vida cotidiana, es habitual suponer que, al comprar cantidades pequeñas de café, cada gramo cuesta lo mismo.

2. En consecuencia, si se compra el doble, el triple, etc., de producto, se deberá pagar el doble, triple, etc. de precio. Del mismo modo, si se compra la mitad, la tercera parte, etc., de producto, se deberá pagar la mitad, la tercera parte, etc., de precio.

3. Si un paquete de 500 gramos de café se vende a 5 euros, el precio de 100 gramos de café (cinco veces menos) debe ser la quinta parte de 5 euros, esto es, 1 euro.

4. El precio de 50 gramos (mitad de 100 gramos) deberá ser la mitad, esto es, 50 céntimos.

5. De esta manera, 450 gramos de café deben costar, 4×1+0,50=4,50; es decir, 4 euros y 50 céntimos.

La práctica 1 tiene un carácter discursivo-descriptivo de la situación-problema, mientras que las restantes tienen carácter normativo y operativo. En la solución intervienen valores numéricos particulares y se aplican operaciones aritméticas sobre dichos valores; por tanto, según Godino *et al.* (2014), la actividad matemática realizada se considera de nivel 0 de algebrización, puesto que no intervienen objetos y procesos algebraicos.

Significado protoalgebraico

El significado protoalgebraico está centrado en la aplicación de la noción de proporción y la resolución de una ecuación de la forma $Ax = B$, como, por ejemplo, en la siguiente secuencia de prácticas:

1. Se supone que, si se compra el doble, triple, etc., de producto, se deberá pagar el doble, triple, etc., de precio.
2. Por tanto, la relación que se establece entre las cantidades del producto compradas y el precio pagado es de proporcionalidad directa.
3. En una proporcionalidad directa las razones de las cantidades que se corresponden son iguales: $5/500 = x/450$; siendo x el precio al que debe venderse 450 gramos de café.
4. En toda proporción se cumple la igualdad del producto en cruz de los términos,
5. $5\times450 = 500\times x$,
6. Luego, $x = (5\times450)/500 = 4{,}5$.
7. Por tanto, el precio del paquete debe ser 4,5 euros.

Si bien la solución de un problema de valor faltante, basada en el uso de las razones y proporciones, involucra una incógnita y el planteamiento de una ecuación, la actividad de algebrización que se realiza es de nivel 2 (proto-algebraica), según el modelo de Godino *et al.* (2014), ya que la incógnita está despejada en un miembro de la ecuación que se establece mediante la proporción.

Una variante diagramática de esta técnica de solución se conoce como la «regla de tres», que en cierto modo «oculta» la intervención de las razones y la proporción, lo cual puede comportar un significado «degenerado» de la proporcionalidad aritmética:

$$500 \text{ ──── } 5$$
$$450 \text{ ──── } x$$

$$x = \frac{450 \times 5}{500} = 4{,}5$$

Significado algebraico-funcional

El significado propiamente algebraico se caracteriza por la aplicación de la noción de la función lineal y de técnicas de resolución basadas en las propiedades de dichas funciones: *f(a+b)= f(a) + f(b)*, *f(ka)= kf(a)*. Una de estas técnicas se aplica a continuación:

1. Se supone que, si se compra el doble, triple, etc., de producto, se deberá pagar el doble, triple, etc., de precio. Además, lo que pagaremos por dos paquetes de café distintos, será igual al precio de un paquete que pese lo mismo que los dos juntos.

2. Por tanto, la correspondencia que se establece entre el conjunto de las cantidades del producto (*Q*) y el conjunto de los precios pagados (*P*), *f:Q→P*, es lineal.

3. En toda función lineal *f*, se cumple que, la imagen de la suma de cantidades es la suma de las imágenes, $f(a+b)= f(a) + f(b)$, y la imagen del producto de una cantidad por un número real es el producto de la cantidad imagen por dicho número $f(ka)= kf(a)$.

4. El coeficiente *k* de la función lineal es el coeficiente de proporcionalidad en el caso de las relaciones de proporcionalidad directa entre magnitudes (tanto por uno).

5. Aplicando dichas propiedades al caso se tiene:
(500g)=5€; 500f(1g)=5€; f(1g)=5/500 € Un gramo de café cuesta 1 céntimo]

6. 450f(1g)=450×5/500 € ; f(450g) = 4,5€.

7. Luego el precio de un paquete de 450 gramos debe ser de 4,5 euros.

Representaciones diagramáticas de soluciones que ponen en juego la noción de función se incluyen en la Figura 3.6. En estos casos la actividad matemática que se realiza se puede calificar de protoalgebraica de nivel 1.

Algunos autores (Bolea *et al.*, 2001; Obando *et al.*, 2014) enfatizan el razonamiento proporcional como un razonamiento que involucra una función lineal en un sistema de dos variables. Así pues, el modelo matemático es una función de la forma $y=k·x$, en el que k es la razón constante, generalmente conocida como constante de proporcionalidad. Aunque se hable de la «función lineal», en singular, en realidad se pone en juego el conocimiento de la estructura de una familia de funciones, ya que k interviene como un parámetro, lo que supone un primer contacto con el nivel cuatro de algebrización que definen Godino *et al.* (2015).

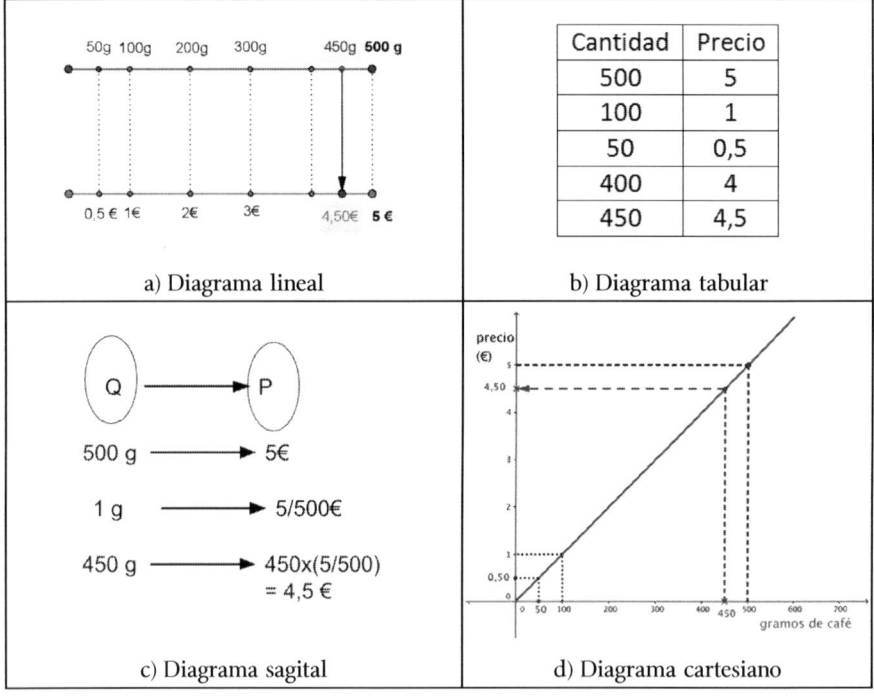

Figura 3.6. Soluciones diagramáticas

Dada la eficacia matemática del razonamiento algebraico parece deseable, desde el punto de vista de la idoneidad epistémica (véase el Capítulo 5), que los procesos de instrucción tiendan a lograr el nivel algebraico de significación para el razonamiento proporcional.

Pero no parece idóneo, desde el punto de vista cognitivo y afectivo, prescindir de los niveles precedentes. No obstante, la resolución de problemas que involucran la proporcionalidad en la vida cotidiana y profesional puede ser idónea mediante la aplicación de procedimientos propios de la significación aritmética.

3.6.2. Configuraciones ontosemióticas

En este apartado analizamos las prácticas correspondientes a la solución proto-algebraica y algebraica-funcional del problema (coste del paquete de café) aplicando la noción de configuración ontosemiótica. Se trata de identificar los tipos de objetos matemáticos y procesos[13] puestos en juego y, por tanto, los conocimientos involucrados en cada caso en una solución esperada o experta del problema.

Configuración protoalgebraica

En la primera columna de la Tabla 3.3 se incluye la secuencia de prácticas elementales de una posible solución protoalgebraica esperada para el problema. En la segunda columna se muestra el papel e intencionalidad que tiene cada práctica en la secuencia de prácticas incluidas en la columna 1, y en la tercera se indican los objetos conceptuales, proposicionales, procedimentales y argumentativos implicados en dichas prácticas. De esta manera se explicitan las funciones semióticas (relación entre expresión y contenido) que se establecen entre los objetos ostensivos de las prácticas textualizadas y los objetos no ostensivos referidos por las mismas (procesos de significación/ interpretación). Se supone, por tanto, que las prácticas elementales relatadas en la columna 1 están constituidas por la expresión escrita en lengua natural, numérica y simbólica —y, por tanto, ostensiva— de las acciones que el sujeto epistémico realiza para dar solución al pro-

---

13   En esta ocasión centramos la atención en los procesos de interpretación/ significación. Dado que se trata de la solución de un problema específico el proceso de particularización de conceptos y proposiciones generales es patente en las distintas prácticas elementales.

blema. Los elementos no ostensivos que necesariamente intervienen en las acciones del sujeto están referidos en las otras columnas.

Tabla 3.3. Configuración ontosemiótica de la solución protoalgebraica

Secuencia de prácticas elementales para resolver la tarea	Uso e intencionalidad de las prácticas	Objetos referidos en las prácticas (conceptos, proposiciones, procedimientos...)
1. Se supone que, si se compra el doble, triple, etc., de producto, se deberá pagar el doble, triple, etc., de precio.	Explicitar que se cumplen en el contexto del problema las condiciones de aplicación de la proporcionalidad directa.	*Conceptos:* multiplicación; secuencia ilimitada; correspondencia funcional, magnitud, cantidad, medida. *Proposición* P1: enunciado de la práctica 1. *Argumento:* convención pragmática.
2. Por tanto, la relación que se establece entre las cantidades del producto compradas y el precio pagado es de proporcionalidad directa.	Declarar que la relación establecida entre las magnitudes heterogéneas es de proporcionalidad directa.	*Concepto:* relación, cantidad, producto proporcionalidad directa. *Proposición* P2: la relación entre ambas magnitudes es de proporcionalidad directa. *Argumento:* se cumplen las condiciones que definen la proporcionalidad directa.
3. En una proporcionalidad directa las razones de las cantidades que se corresponden son iguales: 5/500 = x/450.	Representar con un símbolo literal el valor faltante. Relacionar la incógnita con los datos.	*Conceptos:* proporcionalidad directa, igualdad, ecuación, razón de cantidades, precio unitario, proporción, Incógnita. *Proposición* P3: las razones son iguales. *Argumento:* porque el precio unitario es el mismo en ambos paquetes.
4. En toda proporción se cumple la igualdad del producto en cruz de los términos, 5. 5×450 = 500×x.	Operar con la incógnita.	*Conceptos:* igualdad, proporción, producto. Proposición: enunciado de 4). *Argumento:* basado en una propiedad de las proporciones.

6. Luego, x = (5×450)/500 = 4'5.	Despejar la incógnita.	*Conceptos:* igualdad, razón, ecuación. *Procedimiento:* despeje de la incógnita. *Argumento:* propiedades aritméticas, deductivo.
7. Por tanto, el precio del paquete debe ser 4,5 euros.	Interpretar el resultado numérico como solución del problema.	*Conceptos:* magnitud, cantidad, medida, unidad. *Proposición:* el precio del paquete es 4,5€. *Argumento:* secuencia de prácticas 1) a 5).

El análisis de las prácticas realizadas en este procedimiento de solución revela que involucran el uso de una incógnita y se establece una ecuación de primer grado para hallarla. Como ya se ha dicho, la actividad tiene carácter proto-algebraico de nivel 2 según la propuesta de Godino *et al.* (2014).

Configuración algebraica-funcional

La Tabla 3.4 muestra la secuencia de prácticas puestas en juego en la solución que hemos llamado algebraica-funcional del problema del precio del paquete de café, la intencionalidad que tienen dichas prácticas en la secuencia y los objetos referidos en las prácticas.

Tabla 3.4. Configuración ontosemiótica de la solución algebraica

Enunciado y secuencia de prácticas elementales para resolver la tarea	Uso e intencionalidad de las prácticas	Objetos referidos en las prácticas (conceptos, proposiciones, procedimientos...)
1. Se supone que, si se compra el doble, triple, etc., de producto, se deberá pagar el doble, triple, etc., de precio. Además, lo que pagaremos por dos paquetes de café distintos, será igual al precio de un paquete que pese lo mismo que los dos juntos.	Explicitar que se cumplen en el contexto del problema las condiciones de aplicación de la función lineal entre conjuntos de cantidades de magnitudes.	*Conceptos:* multiplicación, secuencia ilimitada, proporcionalidad, correspondencia funcional, magnitud, cantidad. *Proposición P1:* el enunciado de la práctica 1). *Argumento:* convención pragmática.

2. Por tanto, la correspondencia que se establece entre el conjunto de las cantidades del producto (Q) y el conjunto de los precios pagados (P), f:$Q{\rightarrow}$P, es lineal.	Declarar que la relación establecida entre las magnitudes heterogéneas es lineal.	*Conceptos*: conjuntos, correspondencia, magnitud, cantidad, medida, relación lineal. *Proposición P2*: la correspondencia entre los conjuntos de cantidades es lineal. *Argumento*: se cumplen las condiciones que definen la función lineal según 1).
3. En toda función lineal, f, se cumple que, la imagen de la suma de cantidades es la suma de las imágenes, f(a+b)= f(a)+f(b), y la imagen del producto de una cantidad por un número real es el producto de la cantidad imagen por dicho número, f(ka)=kf(a).	Explicitar las condiciones de definición de las funciones lineales de dos maneras: - Lenguaje natural. - Lenguaje simbólico literal.	*Conceptos*: suma de cantidades, producto por un escalar, original e imagen de una función, función lineal, producto. *Procedimiento*: traducción lenguaje natural a simbólico.
4. El coeficiente k de la función lineal es el coeficiente de proporcionalidad en el caso de las relaciones de proporcionalidad directa entre magnitudes (tanto por uno).	Interpretar el coeficiente k de las funciones líneas en términos del contexto del problema (coeficiente de proporcionalidad o tanto por uno).	*Conceptos*: proporcionalidad directa, magnitud, coeficiente de proporcionalidad, tanto por uno.
5. Aplicando dichas propiedades al caso se tiene: f(500g)=5€; 500f(1g)=5€; f(1g)=5/500 € [un gramo de café cuesta 1 céntimo].	Calcular el coste unitario.	*Conceptos*: función lineal; igualdad; proporcionalidad. *Procedimientos*: traducción del lenguaje natural (enunciado) al simbólico; cálculo del coeficiente de proporcionalidad basado en las condiciones de definición de una función lineal.
6. 450f(1g)=450×5/500€ f(450g) = 4,5€.	Calcular el valor faltante.	*Conceptos*: función lineal, igualdad, proporcionalidad. *Procedimiento*: cálculo del valor faltante basado en las condiciones de definición de la función lineal.

7. Luego el precio de un paquete de 450 gramos debe ser de 4,5 euros.	Interpretar el resultado numérico como solución del problema.	*Proposición*: precio del paquete es 4,5€. *Argumento*: secuencia de prácticas 1) a 6).

Dado que las soluciones del problema, que han sido analizadas desde un punto de vista institucional, son soluciones esperadas o expertas, tales sistemas de prácticas y configuraciones tienen un carácter epistémico. La misma técnica se puede aplicar a respuestas dadas por los estudiantes obteniéndose, de este modo, las correspondientes configuraciones cognitivas. La dualidad ostensivo-no ostensivo muestra aquí su utilidad al distinguir entre las prácticas textualizadas situadas en la primera columna como objetos ostensivos, los cuales evocan y representan los objetos conceptuales, proposicionales, procedimentales y argumentativos identificados en la tercera columna. Los objetos ostensivos tienen además un papel instrumental o una funcionalidad que se refleja en la segunda columna.

3.7. Concordancias y complementariedades entre teorías semióticas

En este apartado analizamos las concordancias y complementariedades entre la teoría del significado y la cognición del EOS y las teorías del significado descritas en la sección 3.2 —Frege, Vergnaud y Steinbring—, así como entre la Teoría de los registros de representación semiótica (Duval, 1995; 2006) y el EOS.

3.7.1. Teorías del significado *versus* EOS

El uso de los términos «significado» y «sentido» por distintos autores y disciplinas está ligado a la noción de objeto y, en el caso de las matemáticas, a la naturaleza de los objetos abstractos. Por lo tanto, la semiótica está esencialmente ligada a la ontología, a los distintos tipos de objetos a los que se refieren los signos y a las diversas modalidades en las que los objetos pueden participar en la comunicación y la interpretación. Las respuestas a la cuestión del significado de Frege, Vergnaud y Steinbring difieren sustancialmente en la naturaleza de los objetos referidos o representados por los signos, aunque los tres modelos son triádicos. En Frege se asume una posición platónica, trascendentalista, sobre la referencia (el objeto referido). El baricentro, por ejemplo, es único, aunque puede representarse de diferentes maneras y cada una de ellas proporciona un significado distinto. En cierto modo, los modelos de Vergnaud y Steinbring responden de forma similar a la pregunta de qué representa, por ejemplo, la palabra «número»: representa el concepto (ideal, abstracto) de número; pero para la pregunta de qué significa el número, o qué es el número la respuesta es diferente: un sistema heterogéneo formado por tres componentes (triplete): situaciones, invariantes, representaciones (Vergnaud); el triplete signo, objeto, concepto (Steinbring).

En el EOS encontramos diferencias relevantes en la respuesta que se da a la cuestión sobre el significado de un concepto matemático, al considerar que estos objetos no se pueden desligar de las prácticas matemáticas, al asumir la perspectiva antropológica para las matemáticas, esto es, concebir la matemática como actividad humana. Además, sobre los objetos y las prácticas se puede adoptar una perspectiva institucional o personal y también una perspectiva sistémica y unitaria.

Cuando un objeto interviene de manera unitaria, la respuesta sobre qué es su significado sería una de sus posibles definiciones (reglas que definen de manera intensional el concepto). Cuando interviene el objeto de manera sistémica, la respuesta a dicha pregunta sería el sistema de prácticas operativas y discursivas en que dicho objeto interviene de manera crítica, incluyendo por tanto una de las posibles definiciones, junto con las situaciones, lenguajes, propiedades y argumentaciones implicadas (significado parcial). También es necesario en el análisis epistemológico y didáctico de un objeto matemático tener en cuenta la diversidad de significados parciales que puede tener un objeto y su articulación en un significado global, como se puede ver en Batanero y Díaz (2007) y Burgos *et al.* (2022) para la probabilidad, Burgos y Godino (2020) para la proporcionalidad, o en Wilhelmi *et al.* (2007) para la igualdad de números reales.

En la posición ontosemiótica se avanza en la progresiva complejización del concepto matemático al conectarlo primeramente con la actividad de las personas, mediada por los artefactos lingüísticos y materiales puestos en juego en la resolución de situaciones-problemas específicos. Seguidamente se constata que cada sentido, o significado parcial, está ligado a una regla específica (concepto-definición) de uso de los elementos lingüísticos ante una clase de situaciones (contextos, fenómenos) y a otros objetos procedimentales, proposicionales y argumentativos. Finalmente, los diversos sentidos-significados parciales se organizan en un significado holístico formado por la trama de sentidos y los objetos que le acompañan (Figura 3.7).

El EOS también tiene en cuenta el uso del significado en su interpretación funcional u operacional, esto es, como el uso que se hace de los objetos en las diversas prácticas. Así, por ejemplo, los símbolos numéricos no solo refieren a los conceptos correspondientes, son también instrumentos para contar, numerar, ordenar, etc. Como se indica en la Figura 3.7, en la perspectiva ontosemiótica del conocimiento matemático es útil complementar la tríada semiótica (expresión, contenido, criterio) con la tríada pragmatista (práctica, objeto, significado), con el fin de articular el análisis antropológico de la actividad matemática con el análisis de los textos que reflejan dicha actividad. También se sugiere en la Figura 3.7 que los significados parciales de la probabilidad (intuitivo, clásico, subjetivo, frecuencial, lógico, propensión y axiomático) reflejan distintos sentidos (Frege) y también la composición del concepto de probabilidad (Steinbring). Cada significado parcial se puede analizar en términos de configuraciones ontosemióticas formadas por seis componentes (problemas, lenguajes, conceptos/regla, proposiciones, procedimientos y argumentos), las cuales amplían la tripleta conceptual de Vergnaud.

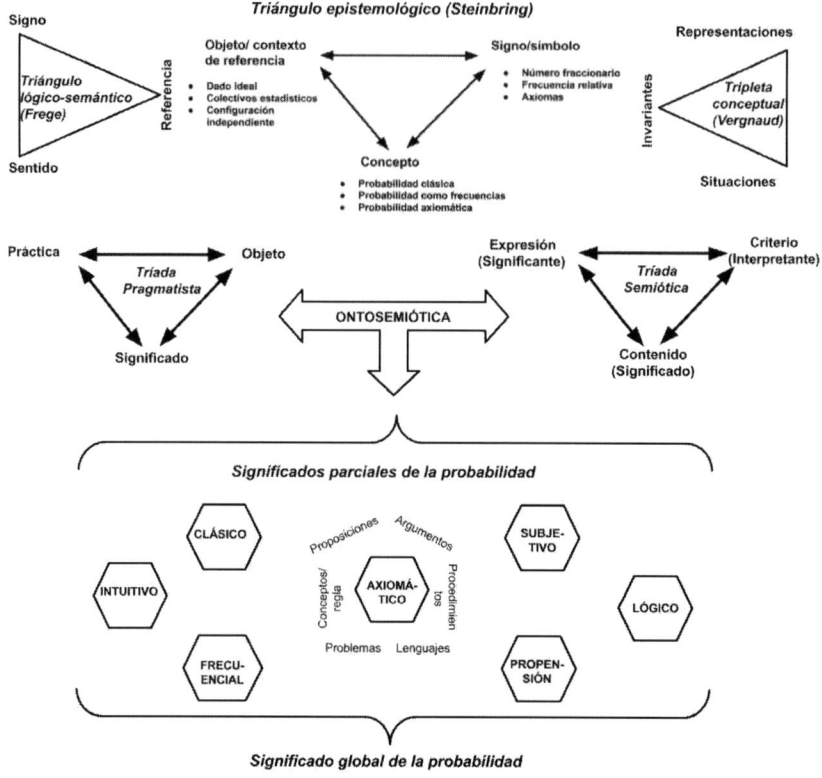

Figura 3.7. Del triángulo epistemológico a la
trama de configuraciones ontosemióticas

3.7.2. Registros de representación semiótica *versus* EOS

La teoría de los Registros de Representación Semiótica (TRRS) (Duval, 1995; 2006) permite el análisis de los diversos tipos de representaciones materiales usadas en la realización de tareas matemáticas, sus transformaciones y el papel que juegan en la comprensión de las matemáticas. La disponibilidad y uso de diversos sistemas de representación semiótica, sus transformaciones y conversiones, son imprescindibles para la comprensión, construcción y comunicación de las matemáticas. Asimismo, se asume que la producción y aprehensión de representaciones materiales no es espontánea y su dominio debe ser previsto en la enseñanza. Godino *et al.* (2016) estudian las posibilidades de articulación de este marco teórico con la herramienta configuración ontosemiótica del EOS. Seguidamente incluimos una síntesis de dicho trabajo.

En una primera aproximación, se puede prever que la noción de registro de representación semiótica, sus diversos tipos y las operaciones de tratamiento y conversión entre registros permite desarrollar el análisis de los elementos lingüísticos, siendo por tanto un enriquecimiento del EOS. Paralelamente, la noción de configuración de objetos y procesos puede aportar un enriquecimiento de la TRRS, al permitir un análisis detallado de los conocimientos implicados en las transformaciones entre registros de representación en las prácticas matemáticas (Pino-Fan *et al.*, 2015). Aunque en los supuestos ontológicos y semióticos de ambos marcos teóricos se encuentran diferencias importantes, se parte de la hipótesis de que es posible una cierta articulación de los mismos, lo que permitiría hacer análisis cognitivos y epistémicos más detallados de la actividad matemática, y, en consecuencia, contribuir a la comprensión de los procesos de enseñanza y aprendizaje.

Supuestos ontológicos y semióticos de ambos marcos teóricos

La TRRS asume de manera implícita una posición empirista sobre la naturaleza de los objetos matemáticos. Esto se infiere del postulado de que es necesario el uso de dos o más representaciones para la comprensión del objeto, y de que tal objeto es «el invariante de un conjunto de fenómenos o el invariante de alguna multiplicidad de posibles representaciones». La semiótica asumida enfatiza la faceta representacionista/referencial, aunque también se reconoce una valencia instrumental/operacional de las inscripciones simbólicas: «La escritura de un número representa un número y tiene una significación operatoria ligada a los tratamientos que permiten efectuar las operaciones. Los tratamientos no son los mismos para la escritura decimal y para la escritura fraccionaria» (Duval, 1995, p. 64).

La ontología EOS es pragmatista —antropológica y la semiótica es básicamente peirceana— wittgeinsteiniana. Las representaciones materiales o externas tienen una valencia representacional al referir a otro objeto no ostensivo, y también una valencia operacional, pues los objetos ostensivos se usan para el trabajo matemático sin que tengan que representar a otro objeto. Además, siguiendo la semiótica peirceana, el antecedente de las funciones semióticas pueden ser objetos no ostensivos.

El objeto matemático es visto por la TRRS como «objeto de conocimiento», como una entidad cognitiva que reside en la mente del sujeto individual, y una cuestión esencial es el estudio de las operaciones cognitivas necesarias para la realización de diferentes tareas matemáticas, sean cálculos, razonamientos o uso de una figura en una demostración geométrica. Cuando un sujeto no es capaz de realizar una determinada conversión o tratamiento, desde la TRRS solo se puede decir que carece del conocimiento del objeto matemático correspondiente. Es aquí donde el EOS puede complementar los análisis representacionales de la TRSS.

La adopción del postulado antropológico para los objetos no ostensivos (conceptos, proposiciones, procedimientos) permite afrontar cuestiones como: ¿Por qué son necesarias las representaciones semióticas en la actividad matemática? ¿Qué relación existe entre el objeto matemático y sus diversas representaciones? Los objetos matemáticos son reglas gramaticales de los lenguajes que usamos para describir nuestros mundos, por lo que su uso (representaciones semióticas) es imprescindible. No puede haber gramática sin lenguaje. Aún más, las reglas gramaticales no se deben confundir con el enunciado lingüístico de las mismas.

Función semiótica versus representación

La noción de registro de representación semiótica, sus tipos, tratamientos y conversiones entre registros aportan un recurso analítico que desarrolla y complementa a la categoría del objeto primario «lenguaje» del EOS. La TRRS amplía la categoría del lenguaje del EOS distinguiendo distintos tipos y desvelando el papel esencial de las transformaciones que se realizan entre (y dentro) los distintos tipos de lenguajes, ahora considerados como RRS. Dada la naturaleza intradiscursiva de los objetos matemáticos, es necesario tener en cuenta la trama de objetos que se ponen en juego en las transformaciones realizadas con las representaciones semióticas.

La dualidad ejemplar-tipo (extensivo-intensivo) se aplica a todos los objetos primarios, incluyendo los elementos lingüísticos. Esto permite interpretar que la relación entre «representación semiótica» y «registro de representación semiótica» es del tipo extensivo-intensivo. Una representación semiótica es un ejemplar particular, un registro es un tipo o clase de representación. Se debe poder hacer determinadas transformaciones siguiendo un conjunto de reglas entre los elementos constituyentes de los tipos de representación.

La función semiótica amplia la noción de representación (Godino y Font, 2010). La semiótica pragmatista/antropológica asumida por el EOS propone que los objetos que se ponen en correspondencia en las funciones semióticas (funtivos) no son solamente objetos lingüísticos ostensivos (palabras, símbolos, expresiones, diagramas), sino que los conceptos, proposiciones, procedimientos, argumentos, incluso las situaciones pueden ser también antecedentes de las funciones semióticas. Los funtivos también pueden ser entidades unitarias o sistémicas, particulares o generales, materiales o inmateriales, personales o institucionales.

Cada RRS usado para representar y operar con un objeto matemático proporciona un significado específico para dicho objeto. La comprensión del objeto en su integridad supone o requiere la articulación de los diferentes significados parciales (o sentidos), lo cual no se logra de manera espontánea. El uso de los lenguajes natural, numérico (decimal, fraccionario), algebraico, diagramas, figuras geométricas, gráficos cartesianos, tablas, son RRS diferentes y cada uno plantea cuestiones específicas de aprendizaje. El conocimiento de las reglas de correspondencia entre dos registros diferentes no es suficiente para que puedan ser movilizados y utilizados de manera pertinente.

3.8. Ejemplos de análisis ontosemiótico de la cognición matemática

3.8.1. Los números naturales como objetos culturales y personales

La naturaleza de los números naturales y, en particular, su relación con los conjuntos es una cuestión que interesa tanto a las matemáticas como a la filosofía de las matemáticas. Pero los números son también herramientas esenciales en nuestra vida cotidiana y profesional, por lo que constituyen un tema de estudio imprescindible en la escuela desde los primeros niveles.

Consideramos necesario distinguir entre los usos prácticos e «informales» de los números (responder preguntas tales como, ¿cuántos elementos hay? o ¿qué lugar ocupa un objeto?), y los usos «formales» ¿qué son los números y cómo se construyen los sistemas numéricos?, cuestiones estas últimas, relativas a los fundamentos de la matemática como cuerpo organizado de conocimientos. Dentro de estos dos grandes contextos de uso (o marcos institucionales) es posible distinguir diversos momentos históricos en los cuales dichas cuestiones se abordan con diversos recursos y desde distintas aproximaciones, poniéndose en juego prácticas operativas y discursivas propias. Vistos de manera retrospectiva podemos identificar ciertas invariancias que permiten hablar del «número natural», en singular, pero desde un punto de vista local, parece necesario distinguir entre los diversos números naturales que «manejaron» los pueblos primitivos y culturas antiguas (egipcios, romanos, chinos . . .), como también entre las prácticas numéricas que se realizan actualmente en la escuela infantil o primaria, y las que realizan los matemáticos logicistas del siglo XIX o las formulaciones axiomáticas hilbertianas.

Remitimos a Godino *et al.* (2011), donde hacemos el análisis de las características informales de los números y también de los sistemas semióticos formales desde el punto de vista institucional. Los sistemas semióticos informales en los que se usan los números naturales se caracterizan por una problemática específica (describir la numerosidad de las colecciones de cosas), así como por usar recursos lingüísticos, procedimientos, propiedades, conceptos y justificaciones particulares para resolver dichos problemas de índole empírica. Desde un punto de vista formal las entidades matemáticas que se ponen en juego en las situaciones de cardinación y cálculo aritmético son analizadas de manera estructural en el marco interno de las matemáticas. Para ello los números dejan de ser considerados como medios de expresión de cantidades de magnitudes (números de personas o cosas, papel que cumplen en una situación, etc.) y son interpretados, bien como elementos de una estructura caracterizada según la teoría de conjuntos, bien según los axiomas de Peano o sistemas equivalentes. El análisis onto-semiótico que se realiza en Godino *et al.* (2011) del número natural, desde el punto de vista epistémico o institucional, justifica el reconocimiento de una pluralidad de los números y de sus significados, cuando estamos interesados en los procesos de enseñanza y aprendizaje en los diversos niveles educativos de este objeto matemático.

Las herramientas teóricas introducidas en el EOS, sistema de prácticas y configuración de objetos y procesos, se pueden utilizar para describir y comprender los sistemas semióticos formados por las respuestas dadas por los alumnos a tareas matemáticas específicas. Godino *et al.* (2011) ilustran este uso analizando las respuestas dadas por un niño de primer curso de primaria a una tarea de recuento y escritura de números mayores que diez en el sistema de numeración decimal. Permite comprender la complejidad de este proceso y prever intervenciones fundamentadas para favorecer el aprendizaje.

3.8.2. Significados del concepto de función y desarrollo del razonamiento funcional

Godino *et al.* (2024) estudian la diversidad de significados de la función y su articulación progresiva, atendiendo a los niveles de generalidad y formalización emergentes en las etapas de su evolución histórica. De acuerdo con investigaciones previas, identifican significados parciales de la función (operatorio-tabular, operatorio-gráfico, algebraico-geométrico, analítico, correspondencia arbitraria entre conjuntos numéricos y conjuntista) que pueden ser considerados como parte del significado de referencia global en la planificación y gestión de los procesos de enseñanza y aprendizaje de las funciones. Este estudio aporta una visión complementaria de las múltiples investigaciones que describen la filogénesis del concepto de función en matemáticas con un enfoque histórico y epistemológico.

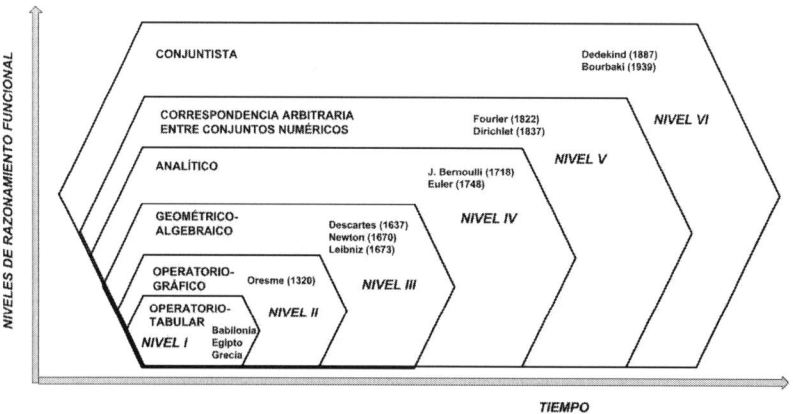

Figura 3.8. Evolución de los significados del concepto de función. Niveles de razonamiento funcional (Godino *et al.*, 2024, p. 29)

El diagrama de la Figura 3.8 resume la evolución de los significados del concepto de función y los niveles de razonamiento funcional. A partir del momento en que aparecen definiciones explícitas de función (J. Bernoulli, Euler), tiene lugar un cambio sustancial en la naturaleza ontológica del concepto y en el tipo de actividad en que participa. Como ocurre a nivel ontogenético, según proponen las teorías del desarrollo cognitivo (Piaget, Dubinski, Sfard), se pasa de la etapa operatoria, procesual, a la etapa objetual en la que el concepto forma parte de esquemas cognitivos que permiten al sujeto comprender, tomar decisiones y actuar en situaciones similares. A nivel filogenético la función pasa a formar parte del acervo de objetos matemáticos, como los números, las figuras geométricas, las ecuaciones. Se inventan diferentes tipos de funciones que modelizan una variedad de fenómenos, se estudian sus propiedades específicas (continuidad, derivabilidad, etc.), lo que permite definir nuevas funciones, y desempeñan un papel en un nuevo nicho ecológico caracterizado por la formalización, la generalización y el rigor.

La evolución histórica del concepto de función refleja la tendencia o actitud propia del trabajo matemático consistente en generalizar los conceptos y procedimientos para resolver problemas cada vez más complejos y generales. Esta tendencia se debe a la necesidad práctica de unificar mediante principios generales subyacentes aquellos aspectos de numerosas teorías que prometen tener un interés más que transitorio» (Bell, 1945, p. 470). Así, la formulación de la función en términos de correspondencia entre los elementos de conjuntos según criterios arbitrarios, no necesariamente mediante expresiones analíticas, responde a necesidades de dar cuenta de trabajos con funciones que no se podían dibujar ni expresar algebraicamente, como la función de Dirichlet. Otro salto cualitativo es el uso del lenguaje algebraico estructural en el estudio de las funciones, con el que se aborda fundamentalmente la conservación de las estructuras como resultado de aplicar los morfismos (funciones que conservan la estructura).

Como puso de manifiesto Freudenthal (1983), existe una gran variedad fenomenológica en la que interviene el objeto función, que junto con diversas formas de expresión, procedimientos, proposiciones y argumentos caracterizan el razonamiento funcional. ¿Es posible identificar algún rasgo común que justifique el uso del mismo término función para nombrar dicha variedad de significados? La idea de dependencia, covariación y predicción es el nexo que conecta los tres primeros significados o usos de las funciones (Figura 3.8). Esa dependencia puede ser expresada de manera tabular, gráfica o analítica, pero en todo caso se relacionan elementos variables de conjuntos numéricos con otros números. La idea de variabilidad y dependencia se pierde en el significado conjuntista más general y abstracto que los anteriores, pero persiste la idea de conexión o correspondencia entre objetos basada en algún tipo de regla o criterio.

3.8.3. Otros ejemplos de reconstrucción de significados institucionales

Batanero y Díaz (2007) aplican las nociones teóricas del EOS para analizar el surgimiento histórico de la probabilidad y sus diferentes significados actuales (intuitivo, clásico, frecuencial, de propensión, lógico, subjetivo y axiomático). Además, describen la actividad matemática como una cadena de funciones semióticas y utilizan la idea de conflicto semiótico para dar una explicación alternativa a algunos errores probabilísticos generalizados.

Font y Contreras (2008) aplican la noción de función semiótica y la ontología matemática del EOS para analizar los procesos de generalización y particularización en la enseñanza y aprendizaje de las matemáticas. Utilizando el análisis de la definición de derivada de una función en un libro de texto de secundaria como contexto de reflexión estos autores abordan los siguientes problemas:

* La delimitación de los procesos de particularización y generalización con respecto a los procesos de materialización e idealización.
* La elaboración de una tipología de procesos de generalización.
* El papel que juega el elemento genérico en la relación particular-general.
* La relación de los procesos de generalización con otros procesos matemáticos.

Montiel *et al.* (2009) aplican el EOS para analizar la noción matemática de diferentes sistemas de coordenadas, así como algunas situaciones y acciones de estudiantes universitarios relacionadas con estos sistemas de coordenadas en el contexto del cálculo multivariante. Los autores identifican los objetos que emergen de la actividad matemática y hacen un primer intento de describir una red epistémica para esta actividad. En otro trabajo, Montiel *et al.* (2012) abordan diferentes sistemas de coordenadas a través del proceso de cambio de base, tal y como se desarrolla en el contexto del álgebra lineal, así como la relación de semejanza entre las matrices que representan una misma transformación lineal respecto a diferentes bases.

3.9. Aproximación ontosemiótica al dominio afectivo en educación matemática[14]

Beltrán-Pellicer y Godino (2020) han desarrollado un modelo de análisis del dominio afectivo en educación matemática aplicando las nociones de prácticas, objetos y dualidades del EOS. En dicho artículo abordan las siguientes cuestiones: ¿Es relevante un enfoque ontosemiótico para el estudio del ámbito afectivo? ¿Es posible aportar nuevos conocimientos sobre el afecto en la educación matemática al abordarlo con las lentes teóricas del EO? ¿Qué modelos teóricos sobre el afecto pueden incorporarse y alinearse con este enfoque?

En los siguientes apartados describimos las principales características del modelo elaborado.

3.9.1. Entidades afectivas primarias

Siguiendo los presupuestos epistemológicos pragmáticos del EOS, nos preguntamos por el significado afectivo de ciertos signos en cualquiera de los registros y representaciones posibles, que pueden ser expresiones verbales o escritas, comportamientos observables, etc. Tal significado debe buscarse en los sistemas de prácticas que una persona realiza para resolver una situación problemática, o hacia una práctica, un objeto, un proceso matemático, o cualquier situación de estudio de las matemáticas.

Existe acuerdo en el ámbito de la investigación en educación matemática en que el dominio afectivo consta de tres componentes: emociones, actitudes y creencias. Los orígenes de esta clasificación se remontan a McLeod (1992) y, en este trabajo, utilizaremos esta ontología de objetos afectivos, a la que añadiremos los valores, constructo incluido en el modelo de DeBellis y Goldin (2006).

---

[14] El contenido de este esta sección 3.9 está basado en el artículo Beltrán-Pellicer y Godino (2020).

Situaciones afectivas

Cuando un alumno se enfrenta a una situación-problema, se produce una situación afectiva que se yuxtapone a la cognitiva, y que viene a incluir los significados puramente personales sobre la misma, en forma de emociones, actitudes, creencias o valores. Por ejemplo, una emoción de bloqueo mental hacia un tipo de situación-problema, una actitud perseverante que facilita la aplicación de heurísticas de resolución de problemas, o una creencia específica sobre la naturaleza de los objetos matemáticos implicados. De hecho, todas las situaciones-problema en las que se requiere la participación activa del alumno son fuertemente afectivas. Una vez expuesta la situación, entran en juego las creencias personales de cada alumno, ya sea hacia las matemáticas como objeto de estudio o hacia el contexto en el que se enmarca la situación propuesta.

Sin embargo, las situaciones afectivas no surgen únicamente como respuesta a una situación-problema, ya que los ecosistemas de enseñanza y aprendizaje proporcionan puntos de referencia constantes para el ámbito afectivo. Así, se dan situaciones de producción, de comunicación o, simplemente, de estudio matemático individual. Por ejemplo, en la propia sesión de clase pueden surgir creencias que influyan en la actitud del alumno ese día, sin necesidad todavía de ninguna situación-problema. Por tanto, es factible describir una configuración afectiva para cada una de estas situaciones, que recogerá las circunstancias de cada componente del dominio afectivo: emociones, actitudes, creencias y valores. Dado que nos interesan las relaciones entre afecto y aprendizaje matemático, limitaremos las situaciones afectivas a las circunstancias en las que interviene un contenido matemático. El profesor puede plantear situaciones en las que, específicamente, se pongan en juego las creencias de los alumnos hacia un objeto matemático concreto.

Prácticas afectivas

Las prácticas afectivas son cualquier acción o manifestación afectiva que acompañe a cualquier práctica matemática. Pueden ser manifestaciones sobre emociones, actitudes, creencias o valores sobre los objetos puestos en juego. Cada una de estas expresiones afectivas puede variar en intensidad a lo largo de una práctica o incluso desaparecer, dando lugar a nuevas manifestaciones. Gran parte de la trayectoria afectiva permanece oculta a los ojos del profesor, porque no todos los estados afectivos se manifiestan. Además, no es posible que una sola persona observe a todo el grupo para interpretar los pequeños gestos o signos de cada alumno. No obstante, un registro de observación, a modo de diario de clase (Porlán y Martín, 1991), ayuda a recoger datos sobre los que reflexionar posteriormente. Además, existen instrumentos que pueden incorporarse a la práctica docente para recoger información sobre el dominio afectivo. Es el caso, por ejemplo, del mapa de humor de los problemas (Gómez-Chacón, 2000), que los autores han utilizado en investigaciones anteriores (Beltrán-Pellicer, 2015; Beltrán-Pellicer y Godino, 2017). Cada alumno dibuja pictogramas entre 14 posibles (o hace marcas en una hoja de trabajo), para expresar lo que siente durante el proceso de resolución de un problema o tarea. Los 14 pictogramas representan 14 emociones: curiosidad, grandeza, aburrimiento, indiferencia, bloqueo mental, desesperación, tranquilidad, animación, prisa, desconcierto, devanarme los sesos, placer, diversión y confianza. Este mapa persigue un doble objetivo. Por un lado, es una práctica metaafectiva, en la que los alumnos toman conciencia de su propia dinámica emocional al intentar resolver una situación matemática. Por otro lado, la información puede ser recogida por el profesor, de modo que pueda destacar los hechos afectivos que han permitido avanzar en la resolución y reflexionar sobre aquellos que bloquean o dificultan el progreso.

Objetos intervinientes y emergentes

Aunque la categorización del dominio afectivo en emociones, actitudes y creencias es aceptada por la comunidad investigadora, a la que se pueden añadir valores, el significado de dichos constructos sigue siendo objeto de controversia. Para describir y catalogar los objetos afectivos que intervienen o emergen en las prácticas matemáticas, utilizaremos el modelo tetraédrico propuesto por DeBellis y Goldin (2006), en el que los significados de los constructos afectivos se describen de la siguiente manera (p. 135):

- Emociones: sentimientos rápidamente cambiantes que se experimentan de forma consciente o que ocurren de forma preconsciente o inconsciente durante la actividad matemática (u otra). Las emociones varían de leves a intensas y están inmersas local y contextualmente.

- Actitudes: describen orientaciones o predisposiciones hacia determinados conjuntos de sensaciones emocionales (positivas o negativas), en contextos (matemáticos) particulares. Esto difiere de la visión más común de las actitudes como predisposiciones hacia ciertos patrones de comportamiento. Las actitudes son moderadamente estables, lo que implica un equilibrio interactivo entre afecto y cognición.

- Creencias: implican la atribución de algún tipo de verdad o validez externa al sistema de proposiciones u otras configuraciones cognitivas. Las creencias suelen ser muy estables, en gran medida cognitivas y estructuradas, en las que se entrecruzan emociones y actitudes que contribuyen a su estabilización.

- Valores: incluyendo componentes éticos y morales, se refiere a verdades personales o compromisos profundamente apreciados por los individuos. Ayudan a motivar decisiones a largo plazo o a establecer prioridades a corto plazo. Pueden estar muy estructurados, creando sistemas de valores.

Dada la interacción con el dominio cognitivo, puede ser conveniente considerar, como categoría de objetos afectivos, los diversos modos de expresión de los afectos: gestos, términos del lenguaje ordinario, etc. (Álvarez, 2012), que constituirían la faceta ostensible de los afectos. Las emociones, actitudes, creencias y valores son relativos a las situaciones y prácticas matemáticas, y a los distintos objetos matemáticos primarios. Tiene sentido, por tanto, investigar los componentes afectivos hacia las demostraciones, los procedimientos, las representaciones, etc. La Figura 3.9 resume las principales categorías afectivo-cognitivas.

Figura 3.9. Categorías afectivas y cognitivas
primarias (Beltrán-Pellicer y Godino, 2020, p. 7)

Las características de los lenguajes afectivos, que podrían considerarse como una quinta categoría de objetos afectivos, amplían los registros y representaciones semióticas que emergen de las prácticas, ya que gran parte de la carga afectiva se expresa de forma no verbal, dentro de un sistema de transmisión de información, en el que cada elemento es interpretado por los diferentes agentes implicados (profesor, alumnos). Las emociones, por tanto, pueden surgir como respuesta emocional instantánea a un estímulo sensorial, que puede tener carácter matemático (un campo de problemas) o no (ir a la escuela). Aunque esta distinción parece trivial, el origen de las emociones es complejo de interpretar.

Por otro lado, los lenguajes afectivos merecen una atención especial, lo que se refleja en el lugar clave que se les reserva en la Figura 3.9. El lenguaje, en sus diferentes registros, constituye no solo un vehículo comunicativo, sino que, al estar formado por signos que son constantemente interpretados, es una herramienta de significación. En el caso del ámbito afectivo, la comunicación no verbal juega un papel fundamental (Knapp *et al.*, 2013). Del mismo modo que las producciones de los alumnos, tanto escritas (también en sus diferentes registros) como verbales, proporcionan indicadores sobre el dominio cognitivo, la transmisión de gran parte de la información afectiva se realiza a través de expresiones faciales, gestos, posturas, movimientos, etc.

El metaestudio de Harris y Rosenthal (2005) muestra cómo los alumnos mejoran en determinadas facetas cuando el lenguaje no verbal del profesor incluye signos de inmediatez, como gesticular al hablar, no sentarse detrás de su mesa, mirar a los alumnos mientras habla, sonreír, utilizar un tono que no sea monótono, etc. Así, los alumnos muestran interés por el curso y el profesor, prestan atención y tienen la percepción de que han aprendido mucho en clase (Rocca, 2004). Asimismo, los resultados de su estudio también muestran correlaciones entre el lenguaje no verbal del profesor y el rendimiento cognitivo de los alumnos, aunque esto es algo que está en estudio (Witt *et al.*, 2004). Todos estos lenguajes afectivos coinciden con patrones de interacción que pueden englobarse en una de las tres dimensiones siguientes (Rompelman, 2002): oportunidad de responder en un clima de confianza, posibilidad de retroalimentación y consideración hacia las personas (respeto). Harris y Rosenthal (2005) también señalan la dificultad de investigar empíricamente en el entorno del aula, debido al aparato necesario para captar toda la información no verbal.

Otros autores coinciden en este sentido. Mitchell (2013) señala que, dada la relación positiva entre el lenguaje no verbal del profesor y las actitudes de los alumnos, es importante que el profesor no solo se muestre entusiasmado con los contenidos, sino que además debe mostrar ese entusiasmo para que repercuta positivamente en el aprendizaje de los alumnos.

3.9.2. Dualidades contextuales

A continuación, analizamos los cuatro tipos de entidades afectivas del modelo tetraédrico de DeBellis y Goldin (2006) desde el punto de vista de los cinco pares de dualidades contextuales introducidos en el EOS: personal-institucional, expresión-contenido, ostensivo-no ostensivo, intensivo-extensivo, unitario-sistémico. Consideramos que este análisis permite articular aspectos del dominio afectivo que son tratados de forma no sistemática o tangencial en la literatura. La Figura 3.10 sintetiza estas dualidades en un único diagrama, al que nos referiremos más adelante.

Personal-institucional

Los objetos y procesos afectivos suelen considerarse entidades psicológicas, que se refieren a estados o rasgos mentales más o menos estables, o a disposiciones para la acción de los sujetos individuales. Sin embargo, desde el punto de vista educativo, la consecución de estados afectivos que interactúen positivamente con el dominio cognitivo debe ser objeto de interés por parte del profesor, es decir, de las instituciones educativas. El hecho de que existan investigaciones sobre la afectividad significa que es posible identificar fenómenos, regularidades y conceptualizaciones compartidas que confieren un cierto grado de objetividad a los afectos y a su influencia en el aprendizaje. El dominio afectivo conlleva, por tanto, una faceta institucional y se concreta en reglas de naturaleza afectiva que condicionan el trabajo docente. La distinción personal-institucional, tanto para la faceta cognitiva como para la afectiva, nos permite centrar la atención en la dialéctica entre estas dimensiones, por tanto, tomar conciencia de las diversas condiciones institucionales en las que tienen lugar los fenómenos afectivos.

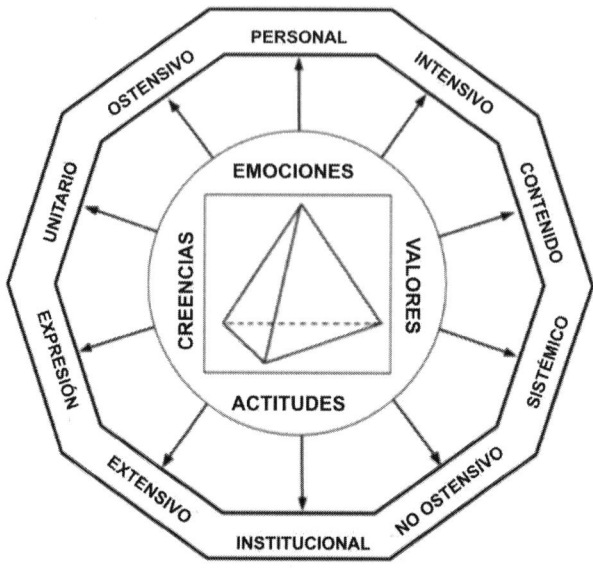

Figura 3.10. Dualidades contextuales para el dominio
afectivo (Beltrán-Pellicer y Godino, 2020, p. 10)

Diferentes normativas curriculares, como la española (MEFP, 2022),
establecen orientaciones desde el punto de vista socioafectivo, principalmente en lo que a actitudes y valores se refiere.

> El sentido socioafectivo integra conocimientos, destrezas y acti-
> tudes para entender y manejar las emociones, establecer y alcanzar
> metas, y aumentar la capacidad de tomar decisiones responsables e
> informadas, lo que se dirige a la mejora del rendimiento del alumnado
> en matemáticas, a la disminución de actitudes negativas hacia ellas, a
> la promoción de un aprendizaje activo y a la erradicación de ideas
> preconcebidas relacionadas con el género o el mito del talento innato
> indispensable. (MEFP, 2022, p. 142)

La dimensión institucional es esencialmente estática. Sin embargo,
estas normas son interpretadas en primera instancia por el docente,
ya que, mientras planifica cada clase, debe incorporar las orientaciones curriculares correspondientes, confrontándose con sus propios
sistemas de creencias y valores. En un segundo nivel, cuando el profesor implementa efectivamente las sesiones, las emociones (estados

afectivos instantáneos) hacia ese grupo de alumnos y con esos contenidos específicos interactúan con las actitudes, creencias y valores. Esto forma un sistema que se enmarca en la dimensión personal (del profesor) y que se alimenta una y otra vez. Es decir, las emociones surgen como representación (ostensible o no) de sus actitudes, creencias y valores. Y estas últimas categorías de entidades se ven reforzadas o modificadas por la persistencia de esas emociones a lo largo del tiempo. Y lo mismo ocurre con los estudiantes cuando interactúan con las normas institucionales.

Por otra parte, es en la dimensión personal donde se producen otras interacciones, en forma de funciones semióticas, entre entidades afectivas y otros tipos de entidades, como las del plano cognitivo (Whitson, 1997). Estas interacciones no son más que procesos de interpretación, y por tanto de significación, de elementos de un dominio (por ejemplo, epistémico o cognitivo) que desempeñan el papel de signos para el otro dominio (por ejemplo, afectivo).

Expresión-contenido (funciones semióticas afectivas)

Los objetos afectivos no pueden concebirse como entidades aisladas, sino que dan lugar a procesos de interpretación por parte de los sujetos o las instituciones. En otras palabras, intervienen como antecedentes y consecuentes de funciones semióticas. Goldin (2000, p. 211) atribuye al afecto una valencia representacional: «Nótese que la propia noción de código sugiere aquí que algo está siendo codificado, que las configuraciones afectivas pueden significar o representar información». Este componente de la teoría de las representaciones de Goldin encuentra en el EOS un encaje natural a través de la noción de función semiótica.

El significado (pragmático) de un afecto puede definirse como el sistema de prácticas afectivas en las que ese afecto participa de forma relevante. Es decir, los efectos o consecuencias que un afecto tiene en la realización de una práctica matemática. Otro uso del término significado afectivo puede ser de tipo referencial cuando la expresión o antecedente de la función semiótica es una expresión lingüística afectiva y el consecuente o significado es el afecto al que se refiere. Se puede hablar, por tanto, de significado emocional, actitudinal, etc., de una expresión afectiva. De este modo, autores como Flavier *et al.* (2002) identifican el objeto del signo de Peirce como la preocupación del alumno ante una situación dada, lo que abre la posibilidad de juicios subjetivos que dependen de la experiencia previa. El representamen o signo, por su parte, es el elemento de la situación considerada que, en nuestro caso, sería cada una de las categorías de objetos matemáticos. Para completar la concepción triádica del signo, el interpretante corresponde a la movilización del conocimiento durante la situación. La noción de función semiótica también es útil como entidad que relaciona las propias entidades afectivas, tanto desde un punto de vista referencial como operacional. También conecta las entidades afectivas con las entidades cognitivas y epistémicas.

El intercambio de información entre sistemas representacionales mencionado por Goldin (2000, p. 211) y DeBellis y Goldin (2006, p. 133) también puede interpretarse con la noción de función semiótica. De este modo, los significados encapsulados en cada una de las representaciones del dominio afectivo se relacionan, a través de funciones semióticas, con representaciones de otros dominios como el verbal, visual, formal y el sistema de planificación y ejecución (Goldin y Kaput, 1996). Y viceversa, una función que tiene como dominio de partida una representación visual (*imagistic*), por ejemplo, puede transferir ese significado al dominio de llegada, evocando un afecto relacionado con el significado que está encapsulado por la función.

Ostensivo-no ostensivo

Los afectos son entidades mentales (o ideales), es decir, no ostensibles por naturaleza (no son directamente perceptibles). Pero se manifiestan a través de gestos y expresiones concretas, es decir, a través de manifestaciones ostensivas. El trabajo de DeBellis y Goldin (2006) estudia cómo inferir las entidades internas a partir de las observaciones disponibles, así como los intercambios de información (interacciones) entre el sistema de representación afectiva y los demás sistemas de representación que intervienen en las situaciones de resolución de problemas.

Dado que los objetos matemáticos (conceptos, procedimientos, proposiciones y argumentos) requieren para su manifestación de elementos lingüísticos, el lenguaje mismo (en sus diversas manifestaciones y registros) es considerado dentro del EOS como objeto matemático, esto es, como objeto que interviene en la práctica matemática. La identificación de los objetos afectivos presenta una dificultad aún mayor, si cabe. De forma análoga a los objetos matemáticos, su conocimiento solo será posible a partir de sus manifestaciones externas. Ahora bien, los significados ligados a los estados afectivos del individuo suelen permanecer inconscientes o preconscientes, difíciles de verbalizar por el individuo que los experimenta y sujetos a una complicada interpretación por parte de observadores externos (DeBellis y Goldin, 2006, p. 133). Los signos afectivos son pequeños gestos en el lenguaje corporal, cambios en la entonación de la voz, suspiros, expresiones faciales, etc., cuyo significado preciso es, cuando menos, ambiguo. Sin embargo, su eficacia como sistema de comunicación es evidente, porque provocan reacciones emocionales en otros sujetos, que interpretan estos signos, a menudo de forma inconsciente o preconsciente.

Extensivo-Intensivo

Goldin (1988) introdujo la distinción entre afecto local y global. El afecto local se refiere a los estados afectivos cambiantes e instantáneos que aparecen durante las situaciones de resolución de problemas, constituyendo un sistema de representación interna, al mismo nivel que la representación visual (*imagistic*), las notaciones formales, las representaciones verbales y el metasistema formado por la planificación y el control ejecutivo (DeBellis y Goldin, 1991, p. 29). El afecto global, por el contrario, está constituido por actitudes, que dependen directamente de sistemas de creencias y valores. Al igual que el afecto local, el afecto global puede expresarse en cualquier tipo de situación, pero sus entidades no son tan cambiantes ni fáciles de modificar.

El afecto local está formado por las emociones que se experimentan dentro de las diferentes situaciones-problema que se proponen a los alumnos. Incluye, por tanto, manifestaciones (cuando las emociones se exteriorizan) o sentimientos (cuando las entidades afectivas instantáneas permanecen interiorizadas) de carácter efímero y particular, en un momento concreto. Si los individuos experimentan los mismos estados afectivos ante situaciones similares, estos se refuerzan, configurando un sistema (afecto global) en el que ya entran en juego actitudes, creencias e incluso valores. En otras palabras, se trata de un proceso de generalización, de modo que, cuando el profesor propone una situación que evoca tareas y actividades ya vividas, el alumno realiza una acción de particularización, pues las emociones dependerán de sus propias actitudes y creencias, que a su vez se configuran como una generalización de las emociones.

Unitario-sistémico

Un rasgo afectivo característico de una persona (por ejemplo, una actitud negativa hacia las matemáticas) puede interpretarse como el resultado (unitarización) de una secuencia de experiencias afectivas negativas en relación con el aprendizaje de las matemáticas. La investigación sobre su origen y el diseño de estrategias de cambio pueden requerir analizar y descomponer este rasgo en aspectos parciales. Las dualidades contextuales se aplican a cada una de las entidades afectivas (y cognitivas) del modelo representado en la Figura 3.10. La dualidad unitario-sistémico surge al considerar los diferentes objetos hacia los que se dirigen las emociones, actitudes, creencias y valores. La interrelación entre todos ellos conforma el sistema afectivo de una persona.

En el campo de la educación matemática, McLeod (1992) distingue diferentes tipos de creencias: sobre las matemáticas, sobre uno mismo, sobre la enseñanza de las matemáticas y sobre el contexto social. Lo mismo ocurre con las actitudes, pudiéndose distinguir entre actitudes hacia las matemáticas (interés, satisfacción, curiosidad, etc.), así como actitudes matemáticas (flexibilidad en la elección de técnicas y estrategias, espíritu crítico, etc.) (Callejo, 1994; Gil *et al.*, 2005). El profesor debe prestar atención a las manifestaciones unitarias de los sistemas de creencias y a las actitudes que emergen de ellos, tomando nota de aquellas emociones y respuestas afectivas instantáneas que favorecen actitudes matemáticas adecuadas para los distintos tipos de situaciones que tienen lugar en los procesos de enseñanza-aprendizaje.

3.9.3. Dinámica de la afectividad

Hasta ahora, hemos presentado una visión estática del afecto y sus relaciones con el dominio cognitivo-epistémico. La dinámica del afecto debe investigarse dentro de los procesos de instrucción. El EOS ha introducido algunas nociones teóricas que pueden ayudar al estudio de los aspectos dinámicos del afecto en la educación matemática. Es el caso de las nociones de configuración y trayectoria didáctica que describimos con detalle en el Capítulo 4. Una configuración didáctica es cualquier segmento de actividad didáctica (enseñanza y aprendizaje) realizado entre el inicio y el final de una tarea (situación-problema). Incluye, por tanto, las acciones de los alumnos y de los profesores, así como los recursos previstos o utilizados para llevar a cabo la tarea. La secuencia de configuraciones didácticas conforma una trayectoria didáctica. En toda configuración didáctica existe: a) una configuración epistémica (sistema de prácticas, objetos y procesos matemáticos institucionales requeridos en la tarea), b) una configuración instruccional (sistema de funciones profesor/alumno y medios instruccionales que se utilizan además de la interacción entre los distintos componentes) y c) una configuración cognitivo-afectiva (sistema de prácticas, objetos y procesos matemáticos personales que describen el aprendizaje y los componentes afectivos que lo acompañan).

Desde un punto de vista instruccional, el afecto en educación matemática debe ser analizado, planificado, implementado y evaluado, como el resto de las facetas. La investigación sobre la relación entre el dominio afectivo y las matemáticas se centra habitualmente en las interacciones con el dominio cognitivo. Parece necesario, sin embargo, considerar también el componente epistémico, los patrones de interacción en el aula, el uso de los recursos, así como las demás condiciones ecológicas que determinan los procesos de estudio en las instituciones educativas (currículo, factores sociales y políticos, etc.).

La identificación de la trayectoria afectiva y cómo interactúa con las configuraciones epistémicas y con el dominio cognitivo, permite a los docentes utilizar esta información para sugerir estrategias de resolución de problemas a los estudiantes (Caballero *et al.*, 2017). Un estado emocional que *a priori* puede parecer negativo, como el bloqueo mental o la desesperanza, puede ser el inicio de una trayectoria afectiva que catalice una subtrayectoria cognitiva que conduzca al uso de las heurísticas necesarias para resolver la situación-problema correspondiente. Esta subtrayectoria interactuaría de nuevo con el dominio afectivo, en una especie de retroalimentación continua, favoreciendo la aparición de emociones positivas.

3.10. Síntesis de la teoría ontosemiótica del significado y la cognición matemática

El objetivo de este capítulo ha sido presentar la teoría del significado elaborada a partir de los supuestos ontológicos y epistemológicos del EOS, así como elementos teóricos sobre la cognición matemática (personal e institucional) basados en la ontosemiótica. En esta perspectiva, el estudio de los signos debe hacerse juntamente con el análisis de los objetos referidos por los signos, su naturaleza y función. Hemos mostrado las fuentes sobre las que se apoya la ontosemiótica y su intento de compaginar teorías realistas y operacionales sobre el significado, cuando el problema se aborda desde el contexto de construcción y difusión del conocimiento matemático, esto es, el contexto de la educación. También hemos mostrado el estudio de las concordancias y complementariedades del EOS con otros modelos sobre el significado aplicables al conocimiento matemático, en un intento de iniciar la articulación de varias teorías.

La Tabla 3.5 incluye una síntesis de la teoría respondiendo a las cuestiones de la guía propuesta por Michie *et al.* (2014) para el análisis de las teorías.

Tabla 3.5. Síntesis de la teoría ontosemiótica del significado y la cognición matemática

Elementos	Descripción
Breve resumen. ¿De qué trata la teoría y cuáles son sus principales proposiciones?	La teoría ontosemiótica del significado y la cognición matemática desarrolla una visión global del significado de los objetos matemáticos como base de la cognición matemática, tanto desde el punto de vista individual (personal), como social (institucional). El significado se concibe como el contenido de cualquier función semiótica, entendida como relación entre dos objetos (funtivos), uno funcionando como expresión (significante) y otro como contenido (significado), relacionados según un criterio o regla de correspondencia (interpretante). Los funtivos pueden ser los elementos de los diversos lenguajes usados en la práctica matemática y los demás tipos de objetos de la ontología del EOS (conceptos, proposiciones, procedimientos, argumentos), incluyendo los propios sistemas de prácticas. De este modo, la teoría articula supuestos realistas (referenciales) y pragmáticos (operacionales) sobre el significado. El constructo función semiótica sirve de base para definir el conocimiento y comprensión de las matemáticas en términos de las tramas de funciones semióticas que un sujeto (persona o institución) es capaz de establecer entre los objetos implicados en las prácticas requeridas para la solución de problemas.
Ámbito/objetivo. ¿Qué fenómenos pretende explicar la teoría?	La teoría aborda los fenómenos relacionados con los procesos de representación, interpretación, significación y comunicación en la actividad matemática, tanto desde el punto de vista institucional (epistémico, cultural) como personal (mental, psicológico). También estudia desde un punto de vista ontosemiótico (objetos y significados) la naturaleza y emergencia del conocimiento, comprensión y competencia matemática.

Justificación. ¿Por qué es necesaria la teoría y cómo mejora las teorías anteriores?	Es necesario elaborar una teoría que articule posiciones realistas y pragmáticas del significado para el caso de las matemáticas, que sirva de base para describir y comprender los procesos de cognición matemática, tanto desde el punto de vista individual (mental) como social (institucional). Una perspectiva ontosemiótica aporta un punto de vista necesario y eficaz para abordar el estudio de la cognición matemática, así como los procesos de representación, interpretación y comunicación matemática. Las teorías existentes en educación matemática son parciales respecto al dilema entre realismo y pragmatismo, y entre cognición individual y social. Tampoco tienen en cuenta la diversidad de objetos que intervienen en la actividad matemática, reduciendo la semiótica al estudio de los lenguajes, los objetos ostensivos, desligados de los constructos y prácticas de donde emergen.
Hipótesis. ¿Qué hipótesis específicas plantea la teoría y en qué se diferencian de otras teorías?	Tanto los significantes (expresión) de las funciones semióticas como los significados (contenido) pueden ser objetos ostensivos (materiales) como no ostensivos (constructos). Los criterios o códigos de correspondencia entre funtivos pueden ser reglas o hábitos personales o culturales. El significado tiene una faceta pública, socialmente compartida, y otra privada, mental, idiosincrásica de cada sujeto. El conocimiento matemático incluye comprensión de la trama de objetos y relaciones implicados en las prácticas matemáticas de resolución de problemas y competencia en la realización eficiente de las mismas. Otras teorías contemplan visiones parciales del significado y del conocimiento (enfatizan el componente mental o el sociocultural).
Constructos. ¿Cuáles son los elementos de la teoría?	Constructos que componen la teoría: - Sistema de prácticas matemáticas operativas y discursivas. - Tipología de objetos matemáticos primarios (lenguajes, problemas, conceptos-definición, proposiciones, procedimientos, argumentos. - Función semiótica: correspondencia entre un objeto antecedente (expresión, significante) y otro consecuente (contenido, significado) establecida por un sujeto (persona o institución), según un criterio o regla de correspondencia. - Significado pragmático de un objeto: correspondencia entre un objeto y el sistema de prácticas donde interviene el objeto. - Tipos de significados pragmáticos institucionales y personales. - Cognición individual: trama de funciones semióticas personales. - Cognición institucional (social): trama de funciones semióticas sociales/compartidas. - Ecología de significados.

Relaciones. ¿Cómo se relacionan entre sí los elementos de la teoría?	Los tipos de objetos matemáticos y de sistemas de prácticas son los funtivos de las funciones semióticas, esto es, funcionan como expresión y contenido. Los distintos tipos de lenguajes son usualmente el funtivo expresión, pero también funcionan como antecedente de las funciones semióticas los restantes tipos de objetos. Por esta razón se enfatiza el carácter ontosemiótico de esta teoría, y no simplemente como una semiótica. El conocimiento matemático, tanto desde el punto de vista social/institucional como individual/personal, se concibe y analiza en términos de tramas de funciones semióticas.
Procedencia. ¿En qué teorías se basa y cómo?	Se adopta e interpreta la noción de función de signo de la lingüística (Hjemslev) que se complementa con la noción de interpretante de Peirce para el código o regla de correspondencia entre funtivos. También se basa en la teoría ontosemiótica de la actividad matemática y de los objetos emergentes (Capítulo 2) adoptando los tipos de objetos matemáticos y sistemas de prácticas como los funtivos de las funciones semióticas. Se basa también en teorías semióticas de la cognición y la cultura (Eco y Lotman). De este modo se articulan posiciones semióticas realistas (las palabras, los signos se hacen significativos por el hecho de que se le asigna un objeto, un concepto o una proposición como significado) y pragmatistas (los signos se hacen significativos por el hecho de desempeñar una determinada función en un juego lingüístico, por el hecho de ser usados en este juego de una manera determinada y para un fin concreto).
Semejanza. ¿A qué teorías se parece más esta teoría?	La noción de función semiótica se relaciona con el signo triádico de Peirce. El significado como sistemas de prácticas operativas y discursivas es una interpretación de la máxima pragmática de Peirce. El significado pragmático de un concepto se relaciona con la tripleta conceptual de Vergnaud. Los tipos de lenguajes y su uso como representaciones de los demás tipos de objetos se corresponde con la teoría de los registros de representación semiótica de Duval. El conocimiento como trama de funciones semióticas se corresponde con las teorías relacionales de la comprensión (Skemp) y de la competencia matemática (saber hacer) en la resolución de problemas (Mason, Schoenfeld . . .).
Complementariedad. ¿Con qué teorías puede complementarse?	Algunos aspectos de la teoría ontosemiótica del significado y la cognición se pueden complementar con otras teorías. Por ejemplo, la teoría de registros de representación semiótica de Duval enriquece y desarrolla de manera explícita los tipos de lenguajes. Otras teorías de semiótica cultural (Lotman, Eco) y de semiótica cognitiva (Enactivismo, Lakoff y Núñez) pueden complementar las herramientas de análisis de la ontosemiótica.

Operacionali-zación. ¿Cómo se miden o identifican los constructos?	Los constructos de la teoría no son rasgos medibles. Se trata de categorías descriptivas de los diferentes tipos de objetos y significados. Un método para delimitar los diversos significados de los objetos matemáticos y, por tanto, para la reconstrucción de los modelos de referencia epistemológica y cognitiva, es el análisis de los sistemas de prácticas (personales e institucionales) y de las configuraciones ontosemióticas implicadas en los mismos.
Usos. ¿Para qué puede utilizarse la teoría?	La teoría ontosemiótica del significado se usa como herramienta para analizar y comprender los procesos de representación e interpretación en la actividad matemática (construcción y comunicación del conocimiento). La reconstrucción de los significados de referencia de los objetos matemáticos sirve de base para el diseño educativo-instruccional, permitiendo reconocer los diferentes sentidos o significados parciales y seleccionar una muestra representativa adaptada al contexto. Permite reconocer la complejidad de objetos y procesos implicados en la actividad matemática y didáctica y, en consecuencia, elaborar un modelo educativo-instruccional que tiene en cuenta dicha complejidad (Capítulo 4).

Referencias

Álvarez, Q. (2012). La comunicación no verbal en los procesos de enseñanza-aprendizaje: El papel del profesor. *Innovación Educativa, 22,* 23-37.

Atkin, A. (2010). Peirce's theory of sign. *Stanford Encyclopedia of Philosophy.* https://plato.stanford.edu/entries/peirce-semiotics/

Baker, G. P. y Hacker, P. M. S. (1985). *Wittgenstein. Rules, grammar and necessity. An analytical commentary on the Philosophical Investigations.* Basil Blackwell.

Batanero, C. y Díaz, C. (2007). Meaning and understanding of mathematics. The case of probability. En J. P Van Bendegen y K. François (Eds.). *Philosophical dimensions in mathematics education* (pp. 107-128). Springer.

Bell, E. T. (1945). *The development of mathematics.* McGraw-Hill.

Beltrán-Pellicer, P. y Godino, J. D. (2020). An onto-semiotic approach to the analysis of the affective domain in mathematics education. *Cambridge Journal of Education, 50* (1), 1-20.

Beltrán-Pellicer, P. (2015). *Series y largometrajes como recurso didáctico en matemáticas en educación secundaria.* Tesis doctoral. Madrid: UNED.

Beltrán-Pellicer, P., y Godino, J. D. (2017). Aplicación de indicadores de idoneidad afectiva en un proceso de enseñanza de probabilidad en educación secundaria. *Perspectiva Educacional, 56*(2), 92-116.

Blumer, H. (1969). *Symbolic interactionism: Perspective and method.* University of California Press.

Bolea, P., Bosch, M. y Gascón, J. (2001). La transposición didáctica de organizaciones matemáticas en procesos de algebrización: el caso de la proporcionalidad. *Recherches en Didactique des Mathématiques, 21*(3), 247-304.

Burgos, M., Batanero, C. y Godino, J. D. (2022). Algebraization levels in the study of probability. *Mathematics, 10,* 91, 1-16.

Burgos, M. y Godino, J. D. (2020). Modelo ontosemiótico de referencia de la proporcionalidad. Implicaciones para la planificación curricular en primaria y secundaria. *AIEM, 18,* 1-20.

Burch, R. (2014). Charles Sanders Peirce. *Stanford Encyclopedia of Philosophy.* http://plato.stanford.edu/entries/peirce/

Bunge, M. (2011). *Tratado de filosofía. Volumen 3. Ontología I: El moblaje del mundo.* Gedisa.

Caballero, A., Cárdenas, J. y Gómez, R. (2017). El dominio afectivo en la resolución de problemas matemáticos: una jerarquización de sus descriptores. *International Journal of Developmental and Educational Psychology. Revista INFAD de Psicología, 7*(1), 233-246.

Callejo, M. L. (1994). *Un club matemático para la diversidad.* Narcea Ediciones.

Campos, D. G. (2010). Peirce's philosophy of mathematical education: fostering reasoning abilities for mathematical inquiry. *Studies in Philosophy and Education, 29*(5), 421-439.

Cobb, P. y Bauersfeld, H. (Eds.). (1995). *The emergence of mathematical meaning: Interaction in classroom cultures.* Lawrence Erlbaum Associates.

Daddesio, T. (1995). *On minds and symbols: the relevance of cognitive science for semiotics.* De Gruyter Mouton.

DeBellis, V. A., y Goldin, G. A. (1991). Interactions between cognition and affect in eight high school student's individual problem solving. *Proceeding of the 13th Annual Meeting of Psychology of Mathematics Education* (pp. 29-35).

DeBellis, V. A., y Goldin, G. A. (2006). Affect and meta-affect in mathematical problem Solving: a representational perspective. *Educational Studies in Mathematics, 63,* 131-147.

Dummett, M. A. E. (1973). *Frege. Philosophy of Language.* Harper y Row, Publishers.

Duval, R. (1995). *Sémiosis et pensée : registres sémiotiques et apprentissages intellectuels.* Peter Lang.

Duval, R. (2006). A cognitive analysis of problems of comprehension in a learning of mathematics. *Educational Studies in Mathematics, 61*(1-2), 103-131.

Eco, U. (2000/1976). *Tratado de semiótica general.* Lumen.

Flavier, E., Bertone, S., Hauw, D., y Durand, M. (2002). The meaning and organization of physical education teachers' actions during conflict with students. *Journal of Teaching in Physical Education, 22*(1), 20-38.

Font, V., y Contreras, A. (2008). The problem of the particular and its relation to the general in mathematics education. *Educational Studies in Mathematics, 69,* 33-52.

Font, V., Godino, J. D., y Gallardo, J. (2013). The emergence of objects from mathematical practices. *Educational Studies in Mathematics, 82,* 97-12.

Frege, G. (1891). Function and concept. En B. McGuinness (Ed.), *Collected papers on mathematics, logic, and philosophy* (pp. 137-156). Basil Blackwell, 1984.

Frege, G. (1892). Sense and reference. *The Philosophical Review, 57* (3) (May, 1948), 209-230.

Freudenthal, H. (1983). *Didactical phenomenology of mathematical structures.* D. Reidel.

Gil, N., Blanco, L., y Guerrero, E. (2005). El dominio afectivo en el aprendizaje de las Matemáticas. Una revisión de sus descriptores básicos. *Unión: Revista Iberoamericana de Educación Matemática, 2,* 15-32.

Godino, J. D., Aké, L., Gonzato, M. y Wilhelmi, M. R. (2014). Niveles de algebrización de la actividad matemática escolar. Implicaciones para la formación de maestros. *Enseñanza de las Ciencias, 32*(1), 199-219.

Godino, J. D. y Batanero, C. (1994). Significado institucional y personal de los objetos matemáticos. *Recherches en Didactique des Mathématiques, 14*(3), 325-355.

Godino, J. D. y Batanero, C. (1998). Clarifying the meaning of mathematical objects as a priority area of research in mathematics education. En A. Sierpinska, y J. Kilpatrick (Eds.). *Mathematics education as a research domain: A search for identity* (pp. 177-195). Kluwer Academic Publishers.

Godino, J. D. Batanero, C., y Font, V. (2007). The onto-semiotic approach to research in mathematics education. *ZDM. The International Journal on Mathematics Education, 39*(1-2), 127-135.

Godino, J. D., Beltrán-Pellicer, P., Burgos, M. y Giacomone, B. (2017). Significados pragmáticos y configuraciones ontosemióticas en el estudio de la proporcionalidad. En J. M. Contreras, P. Arteaga, G. R. Cañadas, M. M. Gea, B. Giacomone y M. M. López-Martín (Eds.). *Actas del Segundo Congreso Internacional Virtual sobre el Enfoque Ontosemiótico del Conocimiento y la Instrucción Matemáticos.* http://enfoqueontosemiotico.ugr.es/civeos/godino_beltran.pdf

Godino, J. D., Burgos, M., y Gea, M. M. (2022). Analysing theories of meaning in mathematics education from the onto-semiotic approach. *International Journal of Mathematical Education in Science and Technology, 53*(10), 2609-2636.

Godino, J. D. Burgos y Wilhelmi, M. R. (2024). Onto-semiotic analysis of the emergence and evolution of functional reasoning. *RIME (Revista de Investigación en Matemática y su Enseñanza), 1*(1), 9-37.

Godino, J. D. y Font, V. (2010). The theory of representations as viewed from the onto-semiotic approach to mathematics education. *Mediterranean Journal for Research in Mathematics Education, 9*(1), 189-210.

Godino, J. D., Font, V., Wilhelmi, M. R., y Lurduy, O. (2011). Why is the learning of elementary arithmetic concepts difficult? Semiotic tools for understanding the nature of mathematical objects. *Educational Studies in Mathematics, 77*(2), 247-265

Godino, J. D., Neto, T., Wilhelmi, M. R., Aké, L., Etchegaray, S. y Lasa, A. (2015). Niveles de algebrización de las prácticas matemáticas escolares. Articulación de las perspectivas ontosemiótica y antropológica. *Avances de Investigación en Educación Matemática, 8,* 117-142.

Godino, J. D., Wilhelmi, M. R., Blanco, T. F., Contreras, A. y Giacomone, B. (2016). Análisis de la actividad matemática mediante dos herramientas teóricas:

Registros de representación semiótica y configuración ontosemiótica. *AIEM. Avances de Investigación en Educación Matemática, 10,* 91-110.

Goldin, G. A. (1988). Affective representation and mathematical problem solving. En M. J. Behr. C. B. Lacampagne, y M. M. Wheeler (Eds.). *Proceedings of the Tenth Annual Meeting on the Psychology of Mathematics Education, North American Chapter of International Group.* Dekalb: Illinois.

Goldin, G. A. (2000). Affective pathways and representation in mathematical problem solving. *Mathematical Thinking and Learning. 2*(3), 209-219.

Goldin, G. A., y Kaput, J. J. (1996). A joint perspective on the idea of representation in learning and doing mathematics. En L. P. Steffe, P. Nesher, P. Cobb, G. A. Goldin y B. Greer (Eds.). *Theories of Mathematical Learning* (pp. 397-430). Mahwah, NJ: Erlbaum.

Gómez-Chacón, I. M. (2000). *Matemática emocional. Los afectos en el aprendizaje matemático.* Madrid: Narcea.

Habermas, J. (1997). *Teoría de la Acción Comunicativa: complementos y estudios previos (2. Teorías de la verdad)* (pp. 113-160). Cátedra.

Habermas, J. (2002). *Verdad y Justificación.* Trotta.

Harris, M. J. y Rosenthal, R. (2005). No more teachers' dirty looks: Effects of teacher nonverbal behavior. En R. E. Rigio, y R. S. Feldman (Eds.). *Applications of nonverbal communication* (pp. 157-192).

Hjelmslev, L. (1943). *Prolegomena to a theory of language.* The University of Wisconsin Press, 1969.

Johnson, M. (1987). *The body in the mind: The bodily basis of meaning, imagination and reason.* University of Chicago Press.

Knapp, M. L., Hall, J. A. y Horgan, T. G. (2013). *Nonverbal communication in human interaction.* Cengage Learning.

Kutschera, F. von (1975). *Philosophy of language.* D. Reidel Publishing Comp.

Lakoff, G. y Johnson, M. (1980). *Metaphors we live by.* University of Chicago Press.

Lakoff, G. y Núñez, R. E. (2000). *Were mathematics comes from: How the embodied mind brings mathematics into being.* Basic Books.

Lamon, S. (2007). Rational number and proportional reasoning. Toward a theoretical framework for research. En F. K. Lester (Ed.). *Second handbook of research on mathematics teaching and learning* (Vol. 1, pp. 629-667). Information Age Pub Inc.

Leder, G. C., Pehkonen, E. y Törner, G. (Eds) (2002). *Beliefs: A hidden variable in mathematics education?* Kluwer.

Lotman, Y. M. (1084/2005). On the semiosphere. *Sign Systems Studies, 33*(1), 205-229.

Lotman, Y. M. (1990). *Universe of the Mind. A semiotic theory of culture.* Indiana University Press.

Maier, H. (1992). Du concept de compréhension dans l'enseignement des mathématiques. *Actes du Premier Colloque Franco-Allemand de Didactique,* (pp. 29-39).

Malafouris, L. (2013). *How things shape the mind. A theory of material engagement.* The MIT Press Cambridge.

Marrades, J. (2014). Sobre la noción de 'forma de vida' en Wittgenstein. *Agora, 33*(1), 139-152.

McLeod, D. B. (1992). Research on affect in mathematics education: A reconceptualization. En D. A. Grouws (Ed.), *Handbook of Research on mathematics Teaching and Learning* (pp. 575-598). New York: Macmillan.

Michie, S., West, R., Campbell, R., Brown, J. y Gainforth, H. (2014). *ABC of behaviour change theories.* Silverback Publishing.

Mitchell, M. (2013). Teacher enthusiasm: Seeking student learning and avoiding apathy. *Journal of Physical Education, Recreation y Dance, 84*(6), 19-24.

Ministerio de Educación y Formación Profesional (MEFP) (2022). *Real Decreto 217/2022, de 29 de marzo, por el que se establece la ordenación y las enseñanzas mínimas de la Educación Secundaria Obligatoria.* En BOE n. 76, de 30 de marzo de 2022 (p. 41571-41789). Autor.

Montiel, M., Wilhelmi, M., Vidakovic, D. y Elstak, I. (2009). Using the onto-semiotic approach to identify and analyze mathematical meaning when transiting between different coordinate systems in a multivariate context. *Educational Studies in Mathematics, 72*(2), 139-160.

Montiel, M., Wilhelmi, M. R., Vidakovic, D. y Elstak, I. (2012) Vectors, change of basis and matrix representation: onto-semiotic approach in the analysis of creating meaning. *International Journal of Mathematical Education in Science and Technology, 43* (1), 11-32.

Morin, E. (1992). *El método. Las ideas. Su hábitat, su vida, sus costumbres, su organización.* Cátedra.

National Council of Teachers of Mathematics (NCTM). (2000). *Principles and standards for school mathematics.* National Council of Teachers of Mathematics.

Nicolás, J. A. y Frápolis, M. J. (Eds.) (1997). *Teorías de la verdad en el siglo* xx. Tecnos.

Obando, G., Vasco, C. E. y Arboleda, L. C. (2014). Enseñanza y aprendizaje de la razón, la proporción y la proporcionalidad: un estado del arte. *Relime, 17*(1), 59-81.

Ogden, C. K. y Richards, I.A. (1923). *El significado del significado.* Paidós, 1984.

Otte, M. (2006). Mathematical epistemology from a Peircean semiotic point of view. *Educational Studies in Mathematics, 61*(1-2), 11-38.

Pajares, M. F. (1992). Teachers' beliefs and educational research: Cleaning up a messy construct. *Review of Educational Research, 62*(3), 307-332.

Paolucci, C. (2021). *Cognitive semiotics. Integrating signs, minds, meaning and cognition.* Springer.

Peirce, C. S. (1931-58). *Collected Papers of Charles Sanders Peirce,* 8 vols. C. Hartshorne, P. Weiss, y A. W. Burks (Eds.). Harvard University Press.

Piaget, J. (1962 |1945|). *Play, dreams and imagination in childhood.* Routledge.

Pimm, D. (1995). *Symbols and meanings in school mathematics.* Routledge.

Pino-Fan, L., Guzmán, I., Duval, R. y Font, V. (2015). The theory of registers of semiotic representation and the onto-semiotic approach to mathematical cognition and instruction: linking looks for the study of mathematical understanding. En Beswick, K., Muir, T. y Wells, J. (Eds.). *Proceedings of the 39th Conference of the International Group for the Psychology of Mathematics Education* (Vol. 4, pp. 33-40). Hobart, Australia: PME Group.

Pirie, S. E. B. y Kieren, T. E. (1994). Growth in mathematical understanding: How can we characterize it and how can we represent it? *Educational Studies in Mathematics, 26* (3), 165-190.

Porlán, R., y Martín, J. (1991). *El diario del profesor: un recurso para la investigación en el aula.* Díada Editora.

Presmeg, N. (2014). Semiotic in mathematics education. En S. Lerman (Ed.), *Encyclopedia of Mathematics Education.* (pp. 538-542). Springer.

Presmeg, N., Radford, L., Roth, W. M., y Kadunz, G. (2018). (Eds.). *Signs of signification. Semiotics in Mathematics Education Research.* Springer.

Radford, L. (2006). The anthropology of meaning. *Educational Studies in Mathematics, 61,* 39-65.

Rocca, K. A. (2004). College student attendance: Impact of instructor immediacy and verbal aggression. *Communication Education, 53*(2), 185-195.

Rompelman, L. (2002). *Affective teaching.* University Press of America.

Sáenz-Ludlow, A. y Kadunz, G. (2016). *Semiotics as a tool for learning mathematics. How to describe the construction, visualisation, and communication of mathematical concepts.* Sense Publishers.

Scheiner, T., Godino, J. D., Montes, M. A., Pino-Fan, L. R., Y Climent, N. (2022). On metaphors in thinking about preparing mathematics for teaching. *Educational Studies in Mathematics, 111*(2), 253-270.

Sierpinska, A. (1990). Some remarks on understanding in mathematics. *For the Learning of Mathematics, 10*(3), 24-36.

Speaks, J. (2014). Theories of meaning. *Stanford Encyclopedia of Philosophy.* https://plato.stanford.edu/entries/meaning/

Steinbring, H. (1997). Epistemological investigation of classroom interaction in elementary mathematics teaching. *Educational Studies in Mathematics 32,* 49-92.

Steinbring, H. (2006). What makes a sign a mathematical sign? - An epistemological perspective on mathematical interaction. *Educational Studies in Mathematics, 61,* 133-162.

Toulmin, S. (1977). *Human understanding.* Oxford University Press.

Tourniaire, F. y Pulos, S. (1985). Proportional reasoning: A review of the literature. *Educational Studies in Mathematics, 16,* 181-204.

Ullmann, S. (1962). *Semántica. Introducción a la ciencia del significado.* Aguilar, 1978.

Vergnaud, G. (1982). Cognitive and developmental psychology and research in mathematics education: some theoretical and methodological issues. *For the Learning of Mathematics, 3*(2), 31-41.

Vergnaud, G. (1990). La théorie des champs conceptuels. *Recherches en Didactiques des Mathématiques, 10*(2,3), 133-170.

Vergnaud, G. (2009). The theory of conceptual fields. *Human Development, 52,* 83-94.

Vygotsky, L. S. (1962 |1934|). *Thought and Language.* The MIT Press.

Vygotsky, L. S. (1978). *Mind in Society: The Development of Higher Psychological Processes.* Harvard University Press.

White, L. A. (1983). The locus of mathematical reality: An anthropological footnote. *Philosophy of Science, 14*(4), 289-303.

Wilhelmi, M. R. (2017). Proporcionalidad en Educación Primaria y Secundaria. En J. M. Contreras, P. Arteaga, G. R. Cañadas, M. M. Gea, B. Giacomone y M. M. López-Martín (Eds.). *Actas del Segundo Congreso International Virtual sobre el Enfoque Ontosemiótico del Conocimiento y la Instrucción Matemáticos.* https://enfoqueontosemiotico.ugr.es/civeos.html

Wilhelmi, M. R., Godino, J. D., y Lacasta, E (2007). Configuraciones epistémicas asociadas a la noción de igualdad de números reales. *Recherches en Didactique des Mathematiques, 27*(1), 77-120.

Witt, P. L., Wheeless, L. R., y Allen, M. (2004). A meta analytical review of the relationship between teacher immediacy and student learning. *Communication Monographs, 71*(2), 184-207.

Whitson, J. A. (1997). Cognition as a semiotic process: From situated mediation to critical reflective transcendence. En D. Kirshner, y J. A. Whitson (Eds.). *Situated cognition. Social, semiotic and psychological perspectives* (pp. 97-149). Mahwah, NJ: Erlbaum.

Wittgenstein, L. (1953). *Philosophical investigations.* Basil Blackwell Ltd, 1958.

Wittgenstein, L. (1956). *Remarks on the foundations of mathematics.* The M.I.T. Press, 1967.

Zlatev, J. (2012). Cognitive semiotics: An emerging field for the transdisciplinary study of meaning. *The Public Journal of Semiotics, 4* (1). 2-24.

Capítulo 4

Teoría del diseño educativo en matemáticas basada en el EOS

Introducción

En las Ciencias de la Educación se han desarrollado una variedad de modelos y teorías de diseño educativo para áreas específicas.

> Una teoría de diseño educativo es una teoría que ofrece una guía explícita sobre la mejor forma de ayudar a que la gente aprenda y se desarrolle. Los tipos de conocimientos y de desarrollo pueden ser cognitivos, emocionales, físicos y espirituales. (Reigeluth, 2000, p. 15)

Estas teorías están dirigidas a la práctica y abordan los diferentes aspectos del proceso educativo, como la organización del contenido, la selección de métodos de enseñanza, la secuenciación de actividades, la interacción entre docentes y estudiantes, la evaluación del aprendizaje y el uso de tecnologías educativas. Los estudios del diseño e implementación de entornos de aprendizaje efectivos, junto con la investigación científica básica sobre estos procesos, se aborda por las Ciencias del Aprendizaje (Sawyer, 2014), que asumen el enfoque de «investigación básica inspirada por el uso» (Stokes, 1997).

En este capítulo presentamos los supuestos y herramientas teóricas desarrolladas en el EOS para abordar el diseño, implementación y evaluación de procesos de enseñanza y aprendizaje de las matemáticas. Estas actividades didácticas tienen como fin último lograr que los estudiantes: 1) Adquieran los conocimientos y habilidades matemáticas necesarios para desenvolverse en la vida cotidiana y profesional; 2) Desarrollen la capacidad de razonar, analizar, resolver problemas y tomar decisiones (pensamiento lógico y crítico); 3) Adquieran una formación ética y cívica para convertirlos en ciudadanos informados, responsables y comprometidos (Niss, 1996).

La teoría del diseño educativo en matemáticas que presentamos aporta supuestos y constructos para describir, explicar y diseñar los procesos organizados de enseñanza y aprendizaje de contenidos matemáticos, teniendo en cuenta los factores contextuales que los condicionan y hacen posible. Se basa en la teoría de la actividad matemática y objetos emergentes descrita en el Capítulo 2 y la teoría del significado y la cognición matemática presentada en el Capítulo 3. En los procesos educativos intervienen unos sistemas de prácticas matemáticas (significados institucionales), unos sujetos (estudiantes) cuyo compromiso es la apropiación personal de dichas prácticas (significados personales), el profesor o gestor del proceso y unos recursos instruccionales determinados. En síntesis, la teoría elaborada ayuda a describir, explicar y predecir lo que hacen los profesores y estudiantes al estudiar un contenido matemático en un contexto determinado (componente científico de la educación matemática) y lo que deberían hacer para optimizar esa actividad (componente tecnológico) cuando se asumen los postulados del EOS sobre el conocimiento matemático.

En las secciones 4.1 a 4.4, describimos los constructos de la teoría. En primer lugar, presentamos la estructura de facetas y componentes de un proceso educativo-instruccional y la noción de configuración didáctica como unidad de análisis (Sección 4.1). Las dimensiones normativa y metanormativa, incluyendo el constructo idoneidad didáctica como un aspecto normativo se abordan en la Sección 4.2. Continúa con la descripción de los tipos de configuraciones teóricas y el modelo didáctico de referencia basado en el EOS (Sección 4.3), seguido de la dinámica de un proceso educativo analizado con la herramienta trayectoria didáctica y sus tipos (Sección 4.4). Estos constructos, junto con los elaborados en las teorías descritas en los capítulos 2 y 3 —configuración de prácticas, objetos y procesos y tipos de significados pragmáticos— se usan para analizar las actividades de planificación (estudio preliminar) (Sección 4.5), diseño y análisis *a priori* de tareas instruccionales (Sección 4.6), implementación (Sección 4.7) y análisis retrospectivo (Sección 4.8). Estos análisis son ejemplificados mediante su aplicación a una experiencia de formación estadística de futuros profesores (Godino *et al.*, 2014). Las concordancias y complementariedades de la teoría del diseño educativo basada en el EOS con otras perspectivas teóricas relacionadas se analizan en la Sección 4.9. En la Sección 4.10 se presenta una síntesis de la teoría.

4.1. Modelo de estructura de un proceso educativo-instruccional

Estamos interesados en elaborar herramientas teóricas para comprender la complejidad de factores que intervienen en los procesos de enseñanza y aprendizaje de las matemáticas, incluyendo los procesos de adquisición de información y apropiación de conocimientos y habilidades específicas, así como el desarrollo personal, social y emocional de los estudiantes a través del estudio de las matemáticas. Esta comprensión será el fundamento para las actividades de planificación, implementación y evaluación de los procesos educativos-instruccionales. La perspectiva educativa amplia que asumimos, que incluye la adquisición de conocimientos y habilidades específicas (instrucción), pero aspira al desarrollo integral del individuo, nos lleva a elaborar un modelo complejo para la estructura de los procesos educativo-instruccionales reflejado en la Figura 4.1.

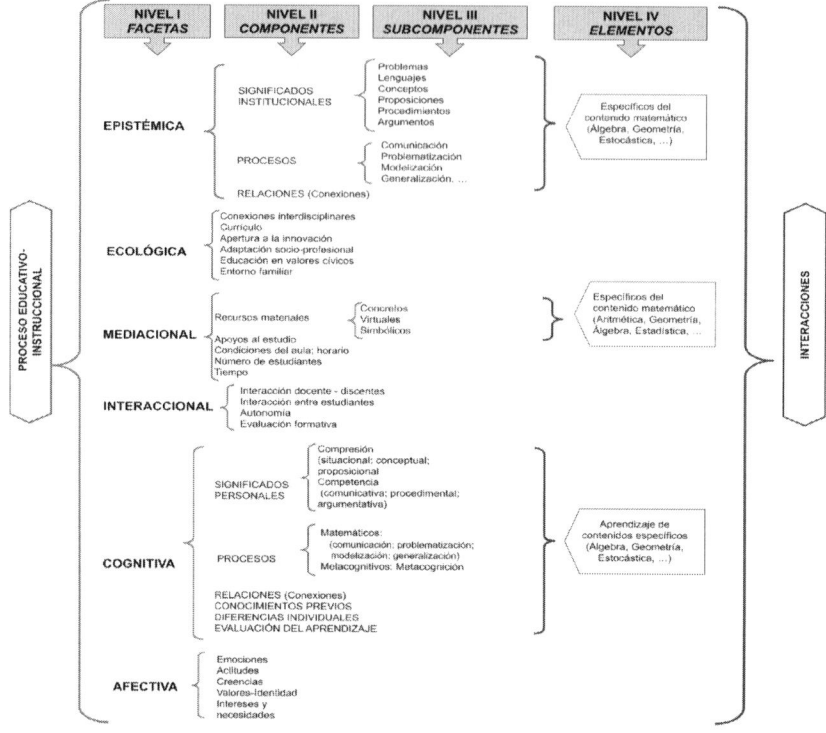

Figura 4.1. Modelo de estructura de un proceso educativo-
instruccional (Godino *et al.*, 2021, p. 10, versión modificada)

Un proceso educativo-instruccional comprende seis facetas interconectadas: epistémica (significados institucionales, procesos y
relaciones), ecológica (conexiones interdisciplinares, currículo . . .),
interaccional (docente, funciones del profesor; discente, funciones de
los alumnos), mediacional (recursos materiales, apoyos al estudio . . .),
cognitiva (significados personales, procesos y relaciones), afectiva (emociones, actitudes, creencias . . .). En cada una de las facetas
podemos identificar un conjunto de componentes, subcomponentes
y elementos específicos del contenido (álgebra, geometría, etc.), los
cuales se secuencian en el tiempo, dando cuenta de la dinámica de
los procesos educativo-instruccionales. Se tiene, por tanto, un modelo
con cuatro niveles de análisis y con las interacciones entre las diversas facetas y componentes.

Como unidad de análisis, que tiene en cuenta y articula la diversidad de aspectos que intervienen en un proceso educativo-instruccional, hemos introducido el constructo *configuración didáctica*, que consiste en cualquier segmento de actividad matemática y didáctica comprendido entre el inicio y fin de la resolución de una situación-problema o tarea. Cada segmento incluye tanto las acciones de los estudiantes y del profesor como los medios materiales, epistémicos y cognitivos (conocimientos y habilidades previas) usados para abordar la tarea. La tarea puede resolverse en un tiempo breve (unos minutos), o tratarse de proyectos que requieren un periodo más dilatado, dando lugar a configuraciones didácticas de tipo micro, macro o meso. En la Figura 4.2 se sintetiza la estructura de una configuración didáctica.

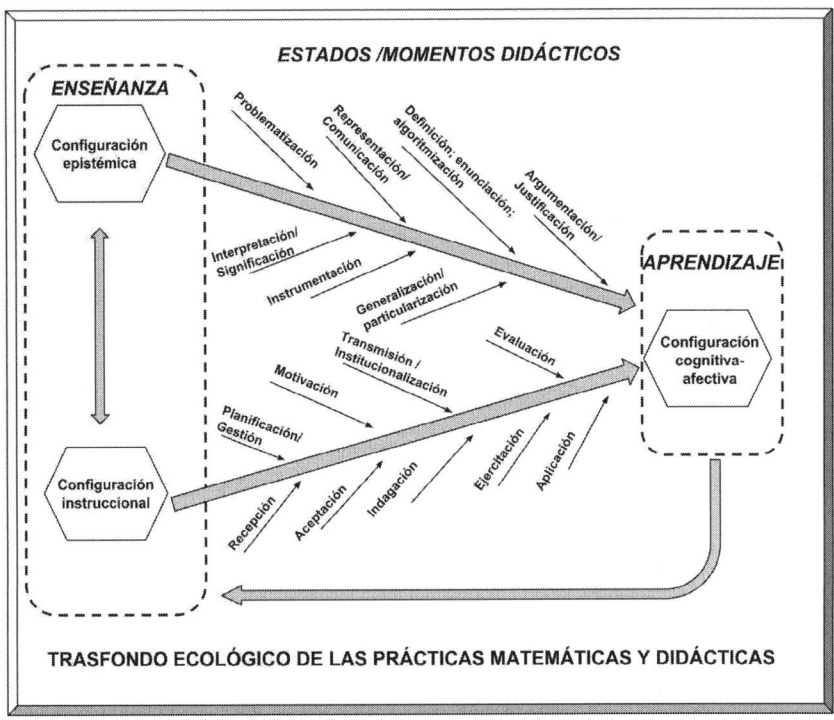

Figura 4.2. Componentes y dinámica de una
configuración didáctica (Godino, 2014, p. 31)

En una configuración didáctica podemos diferenciar tres componentes: a) una configuración epistémica (sistema de prácticas, objetos y procesos matemáticos institucionales requeridos en la tarea), b) una configuración instruccional (sistema de funciones docentes, discentes y medios educativos que se utilizan, así como sus interacciones) y c) una configuración cognitiva-afectiva (sistema de prácticas, objetos y procesos matemáticos personales que describe el aprendizaje y los componentes afectivos que le acompañan).

La teoría ontosemiótica de la actividad matemática descrita en el Capítulo 2 sirve de base para proponer un modelo de análisis de las configuraciones epistémicas que se diseñan e implementan en un proceso educativo-instruccional. Se trata de los tipos de estados o momentos relacionados con la gestión del contenido de enseñanza: problematización, representación/comunicación, definición, enunciación, algoritmización, argumentación, interpretación/significación, instrumentación, generalización/particularización.

En la configuración instruccional se incluyen los roles o funciones del profesor, para las cuales proponemos la siguiente categorización (Godino *et al.*, 2006):

P1: *Planificación*: diseño del proceso, selección de los contenidos y significados a estudiar (construcción del significado pretendido y de la trayectoria epistémica prevista).

P2: *Motivación*: creación de un clima de afectividad, respeto y estímulo para el trabajo individual y cooperativo, a fin de que se implique en el proceso de instrucción.

P3: *Asignación de tareas*: dirección y control del proceso de estudio, asignación de tiempos, adaptación de tareas, orientación y estímulo de las funciones del estudiante.

P4: *Regulación*: fijación de reglas (definiciones, enunciados, justificaciones, resolución de problemas, ejemplificaciones), recuerdo e interpretación de conocimientos previos necesarios para la progresión del estudio, readaptación de la planificación prevista.

P5: *Evaluación*: observación y valoración del estado del aprendizaje logrado en momentos críticos (inicial, final y durante el proceso) y resolución de las dificultades individuales observadas.

P6: *Investigación*: reflexión y análisis del desarrollo del proceso para introducir cambios en futuras implementaciones, y articular los momentos y partes del proceso de estudio.

La siguiente relación constituye un inventario de tipos potenciales de funciones del estudiante en la configuración instruccional:

A1: *Aceptación* del compromiso educativo, adopción de una actitud positiva al estudio y de cooperación con los compañeros.

A2: *Exploración*, indagación, búsqueda de conjeturas y modos de responder a las cuestiones planteadas.

A3: *Recuerdo*, interpretación y seguimiento de reglas (conceptos y proposiciones) y del significado de los elementos lingüísticos en cada situación.

A4: *Formulación* de soluciones a las situaciones o tareas propuestas, ya sea al profesor, a toda la clase o en el seno de un grupo.

A5: *Argumentación* y justificación de conjeturas (al profesor o los compañeros).

A6: *Recepción* de información sobre modos de hacer, describir, nombrar, validar.

A7: *Demanda de información*: estados en los que los alumnos piden información al profesor o a otros compañeros (por ejemplo, cuando no entienden el significado del lenguaje utilizado o no recuerdan conocimientos previos necesarios).

A8: *Ejercitación*: Realización de tareas rutinarias para dominar las técnicas específicas.

A9: *Evaluación*: Estados en los cuales el alumno realiza pruebas de evaluación propuestas por el profesor, o de autoevaluación.

Los tipos de acciones del profesor y de los estudiantes que acabamos de listar son tipos de *prácticas didácticas*, esto es, clases o categorías de acciones (operativas y discursivas) que realizan para abordar conjuntamente el estudio del contenido pretendido —sea la resolución de un tipo de problemas y los objetos matemáticos implicados, o el desarrollo de habilidades específicas—. Estas prácticas tienen lugar en un contexto ecológico (material, biológico, social) que sirve de soporte al tiempo que las condicionan.

4.2. Dimensión normativa[15]

Como cualquier actividad social, la educación es una actividad regulada, en algunos aspectos de manera explícita y en otros implícitamente. Desde el nivel más general de las directrices curriculares, fijadas con frecuencia con decretos oficiales, hasta los comportamientos de cortesía y respeto mutuo entre profesor y alumnos, los procesos de enseñanza y aprendizaje están regidos por normas, convenciones, hábitos, costumbres o tradiciones. Todos estos elementos reguladores conforman lo que Godino *et al.* (2009) denominan «dimensión normativa de los procesos de estudio». Esta influencia «desde la sombra» hace que las normas rara vez se cuestionen, lo que condiciona seriamente las iniciativas orientadas a la mejora de los procesos de enseñanza y aprendizaje de las matemáticas: sin cambiar las reglas, no es posible modificar los procesos gobernados por las mismas. En consecuencia, una empresa prioritaria debe ser el estudio de esta «dimensión normativa» para, por un lado, poder describir con mayor precisión el funcionamiento de los procesos educativos-instruccionales y, por otro, incidir en aspectos de la dimensión normativa (modificándolos si fuera necesario) para facilitar la mejora de dichos procesos.

El tema de las normas ha sido objeto de investigación en Didáctica de las Matemáticas, principalmente por los autores que basan sus trabajos en el interaccionismo simbólico (Blumer, 1969), que han introducido nociones como patrones de interacción, normas sociales y sociomatemáticas (Cobb y Bauersfeld, 1995; Yackel y Cobb, 1996).

---

[15] El contenido de esta sección está basado en los artículos Godino *et al.* (2009) y D'Amore y Godino (2007).

La noción de contrato didáctico ha sido desarrollada por G. Brousseau en diversos trabajos constituyendo una pieza clave en la Teoría de Situaciones Didácticas en Matemáticas (TSDM) (Brousseau, 1988, 1997). En todos estos casos, se trata de tener en cuenta las normas, hábitos y convenciones, generalmente implícitas, que regulan el funcionamiento de la clase de matemáticas y condicionan en mayor o menor medida los conocimientos que construyen los estudiantes. El foco de atención, en estas aproximaciones, ha sido principalmente las interacciones entre profesor y estudiantes cuando abordan el estudio de temas matemáticos específicos.

El marco del EOS, y especialmente el modelo de estructura de un proceso educativo-instruccional (Figura 4.1) proporciona constructos que permiten clasificar el entramado de normas sociales y matemáticas sobre las cuales se apoyan y condicionan la enseñanza y el aprendizaje de las matemáticas según mostramos en la Figura 4.3.

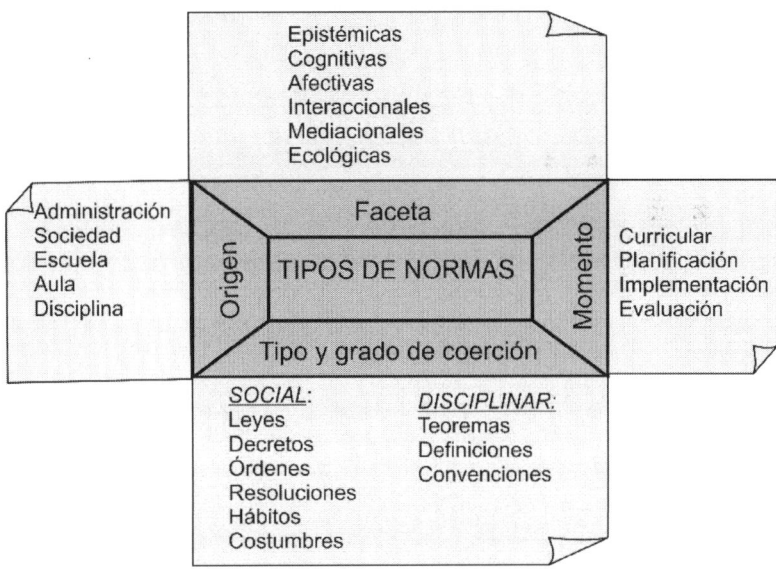

Figura 4.3. Dimensión normativa. Tipos de normas (D'Amore *et al.*, 2007, p. 10)

El punto de vista global adoptado lleva a clasificar las normas según dos direcciones complementarias:

1. El momento en que intervienen: diseño curricular, planificación, implementación o evaluación. Las normas no solo se ponen de manifiesto en los momentos en que tienen lugar las interacciones profesor-alumnos (implementación), sino también en la planificación, evaluación, y en la fase de diseño curricular, donde se configuran los significados de referencia que orientan y condicionan los significados pretendidos, implementados y evaluados.

2. La faceta del proceso de estudio a que se refiere la norma: epistémica, ecológica, interaccional, mediacional, cognitiva y afectiva. Esto permite fijar la atención en las normas que regulan:

   • El trabajo del profesor en relación con el saber matemático (entendido como sistema de prácticas institucionales).

   • La relación con el entorno (sociocultural, político, laboral...) en el que se desarrolla el proceso de instrucción (faceta ecológica).

   • El uso los recursos tecnológicos y temporales (faceta mediacional).

   • La interacción docente-discente y discente-discente.

   • El trabajo de los estudiantes con relación al saber matemático (asumido como sistema de prácticas personales).

   • La afectividad de las personas que intervienen en el proceso de estudio.

Las normas también se pueden clasificar según su origen (administración, sociedad, escuela, aula, disciplina) y el tipo y grado de coerción (social, disciplinar) como se indica en la Figura 4.3. A continuación, describimos algunas características de las normas ligadas a cada una de las facetas de los procesos de estudio de matemáticas.

4.2.1. Normas epistémicas

En la clase de matemáticas se establece un compromiso básico: enseñar y aprender matemáticas. Las normas epistémicas determinan la actividad matemática que es posible desarrollar en un proceso educativo dado. Regulan los contenidos matemáticos, el tipo de situaciones adecuadas para su aprendizaje y las representaciones que se utilizan para los distintos contenidos. En la terminología del EOS, las normas epistémicas determinan las configuraciones epistémicas y las prácticas matemáticas que posibilitan dichas configuraciones.

Por otra parte, cada uno de los componentes de la configuración epistémica está relacionado con normas metaepistémicas (usualmente consideradas como normas sociomatemáticas). Si nos fijamos, por ejemplo, en las situaciones-problemas es necesario que el alumno pueda responder a preguntas del tipo, ¿qué es un problema?, ¿cuándo se ha resuelto un problema?, ¿qué reglas conviene seguir para resolverlo?, etc. Si nos fijamos en el componente argumento, el alumno necesita saber qué es un argumento en matemáticas, cuándo se considera válido un argumento, etc.

El sistema de criterios de idoneidad didáctica[16] en las diferentes facetas y componentes de un proceso educativo, basados en los supuestos y herramientas del EOS, delimitan lo que puede ser considerado unas «buenas matemáticas», una «buena enseñanza» y un «buen aprendizaje», caracterizando de este modo un «meta-contrato de referencia», que se puede usar para valorar las normas que efectivamente soportan y condicionan los procesos implementados.

4.2.2. Normas ecológicas

La identificación de las normas ecológicas implica buscar información sobre el entorno social, político y económico donde se ubica la escuela, ya que este influye sobre el tipo de prácticas matemáticas que se realizan en el aula. La sociedad encarga a la escuela que eduque a sus ciudadanos y los comprometa con su comunidad, es decir, se trata de educar a ciudadanos garantizando la asunción de los valores de una sociedad democrática, garantizando los derechos de todos y fomentando los deberes cívicos. Además, el objetivo de la institución educativa es conseguir una formación inicial de profesionales competentes para su futuro ejercicio profesional. Por tanto, en el momento de tomar decisiones sobre las metas del proceso educativo se han de tener presente los amplios sectores sociales

---

[16] Véase la Sección 4.2.8 y el Capítulo 5 donde se describe el constructo idoneidad didáctica.

no relacionados directamente con esta situación educativa, pero sí afectados por ella: la sociedad en su conjunto, que será atendida por los nuevos profesionales.

La faceta ecológica de la dimensión normativa se relaciona con los contenidos que se van a enseñar, ya que los significados pretendidos que se especifican en las directrices curriculares tratan de contribuir a la formación socioprofesional de los estudiantes. El cumplimiento de los programas es otro requisito que condiciona el trabajo del profesor, ya que los aprendizajes logrados por sus estudiantes constituyen el punto de partida de los estudios en cursos posteriores. La obligación de asegurar un determinado nivel de conocimientos y de informar de él a la sociedad está en el origen del deber del profesor de matemáticas de hacer evaluaciones sumativas que informen a las familias y a la sociedad en general del nivel de logro matemático alcanzado por los estudiantes.

4.2.3. Normas sobre interacciones

Los modos de interacción entre docente y discentes están sujetos a reglas, hábitos, tradiciones, compromisos y convenios orientados al logro de los objetivos de enseñanza y aprendizaje. La faceta interaccional de la dimensión normativa es el sistema de normas que regulan la interacción entre las personas que intervienen en los procesos de estudio matemático. La realización efectiva de un proceso de estudio puede implicar cambios en las interacciones respecto a las modalidades inicialmente previstas, las cuales a su vez dependen del paradigma educativo asumido. Así, en un modelo constructivista social, el profesor tiene como papel clave la búsqueda de buenas situaciones y crear un medio en el que el alumno construya el conocimiento trabajando cooperativamente con sus compañeros. En un modelo de enseñanza expositivo, el profesor asume el papel de presentar los contenidos y los estudiantes de retenerlos.

4.2.4. Normas mediacionales

La enseñanza y el aprendizaje se apoya en el uso de medios técnicos (libros, ordenadores...) y se distribuye en el tiempo, que también es un recurso. El uso de ambos tipos de medios está gobernado por reglas que condicionan los procesos de estudio. Este sistema de reglas relativas al uso de medios técnicos y temporales es lo que constituye la faceta mediacional de la dimensión normativa.

En la escuela debe haber aulas, espacios físicos donde se reúnen grupos de alumnos con un profesor; todavía hoy debe haber pizarra, tiza, borrador en cada aula, y cada vez más, ordenador, pantalla de proyección, pizarra interactiva. En algunos niveles el profesor debe tener disponibles determinados materiales manipulativos y programas informáticos; los alumnos deben con frecuencia tener libros de estudio impresos o digitales. El uso apropiado de todos estos recursos está sujeto a reglas técnicas específicas que el profesor debe conocer.

El tiempo es un bien escaso; su gestión es básicamente responsabilidad del profesor, aunque una parte del tiempo de estudio está bajo la responsabilidad de los estudiantes. La duración de las clases está regulada casi de manera rígida por normas oficiales, como también el tiempo asignado al desarrollo total del programa de estudio en cada curso.

4.2.5. Normas cognitivas

En el EOS se considera que la enseñanza implica la participación del estudiante en la comunidad de prácticas que soporta los significados institucionales, y el aprendizaje, en última instancia, supone la apropiación por el estudiante de dichos significados. Las normas cognitivas regulan el ámbito de lo personal (en contraposición a lo institucional) dentro del proceso de estudio de las matemáticas. Esta faceta normativa, entre otros aspectos, establece que el alumno debe aprender y que la institución debe asegurarse de que:

- El alumno tiene los conocimientos previos necesarios.
- Lo que se le va a enseñar está dentro de la zona de desarrollo próximo del alumno.
- La institución se adaptará a la diversidad del alumnado.

4.2.6. Normas afectivas

Otra dimensión para tener en cuenta en los procesos de estudio matemático es la afectividad, la motivación, las emociones y las creencias. El alumno debe estar motivado, tener una actitud positiva, no tener fobia a las matemáticas. La mirada se dirige con frecuencia de manera preferente hacia el profesor, quien «debe» motivar a los estudiantes; elegir unos contenidos «atractivos» y crear un «clima» afectivo en la clase propicio para el aprendizaje. Estas serían cláusulas genéricas de la faceta afectiva de la dimensión normativa, que no indican el tipo de acciones específicas que pueden estar al alcance del profesor en el caso de las matemáticas. Una regla afectiva será que el profesor debe buscar o inventar situaciones matemáticas ricas, que pertenezcan al campo de intereses a corto y medio plazo de los estudiantes.

4.2.7. Dimensión metanormativa

En el desarrollo del contrato didáctico, Chevallard (1988, p. 58) identifica una estructura que permanece inalterada en los cambios y rupturas en el avance de la progresión didáctica, «es el conjunto de cláusulas que gestionan, en un campo dado, cualquier adhesión a un contrato, y asegura su eficacia, cualesquiera que sean los contenidos particulares». Chevallard llama *metacontrato* a este conjunto de cláusulas definitorias. D'Amore *et al.* (2007) extienden la idea de metacontrato introduciendo la dimensión metanormativa para referirse a cualquier reflexión, expectativa o valoración de las normas que intervienen en los procesos educativos. Por ejemplo, «el aprendizaje de los estudiantes debe ser evaluado» es una norma pedagógica general. «Los estudiantes no deben copiar en los exámenes» es una metanorma. Dado que hay normas epistémicas, cognitivas, instruccionales también se pueden identificar normas metaepistémicas, metacognitivas y metainstruccionales.

Como ya se ha indicado, las normas epistémicas regulan los contenidos matemáticos, situaciones de aprendizaje, representaciones, las definiciones, proposiciones, procedimientos y argumentos. Esto es, se deben contemplar las configuraciones epistémicas que regulan la práctica matemática en un marco institucional específico. Cada componente de la configuración epistémica está relacionado con normas metaepistémicas (usualmente consideradas como normas sociomatemáticas). En consecuencia, las configuraciones epistémicas llevan asociadas un sistema de metanormas, que pueden ser socialmente compartidas (configuración metaepistémica), o personales de los estudiantes involucrados en los procesos de aprendizaje correspondientes (configuración metacognitiva). La Figura 4.4 ilustra estos tres bloques de la dimensión metanormativa con algunos ejemplos de metanormas.

El profesor quiere que los alumnos se apoyen en una configuración epistémica previa para realizar unas prácticas matemáticas de las que se obtendrá una configuración epistémica emergente; dicha realización estará regulada por la configuración metaepistémica (que, como ya se ha dicho, coexiste con otras, que se van sucediendo a lo largo del tiempo). Para ello, implementará una configuración instruccional que, a su vez, también estará regulada por una configuración metainstruccional. Por otra parte, el profesor pretende que sus alumnos personalicen las configuraciones epistémicas en configuraciones personales, las configuraciones metaepistémicas en metacognición matemática y las configuraciones instruccionales en metacognición didáctica.

La constitución de estas configuraciones «meta» (metaepistémica, metainstruccional y metacognitiva) en muchos casos emerge de procesos no explícitos, sino basados en ciertos hábitos o maneras de actuar. Por ejemplo, la costumbre del profesor de incluir, en el enunciado de los problemas que se resuelven mediante una suma, palabras claves como «añadir» o «sumar» puede hacer emerger conocimientos que forman parte de la configuración metacognitiva de los sujetos miembros de la institución correspondiente: los problemas de sumar incorporan en su enunciado la palabra clave «añadir».

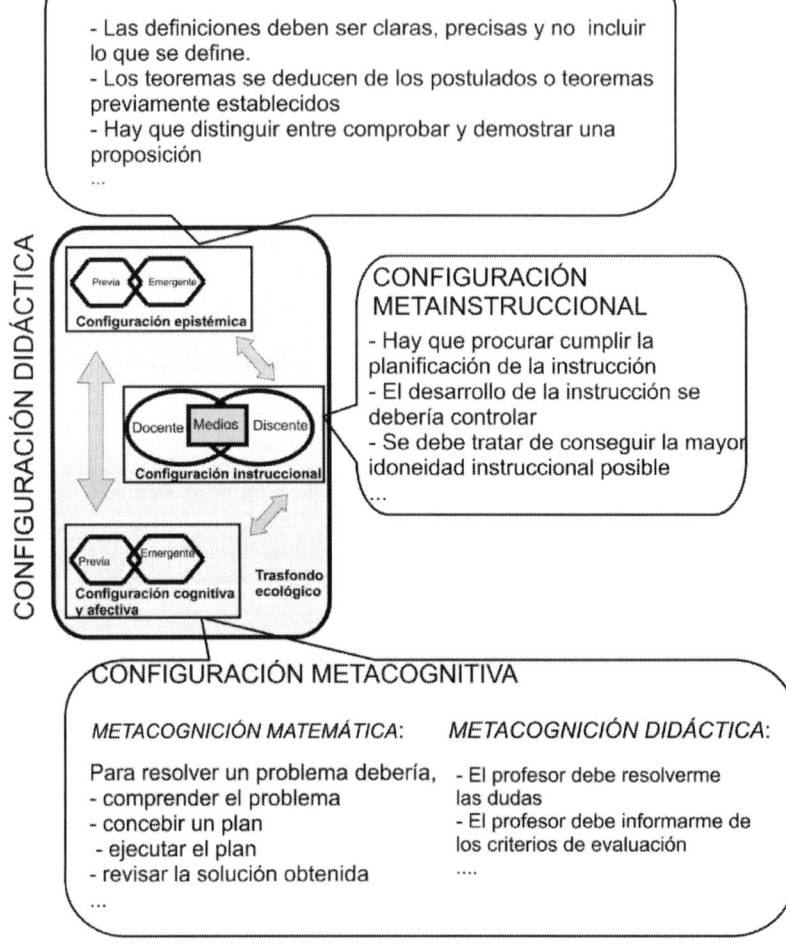

Figura 4.4. Dimensión metanormativa
(D'Amore *et al.*, 2007, p. 13)

4.2.8. Criterios de idoneidad didáctica

La noción de idoneidad didáctica ha sido introducida en el EOS como herramienta de paso desde una didáctica descriptiva-explicativa a una didáctica normativa, esto es, orientada hacia la intervención efectiva en el aula.

La idoneidad didáctica de un proceso de instrucción se define como el grado en que dicho proceso (o una parte) reúne ciertas características que permiten calificarlo como óptimo o adecuado para conseguir la adaptación entre los significados personales logrados por los estudiantes (aprendizaje) y los significados institucionales pretendidos o implementados (enseñanza), teniendo en cuenta las circunstancias y recursos disponibles (entorno). Dichos significados institucionales son representativos, así mismo, del significado global de referencia. (Godino *et al.*, 2023, p. 4)

Se parte de la base de que en las ciencias sociales y educativas es posible formular criterios de idoneidad, en la forma de juicios de valor, «se debería hacer esto y no aquello», en aquellas circunstancias en que dichos juicios de valor tienen carácter social y es posible explicitar un fundamento para su formulación. Conllevan una racionalidad, por lo que pueden ser objeto de escrutinio científico (Bunge, 1999; Rugina, 1998).

La teoría de la idoneidad didáctica —que será desarrollada en el Capítulo 5— aporta al estudio de la dimensión normativa: 1) Una estructuración en categorías (facetas, componentes) del sistema de normas o criterios para el diseño, implementación y evaluación de las experiencias educativas; 2) Enunciados explícitos de criterios de idoneidad con diferentes niveles de generalidad para las diferentes facetas y componentes. Estos criterios están basados en supuestos teóricos explícitos sobre el conocimiento matemático, su enseñanza y aprendizaje (los asumidos por el EOS) que, en general, pueden ser concordantes con los propuestos por otras teorías.

El universo de los criterios de idoneidad se puede categorizar de manera jerárquica distinguiendo entre criterios generales (ligados a cada una de las seis facetas de un proceso educativo-instruccional), criterios parciales (vinculados a los distintos componentes de cada faceta), y criterios específicos (relacionados con aspectos particulares de los contenidos matemáticos). Por ejemplo, criterios específicos para la enseñanza de la proporcionalidad sería dar oportunidad a los estudiantes de distinguir las situaciones multiplicativas de las aditivas, y evitar el aprendizaje algorítmico-memorístico de la regla de tres. Las normas de idoneidad, por tanto, pueden tener en unos casos el carácter de principio, como son las formuladas en términos generales para las facetas, o en otros interpretarse como reglas, por ejemplo, las relacionadas con el aprendizaje de contenidos específicos. Una norma de idoneidad que tiene un claro carácter de regla podría ser, «el proceso de instrucción deberá evitar la transmisión de conocimientos erróneos». En el Capítulo 5 incluimos el sistema de criterios de idoneidad para las distintas facetas y componentes de un proceso instruccional (Figura 4.1) que pueden orientar el diseño, implementación y evaluación de dichos procesos.

Un proceso educativo, en sus diferentes niveles micro (una lección), meso (un tema), macro (programa) se puede caracterizar identificando el sistema de normas que lo regulan. La comunidad que diseña, implementa y evalúa un proceso educativo sigue un sistema de normas, explícitas e implícitas, mediante las cuales trata de optimizar su desarrollo, esto es, lograr el mejor aprendizaje con la mejor enseñanza posibles. Por tanto, tal sistema de normas constituye un sistema de criterios de idoneidad didáctica, que depende de los supuestos y valores asumidos sobre el aprendizaje y la enseñanza del contenido pretendido. Se puede decir que cada profesor, cada comunidad, cada enfoque teórico, tiene su sistema de criterios de idoneidad didáctica. Así, las orientaciones curriculares de un país regulan qué matemáticas enseñar, con qué medios, y cómo evaluar en cada nivel educativo. No se puede dudar de que esas normas se promulgan con la intención positiva de optimizar los procesos de enseñanza y aprendizaje. Cada país o región, tiene sus normas curriculares que pueden coincidir en gran medida, aunque también puede haber diferencias al considerar algunas preferencias, necesidades específicas o algunas restricciones contextuales (recursos económicos, etc.). Cada profesor, o grupo de profesores, diseña procesos educativos, concretando los diseños curriculares, adaptándolos al grupo de estudiantes y los medios disponibles. También organiza y gestiona la clase de una manera particular con base en sus creencias, conocimientos, sistema de valores, etc. Todo ello lo hace con la «mejor intención», esto es, tratando de optimizar de la mejor manera posible el aprendizaje de sus estudiantes.

El sistema de criterios de idoneidad didáctica basados en EOS se puede usar para diseñar procesos educativos y para valorar procesos efectivamente implementados. Si el diseño se basó en otros principios, los criterios de idoneidad didáctica se usan como metanormas (reflexión, valoración) de las normas seguidas por otros diseños educativos. Para esta finalidad valorativa se requiere convertir el sistema de criterios (normas) en otro de rúbricas (indicadores) del grado de cumplimiento de las normas.

4.3. Configuraciones didácticas de referencia. Modelo didáctico basado en EOS

El análisis de las configuraciones didácticas implementadas en un proceso educativo-instruccional y de las que potencialmente pueden diseñarse para su implementación, se facilita si disponemos de algunos modelos teóricos que nos sirvan de referencia. En esta sección describimos cuatro tipos de configuraciones teóricas que pueden desempeñar ese papel y que designamos como configuración magistral, adidáctica, personal y dialógica (Godino *et al.*, 2006).

La Teoría de Situaciones Didácticas en Matemáticas (TSDM) (Brousseau,1997) propone una manera óptima de organizar el trabajo del profesor y los alumnos a propósito de un saber matemático pretendido, en términos del aprendizaje de los alumnos. La secuencia de situaciones adidácticas de acción, formulación, validación, y la situación didáctica de institucionalización especifican los papeles del estudiante en interacción con el medio (en el que se incluye el profesor, unos conocimientos pretendidos y unos recursos materiales y cognitivos específicos) que podemos interpretar como un tipo de configuración didáctica de naturaleza teórica. Pero sabemos que este no es el único tipo de configuración didáctica que puede implementarse y que de hecho se implementa. Ni siquiera en el marco de la TSDM se afirma que todos los saberes matemáticos pueden, ni deben, ser estudiados de esa manera.

Todos tenemos en mente la manera tradicional o clásica de enseñar matemáticas basada en la presentación magistral, seguida de ejercicios de aplicación de los conocimientos y saberes presentados. Primero se presenta el componente discursivo del significado de los objetos matemáticos (definiciones, enunciados, demostraciones), y se deja a los propios estudiantes la responsabilidad de dar sentido al discurso por medio de los ejemplos, ejercicios y aplicaciones. Se trata de una decisión topogenética: «primero, yo, el profesor, te doy las reglas generales, después tú las aplicas». En realidad, en este tipo de configuración didáctica no se suprimen necesariamente los momentos de exploración, formulación y validación, sino que quedan bajo la responsabilidad del estudiante, o se ponen en juego en momentos aislados de evaluación.

Puede definirse una variante intermedia, que llamamos dialógica, entre los tipos de configuraciones descritos (que designaremos como adidáctica y magistral, respectivamente) respetando el momento de exploración, pero asumiendo el profesor básicamente la formulación y validación. La institucionalización (regulación) tiene lugar mediante un diálogo contextualizado entre el docente y los alumnos, quienes han tenido ocasión de asumir la tarea, familiarizarse con ella y posiblemente de esbozar alguna técnica de solución.

Otro tipo básico de configuración didáctica se tiene cuando la resolución de la situación-problema (o la realización de una tarea) se realiza por el estudiante sin una intervención directa del docente. En la práctica, esto es lo que ocurre cuando los alumnos resuelven ejercicios propuestos por el profesor, o están incluidos en el libro de texto y están capacitados para resolverlos. Se trata de un tipo de configuración didáctica en la que básicamente predomina el estudio personal. En la Figura 4.4 representamos en los cuatro vértices de un cuadrado los cuatro tipos de configuraciones didácticas teóricas descritos. Las configuraciones didácticas empíricas que acontecen en las trayectorias muestrales pueden representarse mediante un punto interior del cuadrado y estar más o menos próximas a estas configuraciones teóricas. A lo largo de un proceso de instrucción matemática las configuraciones empíricas oscilarán entorno a estos tipos teóricos.

Se pueden considerar estos tipos teóricos de configuraciones didácticas como patrones de interacción didáctica, esto es, como regularidades en los modos de interacción en el desarrollo del proceso educativo-instruccional.

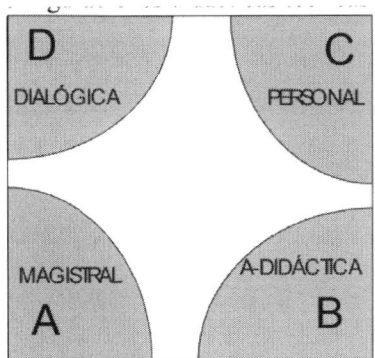

Figura 4.4. Configuraciones didácticas
teóricas (Godino *et al.*, 2006, p. 69)

Modelo didáctico basado en EOS

En el EOS, se asumen diversos tipos de configuraciones didácticas que promueven el aprendizaje, dependiendo de los tipos de conocimientos pretendidos, del estado inicial del conocimiento de los sujetos, del contexto y las circunstancias del proceso educativo-instruccional. Las configuraciones didácticas indagativas (adidácticas-constructivistas), colaborativas y transmisivas (magistrales) pueden tener lugar de manera secuencial, aunque sin orden rígido preestablecido (Figura 4.5).

Cuando se trata del aprendizaje de un contenido nuevo y complejo, la transmisión de información en momentos específicos, por parte del profesor o el alumno líder en el seno de los equipos de trabajo, puede ser crucial. Esa transmisión puede ser significativa cuando los estudiantes están participando de la actividad y trabajando colaborativamente. La herramienta configuración didáctica ayuda a comprender la dinámica y complejidad de las interacciones entre el contenido, el docente, discentes y el medio. El aprendizaje puede optimizarse mediante un modelo mixto que articula la transmisión de información, la indagación y la colaboración, gestionado mediante criterios de idoneidad didáctica interpretados y adaptados al contexto por el profesor.

En los momentos o fases de primer encuentro del estudiante con un significado específico de un contenido u objeto matemático se considera que una configuración dialógica-colaborativa puede optimizar el aprendizaje. En este tipo de configuración el docente y estudiantes trabajan juntos en la solución de problemas que ponen en juego el objeto de manera crítica; el primer encuentro debería apoyarse, por tanto, en una intervención experta del docente.

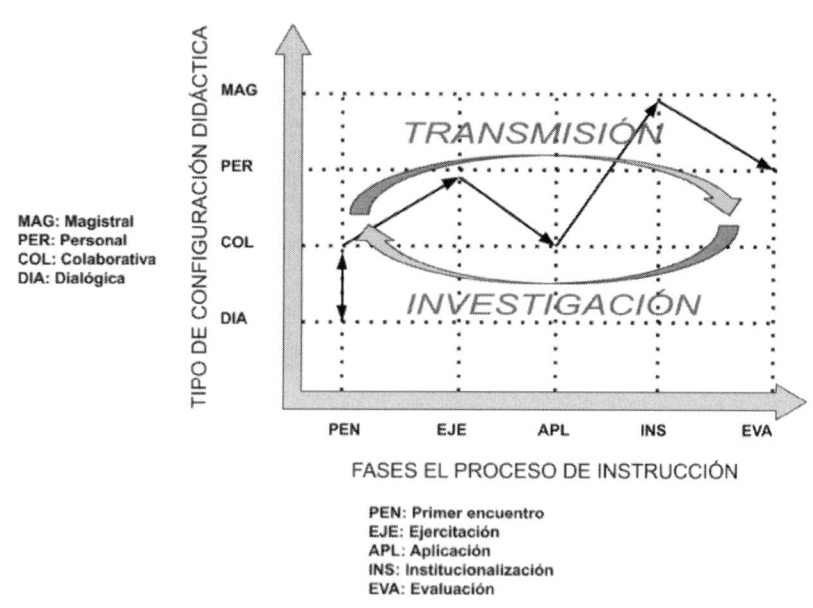

Figura 4.5. Modelo didáctico basado en
EOS (Godino y Burgos, 2020, p. 97)

El proceso de enseñanza-aprendizaje podría lograr de este modo mayor idoneidad epistémica y ecológica. Cuando las reglas y las circunstancias de aplicación que caracterizan el objeto de aprendizaje sean comprendidas se puede tender hacia niveles mayores de idoneidad cognitiva y afectiva proponiendo profundizar en el estudio del objeto (situaciones de ejercitación y aplicación), mediante configuraciones didácticas que atribuyan progresivamente y de forma controlada mayor autonomía al estudiante (Figura 4.5).

Algunas teorías didácticas, como la Teoría de la Objetivación (Radford, 2006; 2014) defienden que es preferible, en general, un modelo colaborativo —trabajo conjunto de profesor y estudiantes— a las alternativas de tipo constructivista, o tradicionales centradas en el profesor. El modelo didáctico que propone el EOS es más abierto al asumir que la optimización del aprendizaje se puede lograr con la articulación idónea de distintos tipos de configuraciones didácticas. Este modelo didáctico mixto articula los marcos teóricos sobre el aprendizaje y la enseñanza de las matemáticas que Sfard y Cobb (2014) denominan *acquisicionismo* y *participacionismo*. El primer marco comprende enfoques que presentan las matemáticas como estructuras y procedimientos preestablecidos, y consideran el aprendizaje como su adquisición por parte del estudiante. Las entidades adquiridas pueden denominarse conocimientos, esquemas o concepciones, y el proceso de adquisición puede ser pasivo, por mera transmisión, o activo, gracias al esfuerzo constructivo del alumno. El segundo marco describe las matemáticas como una forma de actividad humana, que ha evolucionado históricamente, y no como algo que se adquiere, por lo que considera el aprendizaje de las matemáticas como el proceso de convertirse en participante en este tipo de actividad. Sfard (1998) presenta la adquisición y participación como metáforas sobre el aprendizaje y la enseñanza que deben ser vistas como complementarias. Esta complementariedad es consustancial en el modelo didáctico mixto basado en el EOS, ya que, por una parte, se basa en un modelo ontológico, semiótico y epistemológico sobre las matemáticas en el que estas se conciben tanto como actividad humana y como sistema de objetos culturales. La apropiación (adquisición) de estos objetos culturales es un objetivo esencial de la actividad educativa-instruccional. Por otra parte, se asume que los objetos matemáticos son emergentes de la actividad de las personas en interacción con el medio y mediante la comunicación con otras personas. De esta manera, se justifica que el diálogo, la colaboración y participación en las comunidades de prácticas constituyen aspectos claves en el aprendizaje y la enseñanza.

4.4. Dinámica de un proceso educativo-instruccional

Un proceso educativo-instruccional tiene lugar en el tiempo y consta de sucesivas tareas, resueltas interactivamente por los estudiantes y el profesor, apoyados por los recursos materiales, epistémicos y cognitivos disponibles. Esto es, tiene lugar mediante la secuenciación de diferentes configuraciones didácticas (Figura 4.6).

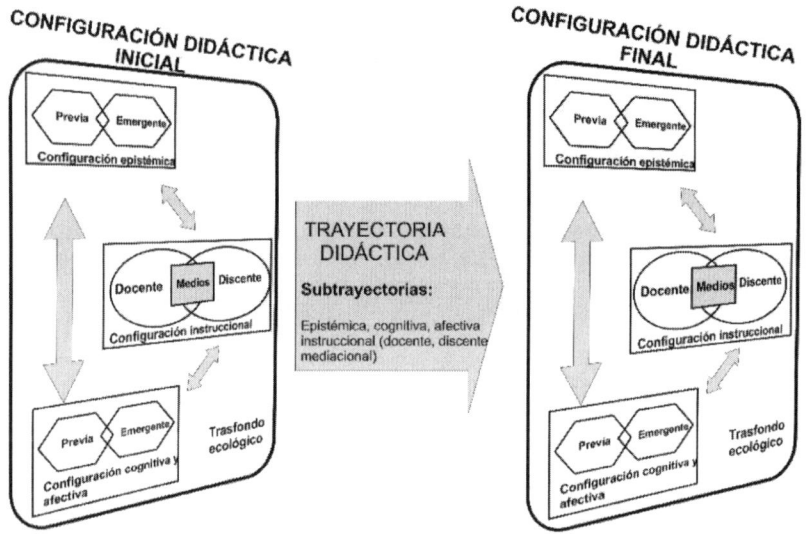

Figura 4.6. Trayectoria didáctica (Godino *et al.*, 2008, p. 13)

Es natural modelizar la distribución temporal de funciones y componentes mediante procesos estocásticos, considerando tales funciones o componentes como sus estados posibles. El carácter estocástico se deriva de la diversidad y complejidad de factores no deterministas que intervienen en los procesos educativos. Incluso aunque la planificación haya sido cuidadosa, siempre hay elementos aleatorios que producen cambios en cada una de las trayectorias, ante la necesidad de adaptar la enseñanza planificada a las características y requerimientos de los estudiantes y del contexto.

En cada realización del proceso instruccional (cada experiencia particular de enseñanza de un contenido matemático) se producen una serie de estados posibles y no otra. Es decir, se produce una trayectoria muestral del proceso, que describe la secuencia particular de funciones o componentes que ha tenido lugar a lo largo del tiempo. Distinguiremos cinco tipos de subtrayectorias muestrales:

1. *Subtrayectoria epistémica:* distribución a lo largo del tiempo de enseñanza de los componentes del significado institucional implementado (problemas, lenguaje, definiciones, procedimientos, propiedades, argumentos) en un cierto orden.

2. *Subtrayectoria ecológica:* distribución en el tiempo de elementos relacionados con el contexto ecológico en el que desarrolla el proceso (conexiones interdisciplinares, currículo . . .).

3. *Subtrayectoria instruccional,* que se compone de tres subtrayectorias parciales: *docente* (tareas/acciones docentes a lo largo del proceso de instrucción; *discente* (acciones desempeñadas por los estudiantes, una para cada estudiante); *mediacional* (recursos tecnológicos utilizados: libros, apuntes, manipulativos, software, etc.).

4. *Subtrayectorias cognitivas:* cronogénesis de los significados personales de los estudiantes (aprendizaje).

5. *Subtrayectorias afectivas:* distribución temporal de los estados afectivos (actitudes, valores, creencias) de cada alumno con relación a los objetos matemáticos y al proceso de estudio seguido.

El constructo *trayectoria didáctica* se refiere a la articulación de las cinco subtrayectorias parciales descritas. Al observar un proceso educativo, las secuencias en el tiempo de los estados posibles constituyen trayectorias muestrales empíricas.

4.4.1. Subtrayectoria epistémica

El análisis epistémico de un proceso de instrucción es su descomposición en unidades de análisis con el fin de caracterizar el tipo de actividad matemática que se implementa efectivamente. Esto requiere identificar los objetos matemáticos puestos en juego, sus relaciones y agrupaciones y las relaciones ecológicas que se establecen entre los mismos. Para apoyarlo se han introducido las nociones de configuración epistémica (o matemática), trayectoria epistémica y estados potenciales de dichas trayectorias. La trayectoria epistémica es la distribución en el tiempo de los objetos matemáticos en un proceso de instrucción. Distinguiremos en ella, por tanto, seis estados posibles, según el tipo de entidad —y proceso matemático— que se estudia en cada momento:

E1: Situacional: se enuncia un ejemplar de un cierto tipo de problemas.

E2: Procedimental: se aborda el desarrollo o estudio de una manera de resolver los problemas.

E3: Lingüístico: se introducen notaciones, representaciones gráficas, etc.

E4: Conceptual: se formulan o interpretan definiciones de los objetos puestos en juego.

E5: Proposicional: se enuncian e interpretan propiedades.

E6: Argumentativo: se justifican las acciones adoptadas o las propiedades enunciadas.

Estos estados se suceden a lo largo del proceso instruccional relativo a un tema o contenido matemático. La clasificación de las entidades matemáticas en las categorías que hemos definido no es absoluta, sino que, al tratarse de entidades funcionales, depende del nivel de análisis elegido y de los juegos de lenguaje en los cuales se generan. Podríamos entonces pensar que la identificación de los estados de las trayectorias tiene un carácter subjetivo. Sin embargo, si dos personas participan en el mismo juego de lenguaje y adoptan el mismo punto de vista, progresivamente llegarán a un acuerdo en la categorización de una cierta unidad de análisis. El análisis de la trayectoria epistémica de un proceso instruccional permitirá caracterizar el significado institucional efectivamente implementado y su complejidad ontosemiótica. Para analizarla, su desarrollo será dividido en unidades de análisis de acuerdo con las distintas situaciones-problemas (o tareas) que se van proponiendo. Llamamos configuración epistémica al sistema de objetos y funciones semióticas que se establecen entre ellos en la resolución de una situación-problema[17]. Se trata, por tanto, de un segmento de la trayectoria epistémica.

El análisis epistémico será la caracterización de las configuraciones epistémicas, su secuenciación y articulación. La atención se fija en la cronogénesis del saber matemático escolar, y en la caracterización de su complejidad ontosemiótica. Dentro de cada configuración se definen unidades de análisis más elementales según los estados de la trayectoria, que llamamos unidades epistémicas. A lo largo del tiempo se distribuye el planteamiento y resolución de una colección de situaciones-problemas, alrededor de los cuales se construyen configuraciones epistémicas. La secuencia de estas configuraciones constituye finalmente el «sistema de prácticas matemáticas» que fijan el significado institucional implementado del objeto que se estudia.

4.4.2. Subtrayectoria instruccional

La subtrayectoria instruccional es la secuenciación en el tiempo de los diferentes roles docentes y discentes listados en la Sección 4.2 y la distribución temporal de los recursos usados. En el proceso instruccional se podrán utilizar diversos medios o recursos como dispositivos de ayuda al estudio. Esto incluirá medios de presentación de la información en clase (pizarra interactiva, etc.), dispositivos de cálculo y graficación (calculadoras, ordenadores), materiales manipulativos, etc. El uso de estos recursos (tipo, modalidad, se-

---

[17] Si bien el origen de la configuración será una situación-problema, en algunas circunstancias puede ser más operativo tomar en consideración otro de los estados potenciales de la trayectoria para delimitar la configuración epistémica.

cuenciación, articulación con los restantes elementos del proceso, etc.) debe ser objeto de atención en la práctica y en la investigación didáctica. La noción de subtrayectoria instruccional pretende servir de herramienta para analizar los usos potenciales y efectivamente implementados de los recursos instruccionales y sus consecuencias para el aprendizaje.

4.4.3. Subtrayectoria cognitiva

En el EOS se introduce la noción de significado personal para designar los conocimientos del estudiante. Estos significados son concebidos, al igual que los institucionales, como los «sistemas de prácticas operativas y discursivas» que son capaces de realizar los estudiantes a propósito de un cierto tipo de problemas. Los significados personales se van construyendo progresivamente a lo largo del proceso de instrucción, partiendo de unos significados iniciales y alcanzando unos significados finales (logrados o aprendidos). Estos significados personales, evaluados en un momento determinado, constituyen las configuraciones cognitivas de los estudiantes, esto es, el estado de sus conocimientos y habilidades matemáticas. Con la noción de trayectoria cognitiva hacemos referencia al proceso de cronogénesis de los sistemas de prácticas personales, que puede modelizarse como un proceso estocástico. La cronogénesis de los significados personales es una dimensión del proceso de estudio imposible de caracterizar con una simple grabación audiovisual del desarrollo de la clase, dado que es relativa a cada aprendiz, tiene lugar en la clase y fuera de ella. Será necesario examinar los «apuntes de clase», cumplimentar cuestionarios y pruebas de evaluación inicial y final, realizar entrevistas, etc. Las interacciones del profesor con los alumnos mientras resuelven las tareas en clase, en los segmentos en que tiene lugar esa actividad, permite acceder parcialmente a la progresiva construcción de los conocimientos y habilidades por parte de los alumnos, y tomar decisiones sobre las subtrayectorias epistémica e instruccional.

4.4.4. Subtrayectoria afectiva

Otros factores condicionantes del proceso educativo-instruccional son los estados afectivos (interés, compromiso personal, sentimientos de autoestima, aversión, etc.). El proceso de devolución que introduce la Teoría de situaciones didácticas responde a la necesidad de que los alumnos asuman como propias las situaciones-problemas que el profesor propone como medio para la construcción del conocimiento matemático. Para nosotros la *devolución* es uno de los componentes de las trayectorias emocionales. Si bien es importante tener en cuenta la trayectoria afectiva de los alumnos en cualquier proceso de instrucción, en aquellos en los que participen grupos de estudiantes con necesidades educativas especiales (alumnos con discapacidad, alumnos inmigrantes con dificultades, etc.) esta puede llegar a ser determinante.

4.4.5. Complejidad de las interacciones didácticas

Las relaciones entre enseñanza y aprendizaje no son lineales, sino cíclicas y complejas (Figura 4.5). En momentos de indagación, el estudiante interacciona con la configuración epistémica sin intervención del docente (o con una influencia pequeña). Esta interacción condiciona las intervenciones docentes, que deben estar previstas en la configuración instruccional, quizás no totalmente en su contenido, pero sí en su naturaleza, necesidad y utilidad. La trayectoria cognitiva produce ejemplos, significados, argumentos, etc., que condicionan el proceso de instrucción y, en consecuencia, influye en las configuraciones epistémica e instruccional, posibilitando o restringiendo los aprendizajes.

Para realizar un análisis didáctico integral y poder explicar la dinámica del desarrollo de los procesos educativos-instruccionales es necesario añadir al modelo de estructura de seis facetas (Figura 4.1), la dimensión normativa (véase Sección 4.2), que refiere a la trama de normas y metanormas que condicionan y soportan el desarrollo del proceso. Va más allá del aspecto descriptivo de entender qué ocurre y aportar explicaciones de por qué ocurren las cosas. Para el análisis de los efectos de las normas como soporte y restricciones del desarrollo de un proceso instruccional interesa introducir el constructo *trayectoria normativa* formada por la secuencia de momentos temporales en los que dichas normas se establecen o modifican.

4.5. Análisis preliminar: Reconstrucción de significados de referencia

En las investigaciones orientadas al diseño educativo o ingeniería didáctica (Artigue, 2011; Godino *et al.*, 2014) se consideran cuatro fases o etapas (Figura 4.7):

- Estudio preliminar (fundamentación) del proceso en las facetas epistémica-ecológica, cognitiva-afectiva e instruccional.
- Planificación o diseño de la trayectoria didáctica, selección de los problemas, secuenciación y análisis *a priori* de las mismas, con indicación de los comportamientos esperados de los estudiantes y de la planificación de intervenciones controladas del docente.
- Implementación de la trayectoria didáctica; observación de las interacciones entre personas y recursos y evaluación de los aprendizajes logrados.
- Evaluación o análisis retrospectivo, que se sigue de un contraste entre lo previsto en el diseño y lo observado en la implementación. También se reflexiona sobre las normas que condicionan el proceso instruccional y sobre la idoneidad didáctica.

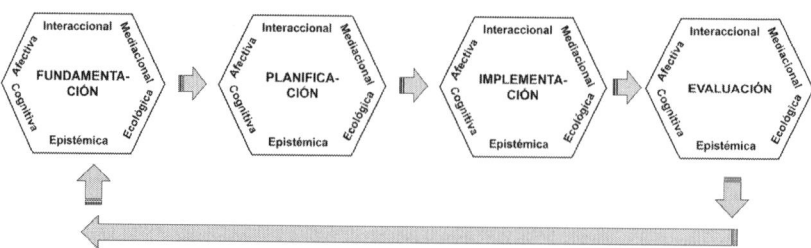

Figura 4.7. Fases y facetas de los procesos
educativo-instruccionales

La distinción de las seis facetas en cada fase ayuda a analizar sistemáticamente los factores involucrados en cada una de ellas. Las flechas en el diagrama indican el carácter cíclico del proceso educativo y la interacción entre sus diferentes etapas.

En esta sección describimos las herramientas teóricas de análisis preliminar (o fundamentación) del diseño basadas en EOS. En esta fase tiene lugar la selección del contenido matemático para su enseñanza y aprendizaje. Dicha selección implica también su transformación o preparación (Scheiner *et al.*, 2022) al nivel y contexto educativo correspondiente, resultando el currículo, así como lecciones y recursos específicos para los distintos niveles educativos. Este trabajo es realizado por diversos sujetos individuales, equipos (profesores, autores de libros y otros apoyos al estudio) o agentes curriculares. Forman parte, por tanto, de comunidades entre cuyos miembros hay división del trabajo: las directrices curriculares generales están a cargo de agentes designados por las autoridades educativas; los profesores diseñan las lecciones, apoyados en el uso de los recursos didácticos elaborados por autores y editoriales, teniendo en cuenta la planificación del centro y acuerdos departamentales. El trabajo de planificación tiene lugar en diversos entornos o nichos ecológicos que apoyan y condicionan su realización. El tiempo, medios económicos, políticas educativas, etc., son factores condicionantes de la planificación curricular y el diseño de lecciones.

Los instrumentos de planificación variarán según las diferentes teorías educativas que los fundamentan. Los tipos de significados personales e institucionales propuestos por el EOS (Figura 4.8) aportan criterios para el diseño curricular, diseño de lecciones y procesos de evaluación.

El aprendizaje se concibe en términos de *apropiación* de significados institucionales por parte de los estudiantes, mediante la *participación* en las practicas matemáticas requeridas para la solución de problemas. La enseñanza tiene en cuenta los significados iniciales de los estudiantes por lo que tiene lugar un *acoplamiento* progresivo de significados. El constructo *conflicto semiótico* ayuda a identificar aspectos y momentos en los cuales ocurren desajustes en el proceso de acoplamiento de significados. Describe cualquier disparidad o discordancia entre los significados atribuidos a una expresión por dos sujetos (personas o instituciones). Si la disparidad se produce entre significados institucionales hablamos de conflictos semióticos de tipo epistémico, mientras que, si la disparidad se produce entre prácticas que forman el significado personal de un mismo sujeto, los designamos como conflictos semióticos de tipo cognitivo. Cuando la disparidad se produce entre las prácticas (discursivas y operativas) de dos sujetos diferentes en interacción comunicativa (por ejemplo, alumno-alumno o alumno-profesor) hablaremos de conflictos (semióticos) interaccionales.

El estudio de los procesos de transposición didáctica, o transformación y adaptación de los contenidos matemáticos para ser estudiados en un nivel educativo, o un proceso educativo específico, se realiza en el EOS mediante la metáfora de la ecología de los significados (Capítulo 3). La interpretación de los significados de un objeto matemático en términos de sistemas de prácticas facilita la consideración de dichos sistemas, y en consecuencia de los significados pragmáticos, como nuevos objetos, sin dejar de lado la visión de las matemáticas como actividad. Es la actividad matemática la que debe ser transformada; las prácticas matemáticas que realiza un estudiante desde los primeros niveles educativos se basan en unos tipos de problemas y recursos muy diferentes al nivel de abstracción que caracteriza el trabajo matemático profesional. Reconocer en la actividad matemática diferentes niveles o grados de generalidad y formalización (Capítulo 2) es fundamental para abordar el problema de su reproducción en ambientes de aprendizaje.

Figura 4.8. Significados institucionales y personales de
los objetos matemáticos (Godino *et al.*, 2008, p. 6)

La planificación de la enseñanza debe tener en cuenta la especificidad del conocimiento, lo que lleva a la exploración de los significados
parciales y su articulación progresiva en un significado global u holístico que sirva como modelo de referencia en el diseño instruccional. El diseño curricular de un contenido matemático en los diversos
niveles educativos requiere considerar la diversidad de significados y
su articulación progresiva, atendiendo a los grados de generalidad y
formalización.

4.5.1. Ejemplo de aplicación de las herramientas de análisis preliminar[18]

En este apartado se ejemplifica el uso de las herramientas de análisis preliminar basados en EOS en un estudio de caso sobre formación
matemática de futuros maestros de educación primaria (Rivas, 2014;
Godino *et al.*, 2014), concretamente en el diseño, implementación y

---

[18] Los ejemplos de aplicación de las herramientas de diseño instruccional
basadas en EOS se desarrollan con más amplitud en la tesis doctoral de
H. Rivas (2014) y en el artículo Godino *et al.* (2014).

evaluación del tema de introducción a la estadística y probabilidad. La experiencia formativa se realizó en las condiciones habituales, dentro de una asignatura focalizada en sentar las bases matemáticas para la enseñanza, con un tiempo limitado.

El análisis preliminar de los significados es un paso previo del diseño e implementación de la experiencia formativa (Godino *et al.*, 2014). En la educación estadística un tipo especialmente relevante de problemas son los proyectos de análisis de datos, donde los estudiantes se involucran en la resolución de un caso práctico con el que se pretende dar sentido a las prácticas operativas y discursivas de la estadística y los objetos implicados en las mismas. En lugar de introducir los conceptos y técnicas descontextualizadas, o aplicadas únicamente a problemas tipo, difíciles de encontrar en la vida real, se presentan las diferentes fases de una investigación estadística: planteamiento de un problema, decisión sobre los datos a recoger, recogida y análisis de datos y obtención de conclusiones sobre el problema planteado (Batanero *et al.* 2011, p. 15).

En la experiencia formativa descrita (Godino *et al.*, 2014), para realizar la selección de los proyectos de análisis de datos sobre los cuales basar el estudio de la estadística, y contemplar resultados de investigaciones previas, se tuvo en cuenta el texto de Batanero (2001) y el modelo de razonamiento estadístico propuesto por Wild y Pfannkuch (1999). Asimismo, se consideraron las recomendaciones de diversos autores sobre la enseñanza de la estadística basada en el uso de proyectos (Batanero *et al.*, 2011; Batanero y Díaz, 2011; Nolan y Speed, 1999), algunas propuestas curriculares (Franklin *et al.*, 2005) y la sistematización de las investigaciones previas sobre aspectos cognitivos e instruccionales del tema (Batanero, 2001; Díaz *et al.*, 2008).

4.6. Diseño y análisis *a priori* de tareas

En Rivas (2014) y Godino *et al.* (2014) se describen los componentes del diseño general de la unidad temática desarrollada en el proceso de instrucción, que fueron:

Estadística y sus usos; población, muestra y variables estadísticas; tablas y gráficos; medidas de posición central y de dispersión; fenómenos aleatorios; concepto de probabilidad y diferentes aproximaciones a la misma; la estadística como conocimiento cultural.

Para desarrollar estos contenidos, el proceso de estudio se estructura en torno a tres proyectos:

1. Alumno típico (4,5h, 3 sesiones): recogida, representación e interpretación de datos de características de los estudiantes de la clase, para la descripción de un perfil representativo de alumno.

2. Lanzamiento de dos dados (3h, 2 sesiones), centrado en el estudio de nociones probabilísticas elementales.

3. Eficacia de un entrenamiento deportivo (1,5h, 1 sesión), centrado en el estudio de nociones estadísticas elementales de comparación de distribuciones de frecuencias.

Estos tres proyectos son complementados con: a) un texto (Batanero y Godino 2003); b) una colección de ejercicios resueltos como material complementario; y, c) un tablón virtual de docencia, que se utiliza como repositorio de información y espacio de comunicación asincrónica entre estudiantes y entre los estudiantes y el profesor. El significado personal logrado por los estudiantes fue evaluado mediante la resolución de una situación-problema que requiere de la aplicación de las nociones y procedimientos estadísticos y probabilísticos estudiados en las sesiones de clase. La evaluación tuvo en cuenta la asistencia y participación en las sesiones de clases prácticas y la calidad de los informes solicitados en los correspondientes cuadernos de trabajo en equipo.

A título de ejemplo mostramos a continuación el diseño del proyecto «Alumno típico» (adaptado de Batanero, 2001). Aunque el proyecto pueda parecer «artificial» (no hay necesidad real de elegir un sujeto típico de un grupo), tiene algunas ventajas desde el punto de vista del proceso formativo de futuros maestros: facilidad de recogida de datos en clase, posibilidad de incluir otras variables estadísticas (altura, longitud de brazos extendidos, etc.). Además, es un proyecto aplicable de manera directa en educación primaria, permitiendo contextualizar el estudio de distintos tipos de variables estadísticas (nominales, ordinales, cuantitativas discretas y continuas) y «motivar» la emergencia de las nociones y técnicas estadísticas elementales.

4.6.1. Análisis *a priori* de un proyecto de análisis de datos

En este proyecto se trata de recoger datos de los alumnos de la clase sobre las variables: género, intensidad con la que se practica deporte, número de hermanos, peso y cantidad de dinero que se tiene en el bolsillo en un momento dado. Se proponen las siguientes cuestiones iniciales, que permiten motivar el uso de los estadísticos de posición central y de dispersión, así como la comparación de distribuciones de frecuencias: ¿Cuáles son las características de un estudiante típico o representativo de la clase? ¿Cómo de representativo es dicho estudiante respecto de la clase? ¿Hay diferencias entre chicos y chicas en cada una de dichas características?

Se incluye a continuación un análisis de las prácticas estadísticas que se deben implementar para responder a las cuestiones y la configuración de objetos y procesos puestos en juego, distinguiendo aquellos que se pueden suponer conocidos por los estudiantes de los que constituyen nuevos objetivos de aprendizaje. Asimismo, se hacen algunas conjeturas sobre posibles conflictos potenciales en el desarrollo del proyecto, basadas en resultados de investigaciones previas y en la experiencia docente acumulada.

Tipo de problema y prácticas estadísticas

El proyecto tiene un carácter abierto, ya que plantea cuestiones que pueden ser interpretadas de diversas maneras. Como en la mayoría de los proyectos estadísticos no se sugiere la aplicación directa de una técnica estadística, sobre todo en la segunda cuestión sobre la representatividad del alumno típico. Se pretende motivar el proceso de reducción de los datos estadísticos, identificando las variables, sus valores y frecuencias para construir la correspondiente distribución de frecuencias. Posteriormente, se requiere describir tal distribución mediante estadísticos de posición central, dispersión y forma para elegir un valor ideal que «represente» al conjunto de datos. La determinación de las diferencias de los resúmenes estadísticos entre las dos submuestras (chicos y chicas) motiva la comparación de distribuciones de frecuencias; en un curso más avanzado se podría llegar a analizar la significatividad de las diferencias entre los promedios y dispersiones mediante inferencia. Permite motivar, asimismo, la pertinencia de una comparación gráfica (por ejemplo, mediante diagramas adosados) de los pares de distribuciones.

El enunciado de esta situación-problema se puede generalizar de diversas maneras, como se muestra en Batanero y Díaz (2011, pp. 73-95). En nuestro caso se espera que los estudiantes realicen las prácticas estadísticas siguientes:

- Construir las distribuciones de frecuencias de las cinco variables, identificando las variables, sus respectivos valores, recontar las frecuencias absolutas de cada valor, y representar estos resultados en una disposición tabular adecuadamente rotulada.
- Calcular promedios (moda, mediana y media, discriminando su uso según el tipo de variable y la forma de la distribución). Valorar la representatividad de los promedios, en función de la existencia de asimetría o valores atípicos.
- Calcular valores extremos (máximo, mínimo) y medidas de dispersión (recorrido, cuartiles, recorrido intercuartílico, desviación típica), discriminando su uso según el tipo de variable y la forma de la distribución.
- Comparar numéricamente (promedios y dispersiones) y gráficamente (diagramas adosados) las distribuciones de frecuencias de las dos submuestras (chicos y chicas).
- Valorar la importancia relativa de las diferencias entre los estadísticos resumen de las distribuciones de frecuencias en las submuestras.

Se prevé que la reducción tabular, numérica y gráfica de los datos estadísticos haya sido estudiada previamente por la mayoría de los estudiantes, por lo que las cuestiones 1) y 2) tendrían la consideración de aplicación de conocimientos previos. Como objetos y procesos emergentes que se incluirían en el conocimiento ampliado del contenido para los maestros en formación es preciso destacar:

- Carácter ideal de los promedios (no tienen que corresponder a un dato) y su uso como representante de la colección de datos (muestra o población).
- Comparación de distribuciones de frecuencias; valoración cualitativa de las diferencias de promedios y dispersiones.

La realización de estas prácticas estadísticas conlleva la intervención de una compleja configuración de objetos y procesos matemáticos cuyos elementos esenciales indicamos a continuación.

Elementos lingüísticos

Muy posiblemente el profesor deberá compartir con la clase el significado institucional pretendido de expresiones lingüísticas tales como: «características de un estudiante típico o representativo de la clase», «¿cómo de representativo es dicho estudiante respecto de la clase?», «diferencias entre chicos y chicas», etc. Se puede suponer que los estudiantes están familiarizados, por sus estudios previos en educación secundaria, con la mayor parte de los términos y expresiones lingüísticas propias de la estadística descriptiva (frecuencia absoluta, tabla de frecuencias, moda, media, mediana, máximo, mínimo, recorrido, diagrama de barras, histograma). Sin embargo, teniendo en cuenta las investigaciones previas (Díaz *et al.*, 2008) se puede prever dificultades en la rotulación de las tablas de frecuencias y diagramas de barras adosadas o del gráfico de cajas. Asimismo, los estudiantes no familiarizados con el uso de la hoja de cálculo tendrán dificultades con la manera de representar una colección de datos dispuestos en columnas, las variables estadísticas y el lenguaje funcional específico de la hoja de cálculo (conjunto de datos, regla de cálculo, resultado).

Elementos conceptuales

Los siguientes conceptos de la estadística descriptiva son a menudo escasamente estudiados y reconocidos por los estudiantes, pero son esenciales para comprender el sistema de prácticas operativas y discursivas de la estadística:

- Dato estadístico (rasgo o información contextualizada), individuo estadístico; colección de datos (muestra, población).
- Variable estadística (rasgo de los individuos estadísticos que puede tomar diferentes valores en una colección de datos).
- Variabilidad del rasgo entre los individuos: valores.
- Variable estadística cualitativa: modalidades.
- Variable estadística cuantitativa: mínimo, máximo, rango.

La resolución de las tareas pedidas requiere poner en juego conceptos con los que los estudiantes pueden estar familiarizados:

- Frecuencia absoluta y relativa; distribución de frecuencias, promedios (moda, mediana, media); valores extremos (mínimo, máximo) dispersión (recorrido; varianza, desviación típica).
- Diagramas de barras y de sectores. Pueden estar menos familiarizados, y, por tanto, ser ocasión de objetos emergentes de las prácticas que se requiere realizar:
- Histograma de frecuencias (intervalos y marcas de clase, criterios para su elección).
- Diagramas e histogramas adosados, interpretación y uso.
- Asimetría de una distribución de frecuencias, asimetría positiva y negativa; su relación con la elección del promedio que se debe usar para representar los datos.
- Percentiles, rango de percentiles, recorrido intercuartílico, gráfico de cajas.
- Valoración cualitativa de diferencias de medias y dispersiones.

Propiedades

Para el progreso en el proyecto son necesarias las propiedades siguientes, algunas de ellas utilizadas de manera implícita:

- Los promedios representan a una colección de datos porque indican la tendencia o posición central de las distribuciones de frecuencias correspondientes a dichos datos.
- La moda es el único promedio que se puede usar si la variable estadística es un atributo cualitativo; puede no ser un valor único.
- La mediana es más representativa que la media si la distribución es asimétrica; ambos estadísticos coinciden si la distribución es simétrica.

Procedimientos

La elaboración de tablas de frecuencias, el cálculo de la moda, media, máximo, mínimo, recorrido, construcción de diagramas son procedimientos que, o bien, recuerdan los estudiantes o bien son fáciles de dominar. El cálculo de la mediana, la elaboración de tablas de frecuencias agrupadas en intervalos y la construcción del gráfico de cajas e histogramas requieren una atención especial. Algo similar ocurre con el cálculo de percentiles, el recorrido intercuartílico y la desviación típica.

Argumentos

Se espera que los estudiantes justifiquen las respuestas a las cuestiones planteadas elaborando argumentos deductivos tales como: «Teniendo en cuenta las definiciones y propiedades de los promedios el sujeto típico es una chica que hace poco deporte, que tiene 2,5 hermanos, pesa 60 kg, y lleva en el bolsillo 6 €» (son los valores de las medianas, ya que las distribuciones son asimétricas). «La elección de una chica para la variable, género, es representativa, ya que el 68 % son chicas (moda), mientras que los chicos son poco frecuentes».

Procesos

Un proceso de idealización que requerirá atención especial será el que da lugar al concepto de sujeto típico o representativo, que no tiene que corresponder con un valor de la variable. Así, la mediana del número de hermanos es de 2,5 que obviamente no corresponde a ningún valor posible de la variable. Los procedimientos y propiedades aplicados para dar respuesta a las cuestiones planteadas en la situación particular dada tienen un carácter general, lo cual deberá ser enfatizado por el profesor. El cálculo de la mediana, la determinación de percentiles y la representación de histogramas debe concluir con el enunciado de reglas generales aplicables a otras situaciones de análisis de datos.

4.7. Implementación de la instrucción

La implementación de la instrucción es una actividad que realizan conjuntamente un profesor y un grupo de estudiantes para que los estudiantes aprendan un saber matemático previamente adaptado al contexto en la actividad de planificación. En el seno de la comunidad de estudio (aula, escuela) tiene lugar una división del trabajo; profesor y estudiantes tienen roles diferentes que deben ser articulados siguiendo un sistema de normas (contrato didáctico), utilizando artefactos físicos, conceptuales y procedimentales específicos. La implementación de la instrucción tiene lugar en entornos específicos que la condicionan (capacidades y disposición de los estudiantes, tiempo disponible, medios, etc.). La diversidad de aspectos para tener en cuenta hace que la optimización del proceso tenga un carácter local y requiera conocimientos y habilidades específicas del profesor, así como interés y constancia por parte de los estudiantes.

La complejidad de la implementación ha motivado la elaboración de diversas teorías sobre qué herramientas usar en cada circunstancia, que tipos de interacciones llevar a cabo, o qué normas seguir para articular los roles del profesor y estudiantes de la manera más idónea posible. Las nociones de configuración y trayectoria didáctica (Sección 4.4) permiten realizar análisis detallados de: a) el progresivo despliegue de los significados institucionales implementados; b) los aprendizajes y su dependencia de los formatos de interacción que efectivamente tienen lugar; y c) del uso de los recursos y del tiempo asignado. En este análisis el foco de atención es la descripción de:

- El contenido efectivamente tratado.
- Los patrones de interacción docente-discentes.
- El reconocimiento de los conflictos cognitivos e interaccionales que tienen lugar y la forma en que son abordados por el docente y los estudiantes.

Remitimos a Godino *et al.* (2014), donde describimos la implementación del proyecto «Alumno típico», cuyo análisis *a priori* hemos realizado en la Sección 4.6. La descripción incluye segmentos de transcripción correspondientes a una muestra de hechos didácticos significativos (HDS). La noción de HDS es el criterio de delimitación de configuraciones didácticas, que pueden ser ligadas a problemas, subproblemas, u otros componentes epistémicos, cognitivos o instruccionales que caracterizan el proceso de estudio. Los HDS aportan indicadores locales de idoneidad didáctica en algunos aspectos de las facetas y componentes del proceso de estudio. Un HDS puede contribuir al desarrollo de un proceso de estudio o bloquearlo, dificultar su evolución o limitar el funcionamiento del sistema didáctico. La «significatividad» de un hecho no se refiere entonces exclusivamente a su adecuación al desarrollo de significados de los estudiantes, sino a su importancia para la comprensión del proceso de estudio en sí mismo.

4.8. Análisis retrospectivo

La evaluación o análisis retrospectivo del proceso educativo consiste en contrastar lo previsto en el diseño y lo observado en la implementación, con el fin de identificar posibles mejoras en sucesivas implementaciones. En Godino *et al.* (2014) se describe esta fase del diseño en el caso del proyecto «Alumno típico», comparando los hechos didácticos significativos observados con el análisis *a priori,* seguido de la valoración de la idoneidad didáctica y la identificación de posibles mejoras. El análisis detallado del desarrollo de los otros dos proyectos de análisis de datos usados en la experiencia formativa —Lanzamiento de dos dados y Eficacia de un entrenamiento deportivo— puede verse en la tesis doctoral de Hernán Rivas (2014).

En síntesis, el contraste del diseño con los HDS da cuenta que se han puesto en juego los objetos y procesos previstos en el diseño. Desde el punto de vista cognitivo se han manifestado la mayoría de los conflictos previstos y algunos otros. Desde el punto de vista instruccional se ha constatado que los estudiantes han sido «excesivamente guiados» por el profesor; han tenido «poca autonomía» para dar respuesta por sí mismos a las cuestiones planteadas. Esto ha sido así por decisión del profesor ante los frecuentes bloqueos de los estudiantes y el tiempo limitado para impartir los contenidos. Se ha revelado que pretender que los estudiantes, en su primer encuentro con el tema, movilicen los objetos estadísticos, tablas de frecuencias, medidas de tendencia central y dispersión para comparar dos distribuciones de frecuencias, a partir de las consignas dadas en el planteamiento del proyecto es bastante ilusorio.

Los elementos de referencia para valorar la idoneidad epistémica del proceso implementado deben ser los correspondientes al significado institucional pretendido por el docente. En cambio, para valorar la idoneidad epistémica de la planificación, habrá que indagar los elementos del significado del análisis elemental de datos en textos e investigaciones relativas a su estudio en niveles educativos similares. Los elementos de referencia para las restantes dimensiones o facetas (ecológica, cognitiva, afectiva, interaccional, mediacional) deberán indagarse en los textos y publicaciones de investigaciones didácticas sobre dichos aspectos.

4.9. Perspectivas teóricas relacionadas con el diseño educativo basado en el EOS

En esta sección describimos otras perspectivas teóricas que tienen relación con la problemática abordada por la teoría de diseño basada en EOS descrita en este capítulo. Consideramos de interés analizar el dilema entre las posturas constructivistas y objetivista en el campo de la educación, lo que permite situar y comprender el modelo didáctico mixto que proponemos. Seguidamente presentamos las características generales de las investigaciones basadas en el diseño dentro de las cuales se incluye la teoría. Teorías específicas que incluyen un componente de diseño elaboradas en educación matemática, como la Teoría de situaciones didácticas (Brousseau, 1997), Teoría de los momentos didácticos (Chevallard, 1999) y Educación matemática realista (Freudenthal, 1991) serán descritas y comparadas con el EOS en el Capítulo 7.

4.9.1. El dilema constructivismo *versus* objetivismo[19]

Las distintas variedades de constructivismo comparten, entre otros, los supuestos de que el aprendizaje es un proceso activo, que el conocimiento es construido en lugar de ser innato o pasivamente absorbido y que, para lograr un aprendizaje efectivo, es necesario el planteamiento a los estudiantes de problemas significativos, abiertos y desafiantes (Ernest, 1994; Fox, 2001).

> El argumento de que los seres humanos son agentes activos que construyen el conocimiento por sí mismos ha hecho creer a las personas que las actividades instruccionales deberían estimular a los aprendices a construir el conocimiento a través de sus propias participaciones. Esta visión constructivista juega un papel importante en la enseñanza y aprendizaje de la ciencia y se ha convertido en un paradigma de enseñanza dominante. (Zhang, 2016, p. 897)

---

[19] El contenido de este apartado está basado en los artículos Godino *et al.* (2019) y Godino y Burgos (2020).

Las ideas sobre una enseñanza y aprendizaje de las matemáticas y las ciencias basadas en la indagación han venido jugando un papel significativo en las orientaciones curriculares de diversos países, en proyectos, centros de investigación e iniciativas de reforma. Linn *et al.* (2003) definen el aprendizaje de las ciencias basado en la indagación como sigue:

> Definimos indagación como comprometer a los estudiantes en el proceso intencional de diagnosticar problemas, criticar experimentos, distinguir alternativas, planificar investigaciones, revisar puntos de vista, explorar conjeturas, buscar información, construir modelos, debatir con los compañeros, comunicar a diversas audiencias, y elaborar argumentos coherentes. (Linn *et al.*, 2003, p. 518)

En los modelos pedagógicos que asumen los principios constructivistas, el papel del profesor debe ser elaborar un entorno de aprendizaje con el que el estudiante interactúe de manera autónoma. Esto significa que el profesor debe seleccionar cuidadosamente unas tareas de aprendizaje y asegurar que el estudiante disponga de los recursos cognitivos y materiales necesarios para implicarse en la solución de los problemas. Además, debe crear un andamiaje cognitivo, una «arquitectura de elecciones», que apoye y promueva la construcción del conocimiento por los propios estudiantes. En cierta manera se trata de implementar una pedagogía «paternalista libertaria» en el sentido de Thaler y Sunstein (2008), basada en el diseño de intervenciones del tipo *nudge*.

> Un *nudge*, según usaremos este término, es cualquier aspecto de la arquitectura de elección que modifica el comportamiento de las personas de una manera predecible sin prohibir ninguna opción o cambiar significativamente sus incentivos económicos. (Thaler y Sunstein, 208, p. 6)

En el aprendizaje matemático se considera esencial el uso de situaciones-problemas (aplicaciones a la vida cotidiana, a otros campos del saber, o problemas internos a la propia disciplina) para que los estudiantes puedan dar sentido a las estructuras conceptuales que configuran las matemáticas como una realidad cultural. Estos problemas constituyen el punto de partida de la práctica matemática, por lo que la actividad de resolución de problema, su formulación, comunicación y justificación se consideran claves en el desarrollo de la capacidad de afrontar la solución de problemas no rutinarios. Este es el objetivo principal de la tradición denominada *problem solving* (Schoenfeld, 1992), cuyo énfasis se centra en la identificación de heurísticas y estrategias metacognitivas. También es objetivo de otros modelos teóricos como la Teoría de Situaciones Didácticas en Matemáticas (Brousseau, 1997) y la Educación Matemática Realista (Freudenthal, 1973; 1991).

No obstante, existen posturas contrapuestas al constructivismo, como las de Mayer (2004), Kirschner *et al.* (2006) entre otros, que justifican mediante diversas investigaciones la mayor efectividad de modelos instruccionales en los cuales se atribuye al profesor y a la transmisión de conocimientos, un papel predominante. Estas posturas se relacionan ya con teorías filosóficas objetivistas (Jonassen, 1991), ya con la investigación empírica del último medio siglo sobre instrucción directa o la pedagogía basada en lecciones (Boghossian, 2006). Sweller *et al.* (2007) proporcionan evidencias de que una mínima guía durante la instrucción es significativamente menos efectiva y eficiente que una guía específicamente diseñada para apoyar el procesamiento cognitivo necesario para el aprendizaje. Estos autores afirman, que, en general, los efectos de las tareas de descubrimiento no asistido parecen limitados, frente a las tareas de descubrimiento estimulado (*enhanced discovery tasks*). Las oportunidades para el aprendizaje constructivo pueden no presentarse cuando los alumnos se quedan sin guía.

> Quizás los hallazgos de estos metaanálisis pueden ayudar a alejar el debate de los problemas sobre las formas de descubrimiento no guiadas hacia una discusión fructífera, y la realización de investigaciones empíricas sobre cómo se implementa mejor el andamiaje cognitivo, cómo proporcionar retroalimentación en el aula, cómo crear ejemplos trabajados para las diversas variedades de contenido, y cuándo se deben proporcionar formas directas de instrucción durante el aprendizaje. (Alfieri *et al.*, 2011, p. 13)

Se pueden aportar razones de tipo cognitivo a favor de aplicar un modelo didáctico basado en la transmisión de conocimientos (objetivismo) frente a los modelos basados en la construcción autónoma (constructivismo). Kirschner *et al.* (2006) señalan que las posiciones constructivistas, con una instrucción mínimamente guiada, contradicen la arquitectura de la cognición humana e imponen una pesada carga cognitiva que impide el aprendizaje. Otras razones que rechazan las posiciones constructivistas provienen del punto de vista de la psicología cultural.

> Las explicaciones del desarrollo cognitivo han descrito generalmente al niño como un científico independiente, quien recoge datos de primera mano y forma teorías sobre el mundo natural. Yo argumento que esta metáfora es inapropiada para dar cuenta del aprendizaje cultural de los niños. En dicho dominio, los niños actúan más bien como antropólogos que atienden a, colaboran con, y aprenden de los miembros de su cultura. (Harris, 2012, p. 259)

La metáfora del niño como científico natural, es útil para describir cómo los niños dan sentido a las regularidades universales del mundo natural, que ellos pueden observar por sí mismos, sin importar cuál sea su entorno cultural. Sin embargo, la metáfora es engañosa si se utiliza para explicar de forma comprensiva y global el desarrollo cognitivo. Los niños nacen en un mundo cultural que media sus encuentros con el mundo físico y biológico. Para acceder a dicho mundo cultural, los niños necesitan un modo de aprendizaje orientado socialmente (aprendizaje mediante la observación participante). «El dominio de regularidades normativas requiere aprendizaje cultural» (Harris, 2012, p. 269).

El debate entre la enseñanza directa, ligada a posiciones objetivistas sobre el conocimiento matemático y científico, que defiende un papel central del profesor para guiar el aprendizaje, y la enseñanza mínimamente guiada, usualmente referida al modelo de enseñanza de tipo constructivista, no está claramente resuelto en la literatura de investigación. Los partidarios del aprendizaje basado en problemas y la indagación centran sus argumentos en la cantidad de guía y la situación en la que tal pauta se proporciona. Consideran que la guía que se da contiene un extenso cuerpo de apoyo y al estar inmersa en situaciones de la vida real ayuda a los estudiantes a dar sentido al contenido científico.

Para Zhang (2016) la tensión entre estas dos posiciones no es si una u otra es partidaria de presentar más o menos guía o apoyo a los estudiantes, sino entre presentar explícitamente las soluciones a los aprendices o dejar que ellos las descubran. «Para los partidarios de la instrucción directa, la presentación explícita de las soluciones y la demostración del proceso para lograr las soluciones son una guía esencial» (Zhang, 2016, p. 908). Pretender que los estudiantes descubran, exploren y encuentren las soluciones, según la «educación basada en la indagación», elimina la necesidad de presentar las soluciones. En las posiciones constructivistas, aunque se admita una cierta dosis de transmisión de información del profesor al estudiante, sigue siendo esencial *ocultar* una parte del contenido. Para los partidarios de la instrucción directa que asumen la teoría de la carga cognitiva con énfasis en los ejemplos trabajados, proporcionar las soluciones es esencial. Por ejemplo, en el campo del desarrollo del razonamiento proporcional, Bentley y Yates (2017) usaron el modelo didáctico de «ejemplos trabajados» para presentar la estrategia de reducción a la unidad, esto es, ayudar a los estudiantes a adoptar un análisis paso a paso de problemas de valor faltante mediante el cual reconocer fácilmente, en primer lugar, una unidad y después utilizarla para resolver el problema. En su investigación informan de resultados positivos cuando se aplica esta estrategia didáctica tanto para estudiantes con alto estatus socioeconómico como bajo.

En el EOS se introduce una nueva variable en el debate de estos modelos. Se trata de reconocer la complejidad ontosemiótica del conocimiento matemático y científico, la cual debe ser tenida en cuenta en los procesos instruccionales para optimizar los aprendizajes de los estudiantes. Al asumir presupuestos antropológicos, semióticos y pragmatistas sobre el conocimiento matemático (o científico) se llega a la conclusión de que una parte esencial del conocimiento que tienen que aprender los estudiantes son reglas conceptuales, proposicionales, procedimentales, convenidas en el seno de la comunidad de prácticas matemáticas (o científicas). Los estudiantes, para resolver los problemas que constituyen el objetivo educativo y desarrollar las capacidades de razonamiento matemático, parten de unos conocimientos previos, que en una parte central de los mismos son reglas, las cuales deben estar disponibles para comprender y abordar la tarea. Pretender que los estudiantes descubran esas reglas puede suponer un desafío excesivo para la mayoría de los estudiantes. Al tener en cuenta la complejidad ontosemiótica del conocimiento matemático, sin dejar de reconocer el papel central de la resolución de problemas como razón de ser de los contenidos, se derivan los presupuestos de un modelo educativo-instruccional mixto que se presenta como solución al dilema entre indagación y transmisión (Figura 4.5).

4.9.2. Investigaciones basadas en el diseño

Para intentar salvar la brecha entre la investigación teórica y la práctica docente se han desarrollado las llamadas «investigaciones basadas en el diseño» (IBD) (Brown, 1992; Kelly *et al.*, 2008), que constituyen una familia de aproximaciones metodológicas orientadas al estudio del aprendizaje en contexto. Utilizan el diseño instruccional y la investigación sistemática de estrategias y herramientas instruccionales, tratando que sean interdependientes, sobreentendiéndose que la investigación incluye no solo la fase de diseño, sino también la experimentación en contextos de clase y la evaluación de sus resultados. En educación matemática, las IBD se realizan aplicando diferentes teorías de base en los diseños e interpretación de los resultados. Así, Artigue (2015) describe la metodología de la ingeniería didáctica como un tipo de IBD, basada en la Teoría de situaciones didácticas, en la Teoría antropológica de la didáctica, y en otras teorías. La Ingeniería Didáctica (ID) (Artigue, 1989; 2011) se presenta usualmente con una doble faceta: como «metodología de investigación», y como conjunto de medios o recursos para la enseñanza de temas específicos, elaborados teniendo en cuenta los resultados de la investigación. «La ingeniería didáctica surgió, así, como una metodología de investigación y desarrollo basada en realizaciones en el aula en forma de secuencias de lecciones, informadas por la teoría y poniendo a prueba las ideas teóricas» (Artigue, 2015, p. 469).

Godino *et al.* (2013) analizan las características de la IBD y la ID y concluyen que, dado que la ID se puede basar en distintos marcos teóricos, la ID y el diseño instruccional describen el mismo tipo de investigaciones didácticas. Las investigaciones de diseño instruccional o de ingeniería didáctica, cualquiera que sea la teoría de base en la cual se apoyen, responden a cuestiones del tipo: ¿Qué resultados en términos de aprendizaje se obtienen si se realiza una intervención educativa específica en un contexto dado?, esto es, corresponden al esquema predictivo, *Si X entonces Y*. Puesto que se realizan en contextos educativos reales, tienen en cuenta la riqueza y complejidad de factores que condicionan la práctica docente. En consecuencia, los recursos elaborados y los conocimientos obtenidos de estas investigaciones pueden dar solución a problemas de dicha práctica, que se refieren usualmente a qué matemáticas enseñar y cómo. Sin embargo, dado que el conocimiento que aporta este tipo de investigación es predictivo, no se pueden derivar de ella valoraciones y normas de acción, como se requiere en la intervención eficiente sobre la práctica. La superación de la brecha existente entre el conocimiento científico y la práctica de la enseñanza precisa del desarrollo de teorías que expliciten el sistema de principios axiológicos y criterios valorativos y normativos sobre la acción educativa eficiente, derivados de la investigación teórica y aplicada. En el marco del EOS esta interfaz viene dada por la Teoría de la Idoneidad Didáctica que describimos en el Capítulo 5.

El modelo de instrucción que se asume en el EOS está basado en los principios de la psicología cultural /discursiva (Lerman, 2001), que atribuye un papel clave a la «zona de desarrollo potencial» (Vigotsky, 1934). Contrariamente a los modelos constructivistas, la autonomía del estudiante en el proceso de aprendizaje es el resultado de dicho proceso y no un prerrequisito. No obstante, dado el papel central que la perspectiva antropológica del conocimiento da a los problemas y la actividad implicada en su resolución, la búsqueda, selección y adaptación de buenas situaciones problemas y la implicación de los estudiantes en su resolución es también un principio de la instrucción matemática significativa. Se deriva de este supuesto un modelo instruccional de tipo mixto, en el que la construcción y la transmisión del conocimiento se articulan de manera dialéctica (Godino y Burgos, 2020; Godino *et al.*, 2020) y se resumen en los siguientes principios:

- Se postula que el aprendizaje tiene como finalidad la apropiación por los estudiantes de los significados y objetos institucionales que le permitan afrontar la solución de determinados problemas y desarrollarse como persona.
- El estudio de los significados personales de los estudiantes es un componente esencial de la problemática educativa, ya que la apropiación de los significados institucionales pretendidos está condicionada por los significados personales iniciales de los estudiantes.

Los significados institucionales finalmente implementados en un proceso de instrucción pueden ser diferentes de los pretendidos y de referencia, debido a las restricciones impuestas por las posibilidades cognitivas de los estudiantes, los recursos disponibles y el contexto social y educativo. Se espera, no obstante, que los significados de los objetos institucionales pretendidos e implementados en un contexto educativo dado sean una muestra representativa del significado de referencia global.

4.10. Síntesis de la teoría de diseño educativo en matemáticas basada en el EOS

En la Tabla 1 presentamos una síntesis de las características de la Teoría ontosemiótica del diseño educativo en matemáticas siguiendo la guía propuesta por Michie *et al.* (2014) con elementos para la descripción de teorías en el campo de las ciencias sociales y del comportamiento.

Tabla 4.1. Síntesis de la teoría de diseño educativo basada en EOS

Elementos	Descripción
Breve resumen. ¿De qué trata la teoría y cuáles son sus principales proposiciones?	La teoría ontosemiótica del diseño educativo en matemáticas aporta supuestos y herramientas teóricas para el diseño de procesos de enseñanza y aprendizaje de las matemáticas basados en la teoría ontosemiótica de la actividad matemática y objetos emergentes y la teoría ontosemiótica del significado y de la cognición matemática que propone el EOS (Capítulos 2 y 3). Incluye un modelo de estructura y dinámica de los procesos educativos que tiene en cuenta las diversas facetas y componentes que caracterizan dichos procesos. Propone un modelo de categorías de las normas y metanormas, incluyendo criterios de idoneidad didáctica, que permite explicar fenómenos didácticos y da pautas para la optimización de los procesos educativos. Los constructos configuración y trayectoria didáctica permiten hacer análisis detallados (descriptivos y explicativos) del diseño e implementación de los procesos educativos. Complementados con el postulado de complejidad ontosemiótica del contenido y el constructo idoneidad didáctica, permiten elaborar un modelo didáctico mixto que resuelve el dilema entre los modelos constructivista (indagativos) y objetivistas (transmisivos) para optimizar el aprendizaje matemático.
Ámbito/objetivo. ¿Qué fenómenos pretende explicar la teoría?	El objetivo o motivo de la teoría del diseño educativo es comprender los procesos de enseñanza y aprendizaje de las matemáticas, los facetas, componentes e interacciones que intervienen en el diseño, implementación y evaluación y construir un sistema de criterios fundamentados en el EOS y resultados de las investigaciones didácticas para optimizar el desarrollo de dichos procesos. Incluye, por tanto, supuestos y herramientas para el componente científico (descriptivo, explicativo y predictivo), así como para el tecnológico (prescriptivo) de la educación matemática.
Justificación. ¿Por qué es necesaria la teoría y cómo mejora las teorías anteriores?	Esta teoría emerge al considerar que las teorías de diseño educativo existentes, incluso las específicas para las matemáticas, no están basadas en modelos explícitos sobre la naturaleza específica del conocimiento matemático. La teoría ontosemiótica de la actividad matemática permite tomar conciencia de la complejidad ontosemiótica de los contenidos de enseñanza y aporta herramientas para el análisis preliminar de los significados de los objetos matemático. El análisis *a priori* de las tareas, la identificación de hechos didácticos significativos y criterios de optimización de las trayectorias epistémica y cognitiva de los procesos educativos en matemáticas.

Hipótesis. ¿Qué hipótesis específicas plantea la teoría y en qué se diferencian de otras teorías?	Postula que el diseño de procesos educativos debe ser fundamentado en teorías específicas sobre la naturaleza del contenido objeto del diseño. En el caso de las matemáticas, la teoría del diseño educativo en matemáticas asume los postulados ontológicos, semióticos y epistemológicos del EOS sobre la actividad matemática, así como sobre los procesos y objetos emergentes de dicha actividad. Se postula que en los momentos de primer encuentro de los estudiantes con nuevos contenidos las configuraciones didácticas de tipo colaborativo optimizan la idoneidad didáctica al permitir tener en cuenta la complejidad ontosemiótica del contenido objeto de estudio. La autonomía del estudiante es emergente de la actividad didáctica, no un prerrequisito como postulan los constructivismos.
Constructos. ¿Cuáles son los elementos de la teoría?	La teoría incluye los siguientes constructos: – Facetas, componentes, subcomponentes y elementos de un proceso educativo. – Dimensión normativa, metanormativa y criterios de idoneidad. – Configuración didáctica y subconfiguraciones epistémica-ecológica, instruccional (interaccional, mediacional), normativa y cognitiva-afectiva. – Trayectoria didáctica y subtrayectorias epistémica-ecológica, instruccional, normativa, cognitiva-afectiva. – Significados institucionales y personales. Ecología y complejidad de significados. – Conflictos semióticos (epistémicos, cognitivos, instruccionales). – Configuraciones didácticas de referencia. Modelo didáctico basado en EOS. – Idoneidad didáctica. Criterios e indicadores.
Relaciones. ¿Cómo se relacionan entre sí los elementos de la teoría?	El modelo de estructura de un proceso educativo es la base del análisis sistemático del diseño, implementación y evaluación permitiendo categorizar los tipos de configuraciones, trayectorias didácticas, normas y metanormas. Los significados institucionales y personales, entendidos de manera pragmática según el EOS, permite abordar el estudio de la reconstrucción y adaptación ecológica de los significados al contexto educativo en la fase de planificación de la enseñanza. La identificación de conflictos semióticos aporta explicaciones y criterios para el estudio de las interacciones en el aula. El constructo idoneidad didáctica, en las diferentes facetas y componentes, aporta criterios para la toma de decisiones en la fase de planificación e implementación, e indicadores de idoneidad en la fase de evaluación. El constructo complejidad ontosemiótica de significados y las configuraciones didácticas de referencia son la base del modelo didáctico mixto indagativo-transmisivo basado en EOS.

Procedencia. ¿En qué teorías se basa y cómo?	La teoría del diseño educativo se basa en la teoría ontosemiótica de la actividad matemática y objetos emergentes al adoptar los tipos de objetos y procesos matemáticos que propone esta teoría como componentes y elementos de las facetas epistémica y cognitiva de los procesos educativos en matemáticas. El postulado de relatividad institucional y personal del significado de los objetos matemáticos respecto de los marcos institucionales y contexto de uso lleva a relacionar la teoría del diseño educativo con las teorías histórico-culturales en educación matemática, así como con las teorías de la cognición situada.
Semejanza. ¿A qué teorías se parece más esta teoría?	La teoría de diseño educativo basada en EOS tiene conexiones con la ingeniería didáctica (Artigue), basada en la Teoría de situaciones didácticas en matemáticas (Brousseau), así como la Teoría de momentos didácticos y su desarrollo en la Teoría de los recorridos de estudio e investigación (Chevallard). También hay concordancias con la Educación matemática realista (Freudenthal). Los supuestos ontosemióticos sobre el conocimiento matemático y los constructos específicos que están en la base de la teoría amplían el tipo de análisis que se puede realizar, las explicaciones de fenómenos didácticos, y especialmente el modelo didáctico indagativo-transmisivo basado en EOS. El sistema de criterios de idoneidad didáctica explicita y amplía los derivados de las teorías mencionadas.
Complementariedad. ¿Con qué teorías puede complementarse?	El EOS aspira a elaborar un sistema teórico integral para abordar los problemas ontológicos, semióticos, epistemológicos, educativos-instruccionales implicados en los procesos de enseñanza y aprendizaje de las matemáticas, aplicando una estrategia de hibridación de teorías. Se puede complementar con teorías curriculares que aborden de manera explícita el desarrollo de las facetas afectiva y ecológica de los procesos educativos-instruccionales, como la educación matemática crítica e inclusiva (papel de las matemáticas en la sociedad, justicia social, equidad).
Operacionalización. ¿Cómo se miden o identifican los constructos?	Los constructos de la teoría no son rasgos medibles o graduables excepto la idoneidad didáctica. Se trata de categorías descriptivas de los diferentes aspectos de un proceso educativo, entendido como un constructo multidimensional o multifacético. En las secciones 4.1 a 4.8 se describen los diferentes constructos que configuran la teoría.
Usos. ¿Para qué puede utilizarse la teoría?	La teoría de diseño educativo basada en EOS se puede usar para planificar, implementar y evaluar procesos educativos en matemáticas a nivel micro (lecciones), meso (temas) y macro (programas). También puede servir de instrumento para describir, explicar y valorar procesos educativos diseñados con otras perspectivas teóricas, ayudando a identificar aspectos que pueden ser mejorables. Es, por tanto, un recurso para la investigación de diseño y la reflexión de los profesores sobre su propia práctica.

Referencias

Alfieri, L., Brooks P. J., Aldrich, N. J. y Tenenbaum, H. R. (2011). Does discovery-based instruction enhance learning? *Journal of Educational Psychology,*
103(1), 1-18.

Artigue, M. (1989). Ingénierie didactique. *Recherches en Didactique des Mathématiques, 9* (3), 281-308.

Artigue, M. (2011). L'ingénierie didactique: un essai de synthèse. En C. Mar-
golinas, M. Abboud-Blanchard, L. Bueno-Ravel, N. Douek, A. Fluckiger, P.
Gibel, F. Vandebrouck y F. Wozniak (Eds.). *En amont et en aval des ingénie-
ries didactiques* (pp. 225-237). Grenoble: La pensé sauvage.

Artigue, M. (2015). Perspectives on design research: The case of didactical engineering. En A. Bikner-Ahsbahs, C. Knipping y N. Presmeg (Eds.).
*Approaches to qualitative research in mathematics education. Examples of
methodology and methods.* (pp. 467-496). Springer.

Batanero, C. (2001). *Didáctica de la estadística.* Departamento de Didáctica
de la Matemática. Universidad de Granada. http://www.ugr.es/~batanero/
publicaciones.htm

Batanero, C., Burrill, G. y Reading, C. (2011) (Eds). *Teaching statistics in school
mathematics. Challenges for teaching and teacher education: A Joint ICMI/
IASE Study.* Springer.

Batanero, C. y Díaz, C. (Eds.) (2011). *Estadística con proyectos.* Departamento
de Didáctica de la Matemática. Granada.

http://www.ugr.es/local/batanero/publicaciones%20index.htm

Batanero, C. y Godino, J. D. (2003). *Estocástica y su didáctica para maestros.*
Departamento de Didáctica de las Matemáticas. Universidad de Granada.
http://www.ugr.es/local/jgodino/

Bentley, B. y Yates, G. C. R. (2017). Facilitating proportional reasoning through
worked examples: Two classroom-based experiments. *Cogent Education, 4*
(1), 1297213.

Boghossian, P. (2006). Behaviorism, constructivism, and Socratic pedagogy. *Educational Philosophy and Theory, 38*(6), 713-722.

Blumer, H. (1969). *El interaccionismo simbólico: Perspectiva y método.* Hora, 1982.

Brown, A. L. (1992). Design experiments: Theoretical and methodological challenges in creating complex interventions in classroom settings. *The Journal of the Learning Sciences, 2* (2), 141-178.

Brousseau, G. (1988). Le contrat didactique: le milieu. *Recherches en Didactique des Mathématiques, 9* (3), 309-336.

Brousseau, G. (1997). *Theory of didactical situations in mathematics.* Kluwer.

Bunge, M. (1999). *Las ciencias sociales en discusión: una perspectiva filosófica.* Editorial Sudamericana.

Chevallard, Y. (1988). *Sur l'analyse didactique. Deux études sur les notions de contrat et de situation.* IREM d'Aix-Marseille.

Chevallard, Y. (1999). L'analyse des pratiques enseignantes en théorie anthropologique du didactique. *Recherches en Didactique des Mathématiques, 19* (2), 221-266.

Cobb, P. y Bauersfeld, H. (Eds.) (1995). *The emergence of mathematical meaning: Interaction in class-room cultures.* Lawrence Erlbaum Associates.

D'Amore, B., Font, V. y Godino, J. D. (2007). La dimensión metadidáctica en los procesos de enseñanza y aprendizaje de las matemáticas. *Paradigma, 28* (2), 49-77.

Díaz, C., Batanero, C. y Wilhelmi, M. R. (2008). Errores frecuentes en el análisis de datos en Educación y Psicología. *Publicaciones, 38,* 9-23.

Ernest, P. (1994). Varieties of constructivism: Their metaphors, epistemologies, and pedagogical implications. *Hiroshima Journal of Mathematics Education, 2,* 1-14.

Fox, R. (2001). Constructivism examined. *Oxford Review of Education, 27* (1), 23-35.

Franklin, C., Kader, G., Mewborn, D., Moreno, J., Peck, R., Perry, M. y Scheaffer, R. (2005). *Guidelines for assessment and instruction in statistics education (GAISE) report: A Pre-K-12 curriculum framework.* American Statistical Association. www.amstat.org/Education/gaise/.

Freudenthal, H. (1973). *Mathematics as an educational task.* Dordrecht: Reidel.

Freudenthal, H. (1991). *Revisiting mathematics education. China lectures.* Kluwer.

Godino, J. D. (2014). *Síntesis del enfoque ontosemiótico del conocimiento y la instrucción matemáticos: motivación, supuestos y herramientas teóricas.* Uni-

versidad de Granada. https://www.ugr.es/~fqm126/documentos/sintesis_
EOS_2abril2016.pdf

Godino, J. D., Batanero, C. y Burgos, M. (2023). Theory of didactical suitability:
An enlarged view of the quality of mathematics instruction. *EURASIA
Journal of Mathematics, Science and Technology Education, 19*(6), em2270.

Godino, J. D., Batanero, C., Burgos, M. y Gea, M. M. (2021). Una perspectiva
ontosemiótica de los problemas y métodos de investigación en educación
matemática. *Revemop, 3,* e202107, p. 1-30.

Godino, J. D., Batanero, C., Contreras, A., Estepa, A., Lacasta, E. y Wilhelmi,
M. R. (2013). La ingeniería didáctica como investigación basada en el
diseño. Disponible en, http://cerme8.metu.edu.tr/wgpapers/WG16/
WG16_Godino.pdf

Godino, J. D. y Burgos, M. (2020). ¿Cómo enseñar las matemáticas y las
ciencias experimentales? Resolviendo el dilema de la indagación y transmisión. *Paradigma, 41,* 80-106.

Godino, J. D., Burgos, M., y Gea, M. M. (2022). Analysing theories of meaning
in mathematics education from the onto-semiotic approach. *International Journal of Mathematical Education in Science and Technology, 53*(10),
2609-2636.

Godino, J. D., Burgos, M. y Wilhelmi, M. R. (2020). Papel de las situaciones
adidácticas en el aprendizaje matemático. Una mirada crítica desde el
enfoque ontosemiótico. *Enseñanza de las Ciencias, 38* (1), 147-164.

Godino, J. D. y Burgos, M. (2020). ¿Cómo enseñar las matemáticas y las
ciencias experimentales? Resolviendo el dilema de la indagación y transmisión. *Paradigma, 41,* 80-106.

Godino, J. D., Contreras, A. y Font, V. (2006). Análisis de procesos de instrucción
basado en el enfoque ontológico-semiótico de la cognición matemática.
Recherches en Didactiques des Mathématiques, 26 (1), 39-88.

Godino, J. D., Font, V. y Wilhelmi, M. R. (2008). Análisis didáctico de procesos
de estudio matemático basado en el enfoque ontosemiótico. *PUBLICACIO-
NES, 38,* 25-48.

Godino, J. D., Font, V., Wilhelmi, M. R. y Castro, C. de (2009). Aproximación a
la dimensión normativa en Didáctica de la Matemática desde un enfoque
ontosemiótico. *Enseñanza de las Ciencias, 27*(1), 59-76.

Godino, J. D., Rivas, H., Burgos, M. y Wilhelmi, M. D. (2019). Analysis of didactical trajectories in teaching and learning mathematics: overcoming extreme objectivist and constructivist positions. *International Electronic Journal of Mathematics Education, 14* (1), 147-161.

Godino, J. D., Rivas, H., Arteaga, P., Lasa, A. y Wilhelmi, M. R. (2014). Ingeniería didáctica basada en el enfoque ontológico-semiótico del conocimiento y la instrucción matemáticos. *Recherches en Didactique des Mathématiques, 34* (2/3), 167-200.

Harris, P. L. (2012). The child as anthropologist. *Infancia y Aprendizaje, 35* (3), 259-277.

Jonassen D. H. (1991). Objectivism vs. constructivism: do we need a new philosophical paradigm? *Educacional Technology Research & Development, 39*(3), 5-14.

Kelly, A. E., Lesh, R. A. & Baek, J. Y. (Eds.) (2008). *Handbook of design research in methods in education. Innovations in science, technology, engineering, and mathematics learning and teaching.* Routledge.

Kirschner, P. A., Sweller, J., y Clark, R. E. (2006). Why minimal guidance during instruction does not work: An analysis of the failure of constructivist, discovery, problem-based, experiential, and inquiry-based teaching. *Educational Psychologist, 41*(2), 75-86.

Lerman, S. (2001). Cultural, discursive psychology: a sociocultural approach to studying the teaching and learning of mathematics. *Educational Studies in Mathematics, 47*, 87-113.

Linn, M. C., Clark, D., y Slotta, J. D. (2003). WISE design for knowledge integration. *Science Education, 87*(4), 517-538.

Mayer, R. E. (2004). Should there be a three-strikes rule against pure discovery learning? *American Psychologist, 59* (1), 14-19.

Niss, M. (1996). Goals of mathematics teaching. En A. J. Bishop *et al.* (Eds.). *International Handbook of Mathematics Education* (Part 1, pp. 11-47). Kluwer.

Nolan, D. y Speed, T. P. (1999). Teaching statistics theory through applications. *American Statistician, 53*, 370-375.

Radford, L. (2006). Introducción. Semiótica y educación matemática. *Revista Latinoamericana de Matemática Educativa*, Número especial (pp. 7-22).

Radford, L. (2014). De la teoría de la objetivación. *Revista Latinoamericana de Etnomatemática, 7*(2), 132-150.

Reigeluth, C. M. (2000). ¿En qué consiste una teoría de diseño educativo y cómo se está transformando? En C. M. Reigeluth (Ed.), *Diseño de la instrucción. Teorías y modelos. Un nuevo paradigma de la teoría de la instrucción* (pp. 15-40). Madrid: Santillana.

Rivas, H. (2014). *Idoneidad didáctica de procesos de formación estadística de profesores de educación primaria.* Tesis doctoral. Universidad de Granada.

Rugina, A. N. (1998). The problem of values and value judgments in science and a positive solution: Max Weber and Ludwig Wittgenstein revisited. *International Journal of Social Economics, 25*(5), 805-854.

Sawyer, R. K. (2014). The future of learning: Grounding educational innovation in the learning sciences. En R. K. Sawyer (Ed.), *The Cambridge Handbook of the Learning Sciences* (pp. 726-746). Cambridge University Press.

Scheiner, T., Godino, J. D., Montes, M. A., Pino-Fan, L. R., y Climent, N. (2022). On metaphors in thinking about preparing mathematics for teaching. *Educational Studies in Mathematics, 111*(2), 253-270.

Sfard, A. (1998). On two metaphors for learning and the dangers of choosing just one. *Educational Researcher, 27* (2), 4-13.

Sfard, A. y Cobb. P. (2014). Research in mathematics education: what can it teach us about human learning? En R. K. Sawyer (Ed.), *The Cambridge Handbook of the Learning Sciences* (Second Edition). Cambridge University Press.

Stokes, D. (1997). *Paster's quadrant. Basic science and technological innovation.* Brookings Institution Press.

Sweller, J., Kirschner, P. A., y Clark, R. E. (2007). Why minimally guided teaching techniques do not work: A reply to commentaries. *Educational Psychologist, 42*(2), 115-121.

Thaler, R. H., y Sunstein, C. R. (2008). *Nudge improving decisions about health, wealth and happiness.* Yale University Press.

Wild, C. y Pfannkuch, M. (1999) Statistical thinking in empirical enquiry. *International Statistical Review, 67*(3), 223-265.

Yackel, E. y Cobb, P. (1996). Sociomathematical norms, argumentation, and autonomy in mathematics. *Journal for Research in Mathematics Education, 27*(4), 458-477.

Zhang, L. (2016). Is inquiry-based science teaching worth the effort? Some thoughts worth considering. *Science Education, 25,* 897-915.

Capítulo 5

Teoría de la idoneidad didáctica basada en el EOS

Introducción

La evaluación de la planificación e implementación de los procesos educativo-instruccionales implica tanto al profesor, como a otros agentes interesados en su valoración global y la del aprendizaje. Así, diversos organismos nacionales e internacionales se interesan por los resultados finales del aprendizaje de los estudiantes y por los factores que los determinan, aplicando pruebas estandarizadas que con frecuencia condicionan los currículos implementados. El objeto/motivo de esa actividad evaluativa es el proceso educativo-instruccional en su globalidad, implicando, por tanto, sus diversas facetas e interacciones. A nivel local, esto es, en el seno de la clase, también tiene lugar actividad evaluativa cuyo objeto es la recogida de información y la toma de decisiones instruccionales. El resultado buscado es información sobre los aprendizajes logrados por los estudiantes (evaluación sumativa), o el desarrollo del proceso instructivo a nivel local (evaluación formativa).

A nivel macro, o sea, en la evaluación externa sumativa, hay implicadas diversas comunidades profesionales que asumen las tareas requeridas (diseño de instrumentos, aplicación, análisis e interpretación de resultados, etc.). A nivel local, la evaluación es también una actividad comunitaria, ya que no solo implica al profesor y los estudiantes, sino a la escuela y la familia. El entorno ecológico en que se realiza la actividad está condicionado y apoyado por normas que regulan la periodicidad, las formas, procedimientos y medios disponibles. Los procesos de evaluación de los aprendizajes a nivel macro requieren desarrollar instrumentos de medida objetivos que permitan realizar comparaciones entre grupos, escuelas y países para tomar decisiones a nivel macro. Esta evaluación conduce a una reducción de la complejidad, prescindiendo de detalles contextuales que pueden ser esenciales desde el punto de vista educativo. De aquí se deriva el dilema general sobre la evaluación en educación matemática: «¿Cómo podemos evaluar los componentes esenciales del conocimiento matemático, la comprensión, el pensamiento, la creatividad, la resolución de problemas y la capacidad general sin distorsionarlos gravemente?» (Niss, 1993, p. 27).

En este capítulo desarrollaremos la noción de idoneidad didáctica mencionada en el Capítulo 4 como un elemento de la dimensión normativa, esto es, como el sistema de criterios que de manera implícita o explícitamente orientan el objetivo de optimizar los procesos educativos-instruccionales. Esta herramienta teórica se puede usar en las fases de planificación e implementación, pero sobre todo en la fase de análisis retrospectivo o evaluación de los aprendizajes, la identificación de factores condicionantes del desarrollo del proceso educativo y de posibles mejoras. La idoneidad está estrechamente relacionada con la calidad de la instrucción y los instrumentos de medida de los aprendizajes, aunque está focalizada en la optimización local de los procesos educativos en matemáticas. Pone el acento en reconocer la complejidad de facetas y componentes que condicionan dichos procesos y en elaborar criterios o pautas de ayuda para la actuación de los profesores, quienes deben tomar las decisiones finales sobre el peso relativo de los criterios en cada circunstancia.

En la Sección 5.1 describimos la noción de calidad de la instrucción citando diversas investigaciones que desarrollan el constructo y elaboran instrumentos para su medida. Justificamos la utilidad de elaborar una visión ampliada de la calidad con un enfoque básicamente cualitativo, como el propuesto por el constructo idoneidad didáctica. En la

Sección 5.2 presentamos la manera en que conceptualizamos la idoneidad didáctica, su definición y estructura de facetas y componentes. Justificamos hablar de teoría de la idoneidad didáctica basada en EOS (TID-EOS) al considerar que tanto la definición de idoneidad como el sistema de criterios que desarrollamos en la Sección 5.3 se basan en los supuestos y constructos de las teorías de la actividad matemática, objetos emergentes y significados que componen el EOS (Capítulos 2 y 3), así como en la teoría del diseño educativo descrita en el Capítulo 4. En principio, cada teoría usada en educación matemática, incluso cada profesor, tiene su propia teoría de la idoneidad didáctica, al menos implícitamente. Los criterios de idoneidad incluidos en las diversas tablas de la Sección 5.3 se aplican a cualquier contenido matemático. Pero, de las investigaciones didácticas sobre contenidos específicos se derivan criterios de idoneidad a un nivel más detallado que deben ser tenidos en cuenta para optimizar los procesos educativos correspondientes. En la Sección 5.4 incluimos un sistema de criterios de idoneidad para el caso del estudio de la proporcionalidad, mientras que en la Sección 5.5 presentamos un ejemplo de aplicación de la TID-EOS en una experiencia de enseñanza de la proporcionalidad realizada con estudiantes de educación secundaria. Analizar las concordancias y complementariedades entre los criterios de idoneidad basados en EOS con otras teorías usadas en educación matemática es el objetivo de la Sección 5.6. Finalizamos el capítulo respondiendo a las cuestiones que proponen Michie *et al.* (2014) como síntesis de una teoría en el campo de las ciencias sociales y del comportamiento.

5.1. La calidad de la instrucción y su medida[20]

Diversas investigaciones educativas se han interesado por desarrollar instrumentos de observación y medida de la calidad de la instrucción, bien de características genéricas, específicas de los contenidos, o

---

[20] El contenido de las secciones 5.1 a 5.3 está basado en el artículo, Godino, J. D., Batanero, C. y Burgos, M. (2023). Theory of didactical suitability: An

una combinación de ambas. Charalambous y Praetorius (2018) citan, entre otros, los proyectos, *Elementary Mathematics Classroom Observation Form* (Thompson y Davis, 2014), *Instructional Quality Assessment* (IQA, Matsumura *et al.* 2008), *Mathematical Quality of Instruction* (MQI, Hill *et al.*, 2011) y *Mathematics-Scan* (M-Scan, Walkowiak *et al.*, 2014). La mayoría de estos trabajos tratan de ofrecer información válida y fiable a las autoridades educativas para la toma de decisiones sobre los planes de reforma o procesos de acreditación y selección de profesores.

Un rasgo distintivo de los estudios de calidad de la instrucción es la observación del trabajo de muestras de clases, escuelas, profesores y producciones de los estudiantes, para relacionar estadísticamente algunas variables de enseñanza con el aprendizaje. Se construyen protocolos de observación de clases y de los trabajos de los estudiantes, explicitando criterios para la asignación de puntuaciones por parte de evaluadores externos (Boston, 2012; Hill *et al.*, 2011). Como conclusión se ofrecen recomendaciones sobre cómo mejorar la instrucción a nivel de escuelas o distritos.

Usualmente los instrumentos de medida de la calidad de la instrucción evalúan aspectos de las prácticas educativas, que se asocian empíricamente con el aprendizaje de los estudiantes. Se persigue la viabilidad de los instrumentos y una calidad técnica que garantice un uso fiable a la hora de asignar puntuaciones a las observaciones de las clases y las producciones de los estudiantes. Estos requisitos de las mediciones pueden reducir la generalización de los resultados, ya que no se captan aspectos importantes de la instrucción (por ejemplo, las concepciones erróneas sobre las matemáticas o el papel asignado a los procesos matemáticos).

Aunque la evaluación de unos pocos aspectos bien elegidos de la instrucción pueda proporcionar información útil para la mejora de la instrucción, un instrumento comprensivo puede ayudar a tomar conciencia de la complejidad de los procesos de educativos e identi-

---

enlarged view of the quality of mathematics instruction. *EURASIA Journal of Mathematics, Science and Technology Education, 19*(6), em2270.

ficar variables significativas. Además, con frecuencia, la optimización de los procesos de enseñanza y aprendizaje requiere priorizar unos principios y dejar en un segundo plano otros, teniendo en cuenta las circunstancias específicas del contexto y los estudiantes. Estas decisiones corresponden esencialmente a los profesores, que pueden encontrarse desprovistos de herramientas que los orienten en esta compleja tarea. Es necesario desarrollar instrumentos para el análisis sistemático de las diferentes facetas y componentes del proceso de educativo-instruccional, que puedan usar los profesores para reflexionar sobre su práctica y tomar decisiones fundamentadas para su mejora progresiva.

En la Teoría de la idoneidad didáctica basada en el EOS (TID-EOS), que describimos en este capítulo, tratamos de complementar los esfuerzos de la medida cuantitativa de la calidad con un enfoque cualitativo, que pone el foco en la iniciativa y responsabilidad de los profesores para tomar decisiones sobre sus propias prácticas docentes. Esa actividad de reflexión debe estar apoyada en instrumentos específicos que permitan revelar la complejidad de los procesos y la dificultad de lograr el equilibrio entre principios didácticos a veces contrapuestos. Los resultados de este trabajo tienen, por tanto, implicaciones en la investigación sobre formación de profesores, en particular, las interesadas por la reflexión del profesor y la toma de decisiones sobre la práctica (Karsenty y Arcavi, 2017; Tzur, 2001).

5.2. Conceptualización de la idoneidad didáctica

En el EOS hemos desarrollado dos instrumentos de apoyo de la actividad de evaluación de los procesos educativo-instruccionales:

1. El modelo de estructura descrito en la Sección 4.1 (Capítulo 4) en el que proponemos distinguir seis facetas y sus respectivas interacciones: epistémica, ecológica, mediacional, interaccional, cognitiva y afectiva. Para cada faceta distinguimos diversos componentes y subcomponentes (Figura 4.1).

2. La teoría de la idoneidad didáctica en la que proponemos, además del constructo idoneidad didáctica, un sistema de criterios —principios o normas— de optimización de los procesos educativo-instruccionales en sus diferentes facetas y componentes. La formulación de los criterios, descritos en la Sección 5.3, está basada en los supuestos y constructos del EOS, aunque como se explica en dicha sección, los criterios son usualmente compartidos por otras teorías, orientaciones curriculares y escuelas de pensamiento.

5.2.1. Definición y estructura de la idoneidad didáctica

En Godino *et al.* (2006) comenzamos a hablar de la idoneidad didáctica de un proceso de instrucción ante el reto de pasar del análisis y descripción de los procesos a la ingeniería didáctica, entendida como la disciplina que orienta el diseño, implementación y evaluación de la enseñanza y el aprendizaje de las matemáticas. Concretamente nos preguntamos: «¿Qué criterios de idoneidad de las configuraciones y trayectorias didácticas se pueden derivar del enfoque ontológico-semiótico de la cognición matemática?». En dicho trabajo consideramos que la idoneidad global de una configuración didáctica, y de una trayectoria didáctica, se debe valorar teniendo en cuenta las diversas facetas o dimensiones. Para las configuraciones docente y discentes propusimos valorar la idoneidad teniendo en cuenta las posibilidades de identificación de conflictos y negociación de significados.

Esta herramienta teórica ha sido ampliamente utilizada en diversos trabajos de investigación, como describen Malet *et al.* (2021), pudiéndose apreciar su progresivo refinamiento y cambios en la formulación de los criterios e indicadores de idoneidad (Breda *et al.*, 2018; Godino, 2013). En Godino *et al.* (2023) proponemos la siguiente conceptualización de la idoneidad didáctica:

> La idoneidad didáctica de un proceso de instrucción se define como el grado en que dicho proceso (o una parte) reúne ciertas características que permiten calificarlo como óptimo o adecuado para con-

seguir la adaptación entre los significados personales logrados por los estudiantes (aprendizaje) y los significados institucionales pretendidos o implementados (enseñanza), teniendo en cuenta las circunstancias y recursos disponibles (entorno). Dichos significados institucionales son representativos, así mismo, del significado global de referencia. (Godino *et al.*, 2023, p. 4)

Este enunciado describe las condiciones que debe reunir un proceso instruccional para que se le atribuya el valor de idoneidad, que se liga inicialmente a la optimización o adecuación del acoplamiento entre las actividades de enseñanza y aprendizaje y la implementación de unas matemáticas ricas, teniendo en cuenta los múltiples factores que intervienen en dichos procesos. De aquí se puede pasar a enunciar un criterio (principio) global de idoneidad didáctica: «Se debería conseguir que los estudiantes aprendan las matemáticas que se pretende enseñar, siendo dichas matemáticas representativas del significado global de las mismas y teniendo en cuenta las circunstancias personales, contextuales y temporales».

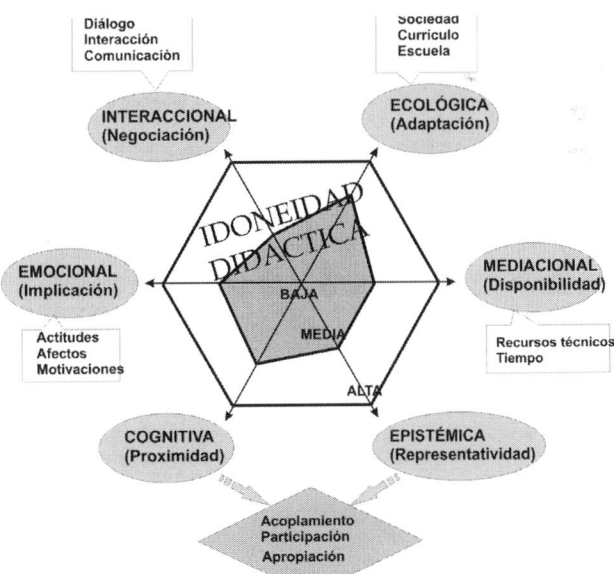

Figura 5.1. Idoneidad didáctica. Facetas y criterios generales (Godino, 2013, p. 116)

Esta formulación incorpora valores sociales de la enseñanza de las matemáticas, como son evitar el fracaso escolar y hacer un uso eficiente de los recursos disponibles. La idoneidad didáctica es un rasgo graduable de los procesos educativos que supone la articulación coherente de seis idoneidades parciales relativas a las facetas y componentes (Figura 5.1). La descripción detallada de los criterios parciales para facetas y componentes se describe en la Sección 5.3.

Partimos de la base de que en las ciencias sociales y educativas es posible formular criterios de idoneidad, en la forma de juicios de valor, en aquellas circunstancias en que dichos juicios tienen carácter social y es posible fundamentar su formulación. Tales juicios conllevan una racionalidad, por lo que pueden ser objeto de escrutinio científico (Bunge, 1999; Lacey, 1999; Rugina, 1998).

Los criterios de idoneidad parciales de cada faceta pueden ser refinados a partir de los componentes que proporcionan las diversas herramientas del EOS. Así, por ejemplo, la idoneidad epistémica se refiere al grado en que los significados institucionales del contenido y las configuraciones de objetos y procesos implementados representan al significado global de referencia, teniendo en cuenta las circunstancias contextuales y personales de los sujetos implicados. La idoneidad cognitiva se refiere al grado en que los objetivos de aprendizaje son un reto cognitivo alcanzable para los estudiantes, y los significados personales logrados concuerdan con los significados institucionales planificados, teniendo en cuenta sus circunstancias personales y contextuales. La optimización conjunta de las idoneidades parciales puede ser conflictiva en un contexto y circunstancias específicas:

> lo cual conlleva, primero, a tratar los criterios de idoneidad de manera conjunta (y no como criterios independientes como frecuentemente se hace en el caso de la calidad) y, segundo, a cuestionar o relativizar la validez de un determinado criterio en un contexto específico, lo cual lleva a dar pesos relativos diferentes a cada criterio en función del contexto. De esta manera, el peso relativo de cada criterio de idoneidad parcial ya no depende solo de factores externos (la existencia de un consenso previo en la comunidad), sino, en mayor medida, de

factores internos (el conflicto que genere el criterio de idoneidad con el contexto y con los otros criterios). (Breda *et al.*, 2018, p. 265)

Un segundo nivel de análisis de la idoneidad (Figura 4.1, Capítulo 4) vendría determinado por los componentes (en cantidad variable) de cada faceta, siendo algunos aplicables a cualquier disciplina, mientras que otros son específicos de las matemáticas. Para las facetas epistémica y cognitiva es posible y conveniente proponer un Nivel III de análisis, distinguiendo subcomponentes determinados por los elementos que caracterizan el conocimiento matemático según el EOS. Cuando el proceso educativo-instruccional que se analiza refiere a contenidos específicos, por ejemplo, la probabilidad, es posible definir un Nivel IV de análisis en las facetas epistémica y cognitiva, teniendo en cuenta aspectos propios de la enseñanza y aprendizaje de dicho contenido (Beltrán-Pellicer *et al.*, 2018).

Las acciones y recursos utilizados en las facetas epistémica, ecológica, interaccional y mediacional tienen como objetivo el aprendizaje de los estudiantes, en el cual se contemplan tanto los aspectos cognitivos como afectivos. Existen interacciones complejas entre las diferentes facetas, ya que los procesos educativos-instruccionales acontecen en el seno de sistemas sociales recursivos y abiertos en los que las interacciones entre los elementos se basan en la interpretación y negociación de significados, así como en una compleja trama de valores entrelazados.

> Los sistemas sociales suelen ser sistemas semióticos en el sentido de que las interacciones entre los elementos no se basan en la fuerza física sino en el significado y la interpretación. En estos términos, la educación puede caracterizarse como un sistema semiótico recursivo abierto. Es un sistema semiótico porque los intercambios entre profesores y alumnos no son intercambios a nivel de fuerza física sino a nivel de significado. El sistema funciona como un sistema recursivo porque los profesores y los alumnos actúan sobre la base de sus interpretaciones y comprensiones. Los sistemas educativos son generalmente sistemas abiertos porque interactúan con su entorno (aunque en condiciones de reducción de la complejidad). (Biesta, 2010, p. 497)

En la TID-EOS se explicitan y estructuran los principios axiológicos y criterios de optimización de los procesos de enseñanza y aprendizaje asumidos en la comunidad de investigación, incorporando algunos propios, derivados de los supuestos ontosemióticos sobre el conocimiento matemático. Esta teoría aporta una visión ampliada de los estudios sobre calidad de la instrucción matemática (Charalambous y Praetorius, 2018), enfatizando una aproximación interpretativa de la trama de valores que se ponen en juego en los procesos de enseñanza y aprendizaje de las matemáticas. Se manifiesta la complejidad de optimizar dichos procesos, ya que es necesario lograr un equilibrio en la implementación de principios relativos a las diferentes facetas y componentes, que tienen un fuerte componente local. Ese equilibrio axiológico tiene que ser gestionado por el profesor, ponderando la importancia relativa de cada aspecto según las circunstancias de las personas y el contexto.

El cumplimiento de los criterios de idoneidad lleva asociado diversos indicadores empíricos. Por ejemplo, se asume que la comprensión y competencia matemática de los estudiantes está ligada al uso de diversas representaciones, su tratamiento y conversión. En consecuencia, un proceso de instrucción deberá procurar que los estudiantes tengan oportunidades de usar diferentes sistemas de representación, su conversión y tratamiento. Un juicio sobre la mayor o menor idoneidad de un proceso instruccional específico se basará en la observación de indicadores empíricos sobre el uso de los sistemas de representación. El criterio es una norma (en unos casos usada como principio, en otros como regla) que se debería seguir para lograr que un proceso de instrucción tenga una alta idoneidad; el indicador es la manifestación observable de la aplicación del criterio; los criterios se agrupan o categorizan según las facetas y componentes.

5.2.2. Una visión ampliada de la idoneidad

Los criterios de idoneidad didáctica se pueden ver como principios heurísticos que sintetizan los resultados de las investigaciones en educación matemática. La mayoría de estos criterios son compartidos por diversas teorías, como se indica en Godino (2013) y en Godino (2021). Se ofrecen como una herramienta de apoyo de la indagación individual o colaborativa del profesional de la educación, que deberá interpretar y adaptar a sus circunstancias particulares los criterios globales y específicos para cada componente del proceso instruccional, ponderando su peso relativo.

La noción de idoneidad se puede aplicar, no solo a la actividad didáctica, sino a cualquier actividad humana, estableciendo un nexo entre la investigación científica-tecnológica y la práctica reflexiva. Esto ayuda en la toma de decisiones para abordar la triple dialéctica entre Fines, Valores y Medios, que recae en el práctico reflexivo. Los juicios de valor se pueden analizar, comparar, articular de manera racional. Toda actividad humana, incluso la matemática, incorpora principios de eficiencia; por ello, la idoneidad didáctica se puede ampliar a idoneidad matemática, idoneidad económica, etc.

Con esta visión general, una Teoría de la Actividad Idónea será un sistema de juicios de valor —*se debería hacer esto y no aquello*— sobre cómo proceder para realizar una actividad de la mejor manera posible, teniendo en cuenta el contexto y circunstanciales específicas. Estas teorías pueden ser implícitas o explícitas, personales o sociales, espontáneas o fundamentadas en resultados de investigaciones básicas o aplicadas, así como de la práctica reflexiva de los agentes implicados. Para la actividad didáctica (enseñanza y aprendizaje) cada profesor tendrá su propia «teoría de lo que puede ser mejor» dependiendo de sus conocimientos, creencias y valores personales.

5.3. Sistema de criterios de idoneidad didáctica

En esta sección describimos el criterio general de idoneidad para las diferentes facetas, justificando su racionalidad en los supuestos del EOS y las concordancias con otras teorías educativas generales o específicas de educación matemática. El sistema completo de criterios de idoneidad didáctica para las facetas y componentes configura el instrumento Guía de Análisis de la Idoneidad Didáctica de Procesos de Instrucción Matemática (GAID-PIM) formado por el conjunto de tablas incluidas en los diferentes apartados de esta sección.

Los criterios de idoneidad deben entenderse como principios a seguir para que el proceso instruccional sea idóneo en cada una de sus facetas, atendiendo a sus componentes. En trabajos previos (Godino, 2013; Breda *et al.*, 2018) se formularon indicadores de idoneidad para dichas componentes, entendidos como rasgos que se deberían observar en un proceso instruccional idóneo. Para poder asignar un mayor o menor grado de idoneidad sería necesario desarrollar rúbricas con reglas de asignación de valores numéricos al grado de cumplimiento de cada indicador. Esta orientación cuantitativa en la valoración de la idoneidad no se ha desarrollado en la TID-EOS, ya que el uso prioritario de versiones previas del instrumento GAID-PIM ha sido principalmente el desarrollo profesional docente, y no la comparación y ordenación de la calidad de lecciones o profesores.

5.3.1. Faceta epistémica

Para la TID-EOS, es esencial valorar la calidad del contenido que se enseña y aprende, por lo que la faceta epistémica tiene un lugar destacado en el nivel I y en los niveles II y III de análisis (Figura 4.1, Capítulo 4) mostrando la complejidad que supone medir la calidad de los conocimientos matemáticos institucionales. En la Tabla 5.1A formulamos el criterio general de idoneidad epistémica y sus componentes.

Tabla 5.1A. Criterios de idoneidad para la faceta epistémica y sus componentes

Criterio general de la faceta epistémica	Criterios específicos según componentes
El sistema de significados institucionales parciales del contenido y las configuraciones de objetos y procesos ligadas a cada significado, implementado a lo largo del proceso instruccional, debería estar articulado, ser representativo del significado global de referencia y tener en cuenta las circunstancias contextuales y personales de los sujetos implicados.	*Significados* – Seleccionar los significados parciales cuyo estudio se adapta a las circunstancias contextuales y personales de los estudiantes, contextualizándolos mediante situaciones-problemas comprensibles para los mismos. – Tener en cuenta una muestra representativa de los objetos primarios implicados en la actividad matemática (situaciones, lenguajes, conceptos y propiedades, procedimientos y argumentos) que intervienen en los significados parciales del contenido. *Relaciones (conexiones)* – Relacionar entre sí los significados parciales estudiados y los objetos que intervienen en las prácticas correspondientes, así como con el contenido de otros temas que el estudiante ya conoce. *Procesos* – Tener en cuenta la diversidad de procesos de los cuales emergen los objetos que intervienen en las prácticas matemáticas (problematización, representación, definición, generalización, modelización . . .).

El contenido matemático implementado debe reunir ciertas características para que el proceso instruccional tenga idoneidad epistémica, esto es, que incluya unas matemáticas ricas, óptimas o adecuadas, según las circunstancias contextuales y personales de los estudiantes (faceta ecológica y cognitiva). El modelo ontosemiótico de conocimiento matemático aporta elementos para caracterizar dichas matemáticas, en los diferentes componentes y subcomponentes de la faceta epistémica (Capítulo 2). Un proceso de instrucción específico tiene lugar en un entorno particular y se realiza en un intervalo de tiempo acotado, por lo que es inevitable seleccionar algunos significados parciales del objeto en cuestión y, por tanto, las configuraciones de objetos y procesos asociadas a los significados seleccionados, pero globalmente (a lo largo de la educación) el conjunto de significados debe ser representativo[21].

Con esta formulación del criterio general de idoneidad epistémica se acepta que no existen unas únicas «buenas matemáticas», sino diversas, ya que para cada contenido se pueden identificar diversos significados «correctos» que varían en su generalidad, formalización y en los objetos y procesos implicados[22]. En consecuencia, la optimización del aprendizaje tiene que ser local, o sea, adaptada al contexto, sujetos y circunstancias.

Para que el proceso instruccional tenga alta idoneidad epistémica el diseño de las tareas debería tener las características indicadas en la Tabla 5.1B. Teniendo en cuenta la visión antropológica de la matemática asumida en el EOS, esto es, la matemática como actividad de las personas y como sistema de objetos culturales emergentes de la misma, la resolución de problemas se considera fundamental en los procesos instruccionales. Esto se refleja en el criterio general y en los criterios ligados a las componentes: significados (contextualización mediante situaciones-problemas comprensibles para los estudiantes), relaciones o conexiones entre significados, objetos (situaciones-problemas) y procesos (problematización).

---

[21] El requerimiento de que los significados, objetos y procesos implementados sean representativos del significado institucional previsto implica que no debería haber errores matemáticos en las planificaciones y presentaciones del profesor. Por esta razón no se incluye como un componente de Nivel II la «ausencia de errores» en la faceta epistémica, como sí hacen algunos modelos, por ejemplo, MQI (Hill *et al.*, 2011) y Breda *et al.* (2018). La ausencia de conflictos epistémicos se contempla como criterios relacionados con los subcomponentes definiciones, proposiciones y procedimientos (Nivel III).

[22] Ejemplos de la reconstrucción del significado global de algunos objetos matemáticos se describen en Batanero y Díaz (2007), Burgos y Godino (2020), Wilhelmi *et al.* (2007), entre otros trabajos.

Tabla 5.1B. Criterios de idoneidad para subcomponentes
del Nivel III de la faceta epistémica

Subcomponente	Criterios específicos
Situaciones-problema	– Presentar una muestra representativa y articulada de situaciones de contextualización, ejercitación y aplicación y generación de problemas (problematización).
Lenguajes	– Usar una muestra representativa de diferentes modos de expresión matemática (verbal, gráfica, simbólica...), traducciones y conversiones entre los mismas. – Adecuar el nivel del lenguaje a los niños a que se dirige. – Proponer situaciones de expresión matemática e interpretación.
Reglas (definiciones, proposiciones, procedimientos)	– Proponer definiciones y procedimientos claros, correctos y adaptados al nivel educativo al que se dirigen. – Presentar correctamente los enunciados y procedimientos fundamentales del tema para el nivel educativo dado. – Proponer situaciones donde los alumnos tengan que generar o negociar definiciones proposiciones o procedimientos.
Argumentos	– Proponer explicaciones, comprobaciones y demostraciones correctas y adecuadas al nivel educativo a que se dirigen. – Promover situaciones donde el alumno tenga que argumentar.

Los criterios de idoneidad epistémica (Tablas 5.1A y 5.1B) concuerdan con los principios asumidos por la «Teoría de situaciones didácticas en Matemáticas» (TSDM) (Brousseau, 2002) y la «Educación matemática realista» (EMR) (Van den Heuvel-Panhuizen y Wijers, 2005), basada en la fenomenología didáctica de Freudenthal (1983; 1991). En estas teorías, y propuestas curriculares (como NCTM, 2000), se propone el uso de situaciones-problemas para contextualizar las ideas matemáticas y generarlas a partir de la resolución, comunicación y generalización de las soluciones. Los principios de actividad y de realidad de la EMR apoyan la consideración de los criterios de idoneidad epistémica. Para Freudenthal no hay matemáticas sin matematización, entendiendo por matematización «toda actividad organizadora del matemático, tanto si se trata de contenidos y expresiones matemáticas, como de experiencias más ingenuas, intuitivas, o vividas, expresadas en el lenguaje cotidiano» (Freudenthal, 1991, p. 31). Esta actividad se aplica a resolver problemas del entorno, o problemas de reorganización del propio conocimiento matemático.

Un punto central para lograr una alta idoneidad epistémica será, por tanto, la selección y adaptación de situaciones-problemas. Sin embargo, aunque las situaciones problemas constituyen un elemento central, una idoneidad epistémica elevada requiere también atención a las diversas representaciones o medios de expresión (lo que concuerda con los trabajos de Duval, 1995), las definiciones, procedimientos, proposiciones, así como los argumentos asociados a las mismas. Tales tareas deben proporcionar a los estudiantes diversas maneras de abordarlas, implicar diversas representaciones y requerir que los estudiantes conjeturen, interpreten y justifiquen las soluciones (Hanna y Villiers, 2012). Todos estos procesos que caracterizan unas matemáticas ricas tienen que ser relativizados al contexto, sujetos y circunstancias locales y temporales.

También se debe prestar atención a las conexiones entre las distintas partes del contenido matemático y entre los diversos tipos de objetos y procesos. Las matemáticas son un campo de estudio integrado; «en un currículum coherente, las ideas matemáticas están relacionadas y se construyen unas sobre otras» (NCTM, 2000, p. 14). Esta posición concuerda con el «Principio de interconexión» de la EMR: Los bloques de contenido matemático (numeración y cálculo, álgebra, geometría . . .) no pueden ser tratados como entidades separadas. Las situaciones problemáticas deberían incluir contenidos matemáticos interrelacionados. Además, la resolución de problemas en contextos ricos con frecuencia significa que es necesario aplicar un amplio rango de herramientas y conocimientos matemáticos.

5.3.2. Faceta ecológica

La idoneidad ecológica se refiere al grado en que una acción formativa para aprender matemáticas es adecuada en el entorno en que se utiliza. Entendemos por entorno todo lo que condiciona su desarrollo fuera del aula: sociedad, escuela, pedagogía, didáctica de las matemáticas. El proceso de instrucción tiene lugar en un contexto educativo que fija unos fines y valores para la educación de los ciudadanos y profesionales. Dichos fines y valores son interpretados y especificados dentro del proyecto educativo del centro o departamento que coordina la acción de los profesores. El docente no trabaja de manera aislada en el aula, sino que forma parte de una comunidad de estudio e indagación que aporta conocimientos útiles sobre prácticas matemáticas y didácticas idóneas que se deberán conocer y tener en cuenta. En la Tabla 5.2. formulamos el criterio general de idoneidad ecológica y los criterios para los respectivos componentes.

Tabla 5.2. Criterios de idoneidad para la
faceta ecológica y sus componentes

Criterio general de la faceta ecológica	Criterios específicos según componentes
El proceso de instrucción debería estar en concordancia con el proyecto educativo del centro y la sociedad, teniendo en cuenta los condicionamientos del entorno en que se desarrolla y las innovaciones basadas en la investigación educativa.	*Conexiones intra e interdisciplinares* – Relacionar los contenidos con otros contenidos intra e interdisciplinares.
	Currículo – Proponer el estudio progresivo y articulado de los diversos significados parciales de los contenidos matemáticos en los distintos niveles educativos, graduando la generalidad y formalización con los que se aborda el estudio de dichos significados.
	Apertura hacia innovación didáctica – Introducir innovaciones que estén basadas en la investigación y buenas prácticas reconocidas. – Integrar el uso de las nuevas tecnologías (calculadoras, ordenadores, TIC, etc.) en el proyecto educativo.
	Adaptación socioprofesional y cultural – Procurar que el proceso educativo-instruccional en su conjunto contribuye a la formación socio profesional de los estudiantes.
	Educación en valores cívicos – Incluir en el diseño e implementación del proceso educativo-instruccional la formación de los estudiantes en valores democráticos y el pensamiento crítico.
	Entorno familiar – Estimular y apoyar, en la medida de lo posible, el aprendizaje del estudiante fuera de la escuela y su desarrollo como persona.

La educación matemática crítica (Skovsmose, 2012) aporta ideas para lograr que los ciudadanos sean parte activa de una sociedad democrática. Más allá del aprendizaje matemático individual de cada persona, es necesario reflexionar sobre las consecuencias colectivas de este aprendizaje en la sociedad actual. En la escuela, las prácticas matemáticas pueden ejercer una enorme influencia en dos sentidos totalmente opuestos: por un lado, las matemáticas reducidas a meros cálculos rutinarios pueden reforzar actitudes pasivas y complacientes y, por otro, las matemáticas en su sentido más amplio pueden desarrollar el pensamiento crítico y alternativo.

Como componentes de la faceta ecológica se incluyen las conexiones entre los diversos bloques de contenido y materias disciplinares, que influyen en la riqueza del contenido matemático y se relaciona también con la idoneidad epistémica. También se consideran otros aspectos de carácter transversal, cuya responsabilidad en la implementación corresponde no solo al profesor, sino también a otros agentes. Tal es el caso del currículo que debería contemplar los resultados de la investigación en educación matemática, tener en cuenta la formación social y profesional de los estudiantes y la educación en valores. También se menciona el entorno familiar como condicionante de los aprendizajes, como prueba la investigación, aunque, «sin embargo, en la mayoría de los casos no nos parece deseable alejar a los niños de sus familias simplemente para mejorar sus posibilidades de éxito educativo en algún momento» (Biesta, 2010, p. 501). Esta observación muestra la complejidad de lograr un equilibrio axiológico en los procesos educativos-instruccionales.

5.3.3. Faceta mediacional

Incluye recursos de diversos tipos que condicionan y apoyan la enseñanza y el aprendizaje de las matemáticas. Además de los medios materiales concretos y tecnológicos, como calculadoras y ordenadores, se tiene en cuenta los apoyos al estudio (libros de texto, cuadernos de actividades, videos educativos . . .), el número de estudiantes que el docente tiene asignados, el horario en que tienen lugar las clases, las condiciones materiales del aula, y el tiempo total asignado al estudio y su distribución. En la Tabla 5.3 enunciamos el criterio general de la idoneidad mediacional y los criterios específicos de sus componentes.

Tabla 5.3. Criterios de idoneidad para la faceta mediacional y sus componentes

Criterio general de la faceta mediacional	Criterios específicos según componentes
Se debería disponer de los recursos adecuados para el desarrollo óptimo del proceso de enseñanza y aprendizaje.	*Recursos materiales (concretos, virtuales y simbólicos)* – Distinguir los objetos matemáticos (regulativos, no ostensivos) de sus respectivas representaciones concretas, visuales o simbólicas en las prácticas matemáticas y didácticas. – Articular el uso de configuraciones de objetos y procesos basadas en representaciones alfanuméricas con las basadas en representaciones concretas para potenciar progresivamente los procesos de generalización, cálculo y demostración matemática.
	Apoyos al estudio (libros de texto, cuadernos de ejercicios, videos educativos. . .) – Hacer un uso crítico y reflexivo de materiales curriculares (libros de texto o cuadernos de actividades en formato físico o virtual, etc.) o vídeos educativos, decidiendo cuándo y cómo usarlos como apoyo al proceso de estudio.
	Número de estudiantes, horario y condiciones del aula – Optimizar el número de estudiantes para dar una atención personalizada. – Adecuar el aula y la distribución de los estudiantes para facilitar las interacciones. – Procurar un horario de sesiones de clase que favorezca la atención y compromiso de los estudiantes.
	Tiempo (de enseñanza colectiva/ tutorización; tiempo de aprendizaje) – Asignar un tiempo (presencial y no presencial) adecuado para la enseñanza pretendida. – Asignar un tiempo adecuado a los contenidos más importantes del tema y a los que presentan más dificultad de comprensión.

En las últimas décadas se ha creado un amplio consenso en educación matemática sobre el uso de materiales manipulativos y recursos virtuales como apoyo para la enseñanza y el aprendizaje al considerar que permiten «concretizar y visualizar» los conceptos matemáticos. «La tecnología es esencial en el aprendizaje y la enseñanza de las matemáticas. Este medio puede influenciar positivamente en lo que se enseña y, a su vez, incrementar el aprendizaje de los estudiantes» (NCTM, 2000, p. 24). Esta organización profesional considera, así mismo, que las calculadoras y demás herramientas tecnológicas, como sistemas de cálculo algebraico, software de geometría dinámica, applets, hojas de cálculo y dispositivos de presentación interactiva, son componentes vitales de una educación matemática de alta calidad.

Pero también hay estudios (por ejemplo, McNeil y Jarvin, 2007; Uttal *et al.*, 1997) que tienen un enfoque más crítico sobre el uso de los manipulativos. Uttal *et al.* (1997) consideran que la distinción tajante entre formas concretas y simbólicas de expresión matemática no es útil. No hay garantía de que los alumnos establezcan las conexiones necesarias entre los manipulativos y las expresiones matemáticas más tradicionales, ya que, en última instancia, el manipulativo pretende representar algo diferente, o sea, es también un símbolo.

> Un manipulativo concreto puede ser interesante para los niños pequeños, pero esto no es suficiente para que avancen en su conocimiento de las matemáticas o de los conceptos. Para aprender matemáticas a partir de los manipulativos, los niños necesitan percibir y comprender las relaciones entre los manipulativos y otras formas de expresión matemática. (Uttal *et al.*, 1997, p. 38)

En el EOS, como ya hemos mencionado, se considera que las relaciones entre las representaciones materiales y visualizaciones (objetos ostensivos) de los conceptos, proposiciones y procedimientos matemáticos son complejas, ya que estos tienen naturaleza regulativa (objetos no ostensivos) y no se deben confundir con sus representaciones (Godino *et al.*, 2007; Font *et al.*, 2013). Por ejemplo, el número racional «un tercio» puede ser referido, y participar en las prácticas matemáticas, mediante la expresión simbólica 1/3. También puede ser representado por un diagrama de sectores en el que el disco unidad se divide en tres partes iguales y se aparta una de las porciones, que es un tercio del todo unitario. Pero cualquier fracción equivalente a 1/3 también representa al racional un tercio. El progreso en la comprensión matemática requiere, por tanto, distinguir el objeto matemático de sus representaciones ostensivas (sean visuales o manipulativas), que materializan de manera icónica o indexical al objeto matemático.

También es necesario reconocer la distinta eficiencia de las representaciones simbólicas frente a las icónicas e indexicales para los procesos de cálculo, generalización y demostración. La actividad matemática se realiza usualmente con el apoyo de medios de expresión y cálculo cuya naturaleza puede ser tangible o manipulativa (ábaco, geoplano . . .), visual-diagramática (gráficas cartesianas, simuladores probabilísticos . . .), o con medios simbólicos alfanuméricos. Cualquiera de estos medios de expresión está dialécticamente relacionado con objetos matemáticos no-ostensivos que regulan el desarrollo de las prácticas matemáticas operativas y discursivas, para dar respuestas a las situaciones-problemas.

De estos postulados ontosemióticos se deriva un criterio de idoneidad específico del uso de recursos materiales en la instrucción matemática: «Se debería distinguir los objetos matemáticos (regulativos, no ostensivos) de sus respectivas representaciones concretas, visuales o simbólicas en las prácticas matemáticas y didácticas».

Por otra parte, hay que tener en cuenta la dialéctica entre las configuraciones de objetos y procesos basadas en el uso de recursos manipulativos-visuales y las configuraciones analíticas, basadas en representaciones simbólicas. Entre estos dos tipos de configuraciones se establecen relaciones sinérgicas entrelazadas en las prácticas matemáticas. Las configuraciones basadas en representaciones concretas y visuales desempeñan un papel clave, no solo en el trabajo matemático escolar, sino en la generación de conjeturas, la inducción y explicación, mientras que las analíticas son esenciales en los procesos de generalización, cálculo y justificación. De aquí se deriva otro criterio específico de idoneidad mediacional: «Se debería articular el uso de configuraciones de objetos y procesos basadas en representaciones alfanuméricas con las basadas en representaciones concretas para potenciar progresivamente los procesos de generalización, cálculo y demostración matemática».

Bartolini y Martignone (2020) proponen distinguir entre manipulativos concretos y virtuales. Los primeros son artefactos físicos que pueden ser manipulados por los estudiantes y ofrecen experiencias tangibles en la actividad matemática escolar, mientras que los segundos son manipulados digitalmente y ofrecen experiencias visuales. Pero los símbolos alfanuméricos, que forman parte de la categoría lenguajes de la faceta epistémica, son también «manipulados», esto es, son objetos de tratamiento y conversión entre diferentes registros (Duval, 2006). La articulación del uso de estos medios de expresión simbólica con los recursos materiales, como señalan Uttal *et al.* (1997), nos lleva a considerar la utilidad de distinguir tres subcomponentes en la categoría de recursos materiales: manipulativos concretos, virtuales y simbólicos. Para los tres tipos de recursos existe una gran variedad de dispositivos o artefactos dependiendo de los contenidos matemáticos que se aborden: aritmética (ábaco, regletas, muro de fracciones . . .), geometría (geoplano, geogebra . . .), estadística (simuladores, graficadores . . .), álgebra (balanza algebraica...). Estos dispositivos configuran un Nivel IV de análisis para el componente recursos materiales de la faceta mediacional.

5.3.4. Faceta interaccional

Aunque existe un debate entre el modelo de escuela que transmite conocimientos y aquella en que se construyen conocimientos (como mostramos en el Capítulo 4), el resultado parece inclinarse actualmente a favor del segundo.

> El marco de aprendizaje constructivista es un fundamento para la matemática de la reforma actual en los grados K-12. Muchos futuros profesores a lo largo de los Estados Unidos están siendo formados

en que esta es la manera en la que los estudiantes aprenden mejor. (Andrew, 2007, p. 157)

Esta preferencia por los modelos didácticos centrados en el estudiante se puede observar en las orientaciones curriculares de diversos países, que adoptan marcos teóricos de tipo constructivista o socio-constructiva, como se observa en el NCTM:

> Los estudiantes aprenden más y mejor cuando ellos mismos toman el control de sus aprendizajes definiendo sus objetivos y controlando su progreso. Cuando son desafiados con tareas elegidas de manera apropiada, los estudiantes adquieren confianza en su habilidad para abordar problemas difíciles, desean resolver las cosas por sí mismos, muestran flexibilidad al explorar ideas matemáticas e intentar vías de solución alternativas, y disposición para perseverar. (NCTM, 2000, p. 20)

Así mismo, la investigación educativa atribuye gran importancia al discurso, el diálogo, la conversación en la clase:

> La naturaleza del discurso matemático es una característica central de la práctica de la clase. Si aceptamos seriamente que los profesores necesitan oportunidades para aprender a partir de su práctica, el desarrollo de conversaciones matemáticas permite a los profesores aprender continuamente de sus estudiantes. Las conversaciones matemáticas que se centran sobre las ideas de los estudiantes pueden proporcionar a los profesores una ventana sobre el pensamiento de los estudiantes en modos que el trabajo individual de los estudiantes no lo permite. (Franke *et al.*, 2007, p. 237)

Estas tendencias justifican la propuesta en la TID-EOS del siguiente criterio general de idoneidad interaccional: «Los patrones de interacción deberían permitir identificar los conflictos semióticos potenciales, poner los medios adecuados para su resolución, favorecer la autonomía progresiva en el aprendizaje y el desarrollo de competencias comunicativas en los estudiantes».

En la Tabla 5.4 incluimos criterios de idoneidad ligados a las interacciones entre el profesor y los estudiantes y entre los propios estudiantes. Teniendo en cuenta principios de aprendizaje socio-constructivista se valora positivamente la presencia de momentos en que los estudiantes asumen la responsabilidad del aprendizaje. No obstante, al tomar conciencia de la complejidad ontosemiótica del conocimiento matemático, en la TID-EOS este principio constructivista se matiza en el sentido marcado por el siguiente criterio interaccional específico (Godino *et al.*, 2020):

> Se deberían adaptar los modos de interacción profesor-estudiantes teniendo en cuenta los momentos del proceso de estudio, aplicando un formato dialógico-colaborativo en los momentos de primer encuentro con el contenido y atribuyendo autonomía al estudiante en los momentos de ejercitación y aplicación.

La aceptación del principio de autonomía en el aprendizaje es un rasgo esencial de la Teoría de Situaciones Didácticas de Brousseau (2002), en la que las situaciones de acción, comunicación y validación se conciben como momentos adidácticos de los procesos de estudio, esto es, situaciones en las que los alumnos son protagonistas en la construcción de los conocimientos pretendidos. Así mismo, en la Educación Matemática Realista (EMR) se asume un principio de interacción, según el cual, la enseñanza de las matemáticas es considerada una actividad social. La interacción entre los estudiantes y entre los estudiantes y el profesor puede provocar que cada uno reflexione a partir de lo que aportan los demás y así poder alcanzar niveles más altos de comprensión. Los estudiantes, en lugar de ser receptores de una matemática ya elaborada, son participantes activos del proceso de enseñanza-aprendizaje, en el que ellos mismos desarrollan herramientas y comprensiones, y comparten sus experiencias con otros. La negociación explícita, la intervención, la discusión, la cooperación y la evaluación son esenciales en un aprendizaje constructivo en el que las aproximaciones informales del aprendiz son una plataforma para alcanzar los métodos formales. En esta instrucción interactiva, los estudiantes son estimulados a explicar, justificar, convenir y discrepar, cuestionar alternativas y reflexionar (Van den Heuvel-Panhuizen y Wijers, 2005, p. 290).

Tabla 5.4. Criterios de idoneidad para la faceta
interaccional y sus componentes

Criterio general de la faceta interaccional	Criterios específicos según componentes
Los patrones de interacción deberían permitir identificar los conflictos semióticos potenciales, poner los medios adecuados para su resolución, favorecer la autonomía progresiva en el aprendizaje y el desarrollo de competencias comunicativas en los estudiantes.	*Interacciones docente-discente* – Adaptar los modos de interacción teniendo en cuenta los momentos del proceso de estudio, aplicando un formato dialógico-colaborativo en los momentos de primer encuentro con el contenido y atribuyendo autonomía al estudiante en los momentos de ejercitación y aplicación. – Hacer una presentación adecuada del tema (presentación clara y bien organizada, no hablar demasiado rápido, enfatizar los conceptos clave del tema, etc.). – Reconocer y resolver los conflictos de los alumnos (se hacen preguntas y respuestas adecuadas, etc.). – Buscar llegar a consensos con base al mejor argumento. – Usar diversos recursos retóricos y argumentativos para implicar y captar la atención de los estudiantes. – Facilitar la inclusión de los alumnos en la dinámica de la clase. – Potenciar la participación y el compromiso activo de todos los estudiantes.
	Interacciones entre estudiantes – Favorecer el diálogo y comunicación entre los estudiantes. – Favorecer la inclusión en el grupo y evitar la exclusión.
	Autonomía – Contemplar momentos en los que los estudiantes asumen la responsabilidad del estudio (plantean cuestiones y presentan soluciones; exploran ejemplos y contraejemplos para investigar y conjeturar; usan una variedad de herramientas para razonar, hacer conexiones, resolver problemas y comunicarlos).
	Evaluación formativa – Observar de manera sistemática el progreso cognitivo de los alumnos y usar la información obtenida para tomar decisiones sobre el desarrollo de la instrucción.

Un principio fundamental de Freudenthal (1991) es que se debe dar a los estudiantes una «oportunidad guiada» de «reinventar» las matemáticas. Esto implica que, en la EMR, tanto los profesores como los programas educativos tienen un papel fundamental en cómo los estudiantes adquieren los conocimientos. Ellos dirigen el proceso de aprendizaje, pero no de una manera fija mostrando lo que los estudiantes tienen que aprender. Esto estaría en contradicción con el principio de actividad (Van den Heuvel-Panhuizen y Wijers, 2005) y daría lugar a comprensiones falsas. Por el contrario, los estudiantes necesitan espacio y herramientas para la construcción de conocimientos matemáticos por sí mismos. Con el fin de alcanzar este estado deseado, los profesores tienen que proporcionar a los alumnos un ambiente de aprendizaje en el que el proceso de construcción pueda surgir.

La toma de decisiones sobre la progresión del estudio, tanto por parte del docente como de los estudiantes, requiere la puesta en práctica de procedimientos de observación y encuesta para una evaluación formativa de los aprendizajes.

5.3.5. Faceta cognitiva

Como ya hemos puesto de manifiesto, en el EOS se asume que el aprendizaje implica la apropiación por parte de los estudiantes de los significados institucionales planificados, lo que supone el reconocimiento e interrelación por su parte de los objetos que intervienen en las prácticas matemáticas que los determinan. El acoplamiento progresivo entre los significados personales iniciales de los estudiantes y los significados institucionales previstos o efectivamente implementados se logra mediante su participación en la comunidad de prácticas generada en la clase. En la Tabla 5.5A enunciamos el criterio general de la idoneidad cognitiva y los criterios específicos de sus componentes.

Tabla 5.5A. Criterios de idoneidad para la faceta cognitiva y sus componentes

Criterio general de la faceta cognitiva	Criterios específicos según componentes
Los objetivos de aprendizaje deberían suponer un reto cognitivo alcanzable para los estudiantes, teniendo en cuenta sus circunstancias personales y contextuales. Además, los significados personales logrados por los estudiantes deberían ser concordantes con los significados institucionales planificados. La evaluación de los aprendizajes debería servir para mejorar el proceso instruccional.	*Significados personales* – Promover la comprensión de las situaciones-problemas, representaciones, conceptos y propiedades. – Desarrollar la competencia comunicativa, procedimental y argumentativa. *Relaciones (conexiones)* – Promover que el aprendizaje sea de tipo relacional, de modo que los estudiantes sean capaces de comprender y relacionar los distintos significados incluidos en el proceso de enseñanza y los objetos implicados. *Procesos* – Promover el desarrollo de la competencia del estudiante para implementar procesos matemáticos específicos del contenido (modelización, generalización, planteamiento y resolución de problemas, prueba, representación . . .) y procesos metacognitivos (reflexión sobre los propios procesos de pensamiento matemático). *Conocimientos previos* – Tener en cuenta los conocimientos previos que tienen los estudiantes para abordar el estudio del contenido pretendido. *Diferencias individuales* – Apoyar el aprendizaje de los estudiantes teniendo en cuenta sus diferencias individuales en los conocimientos previos, estilos de aprendizaje y niveles de comprensión y competencia. *Evaluación de los aprendizajes* – Comprobar regularmente el progreso de los aprendizajes para tomar decisiones instruccionales de mejora (evaluación formativa).

La idoneidad cognitiva se atribuye a un proceso instruccional como un rasgo graduable ligado al logro de unos objetivos de aprendizaje que demandan un esfuerzo alcanzable, acordes con unas matemáticas ricas y adaptadas a las circunstancias personales y contextuales. Este enunciado del criterio general de idoneidad cognitiva está inspirado en el concepto de zona de desarrollo próximo (Vygotsky, 1934), por lo que los objetivos de aprendizaje deben implicar el desarrollo de conocimientos y competencias matemáticas valiosas que impliquen un esfuerzo alcanzable con el apoyo del profesor y los compañeros, teniendo en cuenta los conocimientos previos y capacidades individuales —principio de equidad (NCTM, 2000)—. Se asume un aprendizaje relacional y con comprensión de los significados institucionales. La evaluación de los aprendizajes logrados debería tener en cuenta las características personales de los estudiantes y los distintos niveles de comprensión y competencia que pueden alcanzar. En la Tabla 5.5B formulamos criterios específicos para los subcomponentes de la faceta cognitiva de nivel III.

Tabla 5.5B. Criterios de idoneidad para subcomponentes
de Nivel III de la faceta cognitiva

Subcomponente	Criterios específicos
Comprensión situacional	−Promover y evaluar la resolución correcta de situaciones-problemas y tareas de aprendizaje que supongan un reto alcanzable para los estudiantes.
Competencia comunicativa	−Promover y evaluar la competencia comunicativa con diferentes modos de expresión matemática correcta.
Comprensión conceptual y proposicional; Competencia procedimental	−Promover y evaluar la comprensión conceptual y proposicional correcta. −Promover y evaluar la competencia procedimental correcta.
Competencia argumentativa	−Promover y evaluar la competencia argumentativa.

Tres de los seis principios formulados por el NCTM (2000) sobre la enseñanza de las matemáticas tienen relación con la idoneidad cognitiva. El principio de equidad indica: «La excelencia en la educación matemática requiere igualdad, grandes expectativas y un fuerte apoyo para todos los estudiantes» (p. 16). Se exige que se hagan adaptaciones razonables y apropiadas, y que sean incluidos contenidos motivadores para promover el acceso y el logro de todos los estudiantes. El principio de aprendizaje asume que «Los estudiantes deben aprender las matemáticas entendiéndolas, construyendo activamente el nuevo conocimiento a partir de sus experiencias y conocimientos previos» (p. 16). Así mismo, el principio de evaluación afirma que, «La evaluación debe apoyar el aprendizaje de matemáticas relevantes y proveer de información útil tanto a profesores como estudiantes» (p. 16).

5.3.6. Faceta afectiva

La resolución de cualquier problema matemático lleva asociada una situación afectiva para el sujeto implicado, quien pone en juego no solamente sus conocimientos para resolverlo, sino también moviliza emociones, actitudes, creencias y valores que condicionan en mayor o menor grado su respuesta. Se consideran los procesos afectivos como entidades psicológicas que describen estados o rasgos mentales más o menos estables, o disposiciones para la acción de los sujetos. Pero, desde el punto de vista didáctico, el logro de unos estados afectivos que interaccionen positivamente con el dominio cognitivo tiene que ser objeto de consideración por parte de las autoridades educativas y por el profesor (Gómez-Chacón, 2000) cuyo trabajo queda condicionado por normas institucionales de carácter afectivo.

La mayor o menor idoneidad afectiva del proceso en cuestión se basa en el grado de implicación, interés, motivación, autoestima y disposición de los estudiantes. Las creencias sobre las matemáticas y su estudio también influyen en el aprendizaje y, por tanto, es necesario tenerlas en cuenta. La idoneidad afectiva se atribuye a un proceso instruccional como una característica graduable dependiente de rasgos del ámbito de las emociones, creencias y actitudes que se promueven y manifiestan en el mismo. En la Tabla 5.6 formulamos el criterio general de idoneidad afectiva y criterios particulares para los distintos componentes de esta faceta, que no son exclusivos de la instrucción matemática, esto es, tienen un carácter general. Estos criterios concuerdan con principios asumidos por diversas investigaciones acerca de las interacciones entre los dominios cognitivo y afectivo en el aprendizaje matemático (Beltrán-Pellicer y Godino, 2020; Gómez-Chacón, 2000; McLeod, 1992).

Tabla 5.6. Criterios de idoneidad para la
faceta afectiva y sus componentes

Criterio general de la faceta afectiva	Criterios específicos según componentes
El proceso de instrucción debería lograr el mayor grado posible de implicación del alumnado (interés, motivación, autoestima) y tener en cuenta sus creencias sobre las matemáticas y su aprendizaje.	*Emociones* – Planificar situaciones para la identificación y discusión de las emociones a fin de evitar el rechazo, la fobia o miedo a las matemáticas. – –Resaltar las cualidades de estética y precisión de las matemáticas.
	Actitudes – Promover que el estudiante asuma su responsabilidad en el aprendizaje, esforzándose en la realización de las tareas con perseverancia, tanto las que requieren indagación personal como de recepción y retención de conocimientos. – Favorecer la argumentación en situaciones de igualdad; el argumento se valora en sí mismo y no por quién lo dice.
	Creencias – Identificar las creencias de los estudiantes sobre las matemáticas y su enseñanza que puedan condicionar los aprendizajes y tenerlas en cuenta en el proceso instruccional.
	Valores-identidad – Promover la autoestima para que los estudiantes se sientan capaces de aportar conjeturas y soluciones a los problemas planteados, apoyándose en argumentos matemáticos para convencer a los demás de la validez de sus afirmaciones, construyendo de este modo una identidad matemática positiva.
	Intereses y necesidades – Proponer tareas que se sean de interés para los alumnos y que estén a su alcance. – Proponer situaciones que permitan valorar la utilidad de las matemáticas en la vida cotidiana y profesional.

5.3.7. Interacciones entre facetas

En los apartados anteriores hemos descrito criterios de idoneidad para las seis facetas que intervienen en un proceso instruccional. Como se indica en la Figura 4.1 (Capítulo 4), dichas facetas no son independientes, ya que, de hecho, se producen interacciones entre las mismas.

Así, por ejemplo, el uso de un recurso tecnológico puede ayudar a abordar determinados tipos de problemas y las configuraciones de objetos y procesos correspondientes, lo cual conlleva nuevas formas de representación, argumentación, generalización, etc. También se pueden ver afectadas las formas de interacción entre el profesor y los estudiantes, el interés y motivación, y en definitiva los aprendizajes.

En Godino (2013, p. 127) se incluyen algunos criterios de idoneidad relativos a interacciones entre facetas, formulados en términos de indicadores. Por ejemplo, un indicador de idoneidad en la interacción entre las facetas epistémica y ecológica expresa que «El currículo propone el estudio de problemas de ámbitos variados como la escuela, la vida cotidiana y el trabajo». Este indicador se puede formular como criterio: «El currículo debería proponer el estudio de problemas . . . », lo que supone un valor atribuible en mayor o menor medida al proceso instruccional: se valora como un rasgo positivo que el currículo proponga el estudio de problemas de ámbitos variados. El mismo planteamiento se puede hacer con los restantes indicadores de interacciones entre facetas.

En la Tabla 5.7 incluimos algunos indicadores de idoneidad relativos a interacciones entre facetas.

Tabla 5.7. Componentes e indicadores de idoneidad de interacciones entre facetas

Componentes:	Indicadores:
Epistémica-ecológica	– El currículo propone el estudio de problemas de ámbitos variados como la escuela, la vida cotidiana y el trabajo.
Epistémica-cognitiva-afectiva	– El contenido del estudio (fenómenos explorados en las diferentes áreas de contenido, formulando y justificando conjeturas) tiene sentido para los estudiantes en los distintos niveles y grados. – Los estudiantes tienen confianza en sus habilidades para enfrentar problemas difíciles y mantienen su perseverancia aun cuando la tarea sea compleja. – Se estimula a los estudiantes a reflexionar sobre sus razonamientos durante los procesos de resolución de problemas de manera tal que son capaces de aplicar y adaptar las estrategias que han desarrollado en otros problemas y contextos. – Las tareas que los profesores seleccionan para evaluar son representativas de los aprendizajes pretendidos.

Epistémi-ca-cognitiva mediacional	– El uso de recursos tecnológicos induce cambios positivos en el contenido de enseñanza, en los modos de interacción, motivación y en el aprendizaje de los estudiantes.
Cogniti-va-afectiva-interaccional	– Las explicaciones dadas por los estudiantes incluyen argumentos matemáticos y racionales, no solamente descripciones de procedimientos. – Se incluyen contenidos motivadores, con adaptaciones razonables y apropiadas, que promueven el acceso y el logro de todos los estudiantes.
Ecológica-instruccional (papel del docente y su formación)	– El profesor es comprensivo y dedicado a sus estudiantes. – El profesor conoce y entiende profundamente las matemáticas que enseña y es capaz de usar ese conocimiento con flexibilidad en sus tareas de enseñanza. – El profesor tiene amplias oportunidades y apoyo para incrementar y actualizar frecuentemente sus conocimientos didáctico-matemáticos.

La educación matemática inclusiva (Gervasoni y Peter-Koop, 2020; Ross, 2019) requiere tener en cuenta las interacciones entre las diversas facetas y componentes. En particular las facetas cognitiva y afectiva (diferencias individuales en cuanto a conocimientos, habilidades, actitudes, creencias de los estudiantes), la faceta ecológica (educación en valores, desarrollo socioprofesional), facetas mediacional e interaccional (uso de recursos diversos, trabajo colaborativo). También requiere tener en cuenta la faceta epistémica para seleccionar situaciones y medios de representación diversos que, siendo unas matemáticas relevantes, permitan comprometer a los estudiantes con diferentes motivaciones y capacidades en el aprendizaje significativo de las matemáticas.

El NCTM (2000) reclama atención a las conexiones entre aspectos cognitivos-afectivos e instruccionales: «Una enseñanza efectiva de las matemáticas requiere saber y comprender qué es lo que los estudiantes saben y necesitan aprender de las matemáticas; y luego motivarlos y apoyarlos para que las aprendan bien» (p. 17). En la EMR la adopción del principio de interacción implica que la enseñanza a toda la clase tiene un papel importante. Esto no quiere decir que toda la clase se lleva conjuntamente y que cada estudiante está siguiendo el mismo camino y alcanzando el mismo nivel de desarrollo en el mismo momento. Por el contrario, en la EMR, los niños son considerados como individuos, cada uno siguiendo una trayectoria de aprendizaje individual. Este punto de vista sobre el aprendizaje a menudo resulta en abogar por la división de las clases en pequeños grupos de estudiantes cada uno siguiendo su aprendizaje. En EMR, sin embargo, existe una fuerte preferencia por mantener la clase como una unidad de organización y adaptar la educación a los diferentes niveles de habilidad de los estudiantes. Esto se puede hacer proporcionando a los estudiantes problemas que pueden resolverse según diferentes niveles de comprensión.

El uso de modelos en la EMR relaciona aspectos mediacionales, epistémicos (representacionales, fenomenológicos), cognitivos e instruccionales. Se afirma que los modelos sirven como una herramienta clave para salvar esta distancia entre las matemáticas informales, relacionadas con el contexto y las formales. En primer lugar, los estudiantes desarrollan estrategias estrechamente relacionada con el contexto. Más tarde, algunos aspectos de la situación de contexto se pueden generalizar, lo que significa que el contexto adquiere el carácter de modelo y como tal puede dar apoyo a la solución de otros problemas relacionados. Finalmente, los modelos permitirán el acceso de los estudiantes al conocimiento matemático más formal. A fin de cumplir la función de puente entre los niveles formales e informales, los modelos han de pasar de un «modelo de» una situación particular, a un «modelo para» todas las situaciones equivalentes (Van den Heuvel-Panhuizen y Wijers, 2005, p. 289).

El principio de realidad de la EMR relaciona aspectos epistémicos y cognitivos. El objetivo general es que los estudiantes puedan utilizar sus conocimientos matemáticos y herramientas para resolver problemas reales. Este principio no solo es reconocible al final del proceso de aprendizaje; en el ámbito de la aplicación de las matemáticas, la realidad es concebida como una fuente para el aprendizaje de las matemáticas. Un contexto real se refiere tanto a situaciones problemáticas de la vida cotidiana como a las que son reales para los alumnos. Al igual que las matemáticas surgieron de la matematización de la realidad, también el aprendizaje debería originarse al matematizar la realidad. En vez de comenzar con ciertas abstracciones o definiciones que deben aplicarse más tarde, se debe comenzar con contextos ricos, que requieren organización matemática o, en otras palabras, contextos que pueden ser matematizados (Freudenthal, 1968).

El tiempo dedicado a la enseñanza y el aprendizaje, y su gestión por parte del profesor y de los estudiantes, es un componente determinante de la idoneidad didáctica de un proceso de estudio. Este factor ha sido incluido como un recurso más en la faceta mediacional, junto con los recursos tecnológicos. Sin embargo, el tiempo interacciona también con las diversas facetas. En la Tabla 5.8 incluimos algunos indicadores de idoneidad temporal con relación a las facetas epistémica, cognitiva, instruccional y ecológica.

Tabla 5.8: Componentes e indicadores de idoneidad temporal

Componentes	Indicadores
Temporal-epistémico	– El contenido y sus diversos significados se distribuyen de manera racional a lo largo del tiempo asignado al estudio.
Temporal-cognitivo	– Los objetivos de aprendizaje tienen en cuenta las etapas de desarrollo evolutivo de los estudiantes.
Temporal-instruccional	– La gestión del tiempo instruccional tiene en cuenta los diversos momentos requeridos para el desarrollo de los distintos tipos de aprendizajes (exploración, formulación, comunicación, validación, institucionalización, ejercitación, evaluación).
Temporal-ecológico	– El tiempo asignado al proceso de estudio en el diseño curricular es adecuado para lograr el aprendizaje del contenido programado.

El principio de currículo del NCTM (2000) relaciona la faceta epistémica (inclusión de matemáticas relevantes y colección de actividades), conexión y articulación entre los diferentes niveles: «Un currículum es más que una colección de actividades. Debe ser coherente, estar focalizado en matemáticas relevantes y estar bien articulado a través de los diferentes niveles» (p. 15). También la EMR incluye un principio relacionado con los niveles de aprendizaje. Aprender matemáticas significa que los estudiantes pasan a través de distintos niveles de comprensión: desde la capacidad de inventar soluciones informales relacionadas con el contexto, a la creación de distintos niveles de atajos y esquematizaciones, a la adquisición de conocimiento de los principios subyacentes y el discernimiento de relaciones más amplias. La condición para llegar al siguiente nivel es la capacidad de reflexionar sobre las actividades realizadas. Esta reflexión puede ser provocada por la interacción.

5.4. Criterios de idoneidad didáctica de contenidos específicos

El conjunto de las tablas 5.1 a 5.7 (Sección 6.3) constituyen la GAID-PIM, la guía para el análisis y valoración de la idoneidad didáctica de procesos educativos-instruccionales sobre cualquier contenido matemático. Su aplicación en experiencias particulares involucra tópicos matemáticos específicos sobre los cuales existen resultados de múltiples investigaciones[23]. Estos resultados aportan conocimientos que se pueden interpretar como criterios de idoneidad específicos sobre la enseñanza y el aprendizaje de los contenidos investigados. En cierto modo, el hecho de disponer del sistema de criterios de idoneidad para las diferentes facetas y componentes (tablas 5.1 a 5.7) no evita el esfuerzo de revisar detenidamente la literatura de educación matemática, para completar los criterios genéricos de idoneidad con otros específicos de cada contenido. En Castillo *et al.* (2022) se desarrolla un ejemplo de criterios de idoneidad para el caso de la proporcionalidad. Aunque su estudio está focalizado en la elaboración de una guía para el análisis de lecciones de libros de texto, que podemos interpretar como procesos de estudio planificados por los autores, los sistemas de criterios pueden servir de base para analizar otros proce-

---

[23] Véase el sitio web del EOS: https://enfoqueontosemiotico.ugr.es/pages/idoneidad.html

sos. En Beltrán-Pellicer *et al.* (2018) se elaboran indicadores específicos de idoneidad didáctica para el tema de la probabilidad. También se describe su uso por un profesor como instrumento de reflexión sobre una experiencia de enseñanza de la probabilidad en educación secundaria.

5.5. Ejemplo de aplicación de la teoría de la idoneidad didáctica. Reflexión sobre una experiencia de enseñanza de la proporcionalidad[24]

En este apartado incluimos un ejemplo de uso de la herramienta idoneidad didáctica descrito en Aroza *et al.* (2016). Se trata de una experiencia de enseñanza realizada en la fase de prácticas del máster de formación inicial de profesorado de secundaria en la especialidad de Matemáticas.

5.5.1. Descripción de la experiencia de enseñanza

La unidad didáctica se impartió en un grupo de primer curso de educación secundaria (alumnos de 12-13 años). Se trataba de una clase de 30 alumnos, compuesta por 8 alumnas y 22 alumnos, en la que había un alto índice de alumnado inmigrante (40 %, 9 nacionalidades de origen diferentes), lo que suponía cierta heterogeneidad y diversidad cultural. Era difícil mantener el ambiente adecuado, siendo necesario llamarles la atención a menudo. Más de la mitad de los alumnos presentaban actitudes negativas hacia el estudio y las matemáticas debido, en parte, al desajuste curricular que arrastraban 17 de ellos desde la etapa de primaria, con muchas dificultades de comprensión de conceptos matemáticos básicos y procedimentales. El resto de los alumnos mostraba motivación e interés por la asignatura.

---

[24] El contenido de esta sección está basado en el artículo, Aroza, C. J., Godino, J. D. y Beltrán-Pellicer, P. (2016). Iniciación a la innovación e investigación educativa mediante el análisis de la idoneidad didáctica de una experiencia de enseñanza sobre proporcionalidad. *Aires, 6*(1), 1-29.

El proceso de estudio implementado seguía básicamente la orientación y contenidos propuestos en el libro de texto (Colera y Gaztelu, 2010) usado en el instituto. Siguiendo el libro de texto, la unidad didáctica se impartió en once sesiones donde, además de las explicaciones (nociones teóricas), se resolvieron tareas. La última sesión se reservó para una prueba de evaluación, para comprobar el nivel de comprensión de los alumnos y el nivel de aprendizaje en la resolución de los distintos tipos de tareas de proporcionalidad y porcentajes. Los autores del libro de texto enfatizaban una visión de las matemáticas como reglas o algoritmos a seguir, ilustradas con ejemplos de cómo interpretar tales reglas, seguidas de ejercitación procedimental para el dominio de su aplicación.

Las sesiones solían comenzar corrigiendo las tareas que los alumnos llevaban propuestas para realizar en casa y con un recordatorio de lo que se estudió en la sesión anterior. Se les preguntaba a los estudiantes las dudas o dificultades que se les habían presentado, para hacer hincapié en los conceptos o procedimientos implicados y afianzar los conocimientos clave. Posteriormente, se comenzaba a explicar la materia nueva. La introducción de contenido nuevo de la unidad didáctica se procuraba realizar siempre a través de ejemplos sencillos en situaciones de la vida cotidiana, aumentando el nivel de dificultad de forma gradual. Además, durante la explicación, se iban haciendo preguntas de los contenidos que los alumnos ya habían adquirido, para que mantuvieran el nivel de atención y siguieran la explicación.

Posteriormente, para desarrollar las explicaciones teóricas, se realizaban algunas tareas-ejemplos contextualizadas en situaciones de la vida real y se trataba de poner especial atención en los errores y dificultades que les podían surgir. Se hacía necesario enfatizar sobre los procedimientos y notaciones clave empleadas, tratando de justificarlos lo máximo posible. En esta fase de resolución de tareas, se fomentaba la participación del alumno en clase mediante preguntas frecuentes y salidas a la pizarra, para mantener su nivel de atención. En todo momento se siguió el orden y los contenidos del libro de texto, utilizándolo como guion, de modo que los alumnos pudieran acceder con facilidad a la materia, aunque en algunos casos se aportaban ejemplos y tareas que no aparecían en el mismo.

En cuanto a la manera de trabajar en clase, los alumnos realizaban de forma individualizada algunas tareas relacionadas con la explicación previamente impartida. No obstante, se les permitía comentar las dudas con el compañero de clase, mientras el profesor trataba de resolver otras dudas al resto de los alumnos de forma personalizada. Más tarde o en la sesión posterior, las tareas eran corregidas en la pizarra normalmente por el profesor, aunque, algunas veces, eran los propios alumnos quienes indicaban los pasos necesarios y el mismo profesor las escribía en la pizarra; en esporádicas ocasiones, se realizaban salidas de los alumnos a la pizarra para su resolución. En todas las correcciones de las tareas, se trataba de enfatizar mucho sobre los errores que se hacían para que, de este modo, aprendieran a no cometerlos en futuras situaciones.

Al finalizar la unidad didáctica, los alumnos fueron examinados mediante una prueba de evaluación por escrito para comprobar si estos aprendieron los contenidos y alcanzaron los objetivos que se habían propuesto. El examen, que solo fue aprobado por el 57 % de los alumnos, constaba de 10 tareas. En Aroza *et al.* (2016) se describen los tipos de tareas y explicaciones del libro de texto, la prueba de evaluación de los aprendizajes aplicada y los principales errores cometidos por los estudiantes.

5.5.2. Conocimientos didáctico-matemáticos sobre proporcionalidad y porcentajes

El objetivo del proceso formativo descrito en Aroza *et al.* (2016) era conducir al futuro profesor a realizar un análisis de la idoneidad didáctica del proceso de enseñanza implementado, e identificar propuestas de cambio fundamentadas. Se utilizaron los criterios de idoneidad didáctica propuestos en Godino (2013) complementados con criterios derivados de una recopilación y síntesis de las principales investigaciones e innovaciones relacionadas sobre la enseñanza y aprendizaje de la proporcionalidad y los porcentajes. Con ayuda del tutor, se identificaron, sintetizaron y clasificaron, los conocimientos didáctico-matemáticos sobre la proporcionalidad, según las facetas epistémica, ecológica, mediacional, interaccional, cognitiva y afectiva.

5.5.3. Valoración de la idoneidad didáctica y propuestas de cambio

La aplicación de la herramienta idoneidad didáctica lleva a plantear las siguientes cuestiones:

a. ¿Cuál es el grado de idoneidad didáctica del proceso de enseñanza-aprendizaje sobre la proporcionalidad y porcentajes, vivido como observador participante durante el periodo de prácticas de enseñanza en primer curso de educación secundaria?

b. ¿Qué cambios se podrían introducir en el diseño e implementación del proceso de estudio, para incrementar su idoneidad didáctica?

Incluimos, a continuación, una síntesis del análisis y valoración del informe descrito en Aroza *et al.* (2016).

1. *Facetas epistémica y ecológica*

El proceso de estudio implementado siguió básicamente los contenidos y orientaciones propuestas en el libro de texto (Colera y Gaztelu, 2010), que se usaba para 1º de ESO en el instituto en el que se realizó la práctica docente. En este, a lo largo de todo el desarrollo de la unidad didáctica, se plantea únicamente un enfoque «aritmético» de la proporcionalidad, faltando el enfoque o desarrollo geométrico y el algebraico, precedidos incluso por algunas actividades de carácter intuitivo y cualitativo. Además, el concepto de la proporcionalidad, desde este enfoque aritmético, se reduce básicamente a la transmisión de un algoritmo (la regla de tres), que hay que saber aplicar y operar en cada caso. Para desarrollar este método, el libro de texto reduce el concepto de «proporción» a un nuevo nombre para dos fracciones equivalentes y el de «la razón» a un nuevo nombre para la fracción, no contemplándose otro tratamiento o tareas que ayuden al alumno a desarrollar el razonamiento proporcional mediante la reflexión. Desde el punto de vista de la estructuración del contenido, este algoritmo no se debería haber introducido hasta que el alumno tuviera un cierto dominio de otros métodos de comprobación y resolución más intuitivos. Resulta evidente que su contenido es básicamente procedimental, haciendo de la «regla de tres» el único método de resolución de los problemas de proporcionalidad, centrando al alumno en una actuación meramente mecánica, vacía de conceptos, razonamientos y reflexión sobre si los problemas que se plantean son o no de proporcionalidad.

Ahora bien, debido a los contextos en los que se tratan los conceptos y sobre todo las tareas que se proponen a lo largo del desarrollo de la unidad didáctica, se vio enriquecido el estudio de algunos otros contenidos intradisciplinares, como los números racionales, la equivalencia de fracciones, los números decimales y el sistema métrico decimal; y otros contenidos interdisciplinares como la física, la química y la economía, reconociéndose y aplicándose en estos últimos, propiedades de la proporcionalidad y los porcentajes. Todo ello contribuyó a la formación sociocultural y profesional de los alumnos, destacándose en este sentido la parte del libro relativa a los porcentajes.

En cuanto a la serie de tareas contenidas en el libro de texto y que se propusieron a los alumnos para su resolución, suponen una muestra representativa para ejercitar y aplicar el contenido pretendido, aunque se omiten actividades en las que los alumnos tengan que formular sus propios problemas de proporcionalidad y porcentajes, tal y como aconsejan los indicadores de idoneidad epistémica.

En referencia al lenguaje matemático empleado, este fue el adecuado para un nivel educativo de primero de educación secundaria, aunque, tanto en la parte de tareas como en la parte de los desarrollos conceptuales, se pudo comprobar el empleo de una pobre tipología de expresiones y representaciones matemáticas, destacándose únicamente el empleo del lenguaje simbólico y numérico mediante tablas de valores. Esto es debido a la inexistencia de los tratamientos o enfoques geométrico y algebraico de la proporcionalidad, que echan mano principalmente en sus desarrollos del lenguaje gráfico (función lineal) y manipulativo (construcción de figuras semejantes).

Desde la perspectiva ecológica, la proporcionalidad es introducida en el libro mediante ejemplos, que llevan a definir cuándo existe proporcionalidad directa o inversa entre dos magnitudes, echándose en falta definiciones conceptuales fundamentales como son los de la «razón», la «proporción» y la «constante de proporcionalidad», que no son mencionadas en alguna sección del libro y que sí se recogen como conceptos clave en las orientaciones curriculares para este nivel educativo.

En consecuencia, por las razones mencionadas anteriormente, se podría calificar la idoneidad epistémica y ecológica del proceso de enseñanza implementado como baja.

2. *Facetas cognitiva y afectiva*

Uno de los errores y dificultades más significativos, detectados en algunos alumnos mediante los dos instrumentos de evaluación aplicados fue no saber distinguir entre la proporcionalidad directa e inversa, ni entre situaciones proporcionales y no proporcionales. El libro de texto dedicaba muy poco contenido a esta cuestión y hubiera sido conveniente dedicarle algo más de tiempo e incluso enfatizarlo aún más, dándole una mayor importancia a la proporcionalidad desde un tratamiento cualitativo para pasar después al aspecto cuantitativo.

Respecto a la secuenciación temporal del contenido curricular, se justificó suficientemente, (apoyado por lo expuesto anteriormente en la parte de la faceta epistémica), retrasar el estudio de la proporcionalidad y porcentajes en la programación didáctica del centro, anteponiendo unidades didácticas relacionadas con la semejanza de figuras y con las funciones lineales, que sirvan como sustento a los diferentes tratamientos que requiere el tema.

Desde el enfoque aritmético de la proporcionalidad que propone el libro de texto, los conocimientos previos que se requieren para el estudio de proporcionalidad y porcentajes son las fracciones y su equivalencia, la resolución de problemas básicos de aritmética, las operaciones con números decimales y relaciones entre fracciones y números decimales. Todos estos contenidos se impartieron en unidades anteriores según la programación didáctica del centro. Sin embargo, los resultados obtenidos en las dos evaluaciones llevadas a cabo (corrección de tareas de clase y examen evaluativo formativo) no fueron muy satisfactorios, pese a que los contenidos impartidos de la proporcionalidad y porcentajes fueron de un nivel de dificultad accesible y acorde al de primer curso de secundaria. Muchos de los alumnos presentaron serias dificultades y errores a la hora de operar con números decimales y fracciones, por lo que se debería haber dedicado una sesión inicial al repaso de estos conocimientos previos.

Uno de los aspectos positivos del libro de texto es que, en la sección de tareas, todas ellas venían marcadas con un código de triángulos, según el nivel de dificultad que presentaban, lo que simplificó el trabajo de adaptación curricular, proponiendo para algunos alumnos tareas de refuerzo y para otros, en el menor de los casos, tareas de ampliación. Gracias a ello, se facilitó el logro de los aprendizajes pretendidos de la unidad didáctica a todos los alumnos de la clase, que partían desde su propio y personal nivel de conocimiento.

Para evaluar el ritmo y el nivel de aprendizaje de los alumnos sobre el contenido impartido, se utilizaron dos instrumentos de evaluación: la recogida y corrección de una serie representativa de tareas, a mitad de la unidad didáctica y un examen de evaluación formativa, al final de esta. Estos dos instrumentos tuvieron en cuenta en su calificación, los distintos niveles de adquisición del aprendizaje pretendido y, una vez corregidos, se repartieron entre los alumnos para que comprobasen y revisasen donde habían cometido los errores. Además, mediante el instrumento evaluativo aplicado a mitad de la unidad didáctica, se pretendió detectar dónde se habían producido las dificultades y errores más comunes, para tratar de adaptar y reconducir la enseñanza, enfatizando más sobre los conceptos y procedimientos clave implicados.

Por otra parte, que el contenido y la serie de tareas propuestas del libro de texto tuvieran familiaridad con el contexto, enriqueció bastante la propuesta didáctica, no solo en el aspecto atencional y motivacional, ya que los alumnos valoraban la utilidad de esta parte de las matemáticas en sus vidas, sino porque, facilitó su entendimiento a la hora de recibir instrucciones con las que debían enfrentarse a los problemas.

La dinámica desarrollada a lo largo de las sesiones pretendió sistematizar e incentivar una constancia del trabajo en el alumno: atender a las explicaciones del profesor, empezar a trabajar las tareas de la materia impartida en clase y terminar de hacer las tareas en casa. También, la realización de las tareas por parejas y la socialización de sus correcciones a lo largo de las sesiones de clase, con preguntas frecuentes y salidas esporádicas a la pizarra, contribuyeron a potenciar la autoestima de los alumnos a la hora de enfrentarse a problemas de proporcionalidad y todos los alumnos mostraron siempre una actitud muy positiva para este tipo de estrategia de trabajo, promoviéndose la participación de los alumnos en las tareas.

En consecuencia, se puede calificar la idoneidad cognitiva-afectiva del proceso implementado como de media-baja por las razones antes mencionadas.

3. *Facetas interaccional y mediacional*

Los modos de interacción en el aula en la experiencia docente respondieron básicamente a un modelo tradicional: el profesor primero explicaba los conceptos y procedimientos, ejemplificándolos en contextos de la vida cotidiana para hacerlos más claros y enfatizando los contenidos clave, para que posteriormente, los alumnos realizaran diversas tareas relacionadas con lo impartido. Hubiera sido deseable introducir algunos cambios en el proceso de enseñanza, orientados a que los alumnos planteasen cuestiones y presentasen soluciones; explorando ejemplos y contraejemplos para investigar y conjeturar; usando una mayor variedad de herramientas para razonar, argumentar, hacer conexiones, resolver dificultades y comunicarlas.

Fueron escasos los momentos en los que se concedía un grado de autonomía a los estudiantes, exceptuando los momentos de trabajo individual para la realización de las tareas propuestas para casa. Por el contrario, en el trabajo de las tareas en clase, a los alumnos se les permitían que realizasen consultas por parejas con su compañero de pupitre, lo que favoreció el diálogo, la argumentación y la comunicación entre ellos. Igualmente sucedía con las salidas esporádicas de algunos alumnos a la pizarra durante la fase de resolución de las tareas, o con las preguntas dirigidas a los alumnos durante la fase de explicación del profesor. Estas prácticas didácticas no solo contribuyeron a implicar y captar la atención y la motivación de los alumnos, sino que también facilitó la inclusión de los alumnos en la dinámica de clase.

En esta experiencia de enseñanza se utilizaron únicamente los recursos propios del aula del instituto al alcance de los alumnos: pizarra, proyector, libro de texto y calculadora. No se emplearon recursos manipulativos ni otros recursos tecnológicos, ya que en realidad no se consideraron necesarios para apoyar la enseñanza y aprendizaje de los contenidos planificados.

Con respecto a la componente temporal de la idoneidad instruccional, fue escaso el empleo de las sesiones dedicadas al desarrollo del contenido más importante, de tipo conceptual y procedimental de la proporcionalidad y porcentajes, en sus cuatro enfoques o aproximaciones (intuitivo, geométrico, aritmético y algebraico).

El número de alumnos (30) y su distribución fueron idóneos, pero el horario de las clases de matemáticas no fue el adecuado. De las cinco horas semanales de clase, tres estaban colocadas por la mañana antes del recreo, pero las dos horas restantes se situaban a última hora, el último día de la semana. Este hecho no favorecía un nivel adecuado de atención y motivación en clase del alumno, por lo que su comportamiento era complicado de gestionar en estas horas de trabajo. La mejora de la idoneidad interaccional y mediacional del proceso nos llevaría a incluir actividades y tareas con material manipulativo y con recursos informáticos (Godino y Batanero, 2003) que pueden constituir herramientas novedosas y útiles para alcanzar los aprendizajes pretendidos. Podemos concluir que la aplicación de los criterios de idoneidad didáctica ayuda a sistematizar los conocimientos didácticos y su aplicación a la reflexión y mejora progresiva de la práctica de la enseñanza.

5.6. Concordancias y complementariedades con otras teorías[25]

En Godino (2021) iniciamos la comparación de los principios didácticos de la Teoría de Situaciones Didácticas en Matemáticas (TSDM, Brousseau), la Teoría Antropológica de lo Didáctico (TAD, Chevallard), la Educación Matemática Realista (EMR, Freudenthal) y los criterios de idoneidad basados en EOS. Seguidamente incluimos una síntesis de los resultados de dicha comparación. Consideramos pertinente interpretar como criterios de idoneidad algunos principios didácticos de la TSDM, la TAD y la EMR, aplicando las facetas y componentes de la idoneidad didáctica que propone el EOS. Esto permite identificar algunas concordancias y complementariedades entre estos marcos teóricos. Reconocemos, no obstante, que el análisis aquí realizado es limitado, dada su complejidad; su ampliación y profundización deberá ser objeto de otros trabajos.

5.6.1. Faceta epistémica

Las cuatro teorías concuerdan en atribuir un papel central a las situaciones-problemas (cuestiones-tareas) para el logro de una alta idoneidad epistémica en los procesos instruccionales. La caracterización de situaciones fundamentales para los distintos saberes incluidos en el currículo matemático escolar es uno de sus objetivos prioritarios en la TSDM. La noción de recorrido de estudio e investigación de la TAD fija la atención en la búsqueda de cuestiones generativas

---

[25] El contenido de esta sección está basado en el artículo, Godino, J. D. (2021). De la ingeniería a la idoneidad didáctica en educación matemática. *Revemop*, e202129, 1-26, 2021.

de las praxeologías matemáticas que constituyen la finalidad de un proyecto educativo.

Así mismo, los principios de actividad y de realidad de la EMR se pueden interpretar como indicadores de idoneidad epistémica. La EMR propone como heurística para el diseño de situaciones que den sentido a los objetos matemáticos (conceptos, procedimientos, etc.), la fenomenología didáctica, consistente en la búsqueda en la historia y epistemología de las matemáticas de los tipos de fenómenos de la vida real o internos a la propia matemática que son organizados por tales objetos, considerados por Freudhental como objetos mentales. «Partiendo de la base de que las matemáticas han surgido como resultado de la resolución de problemas prácticos, podemos suponer que las aplicaciones actuales abarcan los fenómenos que originalmente había que organizar» (Gravemeijer, 2020, p. 226).

La principal distinción entre el EOS y la TAD es el nivel de desglose que se propone para las praxeologías matemáticas. La noción de sistema de prácticas (operativas, discursivas), ligado a la resolución de un cierto tipo de situaciones-problemas en el que la intervención de un determinado objeto matemático es determinante para su realización, es nuclear en el EOS y se puede asimilar a la noción de praxeología de la TAD (Godino *et al.*, 2006). Sin embargo, mientras que en la TAD la estructura de una praxeología se analiza distinguiendo la cuaterna «tarea, técnica, tecnología, teoría» en el EOS se considera necesario un detalle más explícito de los diversos objetos y procesos que intervienen en la actividad matemática. La noción de configuración de objetos primarios (problemas, lenguajes, conceptos-definición, procedimientos, proposiciones y argumentos) y los procesos de representación, definición, enunciación, argumentación, generalización, entre otros, permiten un nivel de análisis complementario al de la praxeología. En consecuencia, la aplicación de la noción de configuración de objetos y procesos introduce criterios explícitos de idoneidad epistémica referidos a los elementos lingüísticos (representaciones, sus conversiones y tratamientos) y a los respectivos procesos de representación y comunicación (debidamente contemplados en la TSDM con las situaciones adidácticas de formulación/comunicación).

Las nociones de tecnología y teoría de la TAD son sustituidas y desglosadas en el EOS por la noción de «configuración de objetos y procesos», lo cual lleva a formular criterios de idoneidad sobre la gestión de los distintos tipos de objetos (conceptos, proposiciones, procedimiento). En la TAD se reconoce explícitamente el componente procedimental (trabajo de la técnica) como clave en la construcción del conocimiento, lo que queda difuso en la TSDM. La TSDM, TAD y TID-EOS concuerdan en atribuir un papel central a los objetos argumentativos/ validativos y a los procesos correspondientes de validación/justificación (situaciones de validación, momento tecnológico-teórico). También se debe prestar atención a las conexiones entre las distintas partes del contenido matemático, y la articulación de los diversos significados parciales de los objetos en estudio (Wilhelmi *et al.*, 2007; Godino *et al.*, 2011). Las matemáticas son un campo de estudio integrado. Esta posición concuerda con el «Principio de interconexión» de la EMR. Los bloques de contenido matemático (numeración y cálculo, álgebra, geometría . . .) no pueden ser tratados como entidades separadas. Las situaciones problemáticas deberían incluir contenidos matemáticos interrelacionados. Además, la resolución de problemas de contexto ricos con frecuencia significa que se requiere aplicar un amplio rango de herramientas y comprensiones matemáticas.

5.6.2. Faceta cognitiva

La dimensión cognitiva es tenida en cuenta en la TAD mediante la noción de «relación personal al objeto» y en la TSDM con la distinción entre conocimiento y saber. Sin embargo, el énfasis en la dimensión institucional del conocimiento (TAD) y en las situaciones didácticas (TSDM), ha motivado que el foco de atención del análisis didáctico sea el saber matemático (su organización y ecología) y la clase de matemáticas como una institución o comunidad. No obstante, en Chevallard (2009) encontramos una referencia a lo que podemos describir como necesidad de tener en cuenta los conocimientos previos del sujeto para el desarrollo de una actividad o proyecto:

> Dado un proyecto de actividad en el que una determinada institución o persona pretende implicarse, ¿cuál es, para esta institución o esta persona, el equipamiento praxeológico que se considera indispensable o simplemente útil en la concepción y la realización de ese proyecto. (Chevallard, 2009, p. 29)

En el EOS postulamos una relación dialéctica entre lo institucional y lo personal, de manera que junto a las configuraciones de objetos y procesos en sentido epistémico (institucional) se introducen las correspondientes configuraciones cognitivas, cuyos elementos constituyentes son los mismos que los de las configuraciones epistémicas. En consecuencia, se formulan criterios de idoneidad cognitiva relacionados con los aprendizajes. Los diversos modos de evaluación deben indicar que los alumnos logran la apropiación de los conocimientos pretendidos (incluyendo distintos niveles de comprensión y competencia): comprensión conceptual y proposicional; competencia comunicativa y argumentativa; comprensión o competencia procedimental; competencia metacognitiva.

El principio de nivel de la EMR está relacionado con la faceta cognitiva que propone la TID-EOS. Subraya que el aprendizaje de las matemáticas implica que los alumnos pasen por varios niveles de comprensión: desde las soluciones informales relacionadas con el contexto, pasando por la creación de varios niveles de atajos y esquematizaciones, hasta la adquisición de conocimientos sobre cómo se relacionan los conceptos y las estrategias.

5.6.3. Faceta afectiva

La noción de devolución de la TSDM se puede interpretar como un componente de la faceta afectiva. Los principios de actividad y realidad de la EMR incorporan aspectos relacionados con la faceta afectiva del aprendizaje. Se aconseja que los alumnos sean tratados como participantes activos en el proceso de aprendizaje, puesto que las matemáticas se aprenden mejor haciendo matemáticas. Se valora de manera explícita el uso de situaciones realistas para los propios estudiantes y tener en cuenta las soluciones informales que desarrollen en su esfuerzo por encontrar solución a dichas situaciones.

Los cuatro modelos teóricos considerados deben adoptar o desarrollar modelos explícitos sobre componentes e indicadores de idoneidad relativos al conglomerado de nociones afectivas (intereses, actitudes, emociones, creencias), ya que interactúan con la faceta cognitiva y condicionan los aprendizajes. En Beltrán-Pellicer y Godino (2020) se elabora un modelo de análisis del dominio afectivo en educación matemática desde el EOS.

5.6.4. Faceta interaccional

Tanto la TSDM (con los tipos de situaciones que propone) como la TAD (seis momentos del proceso de estudio) aportan criterios de idoneidad sobre los modos de interacción entre profesor y estudiantes. En el caso de la EMR, con el principio de interactividad se reconoce que el aprendizaje de las matemáticas no es solo una actividad individual, sino también una actividad social. Por lo tanto, la EMR favorece los debates en toda la clase y el trabajo en grupo, que ofrecen a los estudiantes la oportunidad de compartir sus estrategias e invenciones con los demás. Así mismo, el principio de orientación implica que los profesores deben tener un papel proactivo en el aprendizaje de los alumnos (reinvención guiada de Freudenthal).

Las cuatro teorías son coherentes con los supuestos socio-constructivistas del aprendizaje, un proceso instruccional con alta idoneidad interaccional contempla momentos en los que los estudiantes asumen la responsabilidad del estudio (plantean cuestiones y presentan soluciones; exploran ejemplos y contraejemplos para investigar y conjeturar; usan una variedad de herramientas para razonar, hacer conexiones, resolver problemas y comunicarlos). En el caso de la TID-EOS se considera que, en los momentos de institucionalización, el profesor deberá hacer una presentación adecuada del tema, reconocer y resolver los conflictos de los alumnos, favorecer los consensos con base en el mejor argumento, así como usar diversos recursos retóricos y argumentativos para implicar y captar la atención de los alumnos. Pero estos momentos de institucionalización pueden tener lugar en cualquier momento del proceso de instrucción cuando se trata del momento de primer encuentro de los estudiantes con un tipo de problema o contenido nuevo, o de recuerdo de contenidos olvidados (Godino y Burgos, 2020).

5.6.5. Faceta mediacional

La noción de medio (*milieu*) es central en la TSDM, entendida como el contexto o entorno «antagonista» al que se enfrenta el sujeto para ganar el «juego» del aprendizaje. Es una noción compleja y rica que incluye elementos de diversa naturaleza, conocimientos previos, las acciones del profesor y los medios materiales que se usan para plantear la situación-problema y para abordar y explorar soluciones posibles. En la TAD el *milieu* no se supone dado al principio con el sistema didáctico (profesor, estudiantes, cuestión), como ocurre en la TSDM; el sistema didáctico produce y organiza el medio con el cual, dialécticamente, se genera la respuesta a la cuestión. La faceta mediacional que se introduce en la TID-EOS contempla solo los recursos materiales o tecnológicos (artefactos) que pueden intervenir en la práctica matemática pretendida, siendo, por tanto, un componente del medio de la TSDM.

El uso de recursos tecnológicos no se menciona explícitamente en los seis principios de la EMR; queda implícito en el principio de realidad y también en el uso de modelos en el principio de nivel. Desde la perspectiva de la EMR, Drijvers (2020) considera que la correspondencia con el uso de la tecnología digital no es evidente. La reinvención guiada puede verse desafiada por el carácter rígido de las herramientas, y los fenómenos que forman el punto de partida del aprendizaje de las matemáticas pueden cambiar en un aula rica en tecnología. En cuanto a la fenomenología didáctica, concluye que los fenómenos pueden cambiar en un aula rica en tecnología. El propio entorno digital puede ser un fenómeno significativo para el alumno.

5.6.6. Faceta ecológica

La TAD concede un papel central a la identificación de restricciones y condicionamientos (niveles de codeterminación) en la implementación de las organizaciones didácticas, así como a la articulación entre las distintas praxeologías matemáticas. Se propone evitar el estudio de praxeologías puntuales y aisladas. Estos son componentes de idoneidad que el EOS describe formando parte de la faceta ecológica, la cual queda implícita en la TSDM. En el caso de la EMR los principios de realidad y de entrelazamiento recogen aspectos de la faceta ecológica; conexión con situaciones de la vida real e integración entre los distintos bloques de contenido.

La TID propone tener en cuenta además de las conexiones entre los distintos contenidos/tópicos/praxeologías matemáticas, y las conexiones interdisciplinares, los siguientes componentes de tipo ecológico:

- La adaptación al currículo.
- Apertura hacia la innovación didáctica.
- Adaptación socioprofesional y cultural.
- Educación en valores.

5.7. Síntesis de la teoría de la idoneidad didáctica basada en el EOS

En la Tabla 5. 11 incluimos una síntesis de los elementos que caracterizan la teoría de la idoneidad didáctica basada en el EOS, respondiendo a las cuestiones que proponen Michie *et al.* (2014) como descripción de una teoría en el campo de las ciencias sociales y del comportamiento.

Tabla 5.11. Síntesis de la TID-EOS

Elementos	Descripción
Breve resumen. ¿De qué trata la teoría y cuáles son sus principales proposiciones?	Desarrolla un sistema de criterios para la optimización local del diseño, implementación y evaluación de los procesos educativos-instruccionales en matemáticas, basados en los supuestos y constructos del EOS. Los criterios de idoneidad son juicios de valor sobre las acciones didácticas preferentes que se deberían realizar en las distintas facetas y componentes que estructuran los procesos educativos (epistémica, ecológica, mediacional, interaccional, cognitiva y afectiva) para optimizar el aprendizaje matemático, teniendo en cuenta las circunstancias personales y el contexto educativo.
Ámbito/objetivo. ¿Qué fenómenos pretende explicar la teoría?	El objetivo es optimizar los procesos educativos-instruccionales en matemáticas ayudando a diseñar e implementar unas buenas matemáticas, seleccionar recursos y estrategias didácticas para optimizar el aprendizaje. No es una teoría explicativa, sino que desarrolla un sistema de criterios (normas o principios) sobre actuaciones preferentes para optimizar los procesos de enseñanza y aprendizaje de las matemáticas. Los criterios están basados en los supuestos sobre las matemáticas del EOS. También se identifican concordancias con criterios similares basados en otras teorías de educación matemática.
Justificación. ¿Por qué es necesaria la teoría y cómo mejora las teorías anteriores?	Cuando se asume que la educación matemática, además de un componente científico (descriptivo, explicativo, predictivo), tiene un componente tecnológico (prescriptivo) se necesita elaborar pautas para indicar los tipos de actuaciones que se deberían implementar para mejorar los procesos educativos. Dichos criterios deben estar fundamentados en los resultados de las investigaciones y ser consecuencias racionales de los supuestos teóricos asumidos. La TID-EOS aporta una visión ampliada de los modelos teóricos sobre calidad de la instrucción matemática, que tiene en cuenta las circunstancias contextuales en la formulación de los criterios de idoneidad y los considera además como principios ponderables y no como reglas generales de actuación.
Hipótesis. ¿Qué hipótesis específicas plantea la teoría y en qué se diferencian de otras teorías?	La optimización de la idoneidad requiere la ponderación de los criterios en las diferentes facetas y componentes según las circunstancias del contexto (sujetos, recursos, fines educativos), teniendo en cuenta las interacciones entre facetas. La optimización es local siendo el profesor quien puede ponderar la importancia relativa de los criterios de idoneidad según los sujetos y circunstancias del contexto. Otras teorías sobre la calidad de la instrucción atribuyen un carácter más esencialista a las normas y atienden o dan prioridad a algunos aspectos parciales del proceso educativo-instruccional.

Constructos. ¿Cuáles son los elementos de la teoría?	El constructo idoneidad didáctica se formula como un rasgo graduable de los procesos educativos-instruccionales, o de una parte. Usa las nociones de significado personal e institucional entendidos en el marco del EOS, así como el modelo de estructura de facetas y componentes de un proceso educativo-instruccional. Los criterios de idoneidad pueden ser generales, referidos a cada una de las facetas, o parciales, relativos a las componentes y subcomponentes, y son entendidos como principios ponderables según las circunstancias del contexto y no como reglas generales de actuación.
Relaciones. ¿Cómo se relacionan entre sí los elementos de la teoría?	Los criterios de idoneidad se formulan teniendo en cuenta los constructos y postulados del EOS sobre la actividad matemática y el significado. En su conjunto se estructuran usando las facetas, componentes y subcomponentes de un proceso educativo-instruccional.
Procedencia. ¿En qué teorías se basa y cómo?	Se basa en la asunción del carácter científico y tecnológico de la educación matemática, lo que lleva a la necesidad de buscar criterios para optimizar la actividad didáctica. Aunque cualquier teoría educativa, incluso cada profesor tiene sus propios criterios de idoneidad, la TID-EOS se basa en los postulados y constructos de la teoría de la actividad matemática y objetos emergentes (Capítulo 2), la teoría del significado y la cognición matemática (Capítulo 3) y la teoría del diseño educativo basado en el EOS (Capítulo 4).
Semejanza. ¿A qué teorías se parece más esta teoría?	Esta teoría guarda relación con los diferentes modelos teóricos sobre la calidad de la instrucción matemática.
Complementariedad. ¿Con qué teorías puede complementarse?	La TID-EOS está abierta al refinamiento de los criterios formulados y a la incorporación de nuevos criterios procedentes de las teorías de la calidad de la instrucción y otros modelos teóricos de educación matemática coherentes con los supuestos del EOS. Los criterios de idoneidad sobre el estudio de contenidos específicos se deben apoyar en los resultados de las investigaciones didácticas sobre dichos contenidos.
Operacionalización. ¿Cómo se miden o identifican los constructos?	La idoneidad didáctica es un rasgo graduable de los procesos educativo-instruccionales, puede ser mayor o menor. Los criterios se formulan como juicios de valor, «se debería hacer esto». El sistema de criterios de idoneidad para las diferentes facetas y componentes es una guía para la reflexión sistemática sobre la práctica docente. Queda pendiente de elaborar un sistema de rúbricas con indicadores observables que permitan la medición objetiva del grado de cumplimiento de los criterios.

Usos. ¿Para qué puede utilizarse la teoría?	La TID-EOS aporta una guía para diseñar procesos instruccionales en matemáticas localmente idóneos (óptimos) para lograr los fines educativos planificados. Ayuda a tomar conciencia de la complejidad de conseguir un equilibrio ponderado entre las diferentes facetas implicadas (epistémica, ecológica, mediacional, interaccional, cognitiva y afectiva). También se usa la guía para la evaluación del diseño e implementación de los procesos instruccionales ayudando a identificar aspectos que pueden ser mejorables. Es, por tanto, un recurso para la reflexión de los profesores de matemáticas sobre su propia práctica.

Referencias

Andrew, L. (2007). Comparison of teacher educators' instructional methods with the constructivist ideal. *The Teacher Educator, 42*(3), 157-184.

Aroza, C. J., Godino, J. D. y Beltrán-Pellicer, P. (2016). Iniciación a la innovación e investigación educativa mediante el análisis de la idoneidad didáctica de una experiencia de enseñanza sobre proporcionalidad., *Aires, 6*(1), 1-29.

Batanero, C. y Díaz, C. (2007). Meaning and understanding of mathematics. The case of probability. En J. P Van Bendegen y K. François (Eds.). *Philosophical dimensions in mathematics education* (pp. 107-128). Springer.

Bartolini, M. G. y Martignone, F. (2020). Manipulatives in mathematics education. En S. Lerman (Ed.) *Encyclopedia of Mathematics Education*. Springer.

Beltrán-Pellicer, P. y Godino, J. D. (2020). An onto-semiotic approach to the analysis of the affective domain in mathematics education. *Cambridge Journal of Education, 50*(1), 1-20.

Beltrán-Pellicer, P., Godino, J. D. y Giacomone, B. (2018). Elaboración de indicadores específicos de idoneidad didáctica en probabilidad: aplicación para la reflexión sobre la práctica docente. *Bolema, 32*(61), 526-548.

Breda, A., Font, V. y Pino-Fan, L. (2018). Criterios valorativos y normativos en la Didáctica de las Matemáticas: el caso del constructo idoneidad didáctica. *Bolema, 32* (60), 255-278.

Biesta, G. J. J. (2010). Why 'What Works' Still Won't Work: From Evidence-Based Education to Value-Based Education. *Studies in Philosophy and Education, 29*, 491-503.

Boston, M. D. (2012). Assessing instructional quality in mathematics. *Elementary School Journal, 113*, 76-104.

Brousseau, B. (2002). *Theory of didactical situations in mathematics.* Kluwer A. P.

Bunge, M. (1999). *Las ciencias sociales en discusión: una perspectiva filosófica.* Editorial Sudamericana.

Burgos, M. y Godino, J. D. (2020). Modelo ontosemiótico de referencia de la proporcionalidad. Implicaciones para la planificación curricular en primaria y secundaria. *AIEM, 18*, 1-20.

Castillo, M. J., Burgos, M. y Godino, J. D. (2022). Guía de análisis de lecciones de libros de texto de Matemáticas en el tema de proporcionalidad. *UNICIENCIA, 36*(1), e15399.

Charalambous, C. Y., y Praetorius, A. K. (2018). Studying instructional quality in mathematics through different lenses: In search of common ground. *ZDM Mathematics Education, 50*, 355-366.

Chevallard, Y. (2009). La notion d'ingénierie didactique, un concept à refonder. Questionnement et éléments de réponse à partir de la TAD. 15e École d'Été de Didactique des Mathématiques. Clermont-Ferrand. On line, http://yves.chevallard.free.fr/

Colera, J. y Gaztelu, I. (2010). *Matemáticas 1.* Anaya.

Drijvers, P. (2020). Digital tools in Dutch mathematics education: a dialectic relationship. In M. Van den Heuvel-Panhuizen (Ed.), *National reflections on the Netherlands didactics of mathematics, ICME-13 Monographs,* (pp. 177-195). Springer, 2020.

Duval, R. (1995). *Sémiosis et pensée: registres sémiotiques et apprentissages intellectuels.* Peter Lang.

Duval, R. (2006). A cognitive analysis of problems of comprehension in a learning of mathematics. *Educational Studies in Mathematics, 61*(1-2), 103-131.

Font, V., Godino, J. D. y Gallardo, J. (2013). The emergence of objects from mathematical practices. *Educational Studies in Mathematics, 82*, 97-124.

Franke, M. L., Kazemi, E. y Battey, D. (2007). Mathematics teaching and classroom practice. En F. K. Lester (ed.), *Second Handbook of Research on Mathematics Teaching and Learning* (pp. 225-256). NCTM & IAP.

Freudenthal, H. (1968). Why to teach mathematics so as to be useful. *Educational Studies in Mathematics, 1*, 3-8.

Freudenthal, H. (1983). *Didactical phenomenology of mathematical structures.* Reidel.

Freudenthal, H. (1991). *Revisiting mathematics education.* China Lectures. Springer.

Gervasoni, A. y Peter-Koop. A. (2020). Inclusive mathematics education. *Mathematics Education Research Journal, 32,*1-4.

Godino, J. D. (2013). Indicadores de la idoneidad didáctica de procesos de enseñanza y aprendizaje de las matemáticas. *Cuadernos de Investigación y Formación en Educación Matemática, 11,* 111-132.

Godino, J. D. (2021). De la ingeniería a la idoneidad didáctica en educación matemática. *Revemop,* e202129, 1-26, 2021.

Godino, J. D., Batanero, C. y Burgos, M. (2023). Theory of didactical suitability: An enlarged view of the quality of mathematics instruction. *EURASIA Journal of Mathematics, Science and Technology Education, 19*(6), em2270.

Godino, J. D. Batanero, C. y Font, V. (2007). The onto-semiotic approach to research in mathematics education. *ZDM. The International Journal on Mathematics Education,* 39 (1-2), 127-135.

Godino, J. D., Burgos, M. y Wilhelmi, M. R. (2020). Papel de las situaciones adidácticas en el aprendizaje matemático. Una mirada crítica desde el enfoque ontosemiótico. *Enseñanza de las Ciencias, 38* (1), 147-164.

Godino, J. D., Contreras, A. y Font, V. (2006). Análisis de procesos de instrucción basado en el enfoque ontológico-semiótico de la cognición matemática. *Recherches en Didactiques des Mathématiques, 26* (1), 39-88.

Godino, J. D., Font, V., Wilhelmi, M. R. y Lurduy, O. (2011). Why is the learning of elementary arithmetic concepts difficult? Semiotic tools for understanding the nature of mathematical objects. *Educational Studies in Mathematics,* 77(2), 247-265.

Gómez-Chacón, I. M. (2000). Affective influences in the knowledge of mathematics. *Educational Studies in Mathematics, 43,* 149-168.

Gravemeijer, K. (2020). A socio-constructivist elaboration of realistic mathematics education. *National reflections on the Netherlands didactics of mathematics: Teaching and learning in the context of realistic mathematics education,* 217-233.

Hanna, G. y Villiers, M. de (Eds.) (2012). *Proof and proving in mathematics education. The 19th ICMI Study*. Springer.

Hill, H. C., Ball, D., Bass, H. *et al*. (2011). Measuring the mathematical quality of instruction: Learning mathematics for teaching project. *Journal of Mathematics Teacher Education, 14*(1), 25-47.

Karsenty, R. y Arcavi, A. (2017). Mathematics, lenses and videotapes: a framework and a language for developing reflective practices of teaching. *Journal of Mathematics Teacher Education, 20*, 433-455.

Lacey, H. (1999). *Is science value free? Values and scientific understanding*. Routledge.

Malet, O., Giacomone y Repetto, A. M. (2021). La Idoneidad didáctica como herramienta metodológica: desarrollo y contextos de uso. *Revemop, 3*, e202110, 1-23.

Matsumura, L. C., Garnier, H., Slater, S. C., y Boston, M. (2008). Toward measuring instructional interactions 'at scale.'. *Educational Assessment, 13*(4), 267-300.

McLeod, D. B. (1992). Research on affect in mathematics education: A reconceptualization. En D. A. Grouws (Ed.), *Handbook of Research on mathematics Teaching and Learning* (pp. 575-598). Macmillan.

McNeil, N. M. y Jarvin, L. (2007). When theory don't add up: disentangling the manipulatives debate. *Theory into Practice, 46*(4), 309-316.

Michie, S., West, R., Campbell, R., Brown, J. y Gainforth, H. (2014). *ABC of behaviour change theories*. Silverback Publishing.

National Council of Teachers of Mathematics (NCTM). (2000). *Principles and standards for school mathematics*. NCTM.

Niss, M. (1993). Assessment in mathematics education and its effects: An introduction. In M. Niss (Ed.). *Investigations into Assessment in Mathematics Education: An ICMI Study* (pp. 1-30). Springer.

Ross, H. (2019). Inclusion in mathematics education: an ideology, a way of teaching, or both? *Educational Studies in Mathematics, 100*, 25-41.

Rugina, A. N. (1998). The problem of values and value judgments in science and a positive solution: Max Weber and Ludwig Wittgenstein revisited. *International Journal of Social Economics, 25* (5), 805-854.

Skovsmose, O. (2012). *An invitation to critical mathematics education*. Springer.

Thompson, C. J., y Davis, S. B. (2014). Classroom observation data and instruction in primary mathematics education: Improving design and rigour. *Mathematics Education Research Journal, 26*(2), 301-323.

Tzur, R. (2001). Becoming a mathematics teacher-educator: conceptualizing the terrain through self-reflective analysis. *Journal of Mathematics Teacher Education 4*, 259-283.

Uttal, D. H., Scudder, K. V. y Deloache, J. S. (1997). Manipulatives as symbols: a new perspective on the use of concrete objects to teach mathematics. *Journal of Applied Developmental Psychology, 18*, 37-54.

Van den Heuvel-Panhuizen, M. y Wijers, M. (2005). Mathematics standards and curricula in the Netherlands. *ZDM*, 37 (4), 287-306.

Vygotsky, L. S. (1934). *El desarrollo de los procesos psicológicos superiores.* Crítica-Grijalbo.

Walkowiak, T. A., Berry, R. Q., Meyer, J. P., Rimm-Kaufman, S. E., y Ottmar, E. R. (2014). Introducing an observational measure of standards-based mathematics teaching practices: Evidence of validity and score reliability. *Educational Studies in Mathematics, 85*(1), 109-128.

Wilhelmi, M. R., Godino, J. D. y Lacasta, E. (2007). Configuraciones epistémicas asociadas a la noción de igualdad de números reales. *Recherches en Didactique des Mathématiques, 27* (1), 77-120.

Capítulo 6

Teoría del desarrollo profesional docente basada en el EOS

Introducción

En el Capítulo 5 hemos desarrollado la Teoría de la idoneidad didáctica basada en el EOS (TID-EOS) que aporta una visión ampliada de las teorías de la calidad de la instrucción matemática. En dicha teoría identificamos un sistema de criterios (estándares, principios o normas) que deberían cumplir los procesos educativos-instruccionales de matemáticas para optimizar localmente la matemática escolar, la enseñanza y el aprendizaje. Puesto que el profesor es el principal agente del diseño, implementación y evaluación de dichos procesos debemos plantear las cuestiones: a) ¿Qué conocimientos y competencias deberían tener los profesores para desempeñar su labor docente de forma óptima?; b) ¿Qué características deberían reunir los programas idóneos para la formación de profesores de matemáticas?; c) ¿Qué conocimientos y competencias deberían tener los formadores de profesores de matemáticas para desempeñar su labor formativa de manera óptima?

En este capítulo abordamos estas cuestiones, elaborando una teoría del desarrollo profesional docente en matemáticas basada en los supuestos del EOS (Teoría DPD-EOS). Esta teoría incluye:

1. Un sistema de los conocimientos y competencias que debería tener el profesor para el diseño, implementación y evaluación

de procesos educativo-instruccionales idóneos de matemáticas (modelo CCDM-Profesor; Godino *et al.*, 2017).

2. Un sistema de criterios o estándares de las características que debe reunir un programa idóneo de formación de profesores de matemáticas que les capacite para el diseño, implementación y evaluación de procesos educativo-instruccionales de matemáticas con alta idoneidad didáctica (Godino *et al.*, en revisión).

3. Un sistema de los conocimientos y competencias que debería tener el formador de profesores de matemáticas para el diseño, implementación y evaluación de procesos formativos idóneos (modelo CCDM-Formador).

El modelo CCDM-Profesor está basado en la TID-EOS, esto es, los conocimientos y competencias que deberían tener los profesores dependen de las características que deberían tener los procesos de enseñanza y aprendizaje de las matemáticas. En cambio, el modelo CCDM-Formador depende de las características del proceso formativo sobre didáctica de las matemáticas. En consecuencia, es necesario partir del sistema de criterios de idoneidad de los procesos educativo-instruccionales de matemáticas (Capítulo 5) e interpretar qué conocimientos se requieren. Esto es, clarificar cómo es un buen programa de instrucción matemática e identificar lo que se requiere para lograrlo.

En la teoría DPD-EOS abordamos la caracterización del trabajo del formador de profesores de matemáticas, extendiendo de este modo, tanto la TID-EOS como el modelo CCDM. Para ello debemos identificar los criterios de idoneidad de los procesos de formación sobre didáctica de las matemáticas e inferir los conocimientos y competencias del formador de profesores, que incluirán los relativos a la instrucción matemática y a la formación didáctico-matemática de los profesores.

El ámbito u objetivo de la teoría DPD-EOS concuerda, para el caso de la educación matemática, con la problemática de investigación que se interesa por «construir las bases de una pedagogía de la formación de profesores en la forma de principios fundamentales para los programas y prácticas de la educación de profesores» (Korthagen *et al.*, 2006, p. 1022). Así articulamos dos líneas de investigación en el campo de la formación de profesores de matemática, la interesada por desarrollar categorías de conocimientos y competencias y la de identificar principios de eficiencia de los programas formativos de profesores.

En la Sección 6.1 incluimos la conceptualización del desarrollo profesional docente y una síntesis de antecedentes sobre sistemas de categorías de conocimientos del profesor de matemáticas y programas eficientes de desarrollo profesional. La estructura de facetas y componentes de un proceso educativo-instruccional propuesta en el Capítulo 4 (Figura 4.1) es la base para estructurar el sistema de criterios de idoneidad didáctica y el de conocimientos y competencias de los profesores y formadores de profesores. En la Sección 6.2 ampliamos esta estructuración distinguiendo las fases de fundamentación, planificación, implementación y evaluación, identificando diversas actividades en los procesos formativos de profesores. En la Sección 6.3 interpretamos el sistema de criterios de idoneidad didáctica de procesos educativos-instruccionales elaborado en el Capítulo 5 en términos de criterios de idoneidad de los procesos de formación de profesores, entendiendo que los profesores deben adquirir una formación que les capacite para diseñar, implementar y evaluar procesos de instrucción matemática optimizando la idoneidad didáctica. Esa labor profesional implica que los profesores de matemáticas deben adquirir el sistema de conocimientos y competencias que describimos en la Sección 6.4. La relación que establecemos entre criterios de idoneidad didáctica y conocimientos didáctico-matemáticos, con base en las facetas, componentes, subcomponentes y elementos de un proceso educativo-instruccional (Capítulo 4), nos permite refinar y ampliar el modelo de conocimientos del profesor previamente elaborado (Godino, 2009; Pino-Fan y Godino, 2015). En la Sección 6.5 ampliamos el uso de los criterios de idoneidad, aplicados en el Capítulo 5 a procesos de instrucción matemática, a los procesos formativos de profesores, lo cual permite elaborar un sistema de conocimientos y competencias del formador de profesores de matemáticas (Sección 6.6) y una guía de análisis de la idoneidad de procesos formativos (Sección 6.7). Para mostrar el uso de la teoría de DPD-EOS describimos en la Sección 6.8 un ejemplo de investigación sobre formación de profesores. En la Sección 6.9 iniciamos el estudio de las concordancia y complementariedades con otras teorías o modelos de DPD. Finalmente, en la Sección 6.10 respondemos para la teoría presentada en el capítulo a las cuestiones que proponen Michie *et al.* (2014) como resumen de una teoría en ciencias sociales y del comportamiento.

6.1. Desarrollo profesional docente. Conceptualización y antecedentes

La investigación sobre formación de profesores de matemáticas ha crecido de manera sustancial en los últimos 20 años, como revelan los artículos publicados en el *Journal of Mathematics Teacher Education*, la publicación de los *Handbooks of Mathematics Teacher Education* (Chapman, 2020; Wood, 2008) y del *ICMI Study* sobre el tema (Ball y Even, 2008). El conocimiento que necesitan los formadores (o educadores) de profesores ha tenido una atención limitada pero creciente en los últimos años impulsada por el interés de muchos países en incrementar la calidad del profesorado, a fin de mejorar, entre otros motivos, el rendimiento en matemáticas en pruebas de evaluación internacionales (Beswick y Goos, 2018). Entre los temas de investigación abordados en este campo, Goos y Beswick (2021) destacan:

- La naturaleza de la pericia (conocimientos, competencias, especialización) de los formadores de profesores de matemáticas.
- Aprendizaje y desarrollo como formador de profesores de matemáticas.
- Desafíos metodológicos en la investigación de la pericia, el aprendizaje y el desarrollo de los profesores de matemáticas.

El Desarrollo Profesional Docente (DPD) se estudia y presenta en la literatura pertinente de muchas maneras diferentes (Bautista y Ortega-Ruiz, 2015). Pero, en el centro de tales esfuerzos, hay un acuerdo en que el desarrollo profesional consiste en que los profesores adquieran los contenidos pertinentes, aprendan a aprender y apliquen sus conocimientos en beneficio del aprendizaje de sus alumnos.

> El aprendizaje profesional de los profesores es un proceso complejo, que requiere la implicación cognitiva y emocional de los profesores de forma individual y colectiva, la capacidad y la voluntad de examinar dónde se encuentra cada uno en términos de convicciones y creencias y la revisión y puesta en práctica de alternativas adecuadas para la mejora o el cambio. (Avalos, 2011, p. 10)

En la literatura sobre DPD se habla de programas de formación eficientes cuando se tiene en cuenta la relación explícita entre el programa, la mejora de la práctica docente y el aprendizaje de los estudiantes (Desimone y Pak, 2017). El desarrollo profesional eficiente supone un aprendizaje profesional estructurado que cambia las prácticas de los profesores y mejora el aprendizaje de los estudiantes (Darling-Hammond *et al.*, 2017).

Los documentos sobre estándares de formación de profesores de matemáticas, como NCTM (2014) y AMTE (2017), proponen sistemas de criterios e indicadores sobre los conocimientos específicos, habilidades y disposiciones de un buen profesor de matemáticas, así como sobre las características que debe reunir un programa eficiente de formación de dichos profesores. Por tanto, reflejan modelos de los conocimientos matemáticos y didácticos que debería tener el profesor de matemáticas y de los conocimientos profesionales de los formadores de profesores.

6.1.1. Conocimientos del profesor de matemáticas y del formador

Diversas publicaciones proponen principios y estándares para lograr una enseñanza de las matemáticas de calidad (NCTM, 2000; 2014), así como estándares sobre el desarrollo de programas de formación de profesores de matemáticas eficientes (AMTE, 2017; Beisiegel *et al.*, 2018; Desimone y Garet, 2015; Rasch *et al.*, 2020). Como resultado de estos trabajos encontramos diversos sistemas de categorías de conocimientos del profesor de matemáticas (Ball, Thames *et al.*, 2008; Carrillo *et al.*, 2018; Godino *et al.*, 2017; Rowland *et al.*, 2005) y del formador de profesores de matemáticas (Castro-Superfine *et al.*, 2020; Escudero-Ávila *et al.*, 2021; Leikin *et al.*, 2018), así como listados de principios o criterios de calidad de la instrucción matemática y eficacia de programas de formación de profesores (Bostic *et al.*, 2021; Charalambous y Praetorius, 2018).

Pero, usualmente, la fundamentación teórica y racionalidad de tales sistemas de categorías no se explicita, es confusa o dispar y se proponen categorías o dominios de conocimientos muy genéricos (Godino, 2009). «Hay margen para una investigación cada vez más detallada sobre los conocimientos específicos que emplean los MTE [Mathematics Teacher Educators] en las distintas facetas de su trabajo» (Beswick y Goos, 2018, p. 425). Sería útil avanzar desde los modelos de categorías de conocimientos del profesor a sistemas de principios fundamentados sobre la práctica docente. En el caso de la educación matemática, las categorías de conocimientos matemáticos y didácticos y los modelos de instrucción deberían estar fundamentados en un modelo previo que explicite la naturaleza de la actividad matemática y de los objetos y relaciones que intervienen en la misma; esto es, un modelo epistemológico, ontológico y semiótico de referencia. El modelo de aprendizaje y enseñanza, y los principios y estándares de calidad debería ser coherentes y estar apoyado en dicho modelo de referencia.

6.1.2. Características de los programas eficientes de desarrollo profesional docente

Heck *et al.* (2019) señalan la existencia de una cantidad considerable de literatura, con cierto apoyo empírico, en la que se esbozan principios rectores para el diseño y la implementación de un desarrollo profesional efectivo. En su trabajo centran la atención en seis elementos comúnmente citados en la literatura: (1) duración, (2) enfoque en el contenido, (3) coherencia, (4) aprendizaje activo/basado en la práctica, (5) participación colectiva y (6) facilitación por parte de expertos.

AMTE (2017) propone estándares e indicadores para los conocimientos, habilidades y disposiciones deseables de los profesores de matemáticas y las características de un programa de desarrollo profesional para los mismos. Park *et al.* (2018) definieron el desarrollo profesional docente como cualquier actividad que tiene como objetivo (a) desarrollar el conocimiento, habilidades y experiencia de los docentes y (b) preparar a los docentes para mejorar su desempeño pedagógico en roles actuales o futuros dentro de un entorno escolar.

El marco TRU (*Teaching for Robust Understanding*) (Schoenfeld, 2013; 2018) hace hincapié en las experiencias que determinan el aprendizaje de los alumnos. Este marco es una herramienta para diseñar e implementar actividades de desarrollo profesional. Está arraigado en los principios de la instrucción centrada en el estudiante y distingue cinco dimensiones en los procesos de instrucción: contenido matemático, demanda cognitiva, acceso equitativo al contenido, agencia, pertenencia (*ownership*) e identidad, y evaluación formativa. De este modo se caracterizan los tipos de instrucción que hacen que los estudiantes sean conocedores, flexibles e ingeniosos, y solucionadores de problemas.

En el proyecto Learning Mathematics for Teaching, Hill *et al.* (2008) construyeron un instrumento para medir más eficazmente la calidad de la instrucción matemática, creyendo que una buena herramienta de medición capacitaría a los formadores de profesores para mejorar la enseñanza y el aprendizaje. Hill *et al.* (2011) presentaron un marco conceptual para precisar y evaluar las características matemáticas del trabajo en el aula. Este proyecto llevó a introducir el constructo MQI (*Mathematical Quality of Instruction*), acompañado de una detallada guía de codificación para evaluar diversos criterios. Por «calidad matemática de la instrucción», Hill *et al.* entienden la naturaleza del contenido matemático disponible para los alumnos durante la instrucción (p. 30). El marco MQI incluye seis constructos y sus correspondientes escalas: riqueza y desarrollo de las matemáticas, respuesta a los alumnos, conexión de la práctica en el aula con las matemáticas, lenguaje, equidad y presencia de errores matemáticos. De esta línea de investigación se deriva el modelo MKT (*Mathematical Knowledge for Teaching*) (Ball, Thames *et al.*, 2008) de categorías de conocimientos del profesor de matemática.

Otra línea de investigación en formación de profesores de matemáticas promueve la práctica reflexiva (Schön, 1983; Tzur, 2001), ya sea como futuro profesor, profesor en ejercicio o formador de profesores. El objetivo es formar profesionales reflexivos (Llinares y Krainer, 2006) como estrategia para mejorar la enseñanza y el aprendizaje de las matemáticas. Esta reflexión sobre los diferentes aspectos y momentos de la práctica puede ser guiada (Nolan, 2008) no solo por el educador en el caso de los futuros profesores, sino también a través de herramientas conceptuales que llamen la atención sobre aspectos críticos de la práctica. Estas guías proporcionan una estructura para la reflexión, holística (Klein, 2008), articulada (Ash y Clayton, 2004), guiada (Husu *et al.*, 2008) y crítica (Harrison *et al.*, 2005).

La reflexión y la investigación sobre la práctica también se propone para los formadores de profesores, implicando el aprendizaje sobre algunos contenidos o aspectos pedagógicos, como el discurso o la resolución de problemas (Chapman, 2009). El desarrollo de una visión profesional sobre el aprendizaje matemático y la experiencia docente se propone a través del *professional teacher noticing* (Dindyal *et al.* (2021); Mason, 2002), una línea de investigación que ha ganado considerable atención (König *et al.*, 2022; Schack *et al.*, 2017). Se han desarrollado diversas lentes teóricas y estrategias metodológicas para promover esta habilidad (Fernández y Choy, 2019), como la teoría del encuadre (*framing*) (Scheiner, 2023), las trayectorias hipotéticas de aprendizaje (Simon, 1995; Simon y Tzur, 2004) y las discusiones profesionales basadas en el *Lesson Study* (Lee y Choy, 2017).

6.2. Estructura de los procesos de formación de profesores

En el EOS, el proceso educativo-instruccional es la unidad de análisis de la actividad[26] de educación matemática, entendida como articulación de dos actividades parciales: la enseñanza y el aprendizaje de contenidos, disposiciones y habilidades matemáticas. En la formación de profesores, la unidad de análisis son los procesos formativos sobre contenidos y habilidades de didáctica de las matemáticas en los que se articulan la formación y el aprendizaje docente. Para un análisis detallado de los procesos educativo-instruccionales, distinguimos las fases de Fundamentación, Planificación, Implementación y Evaluación (Figura 6.1), que son actividades parciales de la actividad global de educación matemática, y etapas en su desarrollo temporal. En cada fase es necesario distinguir seis facetas: epistémica, ecológica, mediacional, interaccional, cognitiva y afectiva (Capítulo 4).

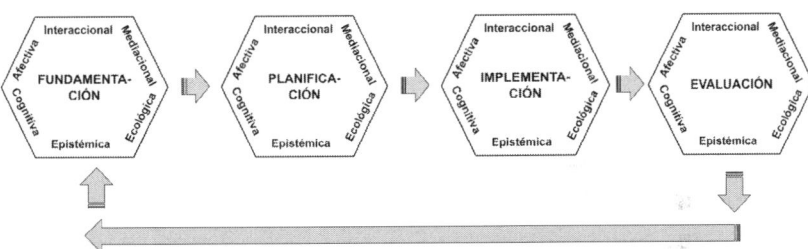

Figura 6.1. Fases y facetas de los procesos
educativo-instruccionales

En la Figura 4.1 (Capítulo 4) describimos los componentes, subcomponentes y elementos que propone el EOS para el análisis de estas seis facetas. Esta misma estructura se aplica a los procesos de

---

[26] Entendemos la noción de actividad en el sentido que propone la Teoría Histórico Cultural de la Actividad (CHAT) en su versión de segunda y tercera generación (Engënstrom, 1987). La actividad es la unidad de análisis cuya estructura viene dada por seis elementos: sujeto, objeto, instrumentos, comunidad, reglas y división del trabajo. Consideramos que la estructura de un proceso educativo-instruccional distinguiendo fases, facetas y componentes permite hacer análisis más detallados y explicativos que los proporcionados por la CHAT.

formación de profesores. En este caso los conocimientos, habilidades y disposiciones implicados en los procesos de instrucción matemática deben formar parte de la faceta epistémica (conocimientos institucionales) del proceso formativo. El formador de profesores deberá tener en cuenta, además, los conocimientos, habilidades y disposiciones de las restantes facetas del proceso formativo que tienen como objeto la enseñanza y aprendizaje de contenidos didáctico-matemáticos.

Los componentes y subcomponentes de las facetas epistémica y cognitiva que se incluyen en la Figura 4.1 (Capítulo 4) se derivan de la configuración ontosemiótica, en su versión epistémica (significados institucionales) y cognitiva (significados personales) y de los tipos de objetos y procesos matemáticos implicados. El nivel IV de análisis (Elementos) describe los distintos bloques de contenido matemático (aritmética, geometría, álgebra, estadística, etc.) sobre los que la investigación en educación matemática viene produciendo conocimientos y recursos, que deben ser tenidos en cuenta por los profesores y formadores de profesores.

Si el proceso instruccional es sobre matemáticas, la estructura representada en la Figura 4.1 (Capítulo 4) se aplica a los conocimientos que el profesor pone en juego sobre las matemáticas a enseñar y demás facetas implicadas. Se propone, por tanto, un modelo que desarrolla otros relacionados, como el MKT (Ball, Thames *et al.*, 2008), o el CDM (Pino-Fan y Godino, 2015; Godino *et al.*, 2017).

El foco de interés en este capítulo es el proceso formativo de profesores de matemáticas, que involucra las actividades de formación y la de aprendizaje docente (Figura 6.2) y cuyo desarrollo óptimo está estrechamente relacionado con el proceso de instrucción matemática. En la Figura 6.2, la actividad 1 (formación de profesores) tiene como sujeto al formador y como objeto el diseño de programas y acciones formativas para el DPD. La actividad 2 (aprendizaje docente) tiene como sujeto al docente y como objeto aprender a enseñar matemáticas. La actividad 3 (enseñanza de matemáticas) tiene como sujeto al profesor y como objeto los procesos de instrucción de contenidos matemáticos, implicando, por tanto, la actividad 4 de aprendizaje matemático, cuyo objeto es el logro de la comprensión y competencia matemática por parte de los estudiantes.

Figura 6.2. Actividades implicadas en los procesos formativos

Como se indica en la Figura 6.2 el Proceso I sobre instrucción matemática (actividades de enseñanza y aprendizaje de las matemáticas) está anidado dentro del Proceso II sobre didáctica de las matemáticas. Ambos constituyen el centro de interés del aprendizaje profesional de los profesores. Los criterios de idoneidad didáctica (Capítulo 5) sobre el Proceso I (Figura 6.2) de enseñanza y aprendizaje de matemáticas los vamos a interpretar en términos de conocimientos y competencias didáctico-matemáticas del profesor de matemáticas (modelo CCDM-Profesor). Estos conocimientos y competencias profesionales deben ser tenidos en cuenta por el formador de profesores en el diseño e implementación de los programas formativos (Proceso II). Pero, además, el cómo aprenden los profesores, la afectividad implicada, los recursos y patrones de interacción entre formador y docentes también deben ser considerados en el diseño y evaluación de dichos programas. En consecuencia, elaboraremos un modelo de conocimientos y competencias del formador de profesores (modelo CCDM-Formador) que incluye el modelo CCDM-Profesor, pero que incorpora, además, los conocimientos y competencias específicas que promuevan el aprendizaje docente, esto es, el profesor como estudiante de didáctica de las matemáticas.

6.3. Conocimientos y competencias didáctico-matemáticas sobre la actividad de instrucción matemática

Como se ha indicado, el sistema de criterios de idoneidad formulado en el Capítulo 5 se puede usar para categorizar los conocimientos didáctico-matemáticos del profesor, orientando su identificación y formulación según facetas, componentes, subcomponentes y elementos de contenidos específicos, de acuerdo con la teoría de diseño educativo-instruccional presentada en el Capítulo 4.

En este apartado, formulamos el sistema de conocimientos derivados de la TID-EOS para el proceso de instrucción matemática. Elaboramos, de este modo, una ampliación y revisión del modelo previo de conocimientos didáctico-matemáticos CDM (Godino, 2009; Pino-Fan y Godino, 2015). El proceso formativo debe procurar que el profesor de matemáticas adquiera los conocimientos y competencias que le permitan fundamentar, diseñar, implementar y evaluar procesos de instrucción matemática con alta idoneidad didáctica. Esto implica competencia para ponderar los criterios parciales de idoneidad epistémica (contenido), ecológica (contexto), mediacional (recursos), interaccional (interacciones), cognitiva (aprendizaje) y afectiva (emociones, creencias, valores de los estudiantes), teniendo en cuenta las circunstancias que condicionan los procesos de instrucción matemática. Esta dimensión didáctica debe ser complementada con los conocimientos relativos a las dimensiones normativa y metanormativa (Capítulo 4).

En los siguientes apartados identificamos los conocimientos relativos a las diferentes facetas y componentes. Las justificaciones, basadas en la coherencia con los supuestos del EOS y las concordancias (consenso) con otras teorías, dadas en el Capítulo 5 para los criterios de idoneidad, sirven de base de los conocimientos formulados.

6.3.1. Conocimientos sobre características del contenido matemático (facetas epistémica y ecológica)

Sobre la base del modelo de actividad matemática que propone el EOS, el programa de DPD debería capacitar a los docentes para que las matemáticas que enseñan (facetas epistémica y ecológica) reúnan las características indicadas en la Tabla 6.1.

Tabla 6.1. Conocimientos sobre características del contenido matemático (facetas epistémica y ecológica)

Faceta	Componentes específicos
Epistémica: El proceso formativo debe promover en los profesores la adopción de una visión antropológica de las matemáticas, como actividad humana focalizada en la resolución de problemas, de la cual emergen los objetos matemáticos y les dan significado. Debe promover el reconocimiento de los diversos significados parciales de los contenidos, los objetos y procesos implicados y articular la enseñanza, teniendo en cuenta sus distintos grados de generalidad y formalización.	**Significados y objetos matemáticos** – Tener en cuenta los diversos significados parciales del contenido, los objetos primarios implicados en cada significado parcial (situaciones, lenguajes, conceptos y propiedades, procedimientos y argumentos), seleccionando aquellos cuyo estudio se adapta a las circunstancias contextuales y personales de los sujetos implicados. *Situaciones-problemas:* – Seleccionar y adaptar problemas/tareas matemáticas que permitan dar significado a los conocimientos matemáticos, distinguiendo situaciones de contextualización, ejercitación aplicación y generación de problemas. *Lenguajes:* – Reconocer el papel central de los lenguajes matemáticos (representaciones), sus tipos, transformaciones y conversiones en la construcción y comunicación del conocimiento matemático. – Gestionar (conocer y usar) diferentes modos de expresión matemática y cómo se relacionan, reconociendo su pertinencia según el nivel educativo. *Reglas (conceptos, proposiciones, procedimientos):* – Comprender la matemática como sistema interconectado de reglas (conceptos, procedimientos y propiedades) – Seleccionar y presentar correctamente las definiciones, proposiciones y procedimientos adaptados al nivel educativo. *Argumentos:* – Reconocer el papel central de la argumentación en la construcción del conocimiento matemático, y la diversidad de medios de prueba. – Elaborar explicaciones, comprobaciones y demostraciones correctas y adecuadas al nivel educativo.

	Relaciones (conexiones)
	– Relacionar entre sí los significados parciales estudiados y los objetos que intervienen en las prácticas correspondientes, así como con el contenido de otros temas que el estudiante ya conoce.
	Procesos
	– Tener en cuenta la diversidad de procesos de que emergen los objetos que intervienen en las prácticas matemáticas (problematización, representación, definición, generalización, modelización, . . .).
	Conflictos epistémicos
	– Evitar las discordancias entre los significados de los objetos y procesos implementados y los correspondientes a la institución de referencia (ausencia, además, de errores y ambigüedades).
Ecológica: El proceso formativo debe promover en los profesores conocimientos, habilidades y disposiciones para que los procesos de instrucción matemática que diseñen e implementen estén en concordancia con el proyecto educativo del centro y la sociedad, teniendo en cuenta los condicionamientos del entorno en que se desarrolla y las innovaciones basadas en la investigación educativa.	**Conexiones intra e interdisciplinares** – Relacionar los contenidos con otros contenidos intra e interdisciplinares. **Currículo** – Conocimiento de las orientaciones curriculares sobre las matemáticas y su fundamentación. **Apertura hacia innovación didáctica** – Introducir innovaciones que estén basadas en la investigación y buenas prácticas reconocidas. – Integrar el uso de las nuevas tecnologías (calculadoras, ordenadores, TIC, etc.) en el proyecto educativo. **Adaptación socioprofesional y cultural** – Procurar que el proceso educativo-instruccional en su conjunto contribuye a la formación socioprofesional de los estudiantes. **Educación en valores cívicos** – Incluir en el diseño e implementación del proceso educativo-instruccional la formación de los estudiantes en valores democráticos y el pensamiento crítico. **Entorno familiar** – Estimular y apoyar, en la medida de lo posible, el aprendizaje del estudiante fuera de la escuela y su desarrollo como persona.

El contenido matemático que el profesor implemente en las clases debe reunir ciertas características para optimizar el desarrollo del proceso instruccional, esto es, que las matemáticas sean ricas, óptimas o adecuadas, según las circunstancias contextuales (faceta ecológica) y personales de los estudiantes (faceta cognitiva). Un proceso de instrucción específico tiene lugar en un entorno particular y se realiza en un intervalo de tiempo usualmente acotado. Por ello es inevitable que el profesor sepa seleccionar algunos significados parciales del objeto en cuestión y, por tanto, las configuraciones de objetos y procesos asociados a los mismos, pero, globalmente (a lo largo de la educación), el conjunto de significados debe ser representativo del previamente fijado como referencia.

El profesor debe saber movilizar diversas representaciones de los objetos matemáticos, resolver las tareas mediante distintos procedimientos, vincular entre sí los objetos matemáticos del nivel educativo en el que enseña y de niveles anteriores y posteriores, comprender y movilizar la diversidad de significados parciales para un mismo objeto matemático, proporcionar diversas justificaciones y argumentaciones, e identificar los conocimientos puestos en juego en la resolución de los problemas.

La faceta ecológica del conocimiento didáctico-matemático, refiere a los conocimientos sobre el currículo de matemáticas del nivel educativo en el que se contempla el estudio del objeto matemático, sus relaciones con otros currículos, y las relaciones que dicho currículo tiene con los aspectos sociales, políticos y económicos, que soportan y condicionan el proceso de enseñanza y aprendizaje. Los aspectos que se contemplan dentro de esta faceta del conocimiento toman en cuenta las propuestas de Shulman (1987, p. 8) sobre el conocimiento curricular, de los contextos educativos y de los fines, propósitos y valores de la educación, y de Grossman (1990, p. 9) —conocimiento sobre el currículo horizontal y vertical para un tema, y conocimiento del contexto.

6.3.2. Conocimientos sobre las características de las facetas mediacional e interaccional

El programa de DPD debería proporcionar oportunidades de aprendizaje de los conocimientos y competencias indicadas en la Tabla 6.2 sobre las facetas mediacional e interaccional de los procesos de instrucción que los profesores diseñen, implementen y evalúen. En la faceta mediacional se incluyen recursos de diversos tipos que condicionan y soportan la enseñanza y el aprendizaje de las matemáticas. Además de los medios materiales concretos y tecnológicos, como calculadoras y ordenadores, se tiene en cuenta los apoyos al estudio (libros de texto, cuadernos de actividades, videos educativos . . .), el número de estudiantes que el docente tiene asignados, el horario en que tienen lugar las clases, las condiciones materiales del aula, así como el tiempo total asignado al estudio y su distribución. Como puede observarse, la vinculación de las facetas interaccional y mediacional desarrollan y enriquecen la noción de «conocimiento del contenido y la enseñanza» planteado por Ball, Thames *et al.* (2008, p. 401).

Tabla 6.2. Conocimientos sobre las características de las facetas interaccional y mediacional de los procesos de instrucción matemática

Faceta	Componente
Interaccional: El proceso formativo debe promover en los profesores conocimientos, habilidades y disposiciones para que los patrones de interacción que implementen permitan identificar los conflictos semióticos potenciales, poner los medios adecuados para su resolución, favorecer la autonomía progresiva en el aprendizaje y el desarrollo de competencias comunicativas en los estudiantes.	**Interacciones docente-discente** - Adaptar los modos de interacción teniendo en cuenta los momentos del proceso de estudio, aplicando un formato dialógico-colaborativo en los momentos de primer encuentro con el contenido y atribuyendo autonomía al estudiante en los momentos de ejercitación y aplicación. - Hacer una presentación adecuada del tema (presentación clara y bien organizada, no hablar demasiado rápido, enfatizar los conceptos clave del tema, etc.). - Reconocer y resolver los conflictos de los alumnos (formular preguntas y ofrecer respuestas adecuadas, etc.). - Buscar llegar a consensos con base al mejor argumento. - Usar diversos recursos retóricos y argumentativos para implicar y captar la atención de los estudiantes. - Facilitar la inclusión de los alumnos en la dinámica de la clase. - Potenciar la participación y el compromiso activo de todos los estudiantes. **Interacciones entre estudiantes** - Favorecer el diálogo y comunicación entre los estudiantes. - Favorecer la inclusión en el grupo y evitar la exclusión. **Autonomía** - Contemplar momentos en los que los estudiantes asumen la responsabilidad del estudio (plantean cuestiones y presentan soluciones; exploran ejemplos y contraejemplos para investigar y conjeturar; usan una variedad de herramientas para razonar, hacer conexiones, resolver problemas y comunicarlos).

	Evaluación formativa – Observar de manera sistemática el progreso cognitivo de los estudiantes y usar la información obtenida para tomar decisiones sobre el desarrollo de la instrucción.
Mediacional: El proceso formativo debe promover en los profesores conocimientos, habilidades y disposiciones para usar los recursos materiales y temporales adecuados para el desarrollo óptimo del proceso de enseñanza y aprendizaje de las matemáticas.	**Recursos materiales** (Concretos, virtuales y simbólicos) – Distinguir los objetos matemáticos (regulativos, no ostensivos) de sus respectivas representaciones concretas, visuales o simbólicas en las prácticas matemáticas y didácticas. – Articular el uso de configuraciones de objetos y procesos basadas en representaciones alfanuméricas con las basadas en representaciones concretas para potenciar progresivamente los procesos de generalización, cálculo y demostración matemática. **Apoyos al estudio** (libros de texto, cuadernos de ejercicios, videos educativos . . .) – Hacer un uso crítico y reflexivo de materiales curriculares u otros recursos educativos (libros de texto o cuadernos de actividades en formato físico o virtual, vídeos educativos, etc.), decidiendo cuándo y cómo usarlos como apoyo al proceso de estudio. **Número de estudiantes, horario y condiciones del aula** – En la medida de lo posible, optimizar el número de estudiantes para dar una atención personalizada. – En la medida de lo posible, adecuar el aula y la distribución de los estudiantes para facilitar las interacciones. – Procurar un horario de sesiones de clase que favorezca la atención y compromiso de los estudiantes. **Tiempo** (De enseñanza colectiva/ tutorización; tiempo de aprendizaje) – Asignar un tiempo (presencial y no presencial) adecuado para la enseñanza pretendida. – Asignar un tiempo adecuado a los contenidos más importantes del tema y a los que presentan más dificultad de comprensión.

La faceta interaccional involucra los conocimientos necesarios para prever, implementar y evaluar secuencias de interacciones, entre los agentes que participan en el proceso de enseñanza y aprendizaje, orientadas a la fijación y negociación de significados (aprendizajes) de los estudiantes. Estas interacciones no solo se establecen entre el profesor y los alumnos (profesor-alumno), sino entre los alumnos, alumnos y recursos, y profesor, recursos y alumnos. La faceta mediacional incluye los conocimientos que debería tener un profesor para usar y evaluar la pertinencia del uso de materiales y recursos tecnológicos para potenciar el aprendizaje de un objeto matemático específico, así como la asignación del tiempo a las distintas acciones y procesos de aprendizaje.

6.3.3. Conocimientos sobre características de los aprendizajes de los estudiantes (facetas cognitiva y afectiva)

El programa de DPD debería proporcionar oportunidades de aprendizaje de los conocimientos y competencias indicadas en la Tabla 6.3 sobre las facetas cognitiva y afectiva de los procesos de instrucción que diseñen, implementen y evalúen.

Tabla 6.3. Conocimientos sobre características de los aprendizajes matemáticos de los estudiantes (facetas cognitiva y afectiva)

Faceta	Componentes
Faceta cognitiva: El proceso formativo debe promover en los profesores conocimientos, habilidades y disposiciones para que: los objetivos de aprendizaje sean un reto cognitivo alcanzable para los estudiantes, teniendo en cuenta sus circunstancias personales y contextuales; los significados personales logrados por los estudiantes sean concordantes con los significados institucionales planificados y la evaluación de los aprendizajes sirva para mejorar el proceso instruccional.	**Significados personales (aprendizajes)** – Promover la comprensión de las situaciones-problemas, representaciones, conceptos y propiedades. – Desarrollar la competencia comunicativa, procedimental y argumentativa. **Relaciones (conexiones)** – Promover que el aprendizaje sea de tipo relacional, de modo que los estudiantes sean capaces de comprender y relacionar los distintos significados incluidos en el proceso de enseñanza y los objetos implicados. **Procesos** – Promover el desarrollo de la competencia del estudiante para implementar procesos matemáticos específicos del contenido (modelización, generalización, planteamiento y resolución de problemas, prueba, representación . . .) y procesos metacognitivos (reflexión sobre los propios procesos de pensamiento matemático). **Conocimientos previos** – Tener en cuenta los conocimientos previos que tienen los estudiantes para abordar el estudio del contenido pretendido. **Diferencias individuales** – Apoyar el aprendizaje de los estudiantes teniendo en cuenta sus diferencias individuales en los conocimientos previos, estilos de aprendizaje y niveles de comprensión y competencia.

	Evaluación de los aprendizajes – Comprobar regularmente el progreso de los aprendizajes para tomar decisiones instruccionales de mejora (evaluación formativa).
Afectiva: El proceso formativo debe promover en los profesores conocimientos, habilidades y disposiciones para la instrucción matemática implementada logre el mayor grado posible de implicación del alumnado (interés, motivación, autoestima), teniendo en cuenta sus creencias sobre las matemáticas y su aprendizaje.	**Emociones** – Planificar situaciones para la identificación y discusión de las emociones a fin de evitar el rechazo, la fobia o miedo a las matemáticas. – Resaltar las cualidades de estética y precisión de las matemáticas. **Actitudes** – Promover que el estudiante asuma su responsabilidad en el aprendizaje, esforzándose en la realización de las tareas con perseverancia, tanto las que requieren indagación personal como de recepción y retención de conocimientos. – Favorecer la argumentación en situaciones de igualdad; el argumento se valora en sí mismo y no por quién lo dice. **Creencias** – Identificar las creencias de los estudiantes sobre las matemáticas y su enseñanza que puedan condicionar los aprendizajes y tenerlas en cuenta en el proceso instruccional. **Valores-identidad** – Promover la autoestima para que los estudiantes se sientan capaces de aportar conjeturas y soluciones a los problemas planteados, apoyándose en argumentos matemáticos para convencer a los demás de la validez de sus afirmaciones, construyendo de este modo una identidad matemática positiva. – **Intereses y necesidades** – Proponer tareas que se sean de interés para los alumnos y que estén a su alcance. – Proponer situaciones que permitan valorar la utilidad de las matemáticas en la vida cotidiana y profesional.

El acoplamiento progresivo entre los significados personales iniciales de los estudiantes y los significados institucionales previstos o efectivamente implementados se logra mediante su participación en la comunidad de prácticas generada en la clase. Las facetas cognitiva y afectiva, tal como se definen en el EOS, juntas proporcionan una mejor aproximación y entendimiento de los conocimientos que deberían tener los profesores de matemáticas sobre las características y aspectos relacionados con la forma de pensar, conocer, actuar y sentirse, de los estudiantes a propósito de la actividad matemática que realizan. La faceta cognitiva, por un lado, proporciona a los profesores los conocimientos necesarios para «reflexionar y evaluar» la proximidad o grado de ajuste de los significados personales (conocimientos de los estudiantes) respecto de los institucionales (conocimiento desde el punto de vista histórico-cultural). Para ello, el profesor debe ser capaz de prever (durante la planificación o diseño) y tratar (durante la implementación), a partir de las producciones de los estudiantes, o producciones esperadas, posibles respuestas a un problema determinado, concepciones erróneas, conflictos o errores que surjan a propósito de la solución, vínculos (matemáticamente correctos o no) entre el objeto matemático estudiado y otros objetos matemáticos requeridos para resolver el problema. La faceta afectiva, por otro lado, versa sobre los conocimientos que son necesarios para comprender y tratar los estados de ánimo de los estudiantes, los aspectos que los motivan o no a resolver los problemas, etc. En general, se trata de conocimientos que ayudan a describir las experiencias y sensaciones de los estudiantes dentro de una clase concreta o con un problema matemático determinado, en un nivel educativo específico, teniendo en cuenta los aspectos que se vinculan con la faceta ecológica.

Estas dos facetas (cognitiva y afectiva) integran y expanden las ideas de Shulman (1987, p. 8) —conocimiento sobre los estudiantes y sus características—, Schoenfeld y Kilpatrick (2008) —sobre conocer a los estudiantes como personas que piensan y aprenden—, Grossman (1990, p. 8) —sobre la comprensión de los estudiantes, sus concepciones y concepciones erróneas de tópicos particulares—, y de Hill, Thames *et al.* (2008, p. 375) —sobre el conocimiento del contenido y los estudiantes.

6.3.4. Modelo CDM ampliado

La Figura 6.3 resume las categorías de los conocimientos didáctico-matemáticos requeridos para el diseño, implementación y evaluación de procesos educativos-instrucción sobre matemáticas que debería tener el profesor para optimizarlos, clasificados según facetas y componentes.

En la parte inferior de la Figura 6.3 incluimos también información sobre dos categorías de conocimientos del profesor relacionadas con la dimensión matemática, esto es, el conocimiento matemático *per se*, que el profesor debe tener. Según explicamos en Pino-Fan y Godino (2015), el conocimiento común del contenido es aquel conocimiento, sobre un objeto matemático concreto (por ejemplo, la derivada), que es suficiente para resolver los problemas o tareas propuestas en el currículo de matemáticas (o planes de estudio) y en los libros de texto, de un nivel educativo determinado (por ejemplo, bachillerato). Se trata de un conocimiento que es compartido entre el profesor y los estudiantes. El conocimiento ampliado del contenido es el que debe tener el profesor sobre las nociones matemáticas que se están estudiando en un momento puntual (por ejemplo, la derivada), y las que están más adelante en el currículo (por ejemplo, la integral en bachillerato, o el teorema fundamental del cálculo y ecuaciones diferenciales en universidad). El conocimiento ampliado del contenido provee al profesor las bases matemáticas necesarias para plantear nuevos retos matemáticos en el aula, vincular el objeto matemático que se está estudiando con otras nociones matemáticas y encaminar a los alumnos al estudio de las nociones matemáticas subsecuentes al objeto de estudio.

La versión del CDM que presentamos en esta sección desarrolla la incluida en Godino (2009) y Pino-Fan y Godino (2015) en varios aspectos. Mantenemos las seis facetas, pero reorganizamos sus componentes, principalmente las correspondientes a las facetas epistémica y cognitiva según el modelo de estructura de un proceso educativo-instruccional elaborado en el Capítulo 4. Además, formulamos descripciones de conocimientos generales para cada faceta y específicos de las distintas componentes. Consideramos que la dimensión matemática de los conocimientos del profesor (Pino-Fan y Godino, 2015) está incluida dentro de la faceta epistémica al considerar que la formación matemática del profesor debería tener una orientación especializada para la enseñanza.

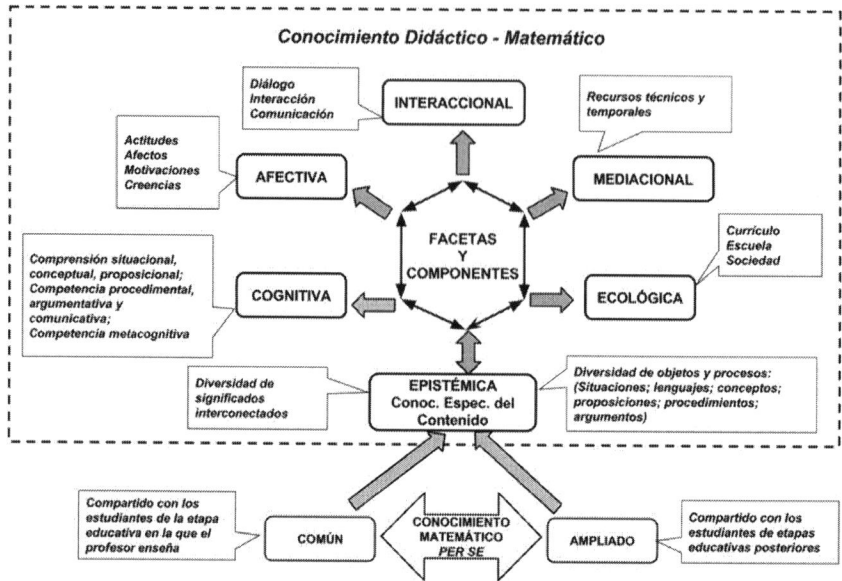

Figura 6.3. Facetas y componentes del conocimiento
del profesor (Godino *et al.*, 2016, p. 292)

6.3.5. Modelo de competencias didáctico-matemáticas

Los procesos formativos de profesores deben desarrollar no solo conocimientos que le permitan comprender los procesos de enseñanza y aprendizaje, sino también competencias, esto es, habilidades y disposiciones para realizar las acciones requeridas. En las secciones anteriores hemos usado la estructura de los procesos educativos y la de la idoneidad didáctica para reformular el modelo CDM de conocimientos didáctico-matemáticos. El EOS aporta diversas herramientas que ayudan no solo a analizar y comprender los procesos educativo-instruccionales sino también para intervenir en la realización de las actividades de diseño, planificación y evaluación. Un objetivo de los procesos formativos debería ser que los profesores desarrollen competencias para el uso de dichas herramientas. Se trata de desarrollar la competencia general de diseño e intervención didáctica compuesta de las cinco subcompetencias que describimos a continuación siguiendo el trabajo de Godino *et al.* (2017).

Competencia de análisis significados globales

Esta competencia se requiere cuando el profesor trata de responder a las cuestiones:
- ¿Cuáles son los significados de los objetos matemáticos implicados en el estudio del contenido pretendido?
- ¿Cómo se articulan entre sí?

En la fase preliminar del proceso de diseño instruccional, los significados son entendidos, de manera pragmática, como sistemas de prácticas, cuyo objetivo es construir un modelo de referencia que delimite los tipos de problemas abordados y las prácticas operativas y discursivas requeridas para su resolución. Supongamos que se estudian las fracciones. El profesor debe poder caracterizar tanto las prácticas institucionales (diferentes significados institucionales de las fracciones, como razón, parte-todo etc.), teniendo en cuenta los diversos contextos donde tales problemas se presentan, como las prácticas personales esperadas del alumno (significados personales que puedan adquirir los alumnos sobre las fracciones).

El conocimiento de la noción «sistemas de prácticas matemáticas operativas y discursivas, y sus diversos tipos» (Godino *et al.*, 2007, p. 129) se corresponde con una competencia de análisis de significados globales. El foco de atención, ahora, es la identificación de las situaciones-problemas que aportan los significados parciales o sentidos para los objetos, o temas matemáticos bajo estudio, y las prácticas operativas y discursivas que se deben poner en juego en su resolución. En el ejemplo dado, la búsqueda de situaciones que de sentido a los diferentes significados de las fracciones.

Competencia de análisis ontosemiótico de prácticas matemáticas

Como se ha indicado, en la resolución de tareas matemáticas interviene y emerge una trama de objetos que hacen posible la realización de las prácticas correspondientes. Dichos objetos deben ser reconocidos, de manera explícita, por el alumno para progresar en la construcción del conocimiento. La identificación por parte del profesor de los objetos y procesos intervinientes en las prácticas matemáticas es una competencia que le permitirá comprender la progresión de los aprendizajes, gestionar los necesarios procesos de institucionalización y evaluar las competencias matemáticas de los alumnos. Se trata, por tanto, de responder a las cuestiones:

- ¿Cuáles son las configuraciones de objetos y procesos matemáticos implicados en las prácticas que constituyen los diversos significados de los contenidos pretendidos? (configuraciones epistémicas).
- ¿Cuáles son las configuraciones de objetos y procesos puestas en juego por los alumnos en la resolución de los problemas? (configuraciones cognitivas).

El profesor de matemáticas debe conocer y comprender la idea de configuración de objetos y procesos y ser capaz de usarla de manera competente en los procesos de diseño didáctico. Se trata de la competencia de análisis ontosemiótico de las prácticas matemáticas implicadas en la solución de las tareas instruccionales.

Competencia de análisis y gestión de configuraciones didácticas

El profesor de matemáticas debe conocer y comprender la noción de configuración didáctica (Capítulo 4), introducida como herramienta para el análisis de las interacciones, personales y materiales, en los procesos de estudio matemático. Es decir, debe conocer los diversos tipos de configuraciones didácticas que se pueden implementar y sus efectos sobre el aprendizaje de los estudiantes. Además, ha de tener competencia para su uso pertinente en la implementación de los diseños instruccionales, esto es, habilidad para la gestión de configuraciones didácticas. Debe poder responder al problema docente de cómo enseñar un contenido específico, que en el EOS se concreta del siguiente modo:

- ¿Qué tipos de interacciones entre personas y recursos se implementan en los procesos instruccionales y cuáles son sus consecuencias sobre el aprendizaje?
- ¿Cómo gestionar las interacciones para optimizar el aprendizaje?

Competencia de análisis normativo

Las distintas fases del proceso de diseño didáctico están apoyadas y son dependientes de una trama compleja de normas, de distinto origen y naturaleza (Godino *et al.*, 2009) y metanormas (D'Amore *et al.*, 2007), cuyo reconocimiento explícito es necesario para poder comprender el desarrollo de los procesos de estudio matemático y encauzarlos hacia niveles óptimos de idoneidad. Por ejemplo, al estudiar las fracciones aparecen normas sobre su escritura o su forma de representación gráfica. También, hay normas no matemáticas, como el tiempo dedicado al tema de las fracciones, libro que tiene el alumno o fechas en que se realiza la evaluación. El profesor de matemáticas debe conocer, comprender y valorar la dimensión normativa y usarla de manera competente, siendo necesario, por tanto, diseñar acciones formativas para un uso instrumental de la misma. Se trata de desarrollar la competencia de análisis normativo de los procesos de estudio matemático para responder a las cuestiones:

- ¿Qué normas condicionan el desarrollo de los procesos instruccionales?
- ¿Quién, cómo y cuándo se establecen las normas?
- ¿Cuáles y cómo se pueden cambiar para optimizar el aprendizaje matemático?

Competencia de análisis y valoración de la idoneidad didáctica

Las cuestiones profesionales, mencionadas anteriormente, implican una mirada a nivel microscópico de la práctica docente, esto es, realizar análisis pormenorizados de actividades de resolución de problemas o de enseñanza y aprendizaje puntuales. En el EOS se ha introducido la noción de idoneidad didáctica, que orienta el análisis a nivel macroscópico de los procesos de estudio matemático. Fijado un tema específico en un contexto educativo determinado, por ejemplo, el estudio de las ecuaciones de segundo grado en educación secundaria, la noción de idoneidad didáctica lleva a plantear las cuestiones,

- ¿Cuál es el grado de idoneidad didáctica del proceso de enseñanza-aprendizaje implementado sobre las ecuaciones de segundo grado?
- ¿Qué cambios se deberían introducir en el diseño e implementación del proceso de estudio para incrementar su idoneidad didáctica en un próximo ciclo de experimentación?

Para poder emitir un juicio fundamentado sobre la idoneidad didáctica de un proceso de estudio matemático es imprescindible reconstruir los significados de referencia didáctica del tema correspondiente. Ello requiere proceder a una revisión sistemática de los resultados de las investigaciones e innovaciones realizadas en educación matemática sobre los aspectos epistémicos, ecológicos, cognitivos, afectivos, interaccionales y mediacionales. Esto lleva a plantear una cuestión previa:

- ¿Cuáles son los conocimientos didáctico-matemáticos resultados de las investigaciones e innovaciones previas realizadas sobre la enseñanza-aprendizaje de las ecuaciones de segundo grado?

La idoneidad didáctica se ha introducido como una herramienta de apoyo para la reflexión global sobre la práctica didáctica, su valoración y mejora progresiva. El profesor de matemáticas debe conocer, comprender y valorar esta herramienta y adquirir competencia para su uso pertinente. Se trata de la competencia de análisis de la idoneidad didáctica de los procesos de estudio matemáticos.

Competencia general de análisis e intervención didáctica

Las competencias descritas anteriormente son subcompetencias de una más amplia, propia del profesor de matemáticas, que es la de análisis e intervención didáctica, como se representa en la Figura 6.5. La articulación de las competencias y conocimientos didácticos se puede hacer, de manera natural, en el EOS. En efecto, las prácticas matemáticas y didácticas son acciones del sujeto orientadas a resolver un problema o realizar una tarea (no son meras conductas o comportamientos). Estas prácticas pueden ser de tipo discursivo-declarativo, indicando la posesión de conocimientos, o de tipo operatorio-procedimental, indicando una capacidad o competencia. Ambos tipos están imbricados, de manera que la realización eficiente de prácticas operatorias conlleva la puesta en acción de conocimientos declarativos, que pueden referirse a la descripción de los instrumentos usados o a resultados previamente obtenidos que deben ser activados. A su vez, la comprensión de los conocimientos declarativos requiere que el sujeto esté enfrentado a las situaciones que proporcionan la razón de ser de tales conocimientos e implicado (disposición para la acción) en su resolución eficiente (Figura 6.4).

La inclusión de las competencias descritas en este apartado en el modelo de conocimientos didáctico-matemáticos da lugar al modelo de conocimientos y competencias didáctico-matemáticas del profesor de matemáticas (Godino *et al.*, 2017) (Modelo CCDM-Profesor).

Figura 6.4. Componentes de la competencia de análisis
e intervención didáctica (Godino *et al.*, 2016, p. 295)

6.3.6. Libros Edumat-Maestros y el modelo CCDM-Profesor

Los sistemas de categorías de conocimientos que deberían tener los profesores de matemáticas para favorecer el aprendizaje son *contenedores* para clasificar los conocimientos según diversos criterios, pero no especifican cuáles son tales conocimientos para los diversos bloques de contenido (aritmética, geometría, etc.). Los libros Edumat-Maestros (Godino *et al.*, 2004a; 2004b) complementan estos modelos teóricos al desarrollar efectivamente los conocimientos y habilidades matemáticas y didácticas para el diseño de programas y acciones formativas sobre matemáticas (profesor de matemáticas de educación primaria) y sobre didáctica de las matemáticas (formador de profesores). Seguidamente analizamos las características de estos libros desde la perspectiva del modelo CCDM.

Matemáticas para maestros. Conocimiento común y ampliado del contenido

El libro Matemáticas para maestros (Godino *et al.*, 2004a) es un recurso que incluye los conocimientos que los maestros deberían tener para diseñar procesos de instrucción matemática en los distintos niveles de educación primaria. Define lo que se puede considerar «matemáticas idóneas», tanto para los escolares de primaria (conocimiento común), como para los maestros encargados de su enseñanza (conocimiento ampliado). Veamos las características de los procesos instruccionales de matemáticas que el texto propone para las diferentes facetas del modelo CCDM.

Facetas epistémica y ecológica

El texto incluye los distintos bloques de contenido curricular propios para la educación primaria: Sistemas numéricos; proporcionalidad; geometría; magnitudes; estocástica; razonamiento algebraico. El bloque de sistemas numéricos es el más extenso y se compone de seis capítulos (Números naturales. Sistemas de numeración; Adición y sustracción; Multiplicación y división; Fracciones y números racionales; Números y expresiones decimales; Números positivos y negativos). La geometría se aborda en tres capítulos (Figuras geométricas; Transformaciones geométricas. Simetría y semejanza; Orientación espacial). Las magnitudes incluyen un capítulo sobre el concepto de magnitud y su medida y otro sobre las magnitudes geométricas. El bloque de estocástica se agrupa en dos capítulos (Estadística; Probabilidad), mientras que la proporcionalidad y el razonamiento algebraico se desarrollan en un capítulo cada uno de ellos. El estudio de cada capítulo incluye dos secciones:

A: Contextualización profesional. En esta sección se incluye una colección de problemas y ejercicios extraídos de libros de educación primaria para los cuales se pide al profesor en formación resolverlos, analizar los conceptos y procedimientos implicados en la solución y formular otros problemas relacionados con los problemas dados. Con estas consignas se comparte con los profesores en formación una visión de las matemáticas centrada en la resolución de problemas y se desarrolla la competencia de su formulación y análisis.

B: Conocimientos matemáticos. Las matemáticas se entienden como actividad de resolución de problemas y también como sistema de objetos relacionados (conocimientos). En consecuencia, en cada capítulo se describe con detalle los conocimientos correspondientes. En cada lección se incluyen ejemplos introductorios que motivan los contenidos y un apartado final denominado «Taller de matemáticas», donde se proponen problemas complementarios para su resolución.

Para la trama de objetos conceptuales que caracterizan cada contenido se estudian diversos significados (intuitivos y formales), las definiciones, propiedades y procedimientos con sus respectivas justificaciones y el uso de diversos sistemas de representación. El estudio, por ejemplo, de los números se inicia en educación infantil y se progresa en sucesivos niveles de complejidad en primaria y secundaria. Esto lleva a que los profesores tengan una visión amplia de los diversos significados y de su progresiva generalidad y formalización, lo cual les capacita para diseñar trayectorias de aprendizaje fundamentadas para los diferentes niveles de educación primaria.

Facetas interaccional y mediacional

El modelo de enseñanza y aprendizaje de las matemáticas que se propone de manera implícita en el libro Matemáticas para maestros (esto es, los modos de interacción profesor-estudiante-contenido), tanto para los estudiantes de primaria como para los profesores se explicita en la monografía *Fundamentos de la enseñanza y aprendizaje de las matemáticas* (Godino, Batanero y Font, 2003). Sin restar importancia a los enfoques constructivistas en el estudio de las matemáticas, consideramos necesario reconocer explícitamente el papel crucial del profesor en la organización, dirección y promoción de los aprendizajes de los estudiantes. Una instrucción matemática significativa debe atribuir un papel clave a la interacción social, a la cooperación, al discurso del profesor, a la comunicación, además de a la interacción del sujeto con las situaciones-problemas. El maestro en formación debe ser consciente de la complejidad de la tarea de la enseñanza si se desea lograr un aprendizaje matemático significativo. Será necesario diseñar y gestionar una variedad de tipos de situaciones didácticas, implementar una variedad de patrones de interacción y tener en cuenta las normas, con frecuencia implícitas, que regulan y condicionan la enseñanza y los aprendizajes.

En cuanto al uso de recursos o medios para la enseñanza y el aprendizaje (faceta mediacional), el maestro debe tener una actitud propicia al uso de materiales manipulativos, incardinados como elementos de las situaciones didácticas, pero al mismo tiempo es necesario que adopte una actitud crítica al uso indiscriminado de tales recursos. Razonamos que el material manipulativo (sea tangible o gráfico-textual) puede ser un puente entre la realidad y los objetos matemáticos, pero es necesario adoptar precauciones para no caer en un empirismo ciego ni en un formalismo estéril.

Facetas cognitiva y afectiva

Los procesos de aprendizaje matemático que se proponen en el libro Matemáticas para maestros pretenden partir de los conocimientos previos de los estudiantes y desarrollar los nuevos conocimientos y competencias requeridas para una enseñanza idónea en la educación primaria. La primera sección de cada capítulo, A. Contextualización profesional, tiene el objetivo de evocar conocimientos propios de educación primaria (conocimiento común del contenido) y al mismo tiempo motivar (faceta afectiva) el estudio al relacionarlo con el ejercicio de la profesión. Las matemáticas que se estudian están estrechamente relacionadas con las necesidades profesionales del maestro. Los contenidos incluidos en cada capítulo garantizan el desarrollo de la comprensión de los tipos de situaciones matemáticas propias de educación primaria, así como la comprensión de los conceptos y proposiciones y el desarrollo de la competencia procedimental, argumentativa y comunicativa que ponen en juego en la solución de las situaciones-problemas.

El proceso de estudio de las matemáticas que se propone a los maestros en formación, apoyado en el uso de los libros *Matemáticas para maestros* y *Fundamentos de la enseñanza y aprendizaje de las matemáticas*, reúne características idóneas (Godino *et al.*, 2023) en las diferentes facetas, de manera que el modelo didáctico que viven en su proceso formativo sea transferible a los niveles de educación primaria que ellos deben diseñar e implementar.

6.4. Criterios de idoneidad de las actividades de formación y aprendizaje docente

Hemos elaborado el modelo de estructura de un proceso de educativo-instruccional incluido en la Figura 4.1 (Capítulo 4) pensando en la enseñanza y aprendizaje de contenidos matemáticos. Pero también es aplicable a otros contenidos, y en particular a las competencias y conocimientos didáctico-matemáticos, cuyo aprendizaje es el objeto/motivo de la actividad de desarrollo profesional docente.

Seguidamente formulamos criterios de idoneidad de los procesos formativos. En la Sección 6.6 interpretaremos estos criterios en términos de conocimientos y competencias, en este caso del formador, dando lugar al modelo CCDM-Formador. El criterio general de idoneidad de los procesos formativos lo formulamos en los siguientes términos:

> El proceso formativo debe garantizar que los profesores de matemáticas adquieran los conocimientos y competencias para fundamentar, diseñar, implementar y evaluar procesos educativos-instruccionales de matemáticas con alta idoneidad didáctica (facetas epistémica y cognitiva). Además, deberá disponer y usar de los recursos formativos idóneos, implementar patrones de interacción que optimicen el aprendizaje docente y tener en cuenta los factores afectivos y ecológicos implicados.

La faceta epistémica del proceso formativo (Proceso II, Figura 6.2) está constituida por el sistema de conocimientos y competencias del modelo CCDM-Profesor, referido a los procesos de instrucción matemática, objeto de la actividad docente. En consecuencia, los criterios de idoneidad didáctica del Capítulo 5 se interpretan como criterios de idoneidad epistémica del proceso formativo. Seguidamente elaboramos los criterios de idoneidad en las restantes facetas.

6.4.1. Criterios para las facetas interaccional, mediacional y ecológica del proceso formativo

Los criterios de idoneidad parciales para las facetas interaccional, mediacional y ecológica del proceso de formación didáctico-matemática de los profesores están incluidos en la Tabla 6.4. También formulamos criterios específicos para los componentes de las respectivas facetas.

Tabla 6.4. Criterios sobre las facetas interaccional,
mediacional y ecológica del proceso formativo

Criterios parciales	Criterios específicos
Faceta interaccional Las configuraciones y trayectorias didácticas del proceso formativo deberían permitir identificar los conflictos semióticos potenciales sobre los contenidos de aprendizaje y poner los medios adecuados para su resolución.	El proceso formativo debería: a. Tener en cuenta el papel de los distintos patrones de interacción en el aprendizaje matemático (dialéctica entre autonomía del estudiante e institucionalización). b. Aplicar estrategias para la evaluación formativa de los aprendizajes de los profesores. c. Identificar y resolver conflictos de significado y dificultades de aprendizaje relacionadas con los modos de interacción en el aula. d. Desarrollar competencias comunicativas y de trabajo autónomo de los profesores.
Faceta mediacional El proceso formativo debería disponer de los recursos materiales y temporales adecuados para la implementación de las tareas formativas.	El proceso formativo debería: a. Tener en cuenta el papel de los recursos manipulativos e informáticos en el aprendizaje matemático y didáctico-matemático, sus posibilidades y limitaciones. b. Asignar un tiempo de enseñanza adecuado a las distintas tareas formativas. c. Integrar el uso de las Tecnologías de la Información y Comunicación y los recursos materiales en las tareas formativas.
Faceta ecológica El proceso formativo debería estar en concordancia con el proyecto educativo del centro y la sociedad, teniendo en cuenta los condicionamientos del entorno en que se desarrolla y las innovaciones basadas en la investigación educativa.	El proceso formativo debería tener en cuenta: a. Las orientaciones curriculares sobre DPD y su fundamentación. b. Los resultados de la investigación en formación de profesores. c. La búsqueda, selección y adaptación de buenas prácticas que impliquen el uso del contexto real y la interdisciplinariedad en la formación de profesores, así como el uso de la tecnología. d. Los condicionantes y restricciones del entorno social en la enseñanza y aprendizaje de las matemáticas y su didáctica (factores económicos, políticos, culturales). e. La formación en valores democráticos y el pensamiento crítico de los profesores.

El uso de recursos manipulativos e informáticos de manera pertinente y oportuna para el aprendizaje de temas matemáticos específicos es un componente del conocimiento especializado del contenido y forma parte, por tanto, de las expectativas de aprendizaje del profesor. Es oportuno el uso de recursos informáticos y audiovisuales para el planteamiento de casos relacionados con la práctica de la enseñanza y el análisis retrospectivo de los mismos. Así mismo, se deberán usar los recursos disponibles para comunicación virtual (foros y plataformas virtuales).

Dada la amplitud de los conocimientos didáctico-matemáticos relativos a los distintos bloques de contenido y temas específicos, es probable que no se disponga de tiempo suficiente para un estudio sistemático de los mismos durante el tiempo de enseñanza asignado a la materia. Esto llevará a seleccionar algunas unidades temáticas cuya planificación y análisis didáctico se realizará en el tiempo disponible; tales unidades deberán tener unas características prototípicas, esto es, ser representativas del conjunto de temas a estudiar. Los contenidos y actividades formativas giran sobre el desarrollo profesional del profesor de matemáticas, teniendo en cuenta e integrando los aportes de las restantes materias del currículo y áreas disciplinares.

La idoneidad ecológica se refiere al grado en que el programa de desarrollo profesional resulta adecuado dentro del entorno en que se desarrolla, esto es, el contexto socioprofesional y los planes de estudio o programas establecidos por la autoridad educativa. En el proceso formativo se debe ajustar la planificación de las actividades formativas a estas directrices. Además, se deben tener en cuenta los resultados de la investigación en formación de profesores en las distintas dimensiones que esta adquiere (caracterización de los conocimientos y competencias didáctico-matemáticos que requieren los profesores para el ejercicio de su profesión, dificultades y limitaciones en su adquisición, propuestas de intervención con profesores, etc.).

6.4.2. Criterios sobre las facetas cognitiva y afectiva del proceso formativo

Los criterios de idoneidad parciales para las facetas cognitiva y afectiva del proceso de formación didáctico-matemática de los profesores están incluidos en la Tabla 6.5.

Tabla 6.5. Criterios sobre características de los aprendizajes didáctico-matemáticos de los profesores

Criterio parcial	Criterios específicos según componentes
Faceta cognitiva: Los objetivos de aprendizaje del contenido matemático *per se* y del conocimiento didáctico-matemático especializado deben garantizar que los profesores adquieren las competencias necesarias para la planificación, implementación y evaluación de procesos de instrucción matemática con alta idoneidad didáctica.	*Significados personales* En el proceso formativo se debería: a. Promover una visión antropológica de las matemáticas en la que se reconozca la diversidad de significados y las configuraciones de objetos y procesos implicados. b. b) Reconocer las implicaciones de esta visión en la gestión de los patrones de interacción y el uso de recursos didácticos.
	Relaciones (conexiones) El aprendizaje del conocimiento matemático y el didáctico-matemático debería ser de tipo relacional, de modo que los profesores sean capaces de comprender y relacionar los distintos significados incluidos en el proceso de enseñanza y objetos implicados.
	Procesos En el proceso formativo se debería: a. Promover la competencia del profesor para implementar procesos matemáticos específicos del contenido matemático (modelización, generalización, resolución o planteamiento de problemas, prueba, representación . . .) y metacognitivos (reflexión sobre los propios procesos de pensamiento matemático). b. Promover las competencias del profesor para llevar a cabo los procesos de planificación, implementación y evaluación de procesos de instrucción matemática.
	Conocimientos previos El proceso formativo debería tener en cuenta los conocimientos previos que tienen los profesores sobre el contenido matemático y el conocimiento especializado (didáctico-matemático).
	Diferencias individuales El proceso formativo debería tener en cuenta las diferencias individuales y estilos de aprendizaje de los profesores sobre el contenido matemático y el conocimiento especializado (didáctico-matemático).
	Evaluación de los aprendizajes docentes Aplicar instrumentos de evaluación (guiones de observación, entrevistas, cuestionarios, pruebas de ensayo, portafolios), que permitan evaluar en los profesores distintos niveles de comprensión conceptual y proposicional, competencia comunicativa y argumentativa, fluencia procedimental y competencia metacognitiva, tanto del conocimiento matemático *per se* como para el conocimiento especializado del contenido.

Faceta afectiva: En el proceso formativo se debería lograr el mayor grado posible de implicación del profesor (interés, motivación, autoestima, disposición), así como tener en cuenta las creencias y valores de los profesores sobre las matemáticas y su enseñanza.	En el proceso formativo se debería: a. Buscar, seleccionar y adaptar tareas/situaciones pertenecientes al campo de intereses de los profesores y que sean de utilidad en la vida cotidiana y profesional. b. Organizar y gestionar las interacciones en el aula que promuevan la autoestima, la participación, la perseverancia y responsabilidad en el estudio de todos los participantes. c. Contemplar la evaluación de las creencias y valores sobre la matemática y su enseñanza de los profesores, la reflexión sobre las mismas y su posible evolución.

El principal indicador de idoneidad cognitiva del proceso formativo será el logro efectivo de las expectativas de aprendizaje sobre el contenido matemático y didáctico-matemático de los profesores, para cuya evaluación formativa y sumativa el formador deberá aplicar el sistema de métodos y técnicas usuales en la investigación educativa (pruebas escritas, cuestionarios, guiones de observación y entrevista, portafolios).

La adecuada conexión teoría-práctica y la selección de situaciones reales que puedan encontrar en su futura práctica profesional para analizar y reflexionar, serán indicadores de idoneidad afectiva, pues ayudarán a fomentar el interés, la motivación y el compromiso de los profesores en formación. Una consideración especial tendrá el componente de las creencias y valores de los profesores sobre las matemáticas y su enseñanza, componente que diversos autores incluyen dentro de la dimensión afectiva (DeBellis y Goldin, 2006; Goldin, 2000; Philipp, 2007).

6.5. Sistema de conocimientos y competencias del formador de profesores de matemáticas

En la Sección 6.4. hemos identificado un sistema de criterios de idoneidad de los procesos de formación de profesores de matemáticas, esto es, de los procesos de enseñanza y aprendizaje de didáctica de las matemáticas (Proceso II de la Figura 6.2). Dado que estos procesos son diseñados, implementados y evaluados por el formador de profesores, se precisa indagar el sistema de conocimientos y competencias del formador requeridas para realizar las actividades que constituyen el proceso II (Figura 6.2) de manera idónea. Se trata de interpretar el sistema de criterios en términos de conocimientos y competencias.

6.5.1. Modelo CCDM-Formador

El sistema CCDM-Profesor constituye la faceta epistémica del sistema CCDM-Formador, esto es, el formador debería tener los conocimientos y competencias matemáticas y didáctico-matemáticas del profesor de matemáticas; de lo contrario, estaríamos en una situación de «enseñar lo que no se sabe», lo cual no parece pertinente. Además, el formador debería tener los conocimientos y competencias necesarias para fundamentar, diseñar, implementar y evaluar procesos formativos idóneos sobre didáctica de las matemáticas. Es decir, para ponderar los criterios parciales de idoneidad: epistémica, ecológica, mediacional, interaccional, cognitiva y afectiva, teniendo en cuenta las circunstancias que condicionan los procesos de desarrollo profesional docente en matemáticas.

En la Figura 6.5 representamos los elementos que configuran el modelo CCDM-Formador y sus relaciones con el modelo CCDM-Profesor.

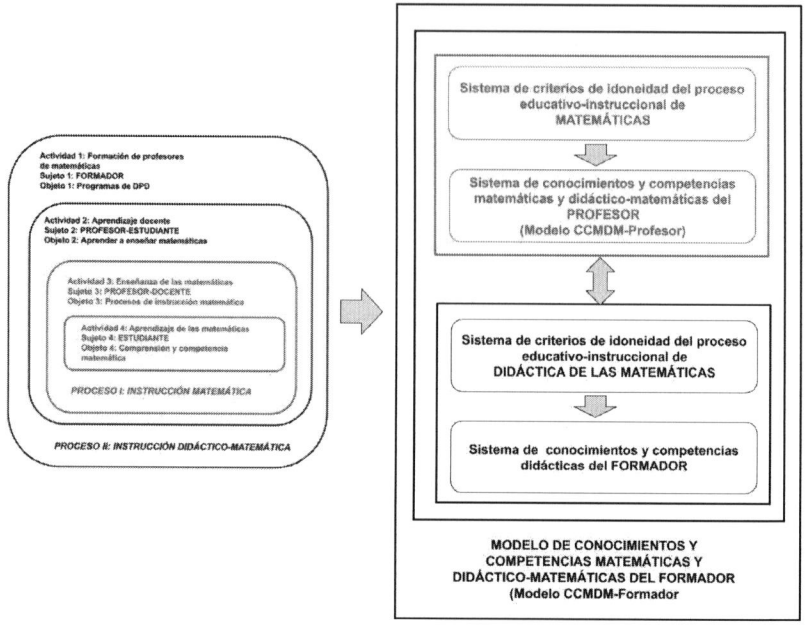

Figura 6.5. Modelo de conocimientos y
competencias del formador de profesores

6.5.2. Libros Edumat-Maestros y el modelo CCDM-Formador

El libro *Didáctica de las matemáticas para maestros* (Godino *et al.*, 2004b) es un recurso que desarrolla los conocimientos de didáctica de las matemáticas que los formadores de profesores deberían tener en cuenta para diseñar procesos formativos de maestros. Este libro incluye siete bloques de contenido didáctico. En el primero, publicado previamente como la monografía *Fundamentos de la enseñanza y aprendizaje de las matemáticas para maestros* (Godino, Batanero y Font, 2003), está formado por cuatro capítulos: Perspectiva educativa de las matemáticas; Enseñanza y aprendizaje de las matemáticas; Currículo matemático para la educación primaria; Recursos para el estudio de las matemáticas. Cada uno de estos capítulos incluye tres secciones: Contextualización profesional; Conocimientos didácticos; Seminario didáctico. Incluye también un listado de referencias bibliográficas complementarias.

En esta monografía ofrecemos una visión general de la educación matemática. Tratamos de crear un espacio de reflexión y estudio sobre las matemáticas, en cuanto objeto de enseñanza y aprendizaje, y sobre los instrumentos conceptuales y metodológicos de índole general que la didáctica de las matemáticas está generando como campo de investigación. Los seis principios del NCTM (2000) —equidad, currículo, enseñanza, aprendizaje, evaluación y tecnología— describen cuestiones cruciales que, aunque no sean específicas de las matemáticas escolares, están profundamente interconectadas con los programas de matemáticas. Deben ser tenidos en cuenta en el desarrollo de propuestas curriculares, la selección de materiales, la planificación de unidades didácticas, el diseño de evaluaciones, las decisiones instruccionales en las clases, y el establecimiento de programas de apoyo para el desarrollo profesional de los profesores

Cada capítulo de la monografía ha sido estructurado en tres secciones. En la primera, que denominamos «Contextualización», proponemos una situación inicial de reflexión y discusión colectiva sobre un aspecto del tema. En la segunda, «Desarrollo de conocimientos», presentamos las principales posiciones e informaciones, así como una colección de actividades o tareas intercaladas en el texto que pueden servir como situaciones introductorias a los distintos apartados, o bien como complemento y evaluación del estudio. La tercera, «Seminario didáctico», incluye una colección de «problemas de didáctica de las matemáticas» que amplían la reflexión y el análisis de los conocimientos propuestos en cada tema.

Didáctica de los bloques de contenido matemático.
Conocimiento especializado del contenido

El libro *Didáctica de las matemáticas para maestros* (Godino *et al.*, 2004) incluye, además de la monografía *Fundamentos de la enseñanza y aprendizaje de las matemáticas*, otros seis bloques de contenido didáctico que refieren a conocimientos didáctico-matemáticos específicos de los bloques de contenido matemático: sistemas numéricos;

proporcionalidad; geometría; magnitudes; estocástica; razonamiento algebraico. En cada capítulo se incluye los siguientes apartados:

Orientaciones curriculares; Desarrollo cognitivo y progresión en el aprendizaje; Conflictos en el aprendizaje; Instrumentos de valuación; Situaciones y recursos; Taller de didáctica (Análisis de textos escolares, Diseño de unidades didáctica; Análisis de respuestas a tareas de evaluación).

En estos apartados se contempla el conocimiento didáctico-matemático, que incluye aspectos de la cognición matemática de los contenidos específicos (desarrollo cognitivo, conflictos de aprendizaje, instrumentos de evaluación), ecológica (orientaciones curriculares), mediacional (situaciones y recursos). El *Taller de didáctica* corresponde a aspectos de la faceta mediacional e interaccional del conocimiento del formador de profesores de matemáticas al indicar cómo contextualizar los conocimientos didáctico-matemáticos.

Los libros Edumat-Maestros son recursos valiosos para los profesores de matemáticas y los formadores de profesores al tener en cuenta las diferentes facetas implicadas en los procesos educativos-instruccionales sobre matemáticas y didáctica de las matemáticas. Queda pendiente de abordar un nuevo desarrollo de este proyecto en el que se amplíe la monografía *Fundamentos de la enseñanza y aprendizaje de las matemáticas* con la presentación de las herramientas de análisis didáctico proporcionadas por el marco teórico del EOS. Así mismo, en las restantes monografías se pueden actualizar los resultados de la investigación didáctica e incluir talleres específicos para que los profesores se apropien de dichas herramientas y puedan usarlas para la reflexión sobre la práctica docente.

6.6. Guías de análisis de la idoneidad didáctica de procesos de DPD

En este capítulo hemos planteado el problema de identificar y estructurar un sistema de principios o criterios para el diseño de procesos formativos adecuados para el desarrollo profesional de los profesores de matemáticas. El desarrollo idóneo del Proceso I (instrucción matemática) (Figura 6.2) requiere que el profesor aplique los criterios de idoneidad presentados en el Capítulo 5 (Tablas 5.1A-B, 5.2, 5.3, 5.4, 5.5A-B y 5.6, 5.7 y 5.8). Este conjunto de tablas constituye una Guía de Análisis de la Idoneidad Didáctica para el profesor de matemáticas (GAID-Profesor). Complementadas con las Tablas 6.4 y 6.5 de este Capítulo constituyen un instrumento de apoyo para el análisis y reflexión sobre la idoneidad didáctica de los procesos formativos que lleva a cabo el formador de profesores. Nos referimos a este instrumento como GAID-Formador.

Los formadores de profesores deberían tener y desplegar un sistema de conocimientos y competencias específicas para gestionar (diseñar, implementar y evaluar) los procesos de formación de profesores de matemáticas. El sistema de categorías de criterios de idoneidad que forman el instrumento GAID-Formador distingue facetas, componentes, subcomponentes y elementos de contenido para los dos procesos relacionados (instrucción matemática y educación didáctico-matemática). De ahí que podamos interpretarlo como un sistema de categorías de conocimientos y competencias del formador de profesores. Cada criterio, general y parcial, está asociado o puede considerarse una categoría de conocimientos y competencias específicas del formador de profesores.

El instrumento GAID-Formador es un recurso para la reflexión en las fases de diseño, implementación o evaluación de experiencias de formación. En la fase de diseño, el objetivo es anticipar y planificar un proceso instruccional idóneo, adaptado al contexto, en sus diferentes facetas y componentes. Durante la implementación, la guía ayuda a identificar los puntos críticos en los patrones de interacción y a reconocer los conflictos semióticos relacionados con la interpretación de las tareas y el discurso en el aula y con los conocimientos previos y actitudes de los profesores en formación. En la fase de evaluación, ayuda a identificar los puntos débiles observados en el diseño y la aplicación de las facetas, los componentes y las interacciones, así como posibles mejoras en futuras intervenciones.

Con el instrumento GAID-Formador hemos interpretado, ampliado y aplicado al desarrollo profesional docente el concepto de idoneidad didáctica, creado en primer lugar para los procesos de instrucción matemática (Godino, 2013; Godino *et al.*, 2023). Es decir, a la actividad cuyo sujeto es el formador de profesores y cuyo objetivo es desarrollar el conocimiento profesional (las matemáticas, su enseñanza y aprendizaje) en los profesores.

La racionalidad que subyace a los criterios generales y específicos de las diferentes facetas y componentes son los supuestos antropológicos y pragmatistas del EOS y sus implicaciones en los procesos educativo-instruccionales. En principio, cada teoría, escuela de pensamiento o incluso formador de profesores tiene su sistema de criterios de idoneidad para mejorar la formación del profesorado, aunque a menudo no se expliciten. Este hecho abre un campo de indagación para identificar puntos en común y complementariedades entre los diferentes modelos y avanzar hacia un modelo unificado.

6.7. Ejemplo de investigación realizada usando herramientas de la teoría

Incluimos en esta sección una síntesis del artículo de Godino *et al.* (2018) en el que aplicamos herramientas del modelo CCDM-Profesor al análisis de los conocimientos profesionales en el diseño y gestión de una clase sobre semejanza de triángulos. Realizamos un análisis retrospectivo de una acción formativa llevada a cabo con futuros profesores de matemáticas de secundaria, en la que se les presenta un episodio de clase videograbado sobre semejanza de triángulos y se solicita la realización de un análisis didáctico. Las consignas dadas a los futuros profesores fue describir, explicar y valorar el contenido matemático puesto en juego, los roles del profesor y los alumnos, el uso de recursos instruccionales, y el reconocimiento de normas como factores explicativos de los comportamientos. Este tipo de acción formativa muestra la necesidad y utilidad de disponer de herramientas teóricas específicas que ayuden al profesor a reflexionar sistemáticamente sobre la práctica docente y tomar decisiones futuras de manera justificada.

6.7.1. Descripción de la acción formativa

La actividad tiene su origen en un conjunto de actividades de iniciación a la investigación en educación matemática, propuesta en Godino y Neto (2013). Fue implementada como parte de una acción formativa en el marco de un curso de máster para la formación de profesores de matemáticas de secundaria y consta de tres fases o momentos:

Fase 1: Comentario de un texto

Lectura y discusión de un documento sobre las características de una clase ideal de matemáticas, tomado de las orientaciones curriculares del NCTM (2000, p. 3): *Una visión de las matemáticas escolares.* El objetivo fue elaborar una primera reflexión sobre posibles características ideales de una clase de matemáticas. Se trabaja en grupos pequeños sobre una guía de reflexión, siendo un eje motivador para discutir las ideas previas, creencias y concepciones que tienen los futuros docentes sobre las matemáticas y los complejos procesos de su enseñanza y aprendizaje. La fase cierra con una reflexión sobre la necesidad de conocer y ser competente en el uso de herramientas específicas que permitan al profesor valorar su práctica de manera sistemática; no se trata solo de describir y explicar qué está sucediendo en esa clase ideal, sino de reflexionar sobre qué aspectos podrían mejorarse.

Fase 2: Puesta en práctica

Se propone ver un fragmento de una clase de matemáticas de educación secundaria video grabada, en el que es posible observar 9 minutos de una clase impartida en México. En el video se identifica una primera etapa dentro del salón de clase, donde los alumnos trabajan en grupos resolviendo problemas relacionados al cálculo de alturas inaccesibles, seguido de la puesta en común de las tareas; en la segunda etapa, los alumnos realizan un trabajo de campo en el patio de la escuela, resolviendo problemas relacionados al cálculo de alturas de objetos reales (árboles, postes, ...) a partir de la medida de sus sombras. En el Cuadro 1incluimos la transcripción del video para facilitar el análisis de las respuestas.

Cuadro 1. *Transcripción de los diálogos producidos en el episodio* (videograbación disponible en http://www.youtube.com/watch?v=60s_0Ya2-d8)

1P	Buenas tardes a todos.
2As	Buenas tardes.
3P	Miren, el día de hoy vamos a trabajar con una consigna nueva. Estamos en el eje: forma espacio y medida, con el tema de formas geométricas y con el subtema (pone énfasis) de semejanza.
4P	Vamos a trabajar de una manera normal, como siempre, como lo hemos estado haciendo.
5P	Está aquí con nosotros el profesor Martín Eduardo Martínez Morales, que toma evidencias de las clases que hacemos y de la forma en cómo trabajamos. Así que trabajen ustedes de una manera normal, como siempre lo han hecho.
6P	Esperemos que el día de hoy saquemos esta consigna.
	ENTREGA DE CONSIGNAS [minuto 00:52]
7P	Ahora sí, pueden darle vuelta su hoja y van a leer la consigna.
	LECTURA DE CONSIGNAS [01:07]
8P	A ver. Ya, jóvenes. ¿Ya leyeron la consigna?
9P	¿Alguien de ustedes me puede decir qué es lo que vamos a hacer en esa consigna?
10P	Señor Legarre.
11A	Con base en el dibujo que se encuentra ahí, calcular la altura.
12P	Muy bien, ¿qué dicen los demás? ¿Todo bien?
13As	Sí.
	VERBALIZACIÓN [01:49]
14P	Van a calcular la altura de un árbol que aparece en un dibujo.
15P	¿Estamos bien?
16As	Sí.
17P	Adelante. Hagan y calculen la altura del árbol como se da en la información.
18P	Ahora. Ahora. Miren.
	USO DE LAS TIC'S [02:18]

19P	Ahí en la pizarra, en el proyector, estamos viendo ya el problema que estamos resolviendo.
20P	Utilicen los conocimientos adquiridos en las consignas anteriores, porque ahí, ustedes calcularon el valor de medidas de algunos triángulos con sus lados homólogos.
21P	También obtuvieron el valor de proporcionalidad.
	SITUACIONES DIDÁCTICAS [02:52]
	ALUMNOS HABLANDO ESPAÑOL [03:18]
22P	¿Quedó claro?
	ALUMNOS HABLANDO DIALECTO NAHUATL []
23P	Acá tienen dos caminos. Ustedes cuando resuelven el problema pueden utilizar un método, ¿sí?, pero también utilicen el otro para verificar si están en lo correcto.
24P	Lo más correcto es que sea «esto» (el profesor señala el folio del alumno).
	PUESTA EN COMÚN [03:44]
25A	La respuesta del problema es 5.23 (*Ella explica el procedimiento que hicieron escribiendo la cuenta en la pizarra*).
26A	Entonces hicimos una regla de tres, y X es 5.23.
27P	Les dio lo mismo por las dos formas. Muy bien.
28P	Entonces la altura del árbol es 5.23.
29	*La clase sale a trabajar al patio de la escuela.*
30P	«Esto», por «esto», entre «esto», y te da la altura del poste. (*El profesor le explica a unos alumnos y le escribe en el cuaderno*).
31A	¡Ah!
32P	Ahora ustedes van a hacer lo mismo. Ya teniendo ustedes el metro, van a buscar un arbolito y van a medir su sombra.
	ACTIVIDADES COMPLEMENTARIAS [06:41]
33E	Maestro, tenemos que presentar ante la supervisión escolar evidencias de los trabajos que se realizan actualmente con la reforma secundaria. Nos gustaría que comentara brevemente lo que están haciendo y que nos diga de qué grado es este grupo que tiene, qué consigna está trabajando y qué parte de la matemática se está viendo en este momento.
34P	El grupo que está aquí es el grupo de 3°A.
35P	Estamos trabajando sobre semejanza de triángulos. Entonces, algunos de los ejercicios que marca la reforma es la semejanza. Entonces estamos viendo algunos problemas sobre eso.
36P	Salimos aquí al campo para hacerlo más práctico para que los alumnos tengan la evidencia concreta de lo que es cálculo de alturas de algunos árboles / postes, que muy difícilmente podemos ver hacia arriba.
37P	Pues con la semejanza de triángulos se resuelve este problema.

38P	Lo que están haciendo es medir la sombra de algunos objetos y con base en eso, sacan la altura.
39E	Muy bien maestro, muchas gracias. Estas son las consignas desarrolladas actualmente por la reforma, ¿estamos viendo alguna consigna en especial?
39P	Claro que sí, la semejanza de triángulos.

Después del visionado del episodio de clase, se entrega a los futuros profesores la tarea de reflexión que se muestra en el Cuadro 2 y se trabaja en grupos.

Cuadro 2. Tarea de reflexión didáctica.
(Giacomone *et al.*, 2018, p. 9)

En el siguiente link encontramos un video de una clase de matemáticas: http://www.youtube.com/watch?v=60s_0Ya2-d8. Después de visionado el vídeo, y trabajando en equipos, elaborar un informe respondiendo a las siguientes cuestiones:
1. Descripción: *¿Qué sucede?*
   a. ¿Qué contenido matemático se estudia?
   b. ¿Qué significados caracterizan el contenido estudiado?
   c. ¿Cuál es el contexto y nivel educativo en que tiene lugar la clase?
   d. ¿Qué hace el profesor?
   e. ¿Qué hace el alumno?
   f. ¿Qué recursos se utilizan?
   g. ¿Qué conocimientos previos deben tener los alumnos para poder abordar la tarea?
   h. ¿Qué dificultades/conflictos de aprendizaje se manifiestan?
   i. ¿Qué normas (regulaciones, hábitos, costumbres) hacen posible y condicionan el desarrollo de la clase?
2. Explicación: *¿Por qué sucede?*
   a. ¿Por qué se estudia ese contenido?
   b. ¿Por qué se usa un problema realista para estudiar el contenido?
   c. ¿Por qué actúa el docente de la manera en que lo hace?
   d. ¿Por qué actúa los alumnos de la manera en que lo hacen?
3. Valoración: ¿qué se podría mejorar?
Emitir un juicio razonado sobre la enseñanza observada en las siguientes facetas, indicando algunos cambios que se podrían introducir para mejorarla:
   a. Epistémica (contenido matemático estudiado).
   b. Ecológica (relaciones con otros temas, currículo).
   c. Cognitiva (conocimientos previos, aprendizaje . . .).
   d. Afectiva (interés, motivación . . .).
   e. Interaccional (modos de interacción entre profesor y estudiantes).
   f. Mediacional (recursos usados).
4. *Limitaciones de la información disponible:*
¿Qué información adicional sería necesario tener para que el análisis realizado fuera más preciso y fundamentado?

Fase 3: Introducción de una herramienta para la reflexión

Lectura y discusión del artículo: *Indicadores de idoneidad didáctica de procesos de enseñanza y aprendizaje de las matemáticas* (Godino, 2013). En esta fase se discute el artículo, leído previamente por los estudiantes. En este documento se presenta la noción de idoneidad didáctica y sus indicadores, señalando las concordancias entre los criterios seleccionados y los propuestos por diversos autores y marcos teóricos.

6.7.2. Análisis de los conocimientos y competencias del profesor que gestiona la clase video grabada

Aunque el segmento de video solo permite vislumbrar una pequeña parte del desarrollo de la sesión de clase, en la experiencia realizada con futuros profesores ha provocado una reflexión inicial sobre las dimensiones de un proceso de estudio matemático y permitido señalar algunos conocimientos didáctico-matemáticos que pone en juego el profesor. En los apartados que siguen incluimos posibles intervenciones que el formador puede tener en la fase de discusión de las respuestas dadas por los futuros profesores a las cuestiones planteadas en las consignas de la tarea. También hacemos referencia a las herramientas teóricas del EOS que ayudarían a realizar un análisis más sistemático de las facetas correspondientes. El dominio de estas herramientas deberá ser objeto del diseño de otras intervenciones formativas.

Comenzamos con un apartado que describe la necesidad de realizar un estudio preliminar de la situación-problema planteada, para reconstruir un significado global sobre la proporcionalidad que sirva de referencia para los restantes análisis. Para ello se tendrán en cuenta los resultados de las investigaciones sobre los significados de proporcionalidad (faceta epistémica), los procesos de aprendizaje (faceta cognitiva) y recursos instruccionales (facetas interaccional y mediacional). También habría que tener en cuenta la posición del tema en el currículo y sus conexiones con otros temas y áreas disciplinares (faceta ecológica). En este ejemplo, solo incluimos información parcial sobre la faceta epistémica (significados institucionales de la proporcionalidad).

Estudio preliminar. Reconstrucción de un significado de referencia sobre la proporcionalidad

En el episodio descrito, los alumnos resuelven la siguiente tarea: «Si la longitud de la sombra de un árbol es de 12 m y la de un poste de 1,5 m es de 2,25 m, ¿cuál es la altura del árbol?» En la resolución se pone en juego un significado aritmético de la proporcionalidad, basado en el establecimiento de la igualdad de razones,

$$\frac{12}{2,25} = \frac{x}{1,5}$$

O bien, hallando la constante de proporcionalidad mediante un procedimiento de reducción a la unidad (significado algebraico-funcional):

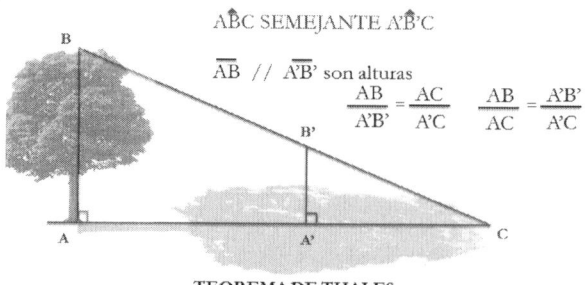

En ambos casos, será necesario asegurar el cumplimiento de las condiciones de aplicación de una versión del Teorema de Thales (Font *et al.*, 2017) y, por tanto, un significado geométrico de la proporcionalidad (Figura 6.6).

ABC SEMEJANTE A'B'C

$\overline{AB}$ // $\overline{A'B'}$ son alturas

$$\frac{AB}{A'B'} = \frac{AC}{A'C} \qquad \frac{AB}{AC} = \frac{A'B'}{A'C}$$

TEOREMA DE THALES

Figura 6.6. Representaciones gráfica y simbólica

Si se justifica la solución aplicando la «semejanza de triángulos» será necesario justificar que efectivamente los triángulos formados por los objetos y sus respectivas sombras son semejantes, lo cual requiere evocar que ambos triángulos se pueden poner en «posición de Thales», en cuyo caso se justifica la proporcionalidad de los segmentos correspondientes.

Debido al uso mecánico de algoritmos y reglas, se puede resolver un problema de proporcionalidad sin tener garantía de que tenga lugar un razonamiento proporcional. El uso generalizado de algoritmos como la regla de tres lleva con frecuencia a los estudiantes a su utilización para resolver problemas que no son de proporcionalidad. Se podría provocar en los estudiantes la «ilusión de la linealidad» (suponer que las relaciones entre variables son lineales cuando no lo son).

Realizar un estudio preliminar del contenido es una manera de reflexionar sobre los distintos significados y la conexión entre ellos. De este modo, el problema matemático que se estudia en el episodio es una posible situación que lleve a discutir con los futuros profesores la necesidad de reconocer que los objetos matemáticos tienen diversos significados (véase Capítulo 3).

Descripción

Los ítems a y b de la Guía (Cuadro 2) llaman la atención de los estudiantes sobre el contenido que se está estudiando en el episodio. Se requiere un análisis detallado del contenido para comprender las dificultades de aprendizaje (ítem h) y los conocimientos previos requeridos (ítem g). No parece suficiente mencionar que en el episodio se estudia «la semejanza de triángulos», o la «proporcionalidad».

Análisis de objetos y procesos matemáticos

En la transcripción encontramos este fragmento de diálogo:

9P *Qué es lo que vamos a hacer?*
11A *Calcular la altura de un árbol que aparece en un dibujo.*
17P *Adelante, calculen la altura con esa información.*

375

Se debe calcular la altura inaccesible de un árbol, aplicando la proporcionalidad de los lados homólogos en triángulos semejantes, técnica ya estudiada previamente. Se trata de un ejercicio de aplicación.

20P *Utilicen los conocimientos adquiridos en las consignas anteriores, porque ahí, ustedes calcularon el valor de medidas de algunos triángulos con sus lados homólogos.*

21P *También obtuvieron el valor de proporcionalidad.*

En la resolución de la tarea se ponen en juego conceptos previos como: altura de un objeto; triángulos; lados homólogos; proporcionalidad; procedimiento: regla de tres; proposición: la respuesta del problema es 5.23; cálculos aritméticos con/sin calculadora; conceptos de números decimales; unidades de medida; medida con regla graduada o cinta métrica.

Se puede observar que no se problematiza la aplicación de la semejanza de triángulos ni tampoco hay momentos en que se requiera justificar las soluciones y procedimientos (medición poco precisa de las sombras); es decir: ¿por qué es posible resolver la tarea mediante regla de tres (por ejemplo)?, ¿por qué es posible aplicar el teorema de Thales?

Debido a la lejanía del sol los rayos son paralelos, y, por tanto, se puede aplicar el teorema de Thales; los triángulos que forman el árbol con su sombra y el bastón y su sombra se pueden poner en posición de Thales.

Análisis de procesos didácticos

Los ítems d (¿Qué hace el profesor?), e (¿Qué hace el alumno?), f (¿Qué recursos se utilizan?) pretenden iniciar la reflexión sobre los procesos de interacción en el aula. Se espera que los estudiantes hagan observaciones del siguiente tipo. En la clase observada el profesor: da las instrucciones; reparte material; pregunta qué se debe hacer de acuerdo con la consigna; autoriza que pueden utilizar calculadora y señala que utilicen los conocimientos que han trabajado las clases anteriores; les pregunta, monitorea y retroalimenta el trabajo de los alumnos; dirige la puesta en común. En la segunda parte del vídeo, ayuda a los alumnos a llevar a la práctica los procedimientos aprendidos en el aula para calcular las alturas de árboles y otros objetos en la realidad. Por su parte, el alumno, en el aula: lee la tarea; recuerda la solución de tareas anteriores relacionadas con la semejanza de triángulos; aplica esos conocimientos a la tarea dada (calcular la altura de un árbol representado en el papel; ejercita la aplicación de la regla de tres. En el trabajo de campo: mide las sombras; trabaja en equipo.

En el proceso de enseñanza/aprendizaje se utilizan como recursos instruccionales, una guía de aprendizaje; cuadernos; papel, lápiz, calculadora; elementos del entorno (árboles, sombras); regla graduada, metro y pie para medir las sombras; pizarra y proyector.

Será necesario discutir con los estudiantes la delicada cuestión que plantea la articulación de distintos modos de interacción en el aula: trabajo individual, trabajo en equipos, papel del profesor como gestor y transmisor de conocimientos. En definitiva, adoptar una actitud crítica frente a los modelos didácticos tradicionales centrados en el profesor, como frente a los constructivistas ingenuos centrados en el alumno (véase Capítulo 4). La reflexión sistemática sobre los procesos de interacción y mediación en el aula requiere aplicar herramientas analíticas específicas, como la noción de configuración didáctica (Capítulo 4).

6.7.3. Explicación. Análisis de normas y metanormas

Las cuestiones a, b, c, y d del apartado 2) de la Guía (Explicación) se proponen para provocar la reflexión sobre la trama de normas que condicionan y soportan el desarrollo de los procesos de enseñanza y aprendizaje. El desarrollo del episodio está guiado por la *Reforma* (orientaciones curriculares de la SEP de México): se debe procurar trabajar en equipo resolviendo problemas; esta forma de trabajo se ha convertido en un hábito en la clase que establece la forma de trabajar. En cuanto a los modos de interacción profesor-alumnos, se propone una situación (consigna escrita) para cada alumno; los estudiantes están agrupados alrededor de mesas; primero se trabaja de manera personal, pero con libertad para consultar e intercambiar ideas y soluciones; hay puesta en común de las soluciones. Los alumnos consultan al profesor; el profesor explica el desarrollo de la tarea.

La reflexión sistemática sobre las normas que condicionan y soportan los procesos de enseñanza y aprendizaje de las matemáticas se puede hacer en el modelo CCDM con la herramienta dimensión normativa (véase Capítulo 4).

6.7.4. Valoración. Análisis de la idoneidad didáctica

La cuestión 3) planteada en la Guía (Cuadro 2), *¿qué se podría mejorar?*, se desglosa teniendo en cuenta las seis facetas propuestas en la Teoría de la idoneidad didáctica (véase Capítulo 5). El sistema de criterios e indicadores empíricos identificados en cada una de las facetas constituye una guía para el análisis y reflexión sistemática que aporta conocimientos para la mejora progresiva de los procesos de enseñanza y aprendizaje. La herramienta idoneidad didáctica, aplicada al caso del episodio, ayuda a emitir los siguientes juicios valorativos.

a. Epistémica (contenido matemático estudiado):
  - Plantear como problema la aplicación del teorema de Thales para justificar la semejanza de los triángulos y poder aceptar la relación de proporcionalidad entre las longitudes de los lados homólogos.
  - Favorecer la formulación de conjeturas por los propios estudiantes y no inducir la aplicación de un procedimiento ya ejercitado antes.
  - Justificar la validez y equivalencia de los procedimientos.
  - Falta de precisión en el lenguaje y conceptos referidos: «valor de medidas de algunos triángulos con sus lados homólogos» (20P).
  - Evitar la resolución de las tareas mediante la aplicación mecánica de la regla de tres.
  - Poner en juego un enfoque funcional en la solución de problemas de proporcionalidad.

- Discutir el problema de la precisión de la medida y adquirir destreza en la medida correcta de longitudes.

El análisis del episodio revela la necesidad de que el docente reconozca el papel clave que tienen, para el logro de una alta idoneidad epistémica del proceso de enseñanza y aprendizaje de los procesos matemáticos de: Argumentación, Validación; Institucionalización; Generalización (enfoque de modelización mediante la función lineal del fenómeno estudiado). Así mismo, el reconocimiento de conexiones matemáticas: proporcionalidad y función lineal; teorema de Thales y semejanza de triángulos.

b. Ecológica (relaciones con otros temas, currículo):
- Los contenidos corresponden a temas requeridos en el currículo contribuyendo a la formación matemática de los estudiantes.
- Se podría enfatizar las conexiones entre temas (semejanza de triángulos, teorema de Thales, proporcionalidad y función lineal).
- Desde el punto de vista matemático, la tarea permite poner en juego prácticas matemáticas (conocimientos y competencias) significativas y relevantes: Proporcionalidad geométrica; función lineal; semejanza de triángulos; cálculo de alturas y distancias inaccesibles.
- Es un tema práctico que se puede utilizar en la vida cotidiana; contexto realista.
- No hay evidencias de que se estimule el pensamiento crítico.

c. Cognitiva (conocimientos previos, aprendizaje . . .):
- El objetivo es que apliquen las reglas de cálculo, previamente aprendidas; cálculo de uno de los términos de una proporción conocidos los otros tres. El contenido pretendido está al alcance de los estudiantes y supone un reto accesible.
- No se tiene información de si los alumnos conocen el teorema de Thales.

- No se requieren adaptaciones curriculares.
- Al parecer los alumnos consiguen dar respuesta a la tarea aplicando dos métodos (no se ve en el fragmento de video cuáles pueden ser esos dos métodos).
- No se puede evidenciar el grado de aprendizaje logrado, aunque su naturaleza es básicamente procedimental.
- El formato de trabajo en equipo y dialógico indica momentos de evaluación formativa.

d. Afectiva (emociones, actitudes, creencias...):
- La tarea muestra la utilidad de las matemáticas en la vida cotidiana. Los alumnos se ven interesados en la tarea.
- La enseñanza podría ir acompañada de una contextualización histórica del contenido en la Antigua Grecia y en el Antiguo Egipto.
- Se podría proponer el problema de la leyenda relatada por Plutarco según la cual Thales aplicó su teorema para calcular la altura de las pirámides de Guiza.
- No se observa argumentación, aunque sí trabajo en equipo.
- No se resalta la cualidad de precisión del trabajo matemático (medidas imprecisas).

e. Interaccional (modos de interacción entre profesor y estudiantes):
- Aunque hay una puesta en común a cargo de una alumna, se echa en falta momentos de justificación de las soluciones, así como momentos de institucionalización por parte del profesor.
- Los estudiantes tienen un cierto grado de autonomía para resolver la tarea de cálculo y de medición, pero no para comunicar los resultados y discutirlos.
- Se observan momentos de evaluación formativa por parte del profesor.

f. Mediacional (recursos usados):
- Usan calculadoras para hacer los cálculos de la regla de tres.

- Dado que el docente tiene a su disposición un ordenador y un proyector podría utilizarlos para plantear situaciones ilustrativas y otros métodos de estimación de distancias inaccesibles. No se ve el uso de cintas métricas. Los alumnos están midiendo distancias con una regla graduada y con pasos, situación que también podría utilizarse para discutir distintos instrumentos y unidades de medida.

Ejemplos de aplicación de la herramienta *idoneidad didáctica*, complementarios del presentado en este apartado, se pueden ver en Aroza *et al.* (2016), Beltrán-Pellicer y Godino (2017), Breda *et al.* (2017), Castro *et al.* (2014), Posadas y Godino (2017), entre otros.

6.7.5. Limitaciones de la información disponible y reflexiones finales

Para que el análisis de los conocimientos puestos en juego en el episodio de clase fuera más preciso y fundamentado sería necesario disponer de información adicional. En particular,
- Las fichas de trabajo de las sesiones en que se introdujo la noción de semejanza de triángulos, su relación con el teorema de Thales.
- La filmación/transcripción de la clase completa, para comprobar si efectivamente hubo o no momentos de validación e institucionalización.
- Observación del papel del profesor en el seguimiento del trabajo de los distintos equipos (identificación de conflictos y modos de resolverlos; evaluación formativa).
- Momentos de evaluación sumativa individualizada, para tener acceso a los aprendizajes efectivamente logrados.

La actividad descrita en esta experiencia formativa se debe considerar como un primer encuentro de los profesores en formación, que permite aflorar sus ideas previas sobre las facetas y componentes implicados en la compleja realidad de una clase de matemática.

Así mismo, es un aporte para el formador de profesores, porque se muestra la necesidad de disponer de herramientas teóricas específicas que apoyen la reflexión sistemática sobre dichas facetas y componentes. Estas herramientas deberán ser objeto de estudio y aplicación mediante nuevas situaciones focalizadas en cada una de las herramientas mencionadas.

De hecho, se han realizado diferentes investigaciones en contextos de formación inicial y permanente, en que se han diseñado e implementado ciclos formativos para que los profesores o futuros profesores desarrollen las competencias de este modelo y aprendan los conocimientos correspondientes (por ejemplo, Pochulu *et al.*, 2016; Rubio, 2012; Seckel, 2016). En estos casos, se trata de ciclos formativos, con frecuencia en formato de talleres y diseñados como entornos de aprendizaje, de manera que: 1) los asistentes tengan una participación activa a partir del análisis de episodios de aula; 2) los tipos de análisis que propone el modelo de análisis emerjan de la puesta en común realizada en el gran grupo.

6.8. Concordancias y complementariedades con otras teorías

En Pino-Fan y Godino (2015) analizamos las concordancias y complementariedades entre el modelo de conocimientos didáctico-matemáticos (CDM) y otros modelos de conocimientos propuestas por diversos autores: PCK (Shulman, 1987), MKT (Ball *et al.*, 2008), KQ (Cuarteto del conocimiento, Rowland *et al.*, 2005), entre otros. En este apartado mencionamos otras teorías y modelos sobre características que deben reunir los programas de formación de profesores de matemáticas.

AMTE (2017) propone un sistema de estándares e indicadores sobre los conocimientos específicos, habilidades y disposiciones que debe tener un buen profesor de matemáticas y para las características que debe reunir un programa de formación de dichos profesores. Sobre los conocimientos proponen cuatro estándares:

C1. Conocimiento de los conceptos, las prácticas y el currículo de las matemáticas.

C2. Conocimientos y prácticas pedagógicas para la enseñanza de las matemáticas.

C3. Conocimiento de los alumnos como aprendices de matemáticas.

C4. Contextos sociales de la enseñanza y el aprendizaje de las matemáticas.

En cuanto a las características de los programas formativos AMTE (2017) propone cinco estándares:

P1. Cooperación entre todas las partes interesadas en el programa.

P2. Oportunidades para aprender matemáticas, centrándose en la comprensión de las ideas esenciales de las matemáticas para la enseñanza.

P3. Oportunidades para aprender a enseñar matemáticas, integrando las matemáticas, las prácticas de enseñanza, el conocimiento de los estudiantes como aprendices y los contextos sociales.

P4. Oportunidades de aprendizaje en entornos clínicos con posibilidades de aprender de su propia enseñanza y la de los demás.

P5. Contratación y retención de los candidatos a profesores de alta calidad representativos de comunidades diversas.

Park *et al.* (2018) definen el DPD como cualquier actividad destinada a (1) desarrollar los conocimientos, habilidades y experiencia de los profesores y (2) preparar a los profesores para mejorar su rendimiento educativo en funciones presentes o futuras dentro de un entorno escolar. Estos autores, partiendo de diversas publicaciones (Beisiegel *et al.*, 2018; Desimone y Garet, 2015), proponen las siguientes nueve características que deben reunir los programas de DPD eficientes en educación matemática:

1. Enfoque en el contenido: Desarrollar conjuntos bien organizados de conocimientos de contenido y pedagógicos de la disciplina, así como en las formas en que los estudiantes aprenden ese contenido.

2. Aprendizaje activo: Implicar activamente a los profesores de matemáticas en un debate significativo sobre los objetivos de

las lecciones, las tareas para los alumnos, las estrategias de enseñanza y el pensamiento o trabajo de los alumnos, y la práctica.

3. Fomentar la coherencia: Ser coherente con los objetivos de los profesores sobre lo que esperan del desarrollo profesional y estar en consonancia con los estándares y las evaluaciones a nivel de distrito, estatal y nacional.

4. Duración: Tener una duración suficiente, incluyendo tanto el lapso de tiempo en el que se extiende la actividad como las horas de contacto.

5. Participantes colectivos: Involucrar a grupos de profesores de la misma escuela, nivel de grado o materia para construir una comunidad de aprendizaje interactiva.

6. Resultados de los profesores: Incluir herramientas de evaluación para medir el alcance de los conocimientos y las habilidades de los profesores, así como los cambios en la práctica de la enseñanza en el aula.

7. Modelos basados en la investigación: Presentar los fundamentos para comprender las relaciones entre los modelos basados en la investigación que implican el pensamiento de los alumnos, así como las nuevas estrategias, las teorías de la enseñanza y el aprendizaje, y sus prácticas en el aula.

8. Datos facilitados por los estudiantes: Tener en cuenta los conocimientos previos de los estudiantes sobre las matemáticas. Entender cómo piensan los alumnos ayuda a los profesores a obtener información sobre enfoques de enseñanza eficaces para ellos.

9. Promoción de cambios en las creencias y actitudes de los profesores sobre la enseñanza de las matemáticas para inducir cambios en las prácticas de aula.

Con relación a estos modelos nos cuestionamos si es posible y conveniente estructurar, fundamentar y ampliar el listado de dichos principios, a fin de producir una herramienta más global y detallada que proporcione un apoyo eficiente en el desarrollo de programas

DPD, así como de acciones específicas. La aplicación de las categorías y herramientas metodológicas del EOS nos permite dar una respuesta afirmativa a esta cuestión, concretada en la elaboración de la teoría presentada en este capítulo.

6.9. Síntesis del modelo de desarrollo profesional docente basado en el EOS

En la Tabla 6.6 incluimos el resumen de la teoría del desarrollo profesional docente basada en el EOS respondiendo a las cuestiones que proponen Michie *et al.* (2014) como descriptores de una teoría en el campo de las ciencias sociales y del comportamiento.

Tabla 6.6. Síntesis de la teoría del desarrollo
profesional docente basada en el EOS

Elementos	Descripción
Breve resumen. ¿De qué trata la teoría y cuáles son sus principales proposiciones?	Elabora un modelo de conocimientos y competencias didáctico-matemáticas del profesor para optimizar los procesos educativo-instruccionales de matemáticas. También desarrolla un sistema de principios o criterios de idoneidad de los programas y acciones formativas de profesores de matemáticas sobre didáctica de las matemáticas, teniendo en cuenta la estructura de los procesos y las actividades de fundamentación, diseño, planificación y evaluación. El sistema de criterios de idoneidad se formula en términos de juicios de valor, esto es, como acciones que se deberían realizar para optimizar el proceso de enseñanza y aprendizaje de las matemáticas (profesor) y el proceso formativo sobre didáctica de las matemáticas (formador). Los sistemas de criterios de idoneidad fundamentan los respectivos modelos de conocimientos y competencias del profesor y del formador.
Ámbito/objetivo. ¿Qué fenómenos pretende explicar la teoría?	El objetivo es optimizar la formación de profesores de matemáticas desarrollando una guía de análisis de la idoneidad de los programas formativos para los formadores de profesores. El sistema de criterios de idoneidad y de categorías de conocimientos y competencias elaborado, tanto para el profesor como para el formador, ayuda a diseñar, implementar y evaluar procesos educativo-instruccionales de matemáticas y de didáctica de las matemáticas.

Justificación. ¿Por qué es necesaria la teoría y cómo mejora las teorías anteriores?	En el campo de la formación de profesores de matemáticas hay diversos modelos teóricos que proponen sistemas de categorías de conocimientos que deberían tener los profesores para favorecer el aprendizaje de los estudiantes. También hay otros modelos con principios que deberían cumplir los programas formativos eficientes. Pero estos modelos suelen ser parciales, no están fundamentados de manera explícita, o no tienen el nivel de detalle requerido. La teoría trata de solucionar estas carencias.
Hipótesis. ¿Qué hipótesis específicas plantea la teoría y en qué se diferencian de otras teorías?	Se asume que la fundamentación, diseño, implementación y evaluación de los procesos de formación de profesores de matemáticas es compleja al requerir tener en cuenta diversas facetas y componentes y sus interacciones. Es posible y necesario identificar criterios (principios) que ayuden en el desarrollo idóneo de los procesos formativos, basados en teorías explícitas sobre el conocimiento didáctico-matemático y resultados de la investigación sobre dichos procesos.
Constructos. ¿Cuáles son los elementos de la teoría?	Modelo de fases y estructura de un proceso educativo-instruccional en matemáticas, distinguiendo las facetas epistémica, ecológica, mediacional, interaccional, cognitiva y afectiva en cada una de las fases de fundamentación, diseño, implementación y evaluación. Modelo de fases y facetas de un proceso educativo-instruccional en didáctica de las matemáticas. Sistema de criterios de idoneidad sobre la actividad de instrucción matemática. Sistema de categorías de conocimientos y competencias matemáticas y didáctico-matemáticas del profesor de matemáticas. Sistema criterios de idoneidad sobre las actividades de formación y aprendizaje docente. Sistema de categorías de conocimientos y competencias didáctico-matemáticas del formador de profesor de matemáticas.
Relaciones. ¿Cómo se relacionan entre sí los elementos de la teoría?	El modelo de estructura y de fases de un proceso educativo-instruccional se usa para formular y organizar el sistema de criterios de idoneidad de la actividad de instrucción matemática que desarrolla el profesor y el sistema de criterios de idoneidad de la actividad formativa del formador de profesores. Los sistemas de criterios de idoneidad determinan categorías de conocimientos y competencias del profesor de matemáticas y del formador de profesores.

Procedencia. ¿En qué teorías se basa y cómo?	Se basa en las teorías ontosemióticas de la actividad matemática, del significado y la cognición matemática, así como en la teoría del diseño educativo en matemática basada en EOS. Los componentes y subcomponentes de las facetas epistémica y cognitiva se corresponden con las categorías de objetos, procesos y significados propuesto en las teorías citadas. Los criterios de idoneidad de los programas formativos están basados en la teoría de la idoneidad didáctica.
Semejanza. ¿A qué teorías se parece más esta teoría?	La teoría se relaciona con las teorías de la calidad de la instrucción matemática y aquellas que proponen categorías de conocimientos del profesor de matemáticas y principios de eficiencia de los programas formativos.
Complementariedad. ¿Con qué teorías puede complementarse?	La identificación de concordancias y complementariedades de la teoría con otras teorías es un tema que requiere investigación.
Operacionalización. ¿Cómo se miden o identifican los constructos?	Los criterios de idoneidad de los procesos de instrucción matemática y de las actividades formativas de los profesores son juicios de valor cuyo cumplimiento en procesos concretos es graduable. Están pendientes de desarrollar sistemas de rúbricas con indicadores observables del grado de cumplimiento de los criterios de idoneidad y de los principios de eficiencia de los programas.
Usos. ¿Para qué puede utilizarse la teoría?	La teoría se usa para el diseño, implementación y evaluación de programas y acciones de formación de profesores de matemáticas. El sistema de categorías de conocimientos y competencias didáctico-matemáticas desarrollado y los criterios de idoneidad de los programas formativos se pueden usar para describir y comprender la actividad de formadores y profesores de matemáticas e identificar posibles mejoras.

Referencias

Ash, S. L., y Clayton, P. H. (2004). The articulated learning: An approach to guided reflection and assessment. *Innovative Higher Education, 29*(2), 137-154.

Association of Mathematics Teacher Educators (AMTE) (2017). *Standards for preparing teachers of mathematics.* Association of Mathematics Teacher Educators.

Avalos, B. (2011). Teacher professional development in teaching and teacher education over ten years. *Teaching and Teacher Education, 27,* 10-20.

Ball, D. L., y Even, R. (2008). *The professional education and development of teachers of mathematics: The 15th ICMI Study.* Springer.

Ball, D. L., Thames, M. H., y Phelps, G. (2008). Content knowledge for teaching: What makes it special? *Journal of Teacher Education, 59*(5), 389-407.

Bautista, A., y Ortega-Ruiz, R. (2015). Teacher professional development: International perspectives and approaches. *Psychology, Society and Education, 7*(3), 240-251.

Beisiegel, M., Mitchell, R., y Hill, H. C. (2018). The design of video-based professional development: An exploratory experiment intended to identify effective features. *Journal of Teacher Education, 69*(1), 69-89.

Beswick, K., y Goos, M. (2018). Mathematics teacher educator knowledge: What do we know and where to from here? *Journal of Mathematics Teacher Education, 21*, 417-427.

Bostic, J., Lesseig, K., Sherman, M., y Boston, M. (2021). Classroom observation and mathematics education research. *Journal of Mathematics Teacher Education, 24*, 5-31.

Carrillo, J., Climent, N., Montes, M., Contreras, L. C., Flores-Medrano, E., Escudero-Ávila, D. *et al.* (2018). The Mathematics Teacher's Specialised Knowledge (MTSK) model. *Research in Mathematics Education, 20*(3), 236-253.

Charalambous, C. Y., y Praetorius, A. K. (2018). Studying instructional quality in mathematics through different lenses: In search of common ground. *ZDM-Mathematics Education, 50*, 355-366.

Castro-Superfine, A., Prasad, P. V., Welder, R. M., Olanoff, D., y Eubanks-Turner, C. (2020). Exploring mathematical knowledge for teaching teachers: Supporting prospective elementary teachers' relearning of mathematics. *The Mathematics Enthusiast, 17* (2 y 3), 367-402.

Chapman, O. (Ed.). (2020). *International handbook of mathematics teacher education* (2nd ed.). Brill.

D'Amore, B., Font, V. y Godino, J. D. (2007). La dimensión metadidáctica en los procesos de enseñanza y aprendizaje de las matemáticas. *Paradigma, 28* (2), 49-77.

Darling-Hammond, L., Hyler, M. E., y Gardner, M. (2017). *Effective teacher professional development.* Learning Policy Institute.

DeBellis, V. A., y Goldin, G. A. (2006). Affect and meta-affect in mathematical problem Solving: a representational perspective. *Educational Studies in Mathematics, 63,* 131-147.

Desimone, L. M., y Garet, M. S. (2015). Best practices in teachers' professional development in the United States. *Psychology, Society and Education, 7*(3), 252-263.

Desimone, L. M., y Pak, K. (2017). Instructional coaching as high-quality professional development. *Theory into Practice, 56*(1), 3-12.

Dindyal, J., Schack, E. O., Choy, B. H., y Sherin, M. G. (2021). Exploring the terrains of mathematics teacher noticing. *ZDM-Mathematics Education, 53*(1), 1-16.

Engeström, Y. (1987) *Learning by expanding: An activity theoretical approach to developmental research.* Orienta-Konsultit.

Escudero-Ávila, D. I., Montes, M., y Contreras, L. C. (2021). What do mathematics teacher educators need to know? Reflections emerging from the content of mathematics teacher education. In M. Goos y K. Beswick (Eds.). *The learning and development of mathematics teacher educators: international perspectives and challenges* (pp. 23-40). Springer.

Fernández, C., y Choy, B. H. (2019). Theoretical lenses to develop mathematics teacher noticing: Learning, teaching, psychological, and social perspectives. En S. Llinares y O. Chapman (Eds.). *International handbook of mathematics teacher education* (Volume 2) (pp. 337-360). Brill.

Godino, J. D. (2009). Categorías de análisis de los conocimientos del profesor de matemáticas. *Unión, Revista Iberoamericana de Educación Matemática, 20,* 13-31.

Godino, J. D. (2013). Indicadores de la idoneidad didáctica de procesos de enseñanza y aprendizaje de las matemáticas. *Cuadernos de Investigación y Formación en Educación Matemática, 11,* 111-132.

Godino, J. D., Batanero, C. y Burgos, M. (2023). Theory of didactical suitability: An enlarged view of the quality of mathematics instruction. *EURASIA Journal of Mathematics, Science and Technology Education, 19*(6), em2270.

Godino, J. D., Batanero, C., Burgos, M. y Scheiner, T. (2024). Analysing the didactic suitability of mathematics teacher education processes. (En revisión).

Godino, J. D., Batanero, C., Cid, E., Font, V., Roa, R. y Ruiz, F. (2004a). *Matemáticas para maestros.* Los autores.

https://www.ugr.es/~jgodino/edumat-maestros/manual/8_matematicas_maestros.pdf

Godino, J. D. Batanero, C., Cid, E., Font, V., Roa, R. y Ruiz, F. (2004b). *Didáctica de las matemáticas para maestros*. Los autores.

https://www.ugr.es/~jgodino/edumat-maestros/manual/9_didactica_maestros.pdf

Godino, J. D., Batanero, C. y Font, V. (2003). *Fundamentos de la enseñanza y el aprendizaje de las matemáticas*. Los autores.

https://www.ugr.es/~jgodino/edumat-maestros/manual/1_Fundamentos.pdf

Godino, J. D., Batanero, C., Font, V. y Giacomone, B. (2016). Articulando conocimientos y competencias del profesor de matemáticas: el modelo CCDM. En J. A. Macías, A. Jiménez, J. L. González, M. T. Sánchez, P. Hernández, C. Fernández, F. J. Ruiz, T. Fernández y A. Berciano (Eds.). *Investigación en Educación Matemática XX* (pp. 285-294). Málaga: SEIEM.

Godino, J. D., Batanero, C., y Font, V. (2007). The onto-semiotic approach to research in mathematics education. *ZDM. The International Journal on Mathematics Education, 39*(1), 127-135.

Godino, J. D., Contreras, A. y Font, V. (2006). Análisis de procesos de instrucción basado en el enfoque ontológico-semiótico de la cognición matemática. *Recherches en Didactiques des Mathématiques, 26* (1), 39-88.

Godino, J. D., Font, V., Wilhelmi, M. R. y Castro, C. de (2009). Aproximación a la dimensión normativa en Didáctica de la Matemática desde un enfoque ontosemiótico. *Enseñanza de las Ciencias, 27*(1), 59-76.

Godino, J. D., Giacomone, B., Batanero, C. y Font, V. (2017). Enfoque ontosemiótico de los conocimientos y competencias del profesor de matemáticas. *Bolema, 31* (57), 90-113.

Godino, J. D., Giacomone, B., Font, V. y Pino-Fan, L. (2018). Conocimientos profesionales en el diseño y gestión de una clase sobre semejanza de triángulos. Análisis con herramientas del modelo CCDM. *AIEM. Avances de Investigación en Educación Matemática, 13*, 63-83.

Godino, J. D., y Neto, T. (2013). Actividades de iniciación a la investigación en educación matemática. *UNO, 63*, 69-76.

Goldin, G. A. (2000). Affective pathways and representation in mathematical problem solving. *Mathematical Thinking and Learning, 2*(3), 209-219.

Goos, M., y Beswick, K. (2021). (Eds.). *The learning and development of mathematics teacher educators: International perspectives and challenges.* Springer.

Grossman, P. (1990). *The making of a teacher: Teacher knowledge and teacher education.* New York and London: Teachers College Press.

Harrison, J. K., Lawson, T., y Wortley, A. (2005). Mentoring the beginning teacher: developing professional autonomy through critical reflection on practice. *Reflective Practice, 6* (3), 419-441.

Heck, D. J., Plumley, C. L., Stylianou, D. A., Smith, A. A., y Moffett, G. (2019). Scaling up innovative learning in mathematics: exploring the effect of different professional development approaches on teacher knowledge, beliefs, and instructional practice. *Educational Studies in Mathematics, 102*(3), 319-342.

Hill, H. C., Blunk, M. L., Charalambous, Ch. Y., Lewis, J. M., Phelps, G. C., Sleep, L., y Ball, D. L. (2008). Mathematical knowledge for teaching and the mathematical quality of instruction: An exploratory study. *Cognition and Instruction, 26*(4), 430-511.

Hill, H. C., Ball, D., Bass, H. *et al.* (2011). Measuring the mathematical quality of instruction: Learning mathematics for teaching project. *Journal of Mathematics Teacher Education, 14*(1), 25-47.

Husu, J., Toom, A., y Patrikainen, S. (2008). Guided reflection as a means to demonstrate and develop student teachers' reflective competencies. *Reflective Practice, 9,* (1), 37-51.

Klein, S. R. (2008). Holistic reflection in teacher education: Issues and strategies. *Reflective Practice, 9*(2), 111-121.

König, J., Santagata, R., Scheiner, T., Adlef, A.-K., Yang, X., y Kaiser, G. (2022). Teacher noticing: A systematic literature review on conceptualizations, research designs, and findings on learning to notice. *Educational Research Review, 36,* 100453.

Korthagen, F., Loughran, J., y Russell, T. (2006). Developing fundamental principles for teacher education programs and practices. *Teaching and Teacher Education, 22*(8), 1020-1041.

Lee, M. Y., y Choy, B. H. (2017). Mathematical teacher noticing: The key to learning from lesson study. In E. O. Schack, M. H. Fisher, y J. A. Wilhelm (Eds.). *Teacher noticing: Bridging and broadening perspectives, contexts, and frameworks* (pp. 121-140). Springer.

Leikin, R., Zazkis, R., y Meller, M. (2018). Research mathematicians as teacher educators: focusing on mathematics for secondary mathematics teachers. *Journal of Mathematics Teacher Education, 21*, 451-473.

Llinares, S., y Krainer, K. (2006). Mathematics (students) teachers and teacher educators as learners. In A. Gutiérrez y P. Boero (Eds), *Handbook of research on the psychology of mathematics education: Past, present, and future* (pp. 429-459). Sense Publishers.

Mason, J. (2002). *Researching your own practice. The discipline of noticing.* Routledge.

Michie, S., West, R., Campbell, R., Brown, J. y Gainforth, H. (2014). *ABC of behaviour change theories.* Silverback Publishing.

National Council of Teachers of Mathematics (NCTM). (2000). *Principles and standards for school mathematics.* NCTM.

National Council of Teachers of Mathematics (NCTM) (2014). *Principles to actions: Ensuring mathematical success for all.* NCTM.

Nolan, A. (2008). Encouraging the reflection process in undergraduate teachers using guided reflection. *Australian Journal of Early Childhood, 33* (1), 31-36.

Park, M. S., Kim, Y. R., Moore, T. J., y Wyberg, T. (2018). Professional development framework for secondary mathematics teachers. *International Journal of Learning, Teaching and Educational Research, 17*(10), 127-151.

Philipp, R. A. (2007). Mathematics teachers' beliefs and affect. In F. K. Lester (Ed.), *Second Handbook of Research on Mathematics Teaching and Learning* (pp. 257-318). NCTM y IAP.

Pino-Fan, L., y Godino, J. D. (2015). Perspectiva ampliada del conocimiento didáctico-matemático del profesor. *Paradigma, 36*(1), 87-109.

Pochulu, M., Font, V., y Rodríguez, M. (2016). Desarrollo de la competencia en análisis didáctico de formadores de futuros profesores de matemática a través del diseño de tareas. *Relime, 19*(1), 71-98.

Rasch, K., Bay-Williams, J., Cruz-White, I., Lyinch, M., Ramirez, N., Roy G. J., y Barnes, D. (2020). *Standards for the preparation of secondary mathematics teachers.* NCTM.

Rowland, T., Huckstep, P., y Thwaites, A. (2005). Elementary teachers' mathematics subject knowledge: The knowledge quartet and the case of Naomi. *Journal of Mathematics Teacher Education, 8*(3), 255-281.

Rubio, N. (2012). *Competencia del profesorado en el análisis didáctico de prácticas, objetos y procesos matemáticos.* Tesis Doctoral. Universidad de Barcelona. http://diposit.ub.edu/dspace/handle/2445/65704

Schack, E. O., Fisher, M. H., y Wilhelm, J. A. (Eds.). (2017). *Teacher noticing: Bridging and broadening perspectives, contexts, and frameworks.* Springer.

Scheiner, T. (2023). Shifting the ways prospective teachers frame and notice student mathematical thinking: from deficits to strengths. *Educational Studies in Mathematics, 114*(1), 35-62.

Schoenfeld, A. H. (2013). Classroom observations in theory and practice. *ZDM-The International Journal of Mathematics Education, 45,* 607-621.

Schoenfeld, A. (2018). Video analyses for research and professional development: the teaching for robust understanding (TRU) framework. *ZDM-Mathematics Education,* 50, 491-506.

Schoenfeld, A., y Kilpatrick, J. (2008). Towards a theory of proficiency in teaching mathematics. En D. Tirosh, y T. L. Wood (Eds.). *Tools and processes in mathematics teacher education* (pp. 321-354). Sense Publishers.

Schön, D. (1983). *The reflective practitioner: How professionals think in action.* Basic Books.

Seckel, M. J. (2016). *Competencia en análisis didáctico en la formación inicial de profesores de educación general básica con mención en matemática.* Tesis Doctoral. Universidad de Barcelona. http://diposit.ub.edu/dspace/bitstream/2445/99644/1/MJSS_ TESIS.pdf

Shulman, L. S. (1987). Knowledge and teaching: Foundations of the new reform. *Harvard Educational Review, 57*(1), 1-22.

Simon M. A. (1995). Reconstructing mathematics pedagogy form a constructivist perspective. *Journal for Research in Mathematics Education, 26,* 114-145.

Simon M. A., y Tzur R. (2004). Explicating the role of mathematical tasks in conceptual learning: An elaboration of the hypothetical learning trajectory. *Mathematical Thinking and Learning, 6*(2), 91-104.

Tzur, R. (2001). Becoming a mathematics teacher-educator: Conceptualizing the terrain through self-reflective analysis. *Journal of Mathematics Teacher Education, 4*(4), 259-283.

Wood, T. (Ed.). (2008). *International handbook of mathematics teacher education.* Sense.

Capítulo 7

El sistema teórico EOS

Introducción

En este capítulo mostramos la pertinencia de considerar el EOS como un sistema teórico, analizando las interrelaciones entre las teorías parciales descritas en los capítulos anteriores y la necesidad y utilidad de elaborar este sistema para abordar la complejidad de los problemas de la educación matemática. Aunque se puede indagar problemas parciales relativos a aspectos epistémicos, cognitivos, etc., es necesario considerar las interrelaciones entre las diferentes facetas. Por tanto, la elaboración de un marco teórico integrador que fundamente el diseño de procesos educativo-instruccionales de matemáticas y la formación de profesores en teorías específicas sobre el significado y la cognición matemática es de interés para la investigación y la práctica de la educación matemática.

En la Sección 7.1 presentamos una visión general de las herramientas teóricas que componen el EOS y sus interconexiones. Una síntesis de los dilemas entre diversos paradigmas o enfoques de investigación en educación matemática que motivan la construcción del EOS se incluye en la Sección 7.2. En la Sección 7.3. describimos un esquema sobre el planteamiento de problemas de investigación en el EOS y las características del enfoque metodológico correspondiente. En la Sección 7.4 sintetizamos un ejemplo de investigación en la que se pone en juego la mayor parte de las herramientas teóricas del EOS. En la Sección 7.5 estudiamos las concordancias y complementariedades del EOS con otros seis marcos teóricos: teoría de situaciones didácticas, teoría antropológica, educación matemática realista, teoría APOE, teoría de la objetivación y el programa etnomatemático. En la Sección 7.6 describimos el ámbito de aplicaciones y difusión del EOS incluidas en el repositorio web: http://enfoqueontosemiotico.ugr.es. Finalmente, en la Sección 7.7 se presenta una síntesis de los postulados filosóficos del EOS y en la Sección 7.8 el resumen global del EOS respondiendo a las cuestiones de Michie *et al.* (2014).

7.1. Conexiones entre las herramientas teóricas del EOS

En el EOS se trata de construir un sistema de herramientas conceptuales y metodológicas que permitan hacer los análisis a nivel macro y micro de las dimensiones epistémica, ecológica, instruccional, cognitiva y afectiva de los procesos de enseñanza y aprendizaje de las matemáticas y sus interacciones. La noción general de objeto matemático, sus tipos y relación con las prácticas matemáticas, las diferentes polaridades desde las que se puede considerar y la noción de función semiótica configuran un *enfoque ontosemiótico* —un modelo ontológico y semiótico— del conocimiento matemático que enriquece, complementa y articula las ontologías parciales que caracterizan otros modelos teóricos en educación matemática.

Los modelos teóricos descritos en los capítulos 2 a 6 y sus interconexiones mostradas en la Figura 7.1 nos lleva a considerar al EOS como un sistema teórico inclusivo, abierto y dinámico. Este sistema es fruto de la reflexión sobre distintos marcos teóricos en educación matemática y de la realización de múltiples investigaciones empíricas en proyectos de investigación y programas de doctorado (Godino, 2022). Tiene en cuenta las diferentes dimensiones y niveles de análisis requeridos por la investigación sobre los procesos educativos-instruccionales en los diversos contextos, aportando herramientas para realizar un análisis didáctico integral que fundamente los procesos de enseñanza y aprendizaje de las matemáticas, según sus diversas dimensiones y fases.

El par «sistema de prácticas, configuración de objetos y procesos» es original del EOS y clave para realizar el análisis *a priori* del conocimiento matemático implicado en la resolución de problemas, tanto a nivel macro (emergencia y articulación de significados parciales del objeto) como micro (identificación de la trama de objetos y procesos implicados en las prácticas matemáticas). Estos análisis *a priori* son esenciales para el diseño, implementación y evaluación en los procesos educativos-instruccionales, ya que permiten la selección fundamentada de los significados cuya apropiación por los estudiantes se propone como objetivo educativo. Además, permiten elaborar las trayectorias epistémicas implicadas en la resolución de las tareas de aprendizaje y anticipar trayectorias cognitivas esperadas.

El EOS asume un paradigma de investigación complejo, basado en una aproximación holística y sistémica (Cohen *et al.*, 2007), al considerar necesario abordar problemas epistemológicos y ontológicos propios de la investigación básica, orientada a la comprensión de los fenómenos, y problemas de diseño instruccional (focalizados en la solución de problemas prácticos de la enseñanza y aprendizaje). También aborda la formación de profesores, reconociendo su papel fundamental en la implementación de cambios efectivos en la educación matemática mediante actividades de investigación-acción y de práctica reflexiva.

Para salvar la brecha existente entre la investigación científico-tecnológica y la práctica reflexiva, se ha elaborado la Teoría de la idoneidad didáctica, el módulo del EOS que aborda la problemática axiológica de identificación y estructuración de los valores y normas de acción para la optimización de los procesos educativos. Esta teoría sienta las bases de un programa de investigación orientado a la identificación de los juicios de valor implicados en cada faceta y componentes de un proceso educativo-instruccional y a la comparación y articulación de criterios propuestos por distintos marcos teóricos.

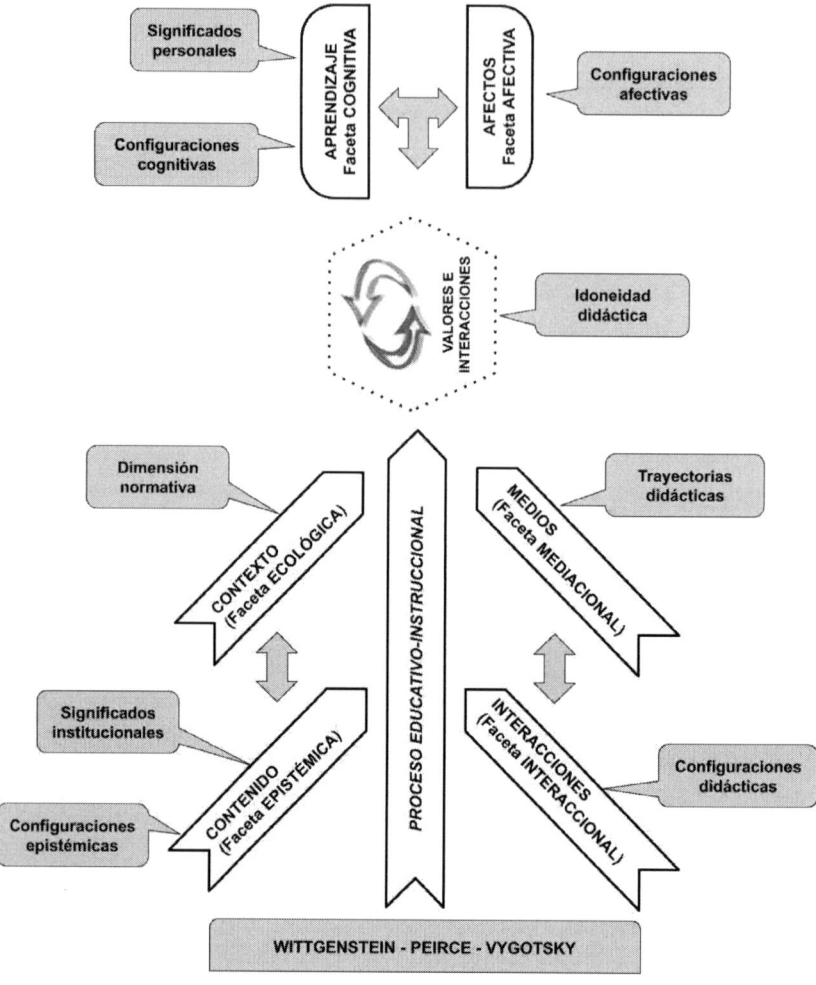

Figura 7.1. Herramientas del EOS y conexiones

7.2. Dilemas y conflictos en educación matemática abordados por el EOS

En el EOS concebimos la educación matemática como un sistema social complejo que conlleva la realización de las actividades relativas a los procesos educativos-instruccionales, de fundamentación, diseño/planificación, implementación, evaluación y desarrollo profesional docente. Así mismo, consideramos las teorías sobre educación matemática como sistemas de actividades (Godino *et al.*, 2024), en el sentido de la Teoría histórico-cultural de la actividad (CHAT) (Engeström, 1987; Roth y Lee, 2007), que tratan de dar respuestas a las cuestiones que son el objeto/motivo de las actividades parciales implicadas. La estructura de los sistemas de actividad propuesta por la CHAT lleva a estudiar la dimensión histórica-cultural y comunitaria de las teorías y el contexto ecológico-regulativo en que se trata de dar respuesta mediada con instrumentos a las cuestiones que constituyen su razón de ser. La noción de contradicción, en la que se pueden incluir los dilemas, tensiones o conflictos existentes entre los distintos elementos de la actividad (Núñez, 2009) o distintas actividades relacionadas, ayuda a explicar las razones para cambiar los sistemas y a identificar contradicciones no resueltas que deben ser abordadas con nuevos desarrollos.

La aplicación de la CHAT al análisis de la educación matemática en su conjunto y al de las teorías desarrolladas en su seno puede ayudar a comprender nuevos aspectos de su organización y desarrollo. Esta modelización de la educación matemática permite estructurar el sistema teórico del EOS con base en las cinco actividades parciales y resaltar las relaciones entre sus supuestos ontológicos y semióticos sobre la actividad matemática y el modelo educativo-instruccional coherente con los mismos. El uso del modelo triangular para los sistemas de actividad lleva a ampliar la mirada desde las teorías hacia el contexto histórico-cultural (comunitario) y el nicho ecológico (regulativo) en que se desarrollan. Así mismo, la idea de contradicción o dilema entre los componentes de un sistema o entre dos o más sistemas de actividad, permite reinterpretar las razones de la emergencia de algunas herramientas y supuestos del EOS (Godino *et al.*, 2024).

En la Figura 7.2 indicamos algunos dilemas que plantea el análisis de las teorías de educación matemática que son abordados por las teorías parciales del EOS. Concretamente, las tensiones entre las teorías que enfatizan la faceta epistémica o la cognitiva, la matemática vista como actividad de resolución de problemas o como sistema de objetos culturales, o entre los modelos didácticos centrados en el estudiante (constructivismo) o en el docente (objetivismo). Estos dilemas en los fundamentos de la educación matemática —revelados al comparar teorías como la TSD (Brousseau) y TAD (Chevallard) con la TCC (Vergnaud) y TRRS (Duval)— han motivado la introducción en el EOS de la dialéctica entre las dimensiones institucionales y personales, atribuida a las prácticas, significados y objetos matemáticos.

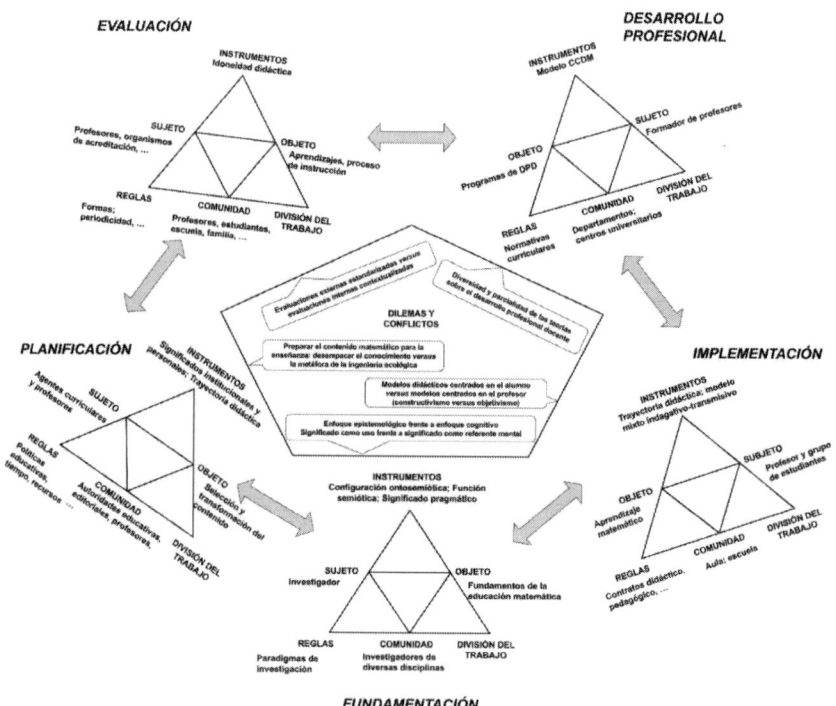

Figura 7.2. Dilemas, conflictos e interdependencias
entre sistemas de actividad (Godino *et al.*, 2024)

A los dilemas citados se suma la tensión entre teorías de significado referenciales (realistas) y operacionales (pragmáticas). En las teorías realistas, las expresiones lingüísticas tienen una relación de atribución con ciertas entidades (objetos, atributos, hechos). En las teorías pragmáticas, el significado de las expresiones lingüísticas depende del contexto en que se usan; igualmente, el significado de los objetos abstractos se debe inferir a partir del uso. Este dilema se aborda en el EOS con la consideración de los sistemas de prácticas como un objeto al cual se refieren los términos y expresiones conceptuales, junto con la noción de función semiótica (Godino *et al.*, 2021): el sistema de prácticas es el objeto consecuente o significado de los términos o simbolizaciones conceptuales, que participan como antecedentes o significantes de una función semiótica. La doble visión pragmatista-referencial de los significados permite compaginar la concepción de la matemática como actividad de resolución de problemas con la visión de la matemática como sistema de objetos culturales, considerando el objeto abstracto como la entidad unitaria regulativa de dicha actividad (Capítulo 2).

El EOS proporciona una respuesta al dilema entre las teorías pedagógicas que proponen los modelos didácticos centrados en el estudiante (constructivismo) o centrados en el profesor (objetivismo). Al tener en cuenta la complejidad de objetos y procesos implicados en la actividad matemática y postular la naturaleza regulativa de los conceptos, proposiciones y procedimientos matemáticos (Font *et al.*, 2013), se concluye que la optimización de la idoneidad didáctica requiere aplicar un modelo mixto que articule dialécticamente las interacciones entre profesor, estudiante y contenido. El modelo didáctico dialógico-colaborativo en los momentos de primer encuentro del estudiante con nuevos contenidos (Capítulo 4) es un instrumento en la actividad de implementación, derivado de la solución del dilema mencionado en la actividad de fundamentación.

Algunas teorías didácticas, como la Teoría de la Objetivación (Radford, 2014) defienden de manera general la aplicación de un modelo colaborativo, consistente en el trabajo conjunto de profesor y estudiantes, como preferible a las alternativas de tipo constructivista, o tradicionales centradas en el profesor. El modelo educativo-instruccional que propone el EOS es más abierto, al asumir que la optimización del aprendizaje se puede lograr con la articulación idónea de distintos tipos de configuraciones didácticas.

La idoneidad didáctica ayuda a clarificar y sopesar el papel de las evaluaciones externas estandarizas, al mostrar la complejidad de facetas y componentes que se deben tener en cuenta y el difícil equilibro de principios y valores que se deben compaginar para optimizar los procesos educativo-instruccionales. Tanto la evaluación sumativa, como formativa llevada a cabo por el profesor es esencial para ponderar la importancia relativa de cada aspecto según el contexto y las circunstancias de las personas implicadas.

Con relación a los dilemas que se plantean en la formación de profesores, indicamos, en la Figura 7.2, la diversidad y parcialidad de las teorías sobre el desarrollo profesional docente; podemos añadir la tensión entre la comprensión y dominio de conocimientos sobre la enseñanza y el aprendizaje y el desarrollo de competencias profesionales, esto es, la acción efectiva sobre la práctica. En el modelo de conocimientos y competencias didáctico-matemáticas (CCDM, Capítulo 6) se articula de manera coherente el desarrollo en los profesores de conocimientos sobre los diversas facetas y componentes implicadas en la instrucción matemática con las competencias profesionales.

7.3. Problemas y métodos de investigación desde la perspectiva del EOS[27]

La investigación en educación matemática ha evolucionado como consecuencia de cambios en los marcos teóricos que han predominado en cada momento, ya fuesen los enfoques de la psicología experimental, el constructivismo o los enfoques socioculturales. Durante la década de los 90, el foco de la investigación en educación matemática se desplazó en gran medida desde lo cognitivo a lo social: desde teorías que se centran en los procesos de pensamiento de los individuos a «teorías que ven el significado, el pensamiento, y el razonamiento como productos de la actividad social» (Lerman, 2000, p. 23).

---

[27] El contenido de esta sección está basado principalmente en Godino *et al.* (2021).

Estas tendencias han producido sesgos y parcialidades en los temas de investigación en educación matemática. Inglis y Foster (2018) concluyen que «la educación matemática se beneficiaría de una mayor interacción entre la investigación en psicología experimental e investigación sociocultural» (p. 494).

Los problemas de investigación se abordan asumiendo determinados principios y métodos específicos de los marcos teóricos desde los cuales se formulan dichos problemas e interpretan los resultados. Por tanto, es necesario reflexionar sobre la elección y las implicaciones del modelo conceptual que se emplea (aunque sea tácitamente). Como plantea Schoenfeld: «Por ejemplo, ¿qué fenómenos no se tienen en cuenta en esta perspectiva? ¿A cuáles se les da una importancia significativa? ¿Cómo pueden esos prejuicios teóricos configurar la interpretación de la situación?» (Schoenfeld, 2007, p. 80).

En esta sección mostramos cómo el sistema de herramientas del EOS permite formular preguntas de investigación que tienen en cuenta las dimensiones cognitiva y sociocultural y los componentes científico-teórico y tecnológico-práctico de la investigación educativa. La unidad básica del análisis didáctico para el EOS es el proceso educativo-instruccional, bien de matemáticas (aprendizaje de los estudiantes) o de didáctica de las matemáticas (formación de profesores). En ambos casos es necesario tener en cuenta seis facetas y sus interacciones: epistémica, ecológica, mediacional, interaccional, cognitiva y afectiva (Figura 7.1). Dichas facetas sirven como categorías primarias para clasificar los focos de atención del análisis y la intervención didáctica, siendo posible centrar la atención en aspectos particulares, sin perder de vista la globalidad del fenómeno educativo.

7.3.1. Clasificación de los problemas de investigación

Un primer criterio para la clasificación de los problemas es el contenido matemático sobre el que se centra la investigación, que puede ser Aritmética, Geometría, Medida, Álgebra, Estadística, Cálculo, etc. El nivel educativo (educación infantil, primaria, secundaria, universidad, formación de profesores, etc.) al que se refiere el proceso de instrucción es otro criterio que permite organizar las cuestiones de investigación. Además del contenido y el nivel educativo, el foco de la investigación puede ser uno o varios de los siguientes:

- Epistémico: se investiga el propio contenido matemático y las diferentes formas en que puede presentarse (más o menos formal, más o menos completo) en la actividad matemática.
- Ecológico: se centra en las relaciones del contenido matemático con otras disciplinas y los factores curriculares, socioprofesionales, políticos y económicos que condicionan los procesos de instrucción matemática.
- Mediacional: se analizan los recursos (tecnológicos, materiales y temporales) apropiados para potenciar el aprendizaje de los estudiantes.
- Interaccional: se estudian los roles del profesor y los estudiantes en la gestión de las tareas, la identificación y resolución de conflictos de aprendizaje y el tipo de interacciones que se puede establecer en el aula.
- Cognitivo: se investiga cómo lo estudiantes aprenden, razonan y entienden las matemáticas, sus estrategias en la resolución de problemas, qué dificultades o conflictos semióticos muestran en el proceso de instrucción y cómo progresan en su aprendizaje.
- Afectivo: se centra en los aspectos afectivos, emocionales y actitudinales de los estudiantes con relación a los objetos matemáticos y al proceso de instrucción implementado.

El análisis didáctico de los procesos de formación de profesores deberá tener en cuenta las seis facetas mencionadas referidas, en este caso, a los conocimientos didáctico-matemáticos, al desarrollo de las competencias profesionales y al estudio de los factores condicionantes de los mismos (Capítulo 6).

La clasificación de los problemas de investigación según su foco se puede complementar con la siguiente tipología, que viene caracterizada por su intencionalidad o finalidad con la cual se realiza:

- Descriptiva de significados, procesos y factores (¿Qué es...? ¿Cómo es...?).

- Explicativa de los procesos de enseñanza y aprendizaje y los efectos de los factores intervinientes (¿Por qué...? ¿Qué varia?).
- Predictiva o de implementación de acciones para el logro de un fin (¿Cómo diseñar o motivar...? ¿Qué pasa si cambio...?).
- Valorativa de la idoneidad de un proceso de instrucción o alguno de sus componentes (¿En qué medida es adecuado o idóneo...?).

Además, se pueden distinguir las investigaciones por su amplitud, según sean estudios de casos, muestras (que pueden ser probabilísticas o no), o censos (Cohen *et al.*, 2007).

La Figura 7.3 resume los criterios propuestos de clasificación de los problemas de investigación.

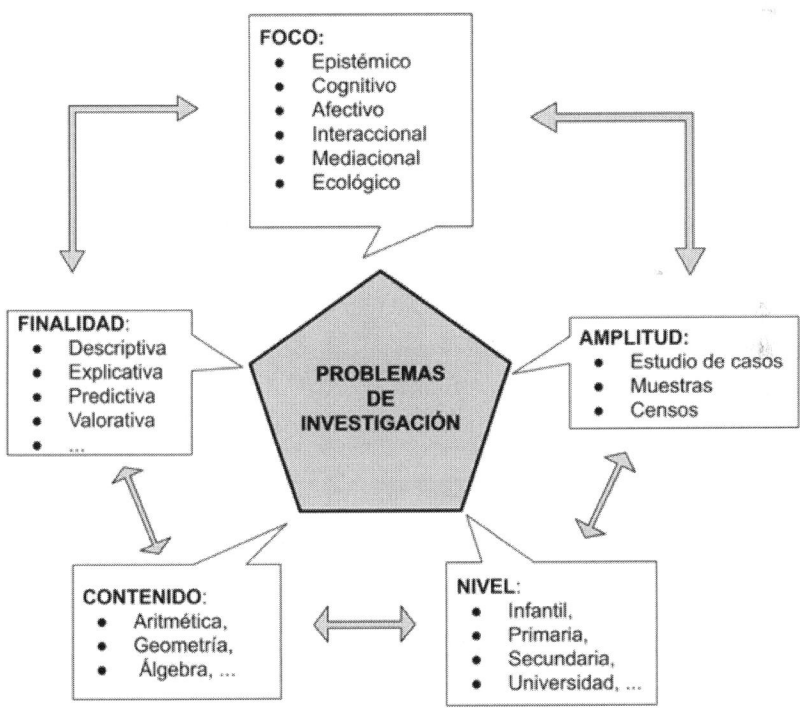

Figura 7.3. Clasificación de los problemas de investigación

Podemos definir problemas específicos fijando un contenido matemático, una faceta, una finalidad y un grado de generalidad o amplitud; pero también se pueden definir problemas abarcando varias de estas categorías o diferentes contenidos. Con el fin de garantizar la importancia o relevancia de la investigación que se realiza, en el proceso analítico de formulación de los problemas de investigación no se debería perder de vista la globalidad de las facetas, componentes y variables que intervienen en un proceso de instrucción matemática. Así, destacamos la investigación de diseño instruccional (Kelly *et al.*, 2014) como un tipo de investigación que tiene en cuenta las interacciones entre las distintas facetas y componentes. Este tipo de investigación tiene una finalidad predictiva, esto es, responde al esquema «Si aplicamos el tratamiento X en unas circunstancias determinadas entonces se obtienen los resultados Y». En principio, esta investigación está más próxima a las cuestiones y necesidades de la práctica docente, porque considera las diferentes facetas y componentes que intervienen en los procesos instruccionales. El supuesto en que se basa la realización de experimentaciones es que, en condiciones similares a las circunstancias de la experimentación, se obtendrán resultados similares a los de la misma. Esta potencial generalidad de los resultados puede ocurrir no solo en los estudios de tipo cuantitativo sino también en las descripciones ricas y densas de tipo antropológico, típicas de las ciencias humanas, donde es difícil implementar todos los requisitos de las investigaciones experimentales o cuasiexperimentales (Schoenfeld, 2007).

7.3.2. Enfoque metodológico

En educación matemática y otros campos de las ciencias sociales hay un fuerte interés por el empleo de métodos cualitativos de investigación, aunque esto no supone el olvido de los métodos cuantitativos, cuando se pretende proponer resultados más ampliamente generalizables. Se está reconociendo la complejidad de los problemas que se abordan en la investigación en ciencias sociales y la necesidad de adoptar una perspectiva pragmatista sobre el uso de metodologías mixtas que permitan comprender las actividades educativas en el contexto en que tienen lugar y al mismo tiempo aporten recomendaciones generalizables que apoyen la toma de decisiones educativas (Hart *et al.*, 2009). La perspectiva pragmatista acepta una amplia variedad de métodos que deben ser aplicados para abordar cuestiones de investigación complejas. En un mismo proyecto de investigación se puede aplicar métodos cualitativos y cuantitativos con una planificación cuidadosa y reconociendo la potencial contribución de cada aproximación (Johnson y Onwuegbuzie, 2004). Además, es importante tener en cuenta la interconexión que existe entre el enunciado de las preguntas y los métodos con los principios y herramientas conceptuales del marco teórico en que se plantea el proyecto de investigación. «Las metodologías son parte de los marcos teóricos usados en la investigación, y por tanto profundamente conectadas con los principios de la teoría y las cuestiones paradigmáticas» (Bikner-Ahsbahs *et al.*, 2015, p. 533).

El análisis ontosemiótico como técnica para determinar significados

La cuestión epistemológica, esto es, la descripción de cómo emerge y se desarrolla el conocimiento matemático, desde el punto de vista institucional, se investiga en el EOS según el siguiente principio metodológico:

> La génesis institucional del conocimiento matemático se investiga mediante: 1) la identificación y categorización de las situaciones-problemas que requieren una respuesta en la que intervenga el objeto, para lo cual, en ocasiones es también necesario un estudio histórico; 2) la descripción de las secuencias de prácticas que se ponen en juego en la resolución. (Godino *et al.*, 2019, p. 39)

Para estudiar la naturaleza de los objetos matemáticos y su conocimiento, se aplica la herramienta configuración ontosemiótica de prácticas, objetos y procesos, en sus versiones duales, epistémica (significados institucionales) y cognitiva (significados personales). El análisis ontosemiótico, esto es, la caracterización de los sistemas de prácticas, los objetos intervinientes en las mismas y de las funciones semióticas que se establecen da respuesta a los problemas ontológico y semiótico-cognitivo de la educación matemática, permitiendo describir los conocimientos institucionales y personales (Capítulos 2 y 3). A un nivel que podemos calificar de microscópico, permite identificar significados puestos en juego en una actividad matemática puntual, por ejemplo, el uso de términos y expresiones. A un nivel más general o macroscópico, ayuda a describir la estructura semiótica de una organización matemática compleja implementada en un proceso de estudio particular o por un estudiante al trabajar con una tarea o a lo largo de un proceso de instrucción (Burgos *et al.*, 2021; Font y Contreras, 2008). En ambos niveles, el análisis ontosemiótico permite identificar discordancias o disparidades entre los significados atribuidos a las expresiones por dos sujetos (personas o instituciones) en interacción didáctica. Estos conflictos semióticos pueden explicar, al menos parcialmente, las dificultades potenciales o efectivas de los alumnos en el proceso de instrucción e identificar las limitaciones de las competencias y comprensiones matemáticas puestas en juego. La información obtenida con este análisis es necesaria si se desea abordar con criterios rigurosos el diseño e implementación del proceso de instrucción y determinar los recursos materiales y de tiempo necesarios.

Herramientas metodológicas para analizar el problema educativo-instruccional

Para abordar el problema educativo-instruccional, esto es, la indagación sobre la enseñanza, el aprendizaje, cómo se relacionan entre sí, y la identificación de los factores condicionantes para su optimización, se han desarrollado en el EOS varias herramientas metodológicas específicas, en particular la noción de configuración didáctica (Capítulo 4). En toda configuración didáctica se diferencian tres componentes: a) una configuración epistémica (sistema de prácticas, objetos y procesos matemáticos institucionales requeridos en la tarea), b) una configuración instruccional (sistema de funciones docentes, discentes y medios instruccionales que se utilizan y sus interacciones) y c) una configuración cognitiva-afectiva (sistema de prácticas, objetos y procesos matemáticos personales que describe el aprendizaje y los componentes afectivos que le acompañan). La secuencia de configuraciones didácticas, o trayectoria didáctica, da cuenta de la articulación de las distintas configuraciones y su evolución temporal.

Respecto de la identificación de factores condicionantes de los procesos instruccionales, en el EOS se dispone de la herramienta metodológica, dimensión normativa. Se trata de tener en cuenta las normas, hábitos y convenciones, generalmente implícitos, que regulan el funcionamiento de la clase de matemáticas y que condicionan en mayor o menor medida los conocimientos que construyen los estudiantes. En cuanto a la optimización de los procesos instruccionales se ha desarrollado la herramienta metodológica de la idoneidad didáctica (Capítulo 5).

En Godino *et al.* (2014) se puede ver la aplicación de las diversas nociones teóricas del EOS para abordar el problema educativo-instruccional en su globalidad con una interpretación de la metodología de la ingeniería didáctica, entendida en el sentido generalizado que se describe en Godino *et al.* (2013).

Metodología para la evaluación de los conocimientos matemáticos

El problema de la evaluación de los conocimientos matemáticos es planteado por Wheeler (1993) desde su dimensión epistemológica:

> Si necesitamos evaluar el conocimiento matemático de los estudiantes para una multiplicidad de fines, la primera cuestión que debe dilucidarse se refiere a la naturaleza del propio conocimiento. La razón que da este autor nos parece obvia: «¿Cómo podemos evaluar lo que no conocemos?». (p. 87)

En el EOS esta problemática se corresponde con la caracterización de significados. Precisamente, una de las finalidades de la epistemología del conocimiento matemático que propone el EOS es proporcionar criterios para la elaboración de una teoría de su evaluación, que previamente necesita adoptar o elaborar una teoría sobre su naturaleza, variedad y estructura.

La determinación de los conocimientos personales precisa necesariamente de procesos de inferencia, a partir de los conjuntos de prácticas observadas en la situación de evaluación, cuya validez y fiabilidad hay que garantizar. La complejidad de este proceso se deduce del hecho de que, no solo existen interrelaciones entre los conocimientos referidos a diferentes objetos matemáticos, sino que, incluso para un objeto matemático dado, el conocimiento de un sujeto sobre el mismo, no puede reducirse a un estado dicotómico (conoce o no conoce) ni a un grado o porcentaje unidimensional (conoce X por ciento), lo que hace difícil aplicar a la evaluación de los conocimientos las teorías clásicas psicométricas de maestría de dominio o del rasgo latente (Snow y Lohman, 1991; Webb, 1992).

El carácter observable de las prácticas sociales permite, mediante un estudio fenomenológico y epistemológico adecuado, determinar el campo de problemas asociado y los significados institucionales para un objeto dado, concretados en las correspondientes configuraciones epistémicas. El análisis de las variables didácticas del campo de problemas proporciona un criterio para estructurar la población de las posibles tareas de las cuales debe extraerse una muestra representativa, si se quiere garantizar la validez de contenido del instrumento de evaluación. Estos dos elementos proporcionarán unos primeros puntos de referencia para diseñar las situaciones pertinentes para la evaluación de los conocimientos personales, y para el diseño de ingenierías didácticas adecuadas.

7.4. Uso del EOS como marco teórico de una investigación

Cada una de las teorías que componen el EOS permite abordar cuestiones específicas de investigación sobre aspectos parciales relevantes para la educación matemática. No obstante, el planteamiento y solución de problemas sustantivos de enseñanza y aprendizaje de un contenido matemático, cuando involucra los diversos factores implicados, requiere articular de manera sistemática las diversas teorías que componen el EOS.

Como ejemplo de uso del sistema teórico EOS para diseñar, implementar y evaluar procesos de enseñanza y aprendizaje de un contenido matemático específico, en esta sección describimos las preguntas de un proyecto de investigación sobre formación de profesores. Se trata de la tesis doctoral de Verón (2023) titulada «Modelo ontosemiótico del concepto de diferencial. Implicaciones para la formación de profesores de matemática».

El autor es profesor de matemáticas en un Instituto Superior de Formación Docente de Argentina, e imparte un Seminario de Didáctica de la Matemática en el cuarto año de la carrera de Profesorado de Educación Secundaria en Matemática. Los futuros profesores de matemáticas (FPM) tienen cursos de Análisis matemático en su plan de estudios y deben ser capacitados para enseñar los fundamentos del cálculo infinitesimal a estudiantes de bachillerato o carreras universitarias. Por su experiencia docente el autor sabe que el concepto de diferencial es difícil para los estudiantes y clave en el Cálculo. Al iniciar su formación como investigador se plantea como tema indagar sobre cómo debería formar a los futuros profesores a fin de capacitarles para una buena enseñanza del concepto de diferencial. Antes de abordar el problema propiamente educativo-instruccional, es necesario problematizar la naturaleza de la actividad matemática, los objetos emergentes y sus significados (Verón y Giacomone, 2021):

• ¿Qué es el concepto de diferencial? (problema ontológico).
• ¿Cuáles son los diferentes significados referidos como diferencial? (problema semiótico).

Para responder a estas cuestiones se aborda el estudio de documentos históricos y epistemológico sobre cálculo infinitesimal, con el foco centrado en el concepto de diferencial. De esa manera trata de identificar los tipos de problemas intramatemáticos y extramatemáticos en cuya solución interviene el objeto diferencial, es decir, de responder a las cuestiones:

• ¿Cuáles son los tipos de problemas y los sistemas de prácticas operativas y discursivas para resolverlos en las cuales interviene el concepto de diferencial?

- ¿Cuáles son los diversos significados pragmáticos del diferencial, qué elementos permiten distinguirlos en términos de generalidad y formalización, y cómo se articulan?

Se requiere también analizar la cognición matemática para caracterizar los tipos de significados personales de los estudiantes sobre el diferencial mediante un estudio de la bibliografía de educación matemática, respondiendo a la pregunta:

- ¿Cuáles son los tipos de significados personales (conocimientos, concepciones incorrectas) que tienen los estudiantes de Cálculo sobre el diferencial?

Con la información aportada al responder a estas cuestiones aborda de manera fundamentada el problema educativo-instruccional de desarrollar los conocimientos matemáticos y didáctico-matemáticos de los estudiantes sobre el objeto diferencial. Fijados los sujetos y el contexto educativo, en este caso, futuros profesores de matemáticas de secundaria, que ya han estudiado el diferencial en cursos de matemáticas, se plantea el problema de desarrollar, de manera articulada los conocimientos matemáticos, los conocimientos didáctico-matemáticos especializados y las competencias de análisis e intervención didáctica. Se requiere, por tanto, abordar cuestiones relativas al diseño didáctico, tanto para el aprendizaje de contenidos matemáticos como didáctico-matemáticos.

- ¿Qué significados parciales del diferencial se deberían seleccionar para que los FPM profundicen en el conocimiento común y ampliado de este objeto y sus relaciones con otros contenidos?
- ¿Qué problemas se podrían seleccionar para generar los significados parciales y sus interrelaciones?
- ¿Qué tipo de configuraciones didácticas serían idóneas para el estudio de los significados parciales seleccionados y los conocimientos didáctico-matemático especializados sobre concepto de diferencial?

Seguidamente, se requiere plantear cuestiones relacionadas con el desarrollo de competencias de análisis e intervención didáctica de los FPM. Se considera necesario que los FPM se familiaricen

412

con las herramientas de análisis que propone el EOS de la actividad matemática y didáctica para que puedan ellos mismos realizar la selección de problemas, la identificación de significados, la reconstrucción de las configuraciones de prácticas, objetos y procesos matemáticos.

- ¿Qué tipo de acciones formativas sería necesario y posible implementar en un programa de formación para desarrollar en los futuros docentes el conocimiento y la competencia para el análisis ontosemiótico de la actividad matemática implicada en el uso del diferencial?

- ¿Qué aspectos y criterios debería tener en cuenta un profesor para optimizar los procesos de enseñanza y aprendizaje del concepto de diferencial?

- ¿Qué tipo de acciones formativas sería necesario y posible implementar en un programa de formación para desarrollar en los futuros docentes el conocimiento y uso competente de la herramienta idoneidad didáctica para la reflexión sistemática sobre un proceso de estudio del diferencial?

En los diferentes capítulos de la tesis, Verón describe el diseño —incluyendo el análisis *a priori*— e implementación de las tareas formativas sobre el concepto de diferencial, adaptadas al contexto y los recursos temporales y tecnológicos disponibles planteándose finalmente las cuestiones relativas a la evaluación de la experiencia (Verón *et al.*, 2024):

- ¿Cuál es el grado de idoneidad didáctica del proceso formativo implementado en la formación inicial de profesores de matemática sobre el significado global del concepto de diferencial?

- ¿Qué cambios se deberían introducir en el diseño e implementación del proceso formativo para incrementar su idoneidad didáctica en una próxima implementación en la formación inicial de profesores de matemática?

7.5. Concordancias y complementariedades con otras teorías

En este apartado identificamos concordancias y complementariedades del EOS con otros marcos teóricos que abordan la problemática del diseño educativo-instruccional. Se trata de la Teoría de situaciones didácticas en matemáticas (TSD, Brousseau), la Teoría antropológica de la didáctica (TAD, Chevallard), Teoría de la matemática realista (EMR, Freudenthal), Teoría APOE (Dubinsky), Teoría cultural de la objetivación (TO, Radford) y el Programa Etnomatemático (D'Ambrosio). En cada una de ellas identificamos los supuestos y constructos que las caracterizan en las facetas indicadas en la Figura 7.1 y las concordancias y complementariedades con las propuestas por el EOS.

7.5.1. Teoría de situaciones didácticas

Principales elementos de la teoría

Faceta epistémica y ecológica

En el marco de la TSD, el saber a enseñar tiene una existencia cultural, preexistente y, en cierta forma, independiente de las personas e instituciones interesadas en su construcción y comunicación. El saber matemático se refiere a una forma especial de conocimiento institucionalizado, que habitualmente queda registrada de una forma axiomática que lo despersonaliza y descontextualiza. «Este saber cuyo texto existe ya, no es una producción directa del maestro, es un objeto cultural, citado o recitado» (Brousseau, 1986, p. 73). Generalmente, Brousseau utiliza el término «saber» ligado con el calificativo de «saber formal», «saber erudito», «saber teórico», «saber práctico», lo cual indica que se interpreta como algo externo o institucional, como elemento de referencia de la enseñanza y el aprendizaje. La transposición didáctica da cuenta de las adaptaciones de estos saberes para su estudio en el contexto escolar.

En la TSD el aprendizaje con sentido de las matemáticas es un objetivo fundamental.

El sentido del conocimiento matemático se define —no solo por el conjunto de situaciones en las que este conocimiento se realiza como teoría matemática (semántica en el sentido de Carnap)—, no solo por el conjunto de situaciones en las que el sujeto lo ha encontrado como medio de solución, sino también por el conjunto de concepciones, elecciones previas que rechaza, errores que evita, economías que proporciona, formulaciones que retoma, etc. (Brousseau, 1983, p. 170)

Faceta cognitiva y afectiva

Entre las nociones usadas en la TSD para referirse a los «conocimientos del sujeto», hallamos el uso de «representación», en el sentido de representación interna; en otras ocasiones Brousseau emplea la expresión «modelos implícitos» para dichos conocimientos y representaciones. Interpreta los modelos implícitos como «formas de conocimiento» que no funcionan de manera completamente independiente ni de manera completamente integrada para controlar las interacciones del sujeto. La noción de modelo es nuclear para describir los procedimientos de cálculo, los resultados de la formulación y los conocimientos puestos en juego por los estudiantes enfrentados a una situación dada. Así, se define:

- Modelo de acción: Procedimiento de cálculo que produce una estrategia (válida para todos los casos) o una táctica (específica para algunos casos concretos).
- Modelo explícito: Resultado de una situación de formulación y que puede ser planteado mediante signos y reglas, conocidos o nuevos.
- Modelo implícito: Representación simplificada de un conocimiento, suficiente para caracterizar los comportamientos observados en una situación dada.

La TSD es respetuosa con las aportaciones de la psicología en el estudio de los procesos de construcción de los conocimientos por parte del sujeto. Los conocimientos evolucionan según procesos complejos. Querer explicar esas evoluciones únicamente por las interacciones efectivas con el medio sería ciertamente un error, pues muy pronto los niños pueden interiorizar las situaciones que les interesen y operar con sus «representaciones internas», experiencias mentales muy importantes. Resuelven así los problemas de asimilación (aumento de esquemas ya adquiridos por agregación de hechos nuevos) o de acomodación (reorganización de esquemas para aprender preguntas nuevas o para resolver contradicciones). Para que el alumno «construya» el conocimiento, es necesario que se interese personalmente por la resolución del problema planteado en la situación didáctica. En este caso, se dice que se ha conseguido la *devolución* de la situación al alumno. «La devolución es el acto por el cual el profesor hace que el alumno acepte la responsabilidad de una situación (adidáctica) de aprendizaje o de un problema, y acepta las consecuencias de esta transferencia de responsabilidad» (Brousseau, 2002, p. 230). Se espera que, mediante la interacción con un medio apropiado, los estudiantes construyan el conocimiento progresivamente de manera colectiva, rechazando o adaptando sus estrategias iniciales si fuera necesario.

Faceta instruccional

En esta faceta encontramos el postulado constructivista Piagetiano y constructos tales como contrato didáctico, tipos de situaciones didácticas, obstáculos didácticos, fenómenos didácticos. El objetivo central de la TSD es investigar las condiciones que debe reunir la enseñanza para dar sentido al conocimiento matemático objetivo del aprendizaje. Su hipótesis básica es que el conocimiento construido o usado en una situación es definido por las restricciones de la misma. De esta forma, creando ciertas restricciones artificiales, el profesor es capaz de provocar que los estudiantes construyan un cierto tipo de conocimiento. Esta hipótesis está ciertamente más próxima al constructivismo que a las aproximaciones que se derivan de la noción Vygostskiana de zona de desarrollo próximo (Sierpinska y Lerman, 1996).

Un constructo básico de la TSD es el de *situación didáctica* definida como el conjunto de relaciones explícita y/o implícitamente establecidas entre un alumno o un grupo de alumnos, algún entorno (incluyendo instrumentos o materiales) y el profesor con un fin de permitir a los alumnos aprender —esto es, reconstruir— algún conocimiento. Las situaciones son específicas de cada conocimiento. La teoría del aprendizaje que asume la TSD es constructivista, dado que se interesa en determinar cómo los sujetos construyen y comunican los saberes matemáticos en la resolución de problemas. Los problemas se deben seleccionar de modo que permitan optimizar la dimensión adaptativa del aprendizaje y la autonomía de los estudiantes.

> El trabajo intelectual del alumno debe ser, en ciertos momentos, comparable a la actividad científica del matemático. Saber matemáticas, no es solamente aprender definiciones y teoremas, para reconocer el momento de utilizarlos y aplicarlos; sabemos que hacer matemáticas implica ocuparse de problemas. (. . .) Una buena reproducción por el alumno de una actividad científica exigiría que intervenga, que formule, que pruebe, que construya modelos, lenguajes, conceptos, teorías, que los intercambie con otros, que reconozca los que están conformes con la cultura, que tome los que le son útiles, etc. (Brousseau, 2002, p. 22)

En la TSD la génesis artificial de un concepto matemático tiene lugar como resultado de una secuencia de los siguientes tipos de situaciones o estados de un contrato didáctico:

- Situaciones centradas sobre la acción, donde los estudiantes hacen sus primeros intentos por resolver un problema propuesto por el profesor.
- Situaciones enfocadas en la comunicación, donde los estudiantes comunican los resultados de su trabajo a otros estudiantes y al profesor.
- Situaciones centradas sobre la validación, donde se deben usar argumentaciones teóricas más bien que empíricas.
- Situaciones de institucionalización, donde los resultados de las negociaciones y convenciones de las fases previas son resumidos, y la atención se centra sobre los hechos «importantes», los procedimientos, las ideas, y la terminología «oficial».

A partir de la fase de institucionalización, el significado de los términos ya no es un objeto de negociación, sino de corrección, por referencia a las definiciones, las notaciones, los teoremas, los procedimientos aceptados. Dentro de cada una de estas situaciones, hay un componente *adidáctico*, esto es, un espacio y tiempo donde la gestión de la situación cae enteramente por parte de los estudiantes. Se considera que esta es la parte más importante, ya que, de hecho, el fin último de la enseñanza es lo que Brousseau llama la *devolución* del problema a los estudiantes.

Interpretación desde el EOS

Nos parece fundamental el progreso dado por la teoría de situaciones al conectar genéticamente los conocimientos matemáticos con las situaciones-problema, pero pensamos que es insuficiente el análisis de los constituyentes del conocimiento, pues las situaciones son uno de los constituyentes, pero no el único. En la TSD hallamos propuestas, aunque implícitas, para progresar en la descomposición controlada del conocimiento. Si bien están las situaciones de acción —que son ocasión para el desarrollo y aplicación de técnicas matemáticas de solución de los problemas—, las situaciones de formulación-comunicación en la que intervienen de manera esencial los instrumentos lingüísticos, y las situaciones de validación, donde intervienen lo que podemos denominar objetos validativos (argumentaciones o demostraciones), los conceptos y teoremas deben ser reconocidos como constituyentes esenciales del componente discursivo del conocimiento, tanto en su versión personal (concepciones, conceptos y teoremas en acto) como institucional (conceptos y teoremas matemáticos).

La TSD es una epistemología experimental de las matemáticas, una teoría sobre las características que deben reunir las situaciones de enseñanza-aprendizaje para que el estudiante, de una manera autónoma, reconstruya, reinvente el conocimiento matemático mediante la resolución de problemas, especialmente elegidos por el docente. El supuesto epistemológico fundamental es que el conocimiento es una emergencia de la actividad de resolución de problemas, tanto desde el punto de vista profesional como educativo. Este postulado lo comparte plenamente con el EOS. Pero en la TSD no se modelizan los ingredientes de esa actividad, la diversidad de objetos que intervienen en la misma, a excepción del componente de los problemas cuya resolución da sentido al conocimiento. El moblaje del mundo matemático en la TSD es excesivamente austero, desde el punto de vista del EOS. La ontología y semiótica de las matemáticas, tanto desde el punto de vista de la cultura matemática profesional, como de la matemática educativa son limitadas, lo cual tiene consecuencia en la modelización de la cognición del sujeto y en el diseño, implementación y evaluación de los procesos educativo-instruccionales.

Podemos interpretar las características que la TSD atribuye al significado o sentido de un conocimiento/saber en términos del significado pragmático de un objeto que propone el EOS, esto es, como el sistema de prácticas operativas y discursivas en que ese saber (objeto, conocimiento) participa de manera relevante para responder a una clase de problemas. Está ausente en la TSD el reconocimiento explícito de la pluralidad de significados de un objeto (conocimiento), su relatividad al marco institucional, al sujeto y los contextos de uso. Desde nuestro punto de vista, la TSD, y la metodología de investigación descrita como ingeniería didáctica, no se conciben como una «teoría instruccional», sino que constituyen básicamente una epistemología experimental para la didáctica de la matemática. Así mismo, incorporan o asumen una teoría constructivista-piagetiana para el aprendizaje matemático y un enfoque positivista-experimental para la didáctica de las matemáticas, cuyo objetivo debe ser descubrir fenómenos didácticos y construir situaciones de enseñanza que necesariamente produzcan los aprendizajes pretendidos.

7.5.2. Teoría antropológica en didáctica de las matemáticas

Principales elementos de la teoría

Faceta epistémica y ecológica

La Teoría Antropológica en Didáctica de las matemáticas (TAD) que Chevallard y colaboradores vienen desarrollando (Chevallard, 1992; 1997; 1999) aporta elementos básicos de una epistemología de las matemáticas, que amplían y profundizan la teoría del conocimiento que sirve de base a la TSD. Las nociones de praxeología matemática, relación institucional y personal al objeto constituyen extensiones útiles de las nociones de conocimiento y saber de la TSD. Esta es la definición que da Chevallard (1999, p. 229) de praxeología:

> Alrededor de un tipo de tareas T se encuentra así, en principio, una tripleta formada por al menos una técnica, τ, por una tecnología de τ, θ, y por una teoría de θ, Θ. El total, indicado por $[T/\tau/\theta/\Theta]$, constituye una praxeología puntual, donde este último calificativo significa que se trata de una praxeología relativa a un único tipo de tareas, T. Una tal praxeología —u organización praxeológica— está pues constituida por un bloque práctico-técnico, $[T/\tau]$, y por un bloque tecnológico-teórico $[\theta/\Theta]$.

Las técnicas se describen como maneras de realizar las tareas. Una técnica no es necesariamente de naturaleza algorítmica o casi algorítmica; solo en casos poco frecuentes.

Tanto la TSD como la TAD comparten la visión de la matemática como actividad humana, orientada hacia la resolución de cierto tipo de tareas o cuestiones problemáticas al igual que ocurre con el EOS. En la TAD, hacer matemáticas consiste en activar una organización matemática, es decir, resolver determinados tipos de problemas con determinados tipos de técnicas (el saber hacer), de manera inteligible, justificada y razonada (mediante el correspondiente saber). La TAD resalta las cuestiones, frecuentemente codisciplinares, en cuya resolución intervienen sistemas praxeológicos diversos. La herramienta *escala de niveles de codeterminación* ayuda a focalizar la atención en los diferentes tipos de restricciones a que la acción didáctica está sometida, desde el nivel de civilización al nivel del tema matemático específico abordado (Chevallard, 2019).

Faceta cognitiva-afectiva

La TAD describe la dimensión cognitiva en términos de la relación personal al objeto, que agrupa todos los restantes conceptos propuestos desde la psicología (concepción, intuición, esquema, representación interna, etc.).

> Un objeto existe desde que una persona X o una institución I reconoce este objeto como un existente (para ella). Más precisamente, se dirá que el objeto O existe para X (resp., para I) si existe un objeto, que represento por R(X, O) |resp., R(O)|, al cual llamo relación personal de X a O (resp., relación institucional de I a O). (Chevallard, 1992, p. 9)

Esta noción no ha sido desarrollada, al postularse la caracterización de las praxeologías matemáticas y el estudio de las relaciones institucionales como previo y determinante. De hecho, la praxeología local representa la unidad mínima de análisis de los procesos didácticos (Bosch y Gascón, 2005). No hay ninguna cuestión de estructuras o modelos mentales en esta noción, sino una actitud (*rapport*), una «relación a» y un «funcionamiento con» respecto a lo que una institución define como conocimiento; se conoce o no, solo en relación con la opinión de una institución, no en un sentido absoluto (Arsac, 1992). Por tanto, no interesan los estudios de psicología del aprendizaje o del conocimiento, sino los análisis antropológicos sobre las instituciones.

Faceta instruccional

La Teoría de los momentos didácticos, complementada con la noción de Recorrido de Estudio e Investigación (REI), amplía y matiza los tipos de situaciones adidácticas propuestas en la TSD, aportando criterios para el diseño y gestión de los procesos instruccionales. El objetivo de un proceso de enseñanza-aprendizaje puede formularse en términos de los componentes de las organizaciones matemáticas (praxeologías matemáticas) que se quieren reconstruir: qué tipos de problemas hay que ser capaz de resolver, con qué tipos de técnicas, sobre la base de qué elementos descriptivos y justificativos, en qué marco teórico, etc.

La TAD propone un modelo del proceso de estudio de las matemáticas en términos de momentos didácticos (Chevallard, 1997). Los tipos de momentos didácticos esenciales en el proceso de estudio de una organización matemática son los siguientes: el momento del primer encuentro, exploratorio, del trabajo de la técnica, tecnológico-teórico, institucionalización y evaluación. El componente de diseño instruccional de la TAD se ha visto reforzado con la introducción de la noción de REI y el cambio de paradigma educativo que conlleva (Chevallard, 2009).

Se trata de situar como punto de partida de la acción didáctica el «cuestionamiento del mundo», esto es, se parte de cuestiones (situaciones-problemas) centrales para la matemática o pluridisciplinares, en lugar de comenzar por los saberes, considerados como «obras o monumentos» que «se visitan». En lugar de que los alumnos encuentren las obras matemáticas del programa a través de una multiplicidad de actividades de estudio e indagación, cada una de las cuales parte de una cuestión diferente y moviliza obras «auxiliares» diferentes, se investiga la manera de lograr un fuerte grado de integración, derivando todo un conjunto de cuestiones Q_i a partir de una cuestión «generatriz» Q^*. «De esta manera la cuestión Q^* requiere una indagación, la cual se concreta en un cierto recorrido de estudio e investigación» (Chevallard, 2009, p. 26).

Una cuestión clave es la generatividad de la cuestión Q^* de partida que deberá permitir generar cuestiones derivadas que amplían el rango de las praxeologías que pueden intervenir, y, por tanto, se pueden estudiar. El diseño de los REI debe ser tal que, (1) tengan una orientación matemática amplia y no estén centrados en un concepto o tópico aislado y específico; (2) el programa de un curso se puede estudiar a través de un número finito de «grandes cuestiones»: un REI aparece como un verdadero «recorrido de descubrimiento», como un «programa de estudio y de investigación».

Interpretación desde el EOS

Desde el punto de vista del EOS, los planteamientos teóricos de la TAD tienen algunas limitaciones para fundamentar la investigación en didáctica de la matemática. Resaltamos las siguientes:

- El énfasis epistemológico y antipsicológico, a causa del cual no se concede espacio a la explicación psicológica de algunos fenómenos didácticos, limita el uso del punto de vista antropológico en el estudio de los procesos educativo-instruccionales.
- Parece limitado el hecho de querer reconducir todo hacia la institución, sin valorar y estudiar al individuo. En nuestra opinión, el complejo fenómeno del aprendizaje de la matemática no es del todo explicable en términos de la adhesión a cierta institución.
- La TAD ofrece herramientas teóricas potentes para estudiar las organizaciones matemáticas, su relación ecológica y las restricciones institucionales que condicionan su evolución y desarrollo. Sin embargo, la identificación sujeto-institución le impide poder dar cuenta de las condiciones bajo las cuales ocurre el aprendizaje.

El nivel de análisis de las organizaciones matemáticas que permie la TAD en términos del cuarteto —tareas, técnicas, tecnologías y teorías— no profundiza en la complejidad ontosemiótica de esas organizaciones. La explicitación del sistema de reglas conceptuales, proposicionales y argumentativas en el bloque tecnológico-teórico que propone el EOS permite reconocer la complejidad de los procesos de representación e interpretación, y las capacidades necesarias para que los estudiantes comprendan y sigan esas reglas. La investigación didáctica debe centrar su atención no solo en la ecología de las organizaciones matemáticas, sino también en los fenómenos cognitivos-afectivos que las acompañan, lo cual puede ser un factor explicativo de las dificultades de aprendizaje y permitir identificar los recursos didácticos necesarios para su logro.

7.5.3. Educación matemática realista

La Educación Matemática Realista (EMR) está basada en gran medida en las reflexiones y propuestas de Freudenthal (1973; 1983; 1991) sobre las matemáticas y su aprendizaje. Aunque surgió en Holanda inicialmente en el IOWO y fue desarrollada en el Instituto Freudenthal (Universidad de Utrech), la EMR ha expandido su impacto en diferentes países de todo el mundo (Phan *et al.*, 2022). Se presenta como una teoría innovadora de la instrucción, específica para el dominio de las matemáticas, siendo uno de sus rasgos característicos el dar una posición prominente en el proceso de aprendizaje al uso de situaciones «realistas». Estas situaciones sirven como fuente para iniciar el desarrollo de conceptos, herramientas y procedimientos matemáticos y como contexto en el que los alumnos pueden, en una etapa posterior, aplicar sus conocimientos matemáticos, que luego se hacen gradualmente más formales y generales y menos específicos del contexto (Van den Heuvel-Panhuizen y Drijvers, 2014, p. 521).

Principales elementos de la teoría

Facetas epistémica y ecológica

Freudenthal consideró las matemáticas como una actividad humana que, por tanto, deberían ser aprendidas no como un sistema cerrado, sino como de matematización de la realidad. Matematizar no solo es axiomatizar, formalizar, esquematizar, sino toda actividad organizadora del matemático, que puede referir al contenido o a la expresión matemática, incluso realizada en la experiencia más ingenua, intuitiva o vivida y ser expresada en lenguaje cotidiano.

Para Freudenthal (1983), los conceptos, estructuras e ideas matemáticas sirven para organizar los fenómenos tanto del mundo real como de las matemáticas. Por medio de las figuras geométricas, como triángulo, paralelogramo, rombo o cuadrado, se organiza el mundo de los fenómenos de los contornos; los números organizan el fenómeno de la cantidad. En un nivel superior el fenómeno de la figura geométrica se organiza mediante las construcciones y demostraciones geométricas; el fenómeno número se organiza mediante el sistema decimal.

La fenomenología de un concepto, estructura o idea matemáticos significa, en la terminología de Freudenthal, describir este constructo (noumenon) en su relación con los fenómenos (*phainomena*) que permite organizar. Si en esta relación entre *noumenon* (constructo) y *phainomenon* (fenómeno) se subraya el elemento didáctico, esto es, si se presta atención a cómo se adquiere tal relación en un proceso de enseñanza-aprendizaje, se habla de la fenomenología didáctica de ese noumenon.

Como un elemento relacionado con la faceta ecológica del conocimiento matemático encontramos el *principio de entrelazamiento* (Van den Heuvel-Panhuizen, 1996), mediante el cual se asume que los dominios de contenido matemático, como el número, la geometría, la medida y el tratamiento de datos, no son capítulos aislados del plan de estudios, sino que están fuertemente integrados. A los estudiantes se les ofrecen problemas ricos en los que pueden utilizar diversas herramientas y conocimientos matemáticos. Este principio también se aplica dentro de los dominios. Por ejemplo, dentro del dominio del sentido numérico, la aritmética mental, la estimación y los algoritmos se enseñan en estrecha conexión.

Facetas cognitiva y afectiva

Para Freudenthal un concepto matemático (número, grupo, etc.) es entendido como un objeto cultural, fijado mediante definiciones y propiedades, descontextualizadas y despersonalizadas. Propone que el aprendizaje debería tener lugar a través de la resolución de problemas pertenecientes a la esfera de «realidad» del sujeto, no a partir de la «adquisición del concepto», entendido de manera más o menos formal en la cultura matemática. A través de la fenomenología el sujeto no adquiere el concepto, sino que va formando un objeto mental mediante el cual interpreta y comprende los fenómenos para los cuales el objeto matemático (número, función) es un medio de organización.

Leibniz y John Bernoulli utilizaron la palabra «función» para algo que no era más que un objeto mental, y solo con la primera aparición de un símbolo de letra para una función en los trabajos de D'Alembert y Euler se allanó el camino para el concepto de función. La distancia entre objeto mental y concepto dependerá del tema tratado, pero aún más del individuo y de su situación particular. (Freudenthal,1991, p. 19)

Rechaza las concretizaciones de los conceptos como medio para el aprendizaje, al considerarlas como usualmente falsas, demasiado bastas para reflejar los rasgos esenciales de los conceptos, incluso si, mediante una variedad de «materiales concretos», uno desea dar cuenta de más de una faceta. Didácticamente esto significa poner el carro delante del caballo: enseñar abstracciones haciéndolas concretas. Lo que una fenomenología didáctica puede hacer es preparar el enfoque contrario: empezar por los fenómenos que solicitan ser organizados y, desde tal punto de partida, enseñar al estudiante a manipular esos medios de organización. En la fenomenología didáctica de la longitud, números, etc., los fenómenos organizados por longitud, número, etc., se muestran lo más ampliamente posible. Para enseñar grupos, en vez de empezar por el concepto de grupo y andar buscando materiales que hagan concreto ese concepto, se debería buscar primero fenómenos que pudieran compeler al estudiante a constituir el objeto mental que está siendo matematizado por el concepto de grupo. Si en una edad dada dichos fenómenos no están a disposición de los alumnos, uno abandona el intento —inútil— de inculcar el concepto de grupo. Para este enfoque contrario, Freudenthal evita el término adquisición de concepto. En su lugar habla de la constitución de los objetos mentales, lo que, desde su punto de vista, precede a la adquisición de conceptos, y puede ser altamente efectivo, incluso si no le sigue la adquisición de conceptos.

Dentro de la faceta cognitiva se asume el *principio de nivel* mediante el cual se subraya que el aprendizaje de las matemáticas implica que los alumnos pasen por varios niveles de comprensión: desde las soluciones informales relacionadas con el contexto, pasando por la creación de varios niveles de atajos y esquematizaciones, hasta la adquisición de conocimientos sobre cómo se relacionan los conceptos y las estrategias. En particular, para la enseñanza de las operaciones con números, este principio de nivel se refleja en el método didáctico de «esquematización progresiva», tal y como fue sugerido por Treffers (1987) y en el que los métodos transparentes de cálculo con números enteros evolucionan gradualmente hacia algoritmos basados en dígitos.

Faceta instruccional

El componente instruccional de la EMR se refleja en los principios de actividad, realidad, interactividad y de orientación (Van den Heuvel-Panhuizen, 1996):

- Principio de actividad: Significa que los estudiantes son tratados como participantes activos en el proceso de aprendizaje. También hace hincapié en que las matemáticas se aprenden mejor haciendo matemáticas, lo que se refleja fuertemente en la interpretación de Freudenthal de las matemáticas como actividad humana, y su idea de matematización.
- Principio de realidad: Expresa la importancia de desarrollar en los estudiantes la capacidad para aplicar las matemáticas en la resolución de problemas de la «vida real». Significa que la educación matemática debe partir de situaciones problemáticas que sean significativas para los alumnos, lo que les ofrece la oportunidad de atribuir un significado a las construcciones matemáticas que desarrollan mientras resuelven los problemas. En lugar de comenzar con la enseñanza de abstracciones o definiciones que se aplicarán más tarde, en la RME la enseñanza comienza con problemas en contextos ricos que requieren una organización matemática o, en otras palabras, que pueden ser matematizados y ponen a los alumnos en la pista de estrategias de solución informales relacionadas con el contexto como primer paso en el proceso de aprendizaje.
- Principio de interactividad: El aprendizaje de las matemáticas no es solo una actividad individual, sino también una actividad social. Se favorecen los debates en toda la clase y el trabajo en

grupo, que ofrecen a los estudiantes la oportunidad de compartir sus estrategias e invenciones con los demás. De este modo, los estudiantes pueden obtener ideas para mejorar sus estrategias. Además, la interacción suscita la reflexión, lo que permite a los estudiantes alcanzar un mayor nivel de comprensión.

- Principio de orientación: Se refiere a la «reinvención guiada» de las matemáticas. Los profesores deben tener un papel proactivo en el aprendizaje de los alumnos y que los programas educativos deben contener escenarios que tengan el potencial de funcionar como palanca para alcanzar cambios en la comprensión de los alumnos. Para ello, la enseñanza y los programas deben basarse en trayectorias de enseñanza-aprendizaje coherentes a largo plazo.

Interpretación desde el EOS

La consideración de la matemática como una actividad humana, y el papel central de la resolución de problemas internos o externos, incluso de la vida cotidiana, en su desarrollo, concuerda con los enfoques de tipo antropológico en filosofía de las matemáticas, y, por tanto, con el EOS. La EMR asume que los conceptos y estructuras matemáticas sirven para organizar los fenómenos, tanto del mundo real como de la propia matemática, por lo que podemos inferir que la matemática, además de una actividad es un sistema de objetos con una realidad externa al sujeto. Esta es otra concordancia con los presupuestos ontológicos del EOS. Pero no encontramos en la EMR una posición clara y explícita sobre la naturaleza y diversidad de objetos matemáticos y la atribución de una pluralidad de significados. Entendemos que la matemática institucional se concibe en la EMR de una manera formal, abstracta, axiomática, descontextualizada, despersonalizada, despojada de cualquier connotación sensorial. Para el EOS hay también unas matemáticas aplicadas y unas matemáticas escolares que no tienen esas características y que pueden servir de referencia para orientar los procesos educativos-instruccionales.

Las relaciones de las matemáticas con el mundo real, y su emergencia a partir de la resolución de problemas, mediada por artefactos materiales y lingüísticos, es un postulado básico de la visión holística, plural y ecológica del EOS, que concuerda con el principio de entrelazamiento de la EMR. Los análisis fenomenológicos de los conceptos y estructuras matemáticas que hace Freudenthal son sin duda muy ricos, pero la herramienta configuración ontosemiótica de prácticas, objetos y procesos puede complementarlos y ayudar a comprender los conflictos en el aprendizaje.

Freudenthal propone que el aprendizaje debe orientarse hacia la constitución de objetos mentales y no hacia la adquisición de conceptos. De ahí inferimos que asume una noción de concepto matemático como un objeto cultural, abstracto, formal, descontextualizado, mientras que el objeto mental refleja el estado cognitivo del sujeto cuando aborda la resolución de problemas realistas. Considera que la constitución de objetos mentales debe ser previa a la adquisición de los conceptos. Estas distinciones las podemos relacionar con la dualidad personal e institucional de las prácticas, objetos y procesos que propone el EOS. Los constructos configuración cognitiva y configuración epistémica pueden ayudar a describir los procesos de constitución de los objetos mentales (personales) y su relación con los institucionales, que tienen una diversidad de significados, no solo los formales que enfatiza Freudenthal.

El principio de nivel en el aprendizaje matemático de la EMR reconoce que los estudiantes pasan por diferentes niveles de comprensión de los objetos matemáticos. Esto es concordante con el reconocimiento de la diversidad de significados institucionales, con mayor o menor grado de formalización. Estos se tienen en cuenta en el diseño de los procesos educativo-instruccionales y, por tanto, en el aprendizaje de los estudiantes.

Los principios de la EMR de actividad, realidad e interactividad para el diseño de procesos instruccionales son compatibles con el correspondiente modelo ontosemiótico del EOS. También es asumible, en una primera aproximación, el principio de orientación o reinvención guiada mediante el cual se reconoce un papel proactivo al profesor en el aprendizaje. Sin embargo, las herramientas configuración y trayectoria didáctica, apoyadas en el modelo ontosemiótico del conocimiento matemático, aportan elementos de análisis detallados de las actividades de enseñanza y aprendizaje. El reconocimiento de la complejidad ontosemiótica de los objetos de aprendizaje lleva a proponer que los momentos de primer encuentro de los estudiantes con un objeto nuevo pueden requerir la implementación de un tipo de configuración didáctica diferente a cuando se trata de momentos de ejercitación o aplicación (Capítulo 4). Así mismo, la asunción por el EOS de supuestos antropológicos y convencionalista sobre los objetos matemáticos regulativos (definiciones, proposiciones, procedimientos) lleva a matizar los supuestos de tipo constructivista del aprendizaje, como es en cierto modo la idea de reinvención del conocimiento por parte de los estudiantes.

7.5.4. Teoría APOE

APOE (acrónimo de los términos Acción, Proceso, Objeto y Esquema) es una teoría con una orientación cognitiva hacia los problemas de educación matemática, que propone modelos para indagar los tipos de construcciones mentales que puede realizar un estudiante mientras aprende los conceptos matemáticos (Arnon et al., 2014). Sirve como marco evaluativo, ya que se observa a los individuos en situaciones problemáticas en las que el investigador intenta describir su nivel de comprensión y las estructuras mentales que intervienen en su aprendizaje del concepto. También aporta herramientas para diseñar actividades y entornos pedagógicos que promueven el desarrollo del aprendizaje con un enfoque social, al considerar que el aprendizaje se favorece con patrones de interacción de tipo cooperativo. Las principales ideas fueron introducidas inicialmente en Dubinsky (1984), aunque el acrónimo APOE (APOS en inglés) fue introducido en Cottrill et al. (1996).

Principales elementos de la teoría

Facetas cognitiva y afectiva

El principio básico de la teoría APOE es que la comprensión de un individuo de un tópico matemático se desarrolla mediante la reflexión sobre problemas y sus soluciones en un contexto social y mediante la construcción de ciertas estructuras mentales organizadas en esquemas para usarlas en la resolución de nuevas situaciones. Partiendo del concepto de abstracción reflexiva «trata de elaborar un marco teórico que se pueda usar, en principio para describir cualquier concepto matemático junto con su adquisición» (Dubinsky, 1991, p. 97). La abstracción reflexiva se concibe como la construcción de objetos mentales y de acciones mentales sobre tales objetos. En el desarrollo del pensamiento lógico-matemático se distinguen cinco tipos de acciones: interiorización, coordinación, encapsulación, generalización y reversión.

La noción de esquema se adopta e interpreta como una colección más o menos coherente de objetos y procesos. «La tendencia de un sujeto a invocar un esquema con el fin de comprender, tratar con, organizar o dar sentido a una situación problema dada es su conocimiento de un concepto matemático particular» (Dubinsky, 1991, p. 103). Existen esquemas para situaciones que implican números, aritmética, funciones, proposiciones, cuantificadores, demostración por inducción, etc. Estos esquemas deben estar interrelacionados en una organización compleja más amplia. Uno de los fines de la teoría APOE es aislar pequeñas porciones de esta estructura compleja y dar descripciones explícitas de las posibles relaciones entre esquemas. Esta descripción de relaciones entre esquemas relativos a un concepto es la descomposición genética de dicho concepto. Se interpreta como una descripción de las construcciones mentales específicas que un estudiante pone en juego al desarrollar su comprensión del concepto matemático.

Faceta instruccional

APOE ha desarrollado un modelo de enseñanza de las matemáticas basado en la teoría de la cognición previamente elaborada y que denomina el ciclo ACE (Activities, *Classroom discussions, Exercises*), formado por tres componentes: (A) Actividades; (C) Discusión en clase; y (E) Ejercicios (Arnon *et al.*, 2014). APOE ha elaborado también un modelo de investigación de diseño curricular/instruccional que se puede relacionar con las investigaciones de ingeniería didáctica o diseño educativo. El modelo distingue tres componentes interrelacionados: análisis teórico, diseño e implementación de la instrucción, y recogida y análisis de datos. La investigación comienza con un análisis teórico de la cognición del concepto matemático considerado, dando lugar a una descomposición genética preliminar del mismo. Esta sirve de base para el diseño de actividades destinadas a fomentar las construcciones mentales que exige el análisis. Diversas estrategias pedagógicas, como el aprendizaje cooperativo, la resolución de problemas en pequeños grupos e incluso algunas clases magistrales, pueden resultar muy eficaces para ayudar a los alumnos a aprender las matemáticas. Finalmente, se procede a la recogida y análisis de datos realizado aplicando la lente teórica de APOE sobre la cognición matemática. El análisis se centra en determinar si los estudiantes hicieron las construcciones mentales previstas y en revisar la descomposición genética inicial y las actividades en el caso que de la respuesta sea negativa, iniciándose un nuevo ciclo de investigación (Arnon *et al.*, 2014).

Interpretación desde el EOS

Aunque se usa un lenguaje mentalista, la información con la que se elabora una descomposición genética del concepto (DGC) está constituida por las prácticas (manifestaciones, conductas) operativas y discursivas de los sujetos, bien sea un sujeto epistémico ideal (concretado en el investigador que elabora unas soluciones previstas de las tareas), o sujetos concretos a los cuales se les ha planteado las tareas. Mediante el análisis de las respuestas de los sujetos se puede concluir que la DGC era inadecuada llevando a su reelaboración y nueva experimentación. APOE asume una visión conceptualista de las matemáticas y mentalista/cognitivista del aprendizaje matemático. No obstante, su punto de partida es la teoría Piagetiana en la que la actividad del sujeto resolviendo problemas es clave para la génesis del conocimiento. La abstracción reflexiva y los mecanismos de asimilación y acomodación son la base del modelo.

La mirada cognitivista de APOE sobre los conceptos matemáticos puede ser enriquecida con el enfoque histórico-cultural, institucional. Esta mirada lleva a reconocer que cada concepto tiene diversos significados parciales articulados en mayor o menor grado de formalización y generalidad, y que cada significado parcial conlleva una variedad del objeto, cuyo aprendizaje debe ser motivo de atención. La DGC, por ejemplo, del concepto de función, derivada, fracción, etc., debe hacerse para cada variedad de dicho objeto. Además, cada significado conlleva una configuración de prácticas, procesos, objetos, y en consecuencia esquemas, específicos que deben ser construidos y articulados. Es decir, EOS aporta una mirada más compleja sobre la naturaleza del conocimiento, la comprensión y competencia matemática, requiriendo identificar tramas de funciones semióticas referenciales y operacionales, allí donde APOE ve acciones, procesos, objetos y esquemas asociados a un concepto.

En la base del EOS está la problematización ontológica y semiótica de los conceptos matemáticos desde el punto de vista institucional, esto es, histórico-cultural. La cognición matemática desde el punto de vista personal se corresponde con la cognición institucional. Desde el punto de vista del diseño educativo-instruccional, el modelo onto-semiótico lleva a indagar, como primer paso, la reconstrucción de un significado de referencia donde se articulen los diversos significados parciales o sentidos del contenido pretendido y las configuraciones ontosemióticas asociadas. Estas herramientas amplían la visión de las descomposiciones genéticas de los conceptos.

7.5.5. Teoría de la objetivación

Radford (2008; 2014) ha desarrollado la Teoría de la objetivación (TO), que se inspira en las escuelas antropológicas e histórico-culturales del conocimiento. Se apoya en una epistemología y una ontología no racionalistas que dan lugar, por un lado, a una concepción antropológica del pensamiento y, por el otro, a una concepción esencialmente social del aprendizaje. Asume dos principios:

1. La dimensión psicológica debe ser objeto de estudio de la didáctica de la matemática.

2. Los significados que circulan en el aula no pueden ser confinados a la dimensión interactiva que ocurre en la misma, sino que tienen que ser conceptualizados en su dimensión histórico cultural. El aprendizaje es visto como actividad social arraigada en una tradición cultural que la antecede.

Principales elementos de la teoría

Facetas epistémica y ecológica

Los principios epistemológicos sobre el conocimiento matemático y su aprendizaje que caracterizan la TO concuerdan con los asumidos por las aproximaciones socioculturales. Radford (2018, p. 4066-7) los formula de la siguiente manera:

> p1: el conocimiento es históricamente generado durante el curso de la actividad matemática de los individuos.

> p2: la producción del conocimiento no responde a un pilotaje adaptativo, sino que está inmerso en formas culturales de pensamiento imbricadas con una realidad simbólica y material que proporciona la base para interpretar, comprender y transformar el mundo de los individuos y los conceptos e ideas que se forman de ellas.

Introduce como constructo de orden ontológico, los objetos matemáticos, definidos como patrones fijos de actividad reflexiva incrustados en el mundo constantemente en cambio de la práctica social mediatizada por los artefactos. Esto supone separarse de las ontologías platonistas y realistas y sus correspondientes concepciones de los objetos matemáticos como objetos eternos que preceden a la actividad de los individuos. Así mismo, introduce un constructo de orden semiótico-cognitivo, el de *objetivación* o toma de conciencia subjetiva del objeto cultural. El aprendizaje se define como proceso social de objetivación de los patrones externos de acción fijos en la cultura que constituyen los objetos matemáticos.

Facetas cognitiva y afectiva

Asume un concepto de pensamiento en términos no mentalistas. El pensamiento es, sobre todo, una reflexión activa sobre el mundo, mediatizada por artefactos, el cuerpo (a través de la percepción, gestos, movimientos, etc.), el lenguaje, los signos, etc. El conocer, como proceso (*knowing*) es la toma de conciencia en el curso de un proceso social, emocional y sensible; es un proceso mediatizado por la cultura material (signos, artefactos, lenguaje, etc.), los sentidos y el cuerpo (a través de gestos, acciones kinestésicas, etc.). El sujeto que participa en la objetivación es un sujeto concreto y no el sujeto epistémico abstracto de otras teorías (como la de Piaget y la Teoría de situaciones didácticas). Es un sujeto que siente, goza y sufre. El proceso de subjetivación lo define Radford en los siguientes términos:

> La subjetivación consiste en aquellos procesos mediante los cuales los sujetos toman posición en las prácticas culturales y se forman en tanto que sujetos culturales históricos únicos. La subjetivación es el proceso histórico de creación del yo. (Radford, 2014, p. 142)

El sujeto se constituye como tal a través de sus acciones, reflexiones, gozos, sufrimientos, etc. Pero, por otro lado, las acciones a través de las cuales el sujeto se constituye están inmersas en formas de acción y de relación hacia otros que son culturales e históricas.

Faceta instruccional

El aprendizaje es visto como la actividad a través de la cual los individuos entran en relación, no solamente con el mundo de los objetos culturales (plano sujeto-objeto), sino con otros individuos (plano sujeto-sujeto o plano de la interacción) y adquieren, en el seguimiento común del objetivo y en el uso social de signos y artefactos, la experiencia humana (Leontiev, 1993). La enseñanza y el aprendizaje no producen solamente saberes; también subjetividades. Como consecuencia, deberíamos hacer un esfuerzo para entender las producciones de saberes y subjetividades en el aula y promover aquellas formas de acción pedagógica que pueden llevar a una enseñanza y aprendizaje significativo. El «Aprendizaje y enseñanza significativos» hace referencia a aquellas formas pedagógicas de acción que conllevan:

1. Una comprensión profunda de los conceptos matemáticos.
2. La creación de un espacio político y social dentro del cual puedan desarrollarse subjetividades reflexivas, solidarias y responsables.

El principio esencial de la teoría de la objetivación en la dimensión educativa-instruccional, es la idea de labor o trabajo —en el sentido de Hegel, Marx, Leont'ev y el materialismo dialéctico—. Es a través de la labor o trabajo que los individuos se desarrollan y se transforman continuamente, encontrando en el mismo los sistemas de ideas de la cultura: sistemas de ideas científicas, legales, artísticas, etc. Es también a través de la labor que encontramos formas culturales de ser. En este marco, la enseñanza y aprendizaje no son dos procesos distintos, sino una labor conjunta en el sentido hegeliano. No son dos actividades separadas, una llevada a cabo por un profesor que guía al alumno, la otra por un alumno que hace las cosas por sí y para sí mismo, sino una sola e inseparable actividad.

Esta teoría adopta el sentido Hegeliano de objetivación: algo que está allí y que aparece frente al sujeto, y se presenta, en consecuencia, como una teoría fenomenológica. La objetivación es el proceso social, corpóreo y simbólicamente mediado de toma de conciencia y discernimiento crítico de formas de expresión, acción y reflexión constituidas histórica y culturalmente (Radford, 2014, p. 141).

Interpretación desde el EOS

El modelo epistemológico propuesto por el EOS es concordante, en líneas generales, con el correspondiente a la TO. Ambas teorías comparten supuestos antropológicos similares sobre la actividad matemática y los procesos y productos socioculturales emergentes. El EOS, no obstante, incorpora en su concepción de las matemáticas, de manera explícita, los elementos básicos del giro lingüístico introducido por Wittgenstein en la filosofía de las matemáticas y los aportes de la semiótica Peirceana, para describir y explicar la comunicación e interpretación matemática.

Tanto la TO como el EOS asumen los principios epistemológicos y ontológicos sobre el conocimiento matemático y su aprendizaje, característicos de las aproximaciones socioculturales. El EOS comparte una posición antropológica similar sobre la naturaleza de la matemática y los objetos emergentes de la misma, pero adopta una perspectiva más amplia del objeto matemático, sus tipos, naturaleza y funciones. Parece que en la TO cuando se habla de objeto matemático se está pensando en objetos conceptuales, para los cuales en el EOS se tiene una doble conceptualización:

- Desde una perspectiva unitaria, como reglas gramaticales en el sentido de Wittgenstein (conceptos-definición).
- En un sentido sistémico, como configuración de prácticas operativas, discursivas y normativas, junto con la trama de otros objetos y procesos relacionados (configuración ontosemiótica).

La herramienta configuración ontosemiótica (en su doble versión, epistémica y cognitiva) permite hacer un análisis detallado de la actividad matemática y los objetos implicados, que no se reducen a los objetos conceptuales o abstractos. El reconocimiento de la trama compleja de los objetos y procesos que se ponen en juego en la resolución de situaciones-problemas es un factor explicativo de las dificultades de aprendizaje y de enseñanza, y un paso necesario para una gestión idónea de los procesos educativos-instruccionales.

El proceso de objetivación es equivalente en términos cognitivos y educativos al proceso de personalización de los significados institucionales/culturales por parte de los estudiantes que propone el EOS. Además, la consideración de los objetos conceptuales en su versión unitaria como reglas convenidas socialmente y referidas a cómo se deben usar los lenguajes y artefactos, ayuda a comprender las dos fuentes de aprendizaje que propone la TO: el contacto con el mundo material, el mundo de los artefactos culturales que nos rodean (objetos, instrumentos, etc.), y la interacción social. Lo que hay que aprender son las reglas de uso de los artefactos convenidas socialmente.

En el EOS el aprendizaje se entiende como el acoplamiento progresivo de los significados personales e institucionales. La enseñanza supone la participación del estudiante en la comunidad de prácticas fijada por la institución, en donde la finalidad es que se produzca el aprendizaje, que implica la adquisición por parte del estudiante de dichos significados institucionales. Pensamos que el principio de aprendizaje formulado por Radford se puede asumir de manera natural en el EOS:

> p3: el aprendizaje es el logro de una pieza de conocimiento culturalmente objetiva que los estudiantes consiguen mediante un proceso social de objetivación mediadas por signos, lenguaje, artefactos e interacción social a medida que los estudiantes se implican en formas culturales de reflexión y acción. (Radford, 2018, p. 4067)

Se acepta que el aprendizaje, como proceso social de objetivación, consiste en dotar de sentido a los objetos conceptuales que encuentra el alumno en su cultura.

El modelo educativo-instruccional de la TO, basado en la teoría de la actividad y la noción de zona de desarrollo próximo, con el principio de «trabajar juntos» (Radford, 2014), es asumido por el EOS, aunque no de manera exclusiva. En el EOS se asumen diversos tipos de configuraciones didácticas que promueven el aprendizaje, dependiendo de los tipos de conocimientos pretendidos, del estado inicial del conocimiento de los sujetos, del contexto y circunstancias del proceso instruccional. Los modelos de instrucción constructivista (autonomista), colaborativo, personal o magistral pueden tener su lugar (Godino *et al.*, 2006). Cuando se trata del aprendizaje de un contenido nuevo y complejo nos parece que la transmisión de conocimientos en momentos específicos, por parte del profesor, o por el alumno líder en el seno de los equipos de trabajo es crucial en el proceso de aprendizaje. Esa transmisión puede ser significativa cuando los estudiantes están participando de la actividad y trabajando colaborativamente (Capítulo 4).

Una diferencia sustancial entre la TO y el EOS está en los fines de la investigación didáctica. La TO se propone básicamente describir los procesos de objetivación de los sujetos y relacionar/explicar tales procesos en términos de la enseñanza. «La investigación de la objetivación se enfoca en la manera en que las formas cultural e históricamente codificadas de pensamiento y acción se convierten en objetos de reconocimiento u objetos de conciencia» (D'Amore y Radford, 2017, p. 123). El EOS, además, asume la finalidad de estudiar las condiciones de realización de la actividad matemática y didáctica de la manera más idónea posible, teniendo en cuenta los sujetos y circunstancias (Godino *et al.*, 2019).

El énfasis de la TO sobre la dimensión ética y política de la educación matemática se tiene en cuenta en el EOS a través de las dimensiones afectiva (Beltrán-Pellicer y Godino, 2020) y ecológica de la idoneidad didáctica, donde se contempla como criterio de idoneidad la formación en valores democráticos y el pensamiento crítico. El desarrollo de estos valores humanistas y éticos no debe relegar, sin embargo, el desarrollo de la racionalidad y el pensamiento matemático.

Remitimos al lector a Godino *et al.* (2020), donde se analizan las concordancias y complementariedades entre TO y EOS, sobre la base de una investigación empírica sobre interpretación de un gráfico cartesiano, planteada en el marco de la TO. Un estudio similar de articulación de marcos teóricos sobre el álgebra escolar y su aprendizaje se realiza en Vergel *et al.* (2023).

7.5.6. Programa etnomatemático

La etnomatemática es un programa de investigación con una presencia consolidada a nivel internacional que propone una visión ampliada de las matemáticas y de la educación matemática (D'Ambrosio, 1985; D'Ambrosio y Knijnik, 2020; Oliveras y Godino, 2015). Vithal y Skovsmose (1997) describen cuatro facetas o campos de estudio de la etnomatemática:

1. Historia de la matemática. Se critica la visión tradicional de la historia de la matemática por ignorar, devaluar, distorsionar o marginar las contribuciones de otras culturas no europeas al cuerpo de conocimiento referido como matemáticas occidentales.

2. Antropología cultural matemática. Análisis de las matemáticas de culturas tradicionales, pueblos indígenas que pueden haber sido colonizados, pero continúan con sus prácticas matemáticas originales. Se han explorado estas prácticas con relación a temas como sistemas numéricos, simbolismo y lenguaje gestual, juegos y rompecabezas, geometría, espacio, formas, patrones, simetría, arte y arquitectura, tiempo, dinero, redes, grafos, dibujos en la arena, relaciones de parentesco y artefactos.

3. Matemáticas en la vida cotidiana. Análisis de las matemáticas usadas por diferentes grupos en entornos de la vida diaria mostrando el conocimiento matemático que se genera en una amplia variedad de contextos, tanto por adultos como por niños.

4. Relaciones entre etnomatemática y educación matemática. Se estudian las conexiones (o falta de ellas) entre las matemáticas encontradas en los contextos de la vida diaria y los correspondientes al sistema de la escuela formal.

El programa etnomatemático de investigación se interesa por los orígenes socioculturales del conocimiento matemático al considerar el significado, el pensamiento y el razonamiento como productos de una actividad social diversa. En consecuencia, forma parte de las perspectivas que caracterizan el giro social en la investigación y la práctica de la educación matemática (Lerman, 2000).

Principales elementos del programa

Faceta epistémica y ecológica

Uno de los principales objetivos de la etnomatemática es ampliar las concepciones sobre la naturaleza diversa de las matemáticas. Reivindica el carácter matemático de las prácticas que realizan los grupos culturales diversos para abordar determinadas actividades profesionales y de la vida cotidiana. Las matemáticas no son solo el producto de la actividad del matemático profesional, caracterizada por el uso de lenguajes formales, la argumentación deductiva y la generalidad de los teoremas, sino también las prácticas que realizan los diversos grupos culturales.

Algunos autores han asumido como fundamentación filosófica de la etnomatemática nociones claves de la filosofía de Wittgenstein tales como, juego de lenguaje, formas de vida, parecidos de familia, gramática, reglas (Vilela, 2010; Knijnik, 2012). Estas nociones apoyan y justifican la visión socioantropológica de las matemáticas, propia de la etnomatemática, según la cual las prácticas sociales de otras culturas o grupos étnicos ante determinadas situaciones o actividades son también prácticas matemáticas.

También se resalta como campo de indagación de la etnomatemática el estudio de cuestiones de índole política (relaciones de poder, dependencia, subordinación) que conllevan el desarrollo y estudio de la matemática como disciplina académica. Se deben reconocer las relaciones de poder «naturalizadas» entre formaciones epistemológicas ligadas a grupos sociales, étnicos y culturales (Knijnik, 2012). La matemática europea se ha impuesto como la única forma de matemática existente y es la que se ha introducido en los sistemas escolares de todo el mundo como única alternativa.

Facetas cognitiva y afectiva

Una tesis básica de la etnomatemática es que la educación matemática se puede mejorar considerando el trasfondo cultural de los estudiantes, al permitir comprender sus logros, actitudes y motivaciones. Se interesa por indagar los procesos de pensamiento que caracterizan las matemáticas de cada cultura, las concepciones culturales que impregnan el pensamiento matemático personal y determinar cómo afecta a la autoestima de los estudiantes la marginación escolar que puede suponer la imposición de la cultura matemática académica/formal.

La preocupación por la equidad en la enseñanza de las matemáticas debe estar en primer plano. Por lo tanto, el principal objetivo de los educadores debe ser lograr la equidad entre los alumnos, incorporando así las etnomatemáticas a las clases. «Los alumnos aprenden de formas caracterizadas por los enfoques sociales y afectivos, la armonía con la comunidad, las perspectivas holísticas, la dependencia del entorno, la creatividad expresiva y la comunicación no verbal» (Rosa y Shirley, 2016, p. 39).

Se propone presentar los conceptos matemáticos del currículo escolar de forma que se relacionen con los antecedentes culturales de los estudiantes (D'Ambrosio 2001), mejorando así su capacidad de establecer conexiones significativas y profundizando en su comprensión de las matemáticas.

Faceta instruccional (interaccional y mediacional)

Desde sus inicios, el programa de etnomatemáticas involucró dos dimensiones, que siempre han permanecido estrechamente relacionadas: la investigación de campo y el trabajo pedagógico desarrollado en la escuela a partir de esta investigación. Entre los cambios que se pueden realizar en la educación (currículos, recursos y prácticas de aula) para tener en cuenta el trasfondo multicultural de las clases de matemáticas Gerder (1996) menciona:

- Incorporación en el plan de estudios de material procedente de diversas culturas, valorando así los orígenes culturales de todos los alumnos.
- Incorporación en los programas de formación del profesorado de ideas matemáticas de diversos grupos lingüístico-culturales de un país o región, y/o desarrolladas por diversos grupos socia-

les como los tejedores de cestas, los alfareros y los constructores de casas.

- Introducción en los libros de texto de elementos culturales que faciliten el aprendizaje al ser reconocidos y apreciados por (la mayoría de) los alumnos como pertenecientes a su cultura.
- Elaboración de materiales que exploren las posibilidades de las actividades matemáticas a partir de diseños artísticamente atractivos pertenecientes a la cultura (posiblemente en un sentido amplio) de los alumnos o de sus antepasados/madres.

Interpretación desde el EOS

La visión plural de las matemáticas que defiende la etnomatemática es concordante con el EOS si tenemos en cuenta la forma en que se define la noción de práctica matemática y del postulado de relatividad institucional y personal de las prácticas, objetos y significados. Así mismo, la concordancia entre ambos marcos teóricos es consecuencia de cómo se interpreta la noción de institución en el EOS, la cual abarca cualquier grupo cultural, étnico, contextos de uso, en general cualquier comunidad de prácticas.

La herramienta configuración ontosemiótica puede caracterizar de una manera detallada las prácticas matemáticas de los grupos culturales y, por tanto, describir y explicar las diferencias y semejanzas entre las diferentes «variedades epistémicas» de matemáticas. En el EOS se postula un relativismo para las prácticas, objetos y significados matemáticos, pero al mismo tiempo se reconocen las relaciones ecológicas existentes entre las distintas formaciones epistemológicas que constituyen las diversas matemáticas, sean ligadas a grupos culturales o profesionales.

El análisis del programa etnomatemático, en su componente educativo, revela que una parte sustancial del mismo es «investigación orientada al diseño instruccional» (Oliveras y Godino, 2015). Pero carece de una teoría instruccional explícita que apoye el diseño, implementación y análisis retrospectivo de las intervenciones educativas que trata de realizar. Con frecuencia encontramos trabajos etnomatemáticos que usan herramientas de otros marcos (Educación matemática realista, Ingeniería didáctica, etc.), de lo cual se deriva un cierto bricolaje teórico, no siempre coherente y productivo.

El EOS puede aportar herramientas analíticas para analizar los objetos y procesos intervinientes en las prácticas matemáticas (sistema de prácticas, configuración ontosemiótica), herramientas para analizar los procesos de enseñanza y aprendizaje en el aula (configuración y trayectoria didáctica), y para la reflexión metadidáctica (dimensión normativa e idoneidad didáctica). Por tanto, las herramientas del EOS pueden ayudar a realizar la descripción detallada de las prácticas matemáticas y didácticas que reclaman Vithal y Skovsmose (1997) para las experiencias educativas basadas en la etnomatemática. A su vez, la perspectiva etnomatemática puede enriquecer la faceta ecológica de los procesos educativos-instrucciones que propone el EOS al incorporar categorías analíticas de los componentes sociales y políticos implicados en la educación matemática. Además, al tener en cuenta el factor multicultural de los contextos educativos puede orientar la reconstrucción de los significados de referencia para los contenidos pretendidos, la cual es requerida en el diseño de procesos educativo-instruccionales basados en EOS.

7.5.7. Comparación de teorías según la dualidad comprensión-uso

En este apartado comparamos las cinco teorías y el EOS desde el punto de vista de la dualidad comprensión-uso, según el modelo propuesto por Stokes (1997) aplicable tanto a las ciencias naturales como sociales, para clasificar los tipos de investigación. Con esta finalidad, Stokes utiliza una matriz con cuatro celdas, cuyas filas distingue si la investigación está o no inspirada por la búsqueda de comprensión fundamental de los fenómenos y cuyas columnas, si está o no inspirada por el uso o aplicación práctica. De esta manera, el cuadrante I se considera como investigación básica-aplicada (ejemplo, la desarrollada por Louis Pasteur); el cuadrante II investigación fundamental o básica-pura (como la de Niels Bohr); el cuadrante III, la identificación de fenómenos singulares; el cuadrante IV, investigación aplicada pura (p. e., la de Thomas Alva Edison). En la Figura 7.4 hacemos nuestra interpretación de estos cuadrantes e indicamos la posición del EOS y las teorías analizadas en esta sección en este modelo.

Las investigaciones científica y tecnológica (cuadrantes I y II) pretenden describir, explicar y predecir fenómenos; se caracterizan por la generalidad, el control de variables, el diseño experimental y los métodos cuantitativos. Por tanto, el paradigma de las mismas es el propio de las ciencias naturales, básicamente de tipo positivista (Cohen *et al.*, 2007). El cuadrante III, en el caso de la educación, se puede representar con la indagación de tipo naturalista en sus diferentes versiones (etnografías, estudios de casos, biografías . . .). El cuadrante IV puede estar representado por la práctica reflexiva (investigación-acción en sus diferentes versiones); el foco de atención es la mejora de la práctica, bien de manera colaborativa o individual. Los cuadrantes III y IV se caracterizan por investigar fenómenos singulares, la interpretación, la etnografía, la observación participante, los métodos cualitativos.

En la Figura 7.4 hemos incluido, en el cuadrante I la Educación Matemática Realista (EMR) (Freudenthal, 1991; Van den Heuvel-Panhuizen y Drijvers, 2014) y el programa Etnomatemático (D'Ambrosio, 1985), en el II la Teoría de Situaciones Didácticas (TSD) (Brousseau, 2002) y la Teoría Antropológica de lo Didáctico (TAD), si bien en estos casos, cuando se aplican ingenierías didácticas de desarrollo (ID-D) tienen también intersecciones con el cuadrante I. Tanto en la teoría APOE como la en TO identificamos rasgos propios de los cuadrantes I y II. El EOS incluye principios y herramientas para realizar investigaciones focalizadas tanto en la comprensión como el uso. El módulo de la Idoneidad Didáctica del EOS pretende ser una herramienta que sirva de apoyo para las indagaciones profesionales, razón por la cual la representamos entre los cuatro cuadrantes.

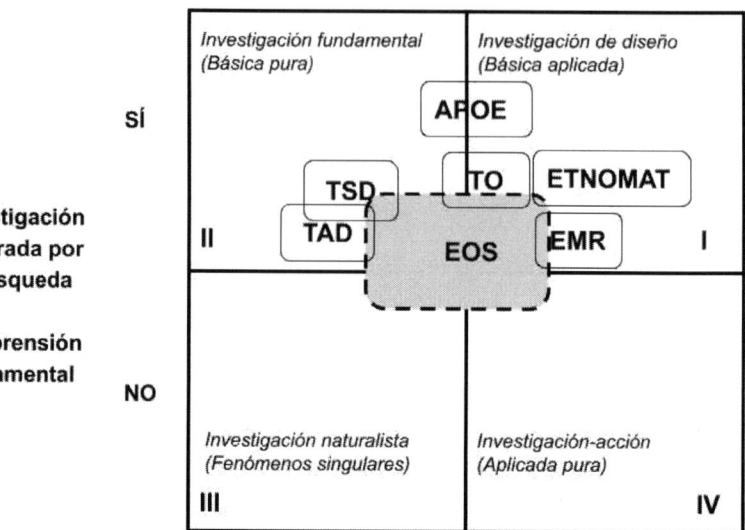

Investigación inspirada por el uso
NO   SI

SÍ

Investigación
inspirada por
la búsqueda
de la
comprensión
fundamental

NO

Investigación fundamental
(Básica pura)

Investigación de diseño
(Básica aplicada)

APOE

TSD
TAD

TO   ETNOMAT

EOS   EMR

II

I

Investigación naturalista
(Fenómenos singulares)

Investigación-acción
(Aplicada pura)

III

IV

TSD: Teoría de Situaciones Didácticas; TAD: Teoría
Antropológica de lo Didáctico; EMR: Educación Matemática
Realista; TO: Teoría de la Objetivación; EOS: Enfoque
Ontosemiótico; APOE: Acción, Proceso, Objeto, Esquema
ETNOMAT: Etnomatemática

Figura 7.4. Tipos de investigaciones según
la dualidad comprensión-uso

7.6. Aplicaciones y difusión del EOS

Las principales publicaciones donde se refleja el desarrollo de las diferentes herramientas teóricas del EOS, sus aplicaciones a los diferentes contenidos matemáticos, en la formación de profesores, así como sobre comparación y articulación con otros marcos teóricos están disponibles en las diversas entradas del repositorio web: http://enfoqueontosemiotico.ugr.es

Esta actividad de investigación se ha realizado en el marco de diversos proyectos de investigación y programas de posgrado en diferentes universidades. En el repositorio web hay disponibles hasta la fecha 106 tesis de doctorado que han sido realizadas usando el EOS como marco teórico. También hay una entrada específica que incluye las publicaciones en inglés en las principales revistas de educación matemática, agrupadas en las mismas categorías que las de la página principal: trabajos de síntesis, significados y configuraciones ontosemióticas, diseño y análisis didáctico, idoneidad didáctica, articulación con otras teorías, formación de profesores, álgebra, aritmética, cálculo, estadística, probabilidad y combinatoria.

La presentación de trabajos basados en el EOS en los congresos latinoamericanos, Reunión Latinoamericana de Educación Matemática (RELME), la Conferencia Interamericana de Educación Matemática (CIAEM) y el Congreso Iberoamericano de Educación Matemática (CIBEM) ha sido analizada en Kaiber *et al.* (2017) para el periodo de 10 años anteriores a 2017. El análisis de las actas de estos congresos permitió identificar 188 artículos que toman el EOS como referencia teórica principal de la investigación o como guía teórica para la producción de análisis. Este conjunto de 188 publicaciones se compone de 121 artículos publicados en ALME, 26 en los Anales del CIAEM y 41 en los Anales del CIBEM, contemplando diferentes dimensiones o áreas de investigación de la Didáctica de las Matemáticas. Adicionalmente, ha sido usual la presentación de trabajos apoyados en el EOS en los congresos SEIEM, CERME, PME e ICME.

El impacto del EOS en los posgrados de educación matemática desarrollados en Brasil ha sido objeto de análisis en el artículo de Breda *et al.* (2021). Realizan un metaanálisis de 16 tesis doctorales presentadas en el periodo 2005 a 2019 en distintas universidades brasileñas que utilizan las herramientas del EOS como marco teórico de referencia para el planteamiento del problema de investigación y el análisis e interpretación de los resultados.

7.7. Síntesis de los postulados filosóficos del EOS

La pluralidad de paradigmas y teorías que concurren en la educación matemática, la necesidad de su clarificación y articulación, son fuente de inspiración para la emergencia del EOS como campo de indagación científica y tecnológica. Con el fin de superar las fronteras entre las disciplinas filosóficas, psicológicas y sociológicas, en la medida en que se interesan por las matemáticas, su aprendizaje y difusión, se ha elaborado el constructo configuración ontosemiótica que incorpora elementos transdisciplinares, como se ha razonado en el Capítulo 2. Un postulado esencial del EOS es la emergencia de los constructos matemáticos (conceptos, proposiciones, etc.) de las prácticas operativas y discursivas que hacen las personas al resolver problemas (Font *et al.,* 2013). Los constructos o ideas matemáticas no tienen una existencia independiente de las personas, sino que son simultáneamente creación y descubrimiento (Cañón, 1993), asumiendo, por tanto, una posición antiplatonista. Los axiomas y postulados matemáticos son invenciones que tienen lugar en el cerebro de las personas y, aunque las proposiciones que se derivan de ellos no se conocen *a priori* y dan la impresión de que se descubren, esto no justifica el platonismo.

La filosofía de la matemática educativa que propone el EOS, incorporada de manera implícita en el constructo configuración ontosemiótica (Capítulo 2), se resume en los postulados que indicamos seguidamente, usando el esquema adaptado que propone Bunge (1983) para caracterizar su sistema filosófico.

Dimensión ontológica

- Naturalismo. Asume la existencia de objetos materiales y descarta la existencia independiente de las ideas, sean abstracciones físicas o formales. A su vez, rechaza el fisicalismo, ya que niega que todos los objetos sean entidades físicas. Las prácticas matemáticas son acciones de las personas y, por tanto, son procesos cerebrales y corporales (manipulativos y gestuales); cuando esas prácticas son compartidas en el seno de una comunidad se dice que son prácticas institucionales, las cuales son dependientes de la actividad cerebral de sus miembros y de las interacciones interpersonales que se establecen entre ellos.
- Sistemismo. Asume como tema de estudio los sistemas de prácticas, objetos y procesos, y los contextos en que tiene lugar la

actividad matemática, articulados en el constructo configuración ontosemiótica.

- Emergentismo. Asume que el objeto matemático abstracto proviene de otras entidades previas (las prácticas operativas y discursivas) y no son reducibles a ellas.
- Pluralismo. Respecto de la diversidad de prácticas, objetos y procesos requeridos para la descripción y comprensión de la actividad matemática en sus diversas variedades.
- Dinamismo. Asume que los significados cambian con el tiempo y las circunstancias personales y contextuales.

Dimensión epistemológica

- Realismo. Se acepta que el conocimiento matemático, tanto formal como aplicado, emerge de las prácticas operativas y discursivas de las personas al resolver problemas. Se concede un tipo de realidad virtual o ficcionista a los objetos que emergen de la actividad matemática en interacción con objetos perceptibles y artefactos del entorno.
- Evolucionismo. Asume el postulado de que los significados personales e institucionales evolucionan y se desarrollan con el tiempo a medida que los sujetos abordan sucesivos problemas, progresivamente más complejos. La construcción de nuevos conocimientos parte de los que ya existen, ampliando y corrigiendo los que previamente se han producido por los individuos en el seno de comunidades históricas.
- Constructivismo social. Las configuraciones ontosemióticas cognitivas son creaciones de los sujetos, y las configuraciones socioepistémicas son fruto de la comunicación interpersonal. La construcción del conocimiento tiene lugar por el sujeto, pero en comunidad, cuyas normas promueven o inhiben la actividad investigativa.
- Racionalismo y empirismo moderado. Tanto la razón como la experiencia son necesarias para la construcción del conocimiento matemático; las prácticas matemáticas pueden ser operativas (im-

plicando el uso de artefactos empíricos) como discursivas (implicando objetos de razón).

- Convencionalismo. Los conceptos-definiciones, las proposiciones y procedimientos matemáticos son reglas convencionales, no arbitrarias sino motivadas por la actividad de descripción y explicación de los objetos y hechos del mundo real y de los constructos virtuales. Este carácter convencional explica la necesidad y universalidad de los constructos matemáticos.
- Justificacionismo. Incluye los argumentos como un tipo de objeto primario. Estos argumentos pueden ser descriptivos, explicativos y justificativos, y utilizar los distintos tipos de razonamientos, basados tanto en la razón como en la experiencia.

Dimensión semiótica

- Realismo. En las teorías realistas del significado (Kutchera, 1975) las expresiones lingüísticas tienen una relación de atribución con ciertas entidades (objetos, atributos, hechos). Las palabras, los signos se hacen significativos por el hecho de que se le asigna un objeto, un concepto o una proposición como significado. De esta forma hay entidades, no necesariamente concretas, aunque siempre objetivamente dadas con anterioridad a las palabras, que son sus significados. En la ontosemiótica se postula un tipo de funciones semióticas que son referenciales, designan en virtud de unas convenciones, ciertas entidades. De este modo se da cuenta de la valencia representacional de los lenguajes.
- Pragmatismo. En las teorías pragmáticas (operacionales) el significado depende del contexto en que se usan las palabras. Los signos se hacen significativos por el hecho de desempeñar una determinada función en un juego lingüístico, por el hecho de ser usados en este juego de una manera determinada y para un fin concreto. Los significados de los objetos matemáticos como sistemas de prácticas operativas y discursivas implican la aceptación de los postulados de las teorías pragmáticas y el reconocimiento de la valencia instrumental de los lenguajes.

En la ontosemiótica se asigna un papel esencial a la creación y manipulación de sistemas de signos como medios de representación de los distintos tipos de objetos y como instrumentos de la actividad matemática. Se consideran, por tanto, compatibles y complementarios los postulados representacionistas e instrumentalistas en las teorías semiótico-cognitivas. El EOS proporciona una visión transdisciplinar sobre la actividad matemática al tener en cuenta, de manera articulada, diferentes puntos de vista de las disciplinas interesadas por el conocimiento matemático, su aprendizaje y difusión. Se trata de los puntos de vista:

- Epistemológico, la matemática como un modo particular de actividad humana, y su producto como un tipo especial de conocimiento.
- Ontológico, la matemática como producto acabado, como sistema de objetos y teorías.
- Psicológico, como un tipo particular de actividad mental (o cerebral).
- Sociológico, la matemática como un tipo de actividad social y su producto como un tipo especial de artefacto cultural.
- Histórico, la matemática como un proceso histórico de descubrimiento, invención y difusión en una sociedad determinada.
- Instrumental, la matemática como una herramienta para la ciencia, la tecnología y las humanidades.

Estas diferentes formas de ver las matemáticas son mutuamente compatibles, incluso complementarias. Por lo tanto, sería erróneo adoptar una de ellas y excluir todas las demás, ya que las matemáticas son simultáneamente todo lo que esos diferentes puntos de vista proporcionan.

7.8. Síntesis del sistema teórico EOS y cuestiones abiertas

En la Tabla 7.1. incluimos una síntesis para los once rasgos que caracterizan el EOS como sistema teórico, en consonancia con las síntesis de las cinco teorías descritas en los capítulos 2 a 6: Breve resumen;

ámbito/objetivo; justificación; hipótesis; constructos; relaciones; proce-
dencia; semejanzas; complementariedades; operacionalización; y usos.

Tabla 7.1. Síntesis del EOS

Elementos	Descripción
Breve resumen. ¿De qué trata el sistema teórico y cuáles son sus principales proposiciones?	El Enfoque ontosemiótico en educación matemática aporta un sistema de constructos, principios y herramientas metodológicas para estudiar y comprender la naturaleza de la actividad matemática, el conocimiento matemático y los procesos de enseñanza y aprendizaje de las matemáticas. Este componente científico (descriptivo, explicativo y predictivo) sobre la educación matemática se complementa con otro tecnológico (prescriptivo) formado por un sistema de criterios o normas para optimizar el diseño, implementación y evaluación de los procesos educativo-instruccionales y un modelo de desarrollo profesional docente. El sistema está compuesto por cinco teorías:
	1. Teoría ontosemiótica de la actividad matemática. Desarrolla una visión antropológica y pragmatista de las matemáticas, esto es, como actividad humana centrada en la resolución de problemas. Esta concepción antropológica de la matemática como actividad se complementa y articula con otras dos concepciones: la matemática como sistema de objetos y procesos y la matemática como sistema de signos.
	2. Teoría ontosemiótica del significado y la cognición matemática. Desarrolla una visión global del significado de los objetos matemáticos, articulando supuestos realistas y pragmáticos, como base de la cognición matemática, tanto desde el punto de vista individual (personal) como social (institucional).
	3. Teoría del diseño educativo en matemáticas. Desarrolla supuestos y herramientas teóricas para la descripción y diseño de procesos de enseñanza y aprendizaje de las matemáticas basados en la teoría específica sobre la actividad matemática y el significado de los objetos que propone el EOS.
	4. Teoría de la idoneidad didáctica. Desarrolla un sistema de criterios para la optimización local del diseño, implementación y evaluación de los procesos educativos-instruccionales en matemáticas, basados en los supuestos y constructos del EOS. Se formulan criterios para las facetas epistémica, ecológica, mediacional, interaccional, cognitiva y afectiva que estructuran los procesos de enseñanza y aprendizaje.
	5. Teoría del desarrollo profesional docente. Desarrolla un modelo conocimientos y competencias del profesorado de matemáticas que tiene en cuenta las facetas, componentes y subcomponentes de los procesos educativos implicados en las actividades de fundamentación, diseño, planificación y evaluación de dichos procesos. Incluye también un sistema de principios o criterios de eficiencia de los programas formativos de profesores.

Ámbito/objetivo. ¿Qué fenómenos pretende explicar la teoría?	El sistema teórico EOS pretende describir, explicar y predecir fenómenos relativos al diseño, implementación y evaluación de procesos de enseñanza y aprendizaje de las matemáticas en los diversos contextos y niveles educativos. También pretende identificar criterios para la optimización local de dichos procesos, y, por tanto, prescribir acciones preferentes para lograr los fines educativos previstos basadas en los supuestos ontosemióticos del conocimiento matemático.
Justificación. ¿Por qué es necesaria la teoría y cómo mejora las teorías anteriores?	El EOS pretende abordar el problema de la diversidad y disparidad de teorías existentes en educación matemática, elaborando un sistema teórico modular e inclusivo que tiene en cuenta los dilemas sobre cuestiones de índole ontológica, semiótica, cognitiva y epistemológica que se plantean en la enseñanza y aprendizaje. Se mejoran otras teorías existentes al fundamentar el modelo de instrucción matemática y de formación de profesores en teorías explícitas y articuladas sobre la actividad matemática, el significado y la cognición matemática.
Hipótesis. ¿Qué hipótesis específicas plantea la teoría y en qué se diferencian de otras teorías?	El EOS asume que para describir y comprender los procesos educativo-instruccionales en matemáticas es necesario cuestionar la naturaleza de las matemáticas y, por tanto, desarrollar teorías explicitas sobre los tipos y emergencia de los objetos matemáticos, la relación de las matemáticas con los lenguajes y la realidad material. También asume que la educación matemática tiene un componente científico (descriptivo, explicativo y predictivo) y otro tecnológico (prescriptivo), por lo que se requiere elaborar herramientas para abordar el estudio de las cuestiones científicas y tecnológicas. La promoción del aprendizaje (crecimiento del conocimiento, comprensión y competencia matemática) requiere una selección idónea de significados parciales del contenido y una secuencia idónea de configuraciones didácticas que tenga en cuenta la complejidad ontosemiótica del contenido.
Constructos. ¿Cuáles son los elementos de la teoría?	Los constructos que componen cada una de las cinco teorías del sistema teórico del EOS son: Teoría de la actividad matemática: Prácticas matemáticas; tipos de objetos y proceso; configuración ontosemiótica. Teoría del significado y la cognición: Función semiótica; tipos de significados; conocimiento, comprensión, competencia matemática. Teoría del diseño educativo: Facetas y componentes de un proceso educativo-instruccional; configuración didáctica; trayectoria didáctica; dimensión normativa Teoría de la idoneidad didáctica: Idoneidad didáctica; criterios de idoneidad. Teoría del desarrollo profesional docente: Conocimientos didáctico-matemáticos; competencias didáctico-matemáticas; criterios de idoneidad de programas formativos.

Relaciones. ¿Cómo se relacionan entre sí los elementos de la teoría?	Los constructos de la teoría del significado se basan en la tipología de prácticas y objetos de la teoría de la actividad matemática. La teoría del diseño educativo se apoya en las teorías de la actividad matemática, del significado y la cognición. Los componentes y subcomponentes de la teoría de la idoneidad se basan en el modelo de significados y conocimientos de la teoría de la cognición matemática. La teoría del desarrollo profesional docente se apoya en las restantes teorías.
Procedencia. ¿En qué teorías se basa y cómo?	(Ver explicación en cada teoría) El componente filosófico se basa en los supuestos antropológicos y convencionalistas de la filosofía de la matemática de Wittgenstein y el pragmatismo de Peirce. También asume la visión histórico-cultural de la cognición de Vygotsky.
Semejanza. ¿A qué teorías se parece más esta teoría?	El EOS guarda relación con la Teoría antropológica en didáctica (Chevallard, 1992; 1999), Teoría de situaciones didácticas (Brousseau, 1997), teorías socioculturales desarrolladas en educación matemática, como la Teoría de la objetivación (Radford,2006), cognitivas, como Teoría de los campos conceptuales (Vergnaud, 1990), APOE (Dubinsky y McDonald, 2001), Teoría de los registros de representación semiótica (Duval, 1995).
Complementariedad. ¿Con qué teorías puede complementarse?	Las teorías mencionadas con las que guarda relación el EOS profundizan en el estudio de aspectos parciales de la educación matemática y aportan resultados que pueden complementar los análisis de las teorías ontosemióticas. Por ejemplo, la Teoría de los registros de representación semiótica (Duval) profundiza en los tipos de lenguajes usados en la actividad matemática, en los tratamientos y conversiones que conllevan.
Operacionalización. ¿Cómo se miden o identifican los constructos?	(Ver explicación en cada teoría)

Usos. ¿Para qué puede utilizarse la teoría?	Cada una de las teorías parciales que componen el sistema EOS se usa para abordar el estudio de cuestiones específicas relevantes de la educación matemática. La teoría ontosemiótica de la actividad matemática permite hacer análisis detallados de la actividad matemática y comprender la complejidad de los objetos y procesos implicados en la resolución de problemas, proporcionando un fundamento para los procesos educativos-instruccionales de las matemáticas. La teoría ontosemiótica del significado y la cognición matemática ayuda a analizar y comprender los procesos de representación y significación en la construcción y comunicación del conocimiento matemático. Ayuda a reconocer los diferentes sentidos o significados parciales de los objetos matemáticos y seleccionar una muestra representativa adaptada al contexto. Permite reconocer la trama de conocimientos implicados en la actividad matemática y, en consecuencia, elaborar un modelo educativo-instruccional que tiene en cuenta su complejidad. La teoría del diseño educativo se usa para planificar e implementar procesos educativos en matemáticas a nivel micro (lecciones), meso (temas) y macro (programas). También sirve de instrumento para describir, explicar y valorar procesos educativos diseñados con otras perspectivas teóricas, ayudando a identificar aspectos que pueden ser mejorables. La teoría de la idoneidad didáctica es una guía para diseñar procesos instruccionales en matemáticas localmente idóneos (óptimos) para lograr los fines educativos planificados. Ayuda a tomar conciencia de la complejidad de conseguir un equilibrio ponderado entre las diferentes facetas implicadas (epistémica, ecológica, mediacional, interaccional, cognitiva y afectiva). También se usa como guía para la evaluación del diseño e implementación de los procesos instruccionales ayudando a identificar aspectos que pueden ser mejorables. Es, por tanto, un recurso para la reflexión de los profesores sobre su propia práctica. La teoría del desarrollo profesional docente se usa para el diseño, implementación y evaluación de programas y acciones específicas de formación de profesores de matemáticas. El sistema de categorías de conocimientos y competencias didáctico-matemáticas desarrollado y los criterios de idoneidad de los programas formativos se pueden usar para describir y comprender la actividad de formadores y profesores de matemáticas, e identificar posibles mejoras. Globalmente, el EOS viene desarrollando un sistema de instrumentos teóricos articulados para la realización de las actividades de investigación y la práctica docente en educación matemática teniendo en cuenta la complejidad de aspectos que intervienen.

La complejidad de la educación matemática, como campo de investigación y de aplicación práctica, nos ha llevado a elaborar cinco teorías articuladas mediante las cuales abordamos las cuestiones relacionadas con la fundamentación teórica, el diseño de procesos educativos, su implementación y evaluación, así como el problema del desarrollo profesional docente. En los diferentes capítulos del libro hemos justificado la necesidad de elaborar las herramientas conceptuales y metodológicas que caracterizan cada teoría parcial. Así mismo, hemos abordado el estudio de las concordancias y complementariedades del EOS con diversas teorías, en particular, teoría de situaciones didácticas, teoría antropológica de lo didáctico, educación matemática realista, teoría APOE, teoría de la objetivación y el programa etnomatemático. Estos estudios de articulación de teorías deben ser profundizados y ampliados a otras teorías usadas en educación matemática, como las mencionadas en Asenova *et al.* (2024). También se debe analizar en qué medida el EOS es suficiente como sistema teórico para la educación matemática. ¿Es posible reducir a cinco las teorías necesarias y suficientes para estudiar los problemas de investigación científica y tecnológica que plantea la enseñanza y el aprendizaje de las matemáticas, incluyendo la formación de profesores? ¿Qué cambios y desarrollados serían necesarios introducir en el EOS para que, efectivamente, este sistema teórico permita resolver los dilemas y contradicciones entre las diferentes teorías, evitando redundancias y aportando un lenguaje compartido?

Referencias

Arnon, I., Cotrill, J., Dubinsky, E., Octaç, A., Roa Fuentes, S., Trigueros, M., y Weller, K. (2014). *APOS theory: A framework for research and curriculum development in mathematics education.* Springer.

Arsac, G. (1992). The evolution of a theory in didactics: the example of didactic transposition. En R. Douady y A. Mercier (Eds.). *Research in Didactique of Matemamatics. Selected Papers.* La Pensée Sauvage.

Asenova, M., D'Amore, B. Fandiño, M. I., Fúneme, C. C., Iori, M. y Santi, G. (2024). *Teorías relevantes en Educación Matemática.* Magisterio Editorial.

Beltrán-Pellicer, P., y Godino, J. D. (2020). An onto-semiotic approach to the analysis of the affective domain in mathematics education. *Cambridge Journal of Education, 50*(1), 1-20.

Bikner-Ahsbahs, A., Knipping, C., y Presmeg, N. (2015. *Approaches to qualitative research in mathematics education. Examples of methodology and methods.* Springer.

Bosch, M. y Gascón, J. (2005). La praxeología local como unidad de análisis de los procesos didácticos. En C. de Castro y M. Gómez (Eds.). *Análisis del currículo actual de matemáticas y posibles alternativas* (pp. 135-159). Edebé.

Breda, A., Bolondi, G., y Abreu Silva, R. De (2021). Enfoque ontossemiótico da cognição e instrução matemática: um estudo metanalítico das teses produzidas no Brasil. *Revemop, 3,* e202117.

Brousseau, G. (1983). Les obstacles épistémologiques et les problèmes en mathématiques. *Recherches en Didactique des Mathématiques, 4*(2), 165-198.

Brousseau, G. (1986). Fondements et méthodes de la didactique des mathématiques. *Recherches en Didactique des Mathématiques, 7*(2), 33-115.

Brousseau, G. (2002). *The theory of didactical situations in mathematics.* Kluwer.

Bunge, M. (1983). *Epistemology and methodology II: Understanding the world. Treatise on Basic Philosophy* (Vol. 6). Springer.

Burgos, M., Bueno, S., Godino, J. D., y Pérez, O. (2021). Onto-semiotic complexity of the Definite Integral. Implications for teaching and learning Calculus. *REDIMAT - Journal of Research in Mathematics Education, 10*(1), 4-40

Cañón, C. (1993). *La matemática: creación y descubrimiento.* Universidad Pontificia Comillas.

Chevallard, Y. (1992). Concepts fondamentaux de la didactique: perspectives apportées par une approche anthropologique. *Recherches en Didactique des Mathématiques, 12* (1), 73-112.

Chevallard, Y. (1997). Familière et problématique, la figure du professeur. *Recherches en Didactique des Mathématiques, 17*(3), 17-54.

Chevallard, Y. (1999). L'analyse des pratiques enseignantes en théorie anthropologique du didactique. *Recherches en Didactique des Mathématiques, 19* (2), 221-266.

Chevallard, Y. (2009). La notion d'ingénierie didactique, un concept à refonder. Questionnement et éléments de réponse à partir de la TAD. *15e École d'Été de Didactique des Mathématiques.* Clermont-Ferrand. On line, http://yves. chevallard.free.fr/.

Chevallard, Y. (2019). Introducing the anthropological theory of the Didactic: an attempt at a principled approach. *Hiroshima Journal of Mathematics Education, 12,* 71-114.

Cohen, L., Manion, L., y Morrison, K. (2007). *Research methods in education.* Routledge.

Cottrill, J., Dubinsky, E., Nichols, D., Schwingendorf, K., Thomas, K., y Vidakovic, D. (1996). Understanding the limit concept: Beginning with a coordinated process schema. *The Journal of Mathematical Behavior, 15,* 167-192.

D'Ambrósio, U. (1985). Ethnomathematics and its place in the history and pedagogy of mathematics. *For the learning of Mathematics, 5*(1), 44-48.

D'Ambrósio, U., y Knijnik, G. (2020). Ethnomathematics. En S. Lerman (ed.), *Encyclopedia of Mathematics Education* (pp. 283-288). Springer.

D'Amore, B., y Radford L. (2017). *Enseñanza y aprendizaje de las matemáticas: problemas semióticos, epistemológicos y prácticos.* Universidad Distrital Francisco José de Caldas. Bogotá, Colombia.

Dubinsky, E. (1984). *The cognitive effect of computer experiences on learning abstract mathematical concepts.* Korkeakouluj.

Dubinsky, E. (1991). Reflective abstraction in advanced mathematical thinking. En D. Tall (Ed.), *Advanced mathematical thinking* (pp. 95-123). Kluwer.

Dubinsky, E., y McDonald, M. A. (2001). APOS: A constructivist theory of learning in undergraduate mathematics education research. En D. Holton (Ed.). *The teaching and learning of mathematics at university level: An ICMI study* (pp. 275-282). Springer.

Duval, R. (1995). *Sémiosis et pensée : registres sémiotiques et apprentissages intellectuels.* Peter Lang.

Engeström, Y. (1987). *Learning by expanding: An activity-theoretical approach to developmental research* (2nd ed.). Cambridge University Press.

Font, V., y Contreras, Á. (2008). The problem of the particular and its relation to the general in mathematics education. *Educational Studies in Mathematics, 69*, 33-52, 2008.

Font, V., Godino, J. D., y Gallardo, J. (2013). The emergence of objects from mathematical practices. *Educational Studies in Mathematics, 82*, 97-124.

Freudenthal, H. (1973). *Mathematics as an educational task*. Reidel Publishing.

Freudenthal, H. (1983). *Didactical phenomenology of mathematical structures*. Reidel Publishing.

Freudenthal, H. (1991). *Revisiting mathematics education. China lectures*. Kluwer.

Gerdes, P. (1996). Ethnomathematics and mathematics education. En A. J. Bishop *et al.* (Eds.). *International Handbook of Mathematics Education* (pp. 909-943). Kluwer.

Godino, J. D. (2022). Emergencia, estado actual y perspectivas del enfoque ontosemiótico en educación matemática. *Revista Venezolana de Investigación en Educación Matemática (REVIEM), 2*(2), 1-24-e202201.

Godino, J. D., Batanero, C., Burgos, M., y Gea, M. M. (2021). Una perspectiva ontosemiótica de los problemas y métodos de investigación en educación matemática. *Revemop, 3*, e202107, p. 1-30.

Godino, J. D., Batanero, C. y Font, V. (2019). The onto-semiotic approach: implications for the prescriptive character of didactics. *For the Learning of Mathematics, 39* (1), 37-42.

Godino, J. D., Batanero, C., Burgos, M. y Wilhelmi, M. R. (2024). Understanding the Onto-semiotic Approach in mathematics education through the lens of the Cultural Historical Activity Theory. *ZDM-Mathematics Education*.

Godino, J. D., Beltrán-Pellicer, P. y Burgos, M. (2020). Concordancias y complementariedades entre la Teoría de la Objetivación y el Enfoque Ontosemiótico. *RECME. Revista Colombiana de Matemática Educativa*, 5 (2), 51-66.

Godino, J. D., y Burgos, M. (2020). ¿Cómo enseñar las matemáticas y las ciencias experimentales? Resolviendo el dilema de la indagación y transmisión. *Paradigma, 41*, 80-106.

Godino, J. D., Burgos, M., y Gea, M. M. (2022). Analysing theories of meaning in mathematics education from the onto-semiotic approach. *Internatio-*

nal *Journal of Mathematical Education in Science and Technology, 53*(10), 2609-2636.

Godino, J. D., Contreras, A., y Font, V. (2006). Análisis de procesos de instrucción basado en el enfoque ontológico-semiótico de la cognición matemática. *Recherches en Didactiques des Mathematiques, 26* (1), 39-88.

Godino, J. D., Batanero, C., Contreras, A., Estepa, A. Lacasta, E., y Wilhelmi, M. R. (2013). Didactic engineering as design-based research in mathematics education. En Ubuz, B., Haser, C., y Mariotti, M. A. (Eds.). *Proceedings of the Eighth Congress of the European Society for Research in Mathematics Education* (p. 2810-2819). Middle East Technical University and ERME. http://cerme8.metu.edu.tr/wgpapers/WG16/WG16_Godino.pdf

Godino, J. D., Rivas, H., Arteaga, P., Lasa, A., y Wilhelmi, M. R. (2014). Ingeniería didáctica basada en el enfoque ontológico-semiótico del conocimiento y la instrucción matemáticos. *Recherches en didactique des Mathématiques, 34*(2/3), 167-200.

Hart, L. C., Smith, S. Z., Swars, S. L., y Smith, M. E. (2009). An examination of research methods in mathematics education (1995-2005). *Journal of Mixed Methods Research, 3*(1), 26-41.

Inglis, M., y Foster, C. (2018). Five decades of mathematics education research. *Journal for Research in Mathematics Education, 49*(4), 462-500.

Johnson, R. B., y Onwuegbuzie, A. J. (2004). Mixed methods research: A research paradigm whose time has come. *Educational researcher, 33*(7), 14-26.

Kaiber, C. T., Lemos, A., y Pino-Fan, L. (2017). Enfoque ontossemiótico do conhecimento e da instrução matemática (EOS): um panorama das pesquisas na América Latina. *Perspectivas da Educação Matemática, 10*(23), 531-552.

Kelly, A. E., Lesh, R. A., y Baek, J. Y. (Eds.). (2014). *Handbook of design research methods in education: Innovations in science, technology, engineering, and mathematics learning and teaching.* Routledge.

Knijnik, G. (2012). Differentially positioned language games: ethnomathematics from a philosophical perspective. *Educational Studies in Mathematics, 80* (1-2), 87-100.

Lerman, S. (2000). The social turn in mathematics education research. En J. Boaler (Ed.), *Multiple perspectives on mathematics teaching and learning* (pp. 19-44). Ablex.

Leontiev, A. N. (1993). *Actividad, conciencia y personalidad.* ASBE Editorial.

Michie, S., West, R., Campbell, R., Brown, J. y Gainforth, H. (2014). *ABC of behaviour change theories.* Silverback Publishing

Núñez, I. (2009). Activity theory and the utilisation of the activity system according to the mathematics educational community. *Educate* (Special issue, December 2009), 7-20. http://www.educatejournal.org/7

Oliveras, M. L., y Godino, J. D. (2015). Comparando el programa etnomatemático y el enfoque ontosemiótico: Un esbozo de análisis mutuo. *Revista Latinoamericana de Etnomatemática, 8*(2), 432-449

Phan, T. T., Do, T. T., Trinh, T. H., Tran, T., Duong, H. T., Trinh, T. P. T., Do, B. C., y Nguyen, T. T. (2022). A bibliometric review on realistic mathematics education in Scopus database between 1972-2019. *European Journal of Educational Research, 11*(2), 1133-1149.

Radford, L. (2008). The ethics of being and knowing: Towards a cultural theory of learning. En L. Radford, G. Schubring y F. Seeger (Eds.). *Semiotics in mathematics education: Epistemology, history, classroom, and culture* (pp. 215-234). Sense Publishers

Radford, L. (2014). De la teoría de la objetivación. *Revista Latinoamericana de Etnomatemática, 7*(2), 132-150.

Radford, L. (2018). On theories in mathematics education and their conceptual differences. En, B. Sirakov, P. de Souza, y M. Viana (Eds.). *Proceedings of the International Congress of Mathematicians* (Vol. 4, pp. 4055-4074). Singapore: World Scientific Publishing Co.

Rosa, M. y Shirley, L. (2016). In guise of conclusion. En M. Rosa *et al.* (Eds.). *Current and Future Perspectives of Ethnomathematics as a Program. ICME-13 Topical Surveys.* Springer.

Roth, W-M. y Lee, Y-J. (2007). "Vygotsky's neglected legacy": cultural-historical activity theory. *Review of Educational Research, 77*(2), 186-232.

Schoenfeld, A. (2007). Methods. En F. K. Lester (Ed.). *Second Handbook of Research on Mathematics Teaching and Learning* (pp. 66-110). NCTM y IAP (Information Age Publishing Inc.), 2007.

Sierpinska, A. y Lerman, S. (1996). Epistemologies of mathematics and of mathematics education. En A. J. Bishop *et al.* (Eds.). *International Handbook of Mathematics Education* (pp. 827-876). Dordrecht, The Netherlands: Kluwer, 1996.

Snow, R. E., y Lohman, D. R. (1991). Implication of cognitive psychology for educational measurement. En R. L. Linn (Ed.), *Educational measurement* (Third ed.) (pp. 263-331). American Council on Education and Macmillan Publ.

Stokes, D. (1997). *Paster's quadrant. Basic science and technological innovation.* Brookings Institution Press.

Treffers, A. (1987). *Three dimensions. A model of goal and theory description in mathematics instruction - the Wiskobas project.* D. Reidel Publishing.

Van den Heuvel-Panhuizen, M. (1996). *Assessment and realistic mathematics education.* Freudenthal Institute, Utrecht.

Van den Heuvel-Panhuizen, M., M. y Drijvers, P. (2014). Realistic mathematics education. En S. Lerman (Ed.), *Encyclopedia of Mathematics Education.* https://doi.org/10.1007/978-94-007-4978-8

Vergel, R., Godino, J. D., Font, V., y Pantano, O. L. (2023). Comparing the views of the theory of objectification and the onto-semiotic approach on the school algebra nature and learning. *Mathematics Education Research Journal, 35*(3), 475-496.

Vergnaud, G. (1990). La théorie des champs conceptuels. *Recherches en Didactique des Mathématiques, 10*(2-3), 133-170.

Verón (2023). *Modelo ontosemiótico del concepto de diferencial. Implicaciones para la formación de profesores de matemática.* Tesis doctoral. Universidad Nacional de Misiones, Argentina. https://www.ugr.es/local/fqm126/tesis/Tesis_A.Ver%C3%B3n.pdf

Verón, M. A., y Giacomone, B. (2021). Análisis de los significados del concepto de diferencial desde una perspectiva ontosemiótica. *Revemop, 3,* e202109.

Verón, M. A., Giacomone, B., y Pino-Fan, L. R. (2024). Guía de valoración de la idoneidad didáctica de procesos de estudio de la diferencial. *Uniciencia, 38*(1), 1-22.

Vilela, D. (2010). Discussing a philosophical background for the ethnomathematical program. *Educational Studies in Mathematics, 75*(3), 345-358.

Vithal, R. y Skovsmose, O. (1997). The end of innocence: A critique of Ethnomathematics. *Educational Studies in Mathematics, 34* (2), 131-158.

Webb, N. L. (1992). Assessment of student's knowledge of mathematics: step toward a theory. En D. A. Grouws. (Ed.), *Handbook of research on mathematics teaching and learning.* Macmillan.

Wheeler, D. (1993). Epistemological issues and challenges to assessment: What is mathematical knowledge? En M. Niss (Ed.), Investigations into assessment in mathematics education. An ICMI Study. Kluwer A.P.

Sobre el autor

Juan Díaz Godino

Juan Díaz Godino es licenciado en Matemáticas por la Universidad Complutense de Madrid (España) y doctor en Matemáticas por la Universidad de Granada (España). Desde 1977 ha trabajado como profesor de Matemáticas y Didáctica de las Matemáticas y en la formación de profesores. Es catedrático jubilado de Didáctica de la Matemática de la Universidad de Granada y miembro del grupo de investigación Teoría de la Educación Matemática y Educación Estadística de la Universidad de Granada. Ha promovido y coordinado un grupo de investigación interuniversitario sobre los fundamentos teóricos y metodológicos de la investigación en Didáctica de la Matemática, en cuyo seno se ha desarrollado el Enfoque ontosemiótico para la investigación en educación matemática.

El siguiente qr muestra detalles de su producción científica: